西北旱作区蔬菜有机化生产系统构建与探索

郭文忠　等著

中国农业大学出版社
·北京·

内 容 简 介

　　本书是一本根据参著人员多年的研究成果整理而成的关于西北旱作区蔬菜有机化栽培管理研究与实践的著作。本书针对西北旱区的气候环境特点，基于蔬菜有机化生产，遵循自然生态保护和良性人为干预生产为准则，从蔬菜生产基地的选择、生产设施构建、品种选择、育苗和栽培基质开发、土壤改良与保育、有机水肥一体化系统、物联网管理平台构建、尾菜废弃物处理系统和蔬菜有机化栽培技术规程等方面开展了研究与集成，提出了新的思路和技术体系。本书对蔬菜有机化栽培理论的创新与技术体系的丰富做出了积极的努力和贡献。本书的研究成果也适用于无公害蔬菜和绿色蔬菜生产技术体系。它可用作从事于农业生产的政府管理人员、科技人员、相关教学人员及学生的参考资料。

图书在版编目(CIP)数据

　　西北旱作区蔬菜有机化生产系统构建与探索 / 郭文忠等著. －－北京：中国农业大学出版社，2019.12

　　ISBN 978-7-5655-2297-0

　　Ⅰ.①西… Ⅱ.①郭… Ⅲ.①干旱区－蔬菜园艺－无污染技术－研究－西北地区 Ⅳ.①S63

　　中国版本图书馆 CIP 数据核字(2019)第 247408 号

书　　名	西北旱作区蔬菜有机化生产系统构建与探索
作　　者	郭文忠　等著

策划编辑	王笃利	责任编辑	石　华　张　妍
封面设计	郑　川		
出版发行	中国农业大学出版社		
社　　址	北京市海淀区圆明园西路 2 号	邮政编码	100193
电　　话	发行部 010-62818525,8625	读者服务部	010-62732336
	编辑部 010-62732617,2618	出　版　部	010-62733440
网　　址	http://www.caupress.cn	**E-mail**	cbsszs @ cau.edu.cn
经　　销	新华书店		
印　　刷	北京溢漾印刷有限公司		
版　　次	2021 年 12 月第 1 版　　2021 年 12 月第 1 次印刷		
规　　格	185 mm×260 mm　　16 开本　　21.75 印张　　515 千字		
定　　价	86.00 元		

图书如有质量问题本社发行部负责调换

参著人员

第一章：郭文忠

第二章：郭文忠

第三章：曲继松　郭文忠　张丽娟

第四章：冯海萍　曲继松　张丽娟

第五章：李银坤　张丽娟　冯海萍　陈晓丽　杨冬艳　曲继松　王　湛

第六章：郭文忠　曲继松　徐　凡　陈　红

第七章：李友丽　王利春　赵　倩　贾冬冬　马　丽

第八章：赵　倩　郭文忠　黄灵丹　温江丽

第九章：余礼根　贾冬冬　孙维拓　周　波　姜　凯

第十章：曲继松　杨冬艳　杨自强　朱倩楠　魏晓明

序 一

有机蔬菜生产是建立在现代生物学、生态学基础上，遵循自然规律和生态学原理，应用现代栽培技术和管理方法生产蔬菜的一种新模式，蔬菜生产以生态调控、生物防治和有机肥料代替化学农药和化肥的安全自然的生产方式。本书著者根据多年的研究和实践提出的蔬菜有机化栽培体系是介于绿色蔬菜生产和有机蔬菜生产之间的一种生产方式。在栽培管理过程中，采用多种材料建造各类设施结构，通过塑料制品的防虫网、滴灌管、地膜等应用，以利于改善生产环境中的空间环境、土壤环境状态和蔬菜作物生长发育，从而使蔬菜作物获得较高的产量和品质。蔬菜有机化栽培体系与有机蔬菜完全遵循自然规律和生态学原理的基本原则有差异，但也是现代农业的重要组成部分。本书结合蔬菜有机化生产的最新科技成果和生产管理实际情况，构建与探索了一套新型蔬菜栽培管理体系。

西北旱作区覆盖我国新疆、甘肃、宁夏、青海、内蒙古等省区，区域内光热资源丰富，干旱少雨，病虫害发生少，生物质积累多，适宜蔬菜的有机化发展。宁夏属于西部旱作区的典型代表区，"天下黄河富宁夏"，良好的引黄和扬黄灌溉水利设施使宁夏成为蔬菜有机化发展的优势产区。

郭文忠研究员长期从事蔬菜栽培管理和设施农业工程方面的研究和示范推广工作，其在蔬菜的有机化栽培技术管理方面，取得了一些很有价值的研究成果。《西北旱作区蔬菜有机化生产系统构建与探索》这本著作是对他及其团队在宁夏等西北旱区开展蔬菜有机化研究成果和应用实践10余年的系统总结。

本书探索了有机蔬菜及蔬菜有机化栽培的关系以及生产方式的差异，通过构建西北旱作区蔬菜有机化生产系统与实践，探索了当地资源开发利用与保护、生产基地选择、土壤改良与保育、作物选择与品种选配等方面的理论技术。同时本书还介绍了利用现代信息技术、智能装备技术，构建的有机水肥一体化系统、尾菜废弃物处理再利用系统、有机化蔬菜生产物联网管理云平台等内容，提供了具有地方特色的蔬菜有机化生产技术案例，丰富与完善了蔬菜有机化生产的理论与技术体系。

本书通俗易懂，数据翔实，系统性和实践性较强，可作为广大农业科技工作者、管理人员、相关教师和学生的重要参考读物。相信本书的出版，对促进我国蔬菜产业的科技进步，提升西北旱作区蔬菜生产技术水平起到积极的作用。

中国工程院 院士

国家农业信息化工程技术研究中心 主任

2021 年 10 月 9 日

序 二

自"十五"以来,瓜菜产业就是宁夏重点发展特色优势产业。经过近 20 年的发展,瓜菜产业已经成为现代农业发展的重点之一。2020 年宁夏瓜菜面积为 297.6 万亩(其中蔬菜面积为 202.5 万亩,瓜果面积为 95.1 万亩),瓜菜产量为 725.8 万亩,其中蔬菜产量为 568.6 万吨,瓜果产量为 157.2 万吨。商品率达到 80％以上,外销率达到 70％以上。加强瓜菜产业发展科技支撑是农业科技工作的重点之一。通过开展东西部科技合作,搭建研发平台,培养人才队伍,建设科技园区,持续推进瓜菜新品种、新技术、新装备、新模式的引进、集成和再创新,构建起了瓜菜优质、高效、绿色的生产技术体系,形成了一批标志性科技成果,有力支撑了升级产业发展。

众所周知,随着社会经济的发展和进步,人民生活水平的提高,消费者对瓜菜产品的安全问题越来越关注,特别对农药残留、重金属、硝酸盐等污染有害物质含量的要求更为严格。有机农业或者农业有机化通过建立和恢复农业生态系统的良性循环,发挥农业生产系统的自我调控和保护措施,建立农业可持续发展的技术体系和模式,为消费者生产优质、安全的健康食品,从而提高人们的健康水平。有机农业或农业有机化生产体系是我国农业生产体系的重要补充。

宁夏的气候条件和土壤、水源、大气等生态环境非常适合有机蔬菜或蔬菜的有机化生产。自 2005 年以来,在宁夏回族自治区科技厅的大力支持下,启动实施了"宁夏有机蔬菜生产技术研究与示范""近自然农法技术在宁夏蔬菜生产中的引进与研究""生物酶制剂在设施土壤改良和基质开发中的应用研究""扬黄新灌区有机蔬菜生产技术集成示范"等一批科技项目,创建了有机蔬菜或蔬菜有机化生产技术体系,促进了宁夏高端蔬菜基地的建设,增强了宁夏蔬菜的市场竞争力。

宁夏回族自治区大力推行农业标准化生产,先后制定和发布农业地方标准近 100 项,有机蔬菜生产技术规程 10 余项。目前,宁夏回族自治区已经创建国家农业科技园区 5 个,国家级农业标准化示范县 1 个,全国绿色食品原料标准化生产基地 10 个,国家级农业标准化示范区 15 个,自治区级农业标准化示范区 14 个。宁夏回族自治区已经完成认证的无公害农产品有 680 个,绿色食品有 165 个,有机产品有 8 个,认定无公害种植业产地面积占全区耕地面积的 80％以上。所有这些都为有机化农产品生产、加工、流通提供了强有力的资源保障。

　　本书总结和提炼了宁夏农业科技园区建设与发展过程中的相关重要科技成果，充分挖掘了宁夏蔬菜生产的禀赋资源。其技术针对性强，区域特色突出，融合了现代信息技术与智能装备，具有较强的创新性和系统性。这些研究成果可以推广应用到宁夏的其他农业生产系统。

　　科技创新是农业高质量发展的不竭动力。深化和完善蔬菜有机化栽培管理是一项长期的创新工作。希望在今后的科研工作中，进一步深化理论研究和技术集成创新，加快构建高端化、智能化、绿色化、融合化的蔬菜生产技术体系，为我国西部乃至其他地区发展现代蔬菜产业提供理论依据和模式借鉴。

宁夏回族自治区科学技术厅

2021 年 12 月 1 日

前　　言

　　农业是人类文明发展的重要起源和基础。在漫长的人类历史长河中,正是因为有了农业的出现和发展,人类才进入文明发展的阶段,出现了社会关系的纵横与交错、妥协与纷争、进步与倒退的交替演变过程,科技的发展也呈现出创新与衰败、改造与破坏的循环推进模式。自然与社会发展趋势的不可逆转协同推进了各方面的历史进程。

　　人类食物需求的增加与病虫害消长的互作影响成为农业发展史的重要表现形式之一。随着人口的增长,对食物的稳定供给与保障成为人类社会矛盾的根源,争夺领地和资源,保证食物供应是古代社会主要纷争产生的驱动力。进入现代社会,为了稳定的食物供应数量,随着科学技术的发展,一方面,人们通过大型机械扩大开荒扩展耕种面积,侵占了其他生物的生命活动空间,引发不同生物生存空间的矛盾和竞争。另一方面,通过大量化学制品的投入,干扰了自然和谐的生态平衡。这种靠面积的扩张和生态的破坏满足食物数量需求的农业生产方式已经产生了不可逆转的生态问题。长期过量地使用化肥、农药不仅带来了严重的环境污染,并且干扰和破坏了农业发展环境,更重要的是在农产品中的农药、化肥残留物又给人们自身的健康带来了不可低估的损害。人类内部纷争矛盾扩展到地球生命之间的生存矛盾,并且这种生存矛盾愈演愈烈。工业农业或化学农业的普遍发展带来了很多诸如环境污染、食品安全等问题。如何协调地球生物之间的生产矛盾,解决人类食物供应安全问题,是当前普遍关注的社会问题。

　　农业的进程也是从靠天吃饭阶段发展到传统化学农业阶段,再到现代智慧农业阶段。其生产方式也出现了多种模式,各国或地区对各种农业的称谓不同,比如,自然农业、无公害农业、生态农业、绿色农业、自然农法、有机农业、可持续农业等。各种农业模式既有相同之处,又有各自独特的方面。有机化农业生产是根据近年来农业发展新形式和实际生产需求而提出的一种农业生产模式,是指为了达到农业生产系统中物种多样性的平衡和适宜的保护措施在农业的生产过程中人为地采取一些技术措施来提高农作物生长发育以抵御恶劣环境,改善自然环境中有益微生物的生物活性,提高自然环境保护中农作物的生产能力,是介于绿色农业和有机农业之间的一种生产方式。为了保持有机物料合理的碳氮比,以利于微生物的发酵分解,可以在有机肥或者栽培介质中适当添加氮素物质,提高氮的含量,促进自然生物质循环,改善作物生长的根际环境。有机化农业生产是指在当前我国各种农业生产方式发展存在的问题和现状的基础上,整合各种农业生产模式的经验和理论的成果，为适应生产需求衍生而来的一种农业生产模式和体系。

蔬菜生产是我国农业生产的重要组成部分，在当前世界农业生产格局分布和我国供给侧结构性改革下，蔬菜生产是调整我国农业结构，促进农民增收的主要途径，我国已经成为世界蔬菜生产大国。无公害蔬菜、绿色蔬菜、有机蔬菜是我国蔬菜生产的重要的生产模式和技术体系。无公害蔬菜、绿色蔬菜是我国蔬菜生产供应保障的基础，是主流蔬菜生产方式，有机蔬菜是我国蔬菜生产重要的补充组成部分。目前有机蔬菜生产在实际生产发展中面积小、规模小，容易受到传统农业的干扰而难以大规模发展。蔬菜有机化生产体系是基于人们对目前无公害蔬菜和绿色蔬菜生产管控难，产品质量和环境保护得不到有效保障而引起的担忧，同样也对有机蔬菜因生产基地及过程严格、供应不足、假有机产品无法判断的无奈提出的一种新的农业生产方式，是介于绿色蔬菜生产和有机蔬菜生产之间的一种生产方式，是通过一系列技术措施和物质条件来保障和改善生产环境从而达到较高产量和品质的生产方式。蔬菜有机化生产在生产过程中应用化学制品是为了强化有机蔬菜生产过程的环境管控。蔬菜有机化生产过程中所应用的化学制品既不直接用于生产蔬菜自身的生命活动，也不是采用化学制剂破坏蔬菜生产周边物种平衡。

西北旱作区是指年降水量 250～600 mm 的区域。按照行政区划其包括宁夏、新疆、青海、陕西、甘肃五省（自治区）。各省旱作占耕地比例为陕西 78.32%，甘肃 80.29%，宁夏 70.18%，新疆 5.16%，青海 68.5%，内蒙古 78.91%。从以上数据来看，除新疆外（绿洲农业为主）西北农业地区以旱作农业为主，占该地区总耕地面积的 2/3 以上。西北旱作区是我国土地荒漠化、水土流失严重、盐碱化程度高、生态脆弱、农业区生产条件复杂、经济落后和"三农"问题突出的典型区域。但该地区土地与光热资源较为丰富，降水量少，蒸发强烈，部分地区有良好的灌溉条件，是我国传统农业的发源地。

宁夏中部干旱带地区是西北旱作区的典型区域，地处西北的黄土高原中部，黄河中上游，素有"塞上江南"的美称，全区域属温带大陆性半干旱气候，年降水量一般为 200～400 mm，是典型的西北旱作区。平均气温为 5～10 ℃，四季分明，昼夜温差大，全年日照达 3 000 h，无霜期为 170 d 左右，是全国日照和太阳辐射最充足的地区之一。该地区土地资源丰富，干旱少雨，光热资源充沛，病虫害少，是传统的农业地区。其不仅环境污染较轻，空气质量好，而且土地也很少遭到严重污染，是发展有机农业的理想之地。现有耕地面积达 126.67 万 hm²，人均耕地面积为 0.23 hm²，居全国第 2 位，有 66.67 万 hm² 荒地可开发成良田，是全国 8 个宜农荒地较多的省区之一，具有很好的开发前景。该地区水利设施配套齐全，交通便利，远离工业基地，优势特色农作物生育期较短，化肥和农药极少使用，能够满足蔬菜有机化生产的环境需求，有条件进行蔬菜有机化转换生产。蔬菜产业是宁夏回族自治区近 20 年来规划重点发展的一项产业，宁夏回族自治区党委政府将蔬菜产业列入地区农业六大支柱产业之一。2017 年，宁夏种植面积达 315.9 万亩，产值达 109.8 亿元，已经成为仅次于粮食作物的第二大种植业，是当地农民增收的重要途径。中央已将经济发展的重点转向西部地区，给宁夏蔬菜的发展带来了前所未有的机遇，宁夏大多数地区比较适宜转换为有机蔬菜生产基地。

　　宁夏吴忠国家农业科技园区位于素有"塞上江南,鱼米之乡"美誉的宁夏平原中部,是国家科技部于2001年9月批准的第一批国家农业科技园区(试点)之一,也是宁夏唯一的国家农业科技园区。宁夏吴忠园区(试点)先后顺利通过了2007年9月自治区地方审查,2009年5月,国家科技部专家组现场审查和2009年11月科技部综合评价验收,正式跨入国家农业科技园区行列。宁夏吴忠国家农业科技园核心区——孙家滩位于宁夏回族自治区中部干旱带,是宁夏中部干旱带的典型区域。其面积为504 km²,属扬黄新灌区,开发时间较短,耕种时间不长。其中有灌溉条件的宜农耕地16万亩,四周是沟壑、干旱荒地,与传统农业生产区隔离,没有工业发展,没有污染源,土层深厚,土地较肥沃。通过监测表明,其地下水、地表水、土壤和大气等条件完全符合生产有机农产品的要求,具有发展生态农业、有机农业、高效设施农业的基础和便利条件,也是宁夏回族自治区100个农业示范园区之一。该地区没有工业污染,土壤纯净,引黄灌溉便利,与传统农业生产区天然隔离10 km²以上。经过20余年的开荒耕作,该地区的农田基本建设完整,设施齐全,不仅具有发展有机蔬菜的天然条件,而且已经申请有机生产转换基地的证书,是宁夏有机蔬菜的理想发展之地。

　　本书的研究从2005年开始得到了宁夏科技厅项目"蔬菜有机化生产技术研究与示范"(2005.1—2007.12)、宁夏重大科技攻关计划"宁夏半干旱风沙区设施农业关键技术研究与示范基地建设"(2007.9—2010.12)、宁夏科技攻关计划"近自然农法技术在宁夏蔬菜生产中的引进与研究"(2010.1—2012.12)、国家自然科学基金"设施番茄柠条栽培基质的根际环境特征及调控"(31040069,2011.1—2011.12)、国家科技支撑计划项目"蔬菜优质高效生产关键技术研究与示范"课题"西北旱区蔬菜优质高效生产关键技术研究与示范"之子课题"扬黄新灌区蔬菜有机化生产技术集成示范"(2014BAD05B02,2014.1—2018.12)、公益性行业(农业)科研专项"作物秸秆基质化利用"(201503137,2015.1—2019.12)、"十三五"国家重点研发计划"养分原位监测与水肥一体化施肥技术及其装备"课题"设施作物精准灌溉施肥控制技术与装备"(2017YFD0201503,2017.7—2020.12)、国家自然科学基金"西北旱区有机菜田氮素转化及微生物影响机理研究"(4150011032,2016—2018)、国家自然科学基金"枸杞枝条基质化发酵氮素转化特征及微生物协同调控"(31860576,2019—2022)、中国工程院院地合作项目"宁夏乡村振兴战略路径研究(2019NXZD62020—2021)经费的支持,北京农业智能装备技术研究中心、宁夏农林科学院种质资源研究所、吴忠市国家农业科技园区管理委员会等单位通力协作,经过了10余年的研究和示范工作,形成了本书的主要内容。在此特别感谢在这些项目的立项和实施过程中给予大力支持的单位和众多参加人员。

　　在开展研究和示范过程中,宁夏吴忠国家农业科技园区管理委员会的历任领导徐新福主任、谢建业书记、马向东书记、杨彦炜书记、王晓明副主任、马云副主任、杨常新研究员以及田兴武、郭永婷、朱英、李彦龙、李国琪、马玲、王蓉、金龙、李佳、马蓉、陈立鑫、马玉海、谷来风等技术骨干(按贡献大小排名)参与了示范和推广工作,再次一并致谢。

　　本书由郭文忠研究员策划和统稿。在撰写过程中,国家农业信息化工程技术研究中心首席科学家、博士生导师、中国工程院院士赵春江先生给予了热情支持,并亲自为本书作序。宁夏科学技术厅农业农村处徐小涛处长对有关科技项目的立项、实施和成果产出给予了大力的支持、高度的评价和热情的鼓励,并欣然作序。我们一并深表感谢。

　　本书中的研究内容和实践探索不仅能在有机蔬菜的生产中参考和应用,也可以在无公害蔬菜和绿色蔬菜生产中参考和应用。由于有机蔬菜或蔬菜的有机化生产的研究涉及的范围很广,本书也汇集参考了国内外同行的一些研究成果,限于篇幅,不再一一列举,再次表示感谢。限于研究者的水平和试验条件所限,相关的研究工作也有很大的局限性,难以开展全方位的研究工作,对蔬菜有机化生产的理论和技术的研究以及实践探索仍有不足,本书中的某些措辞或者提法也可能会引起争论,这也是为了促进行业学术讨论和发展,请提出宝贵意见,再版时修订。

北京农业智能装备技术研究中心
国家农业智能装备工程技术研究中心
2019 年 1 月 2 日

目　　录

第 一 章

蔬菜有机化栽培的理论与技术发展概况

第一节　我国蔬菜生产分级及其内涵

自改革开放以来,人们对蔬菜的消费需求日益增加,在粮食出现结构性剩余、推进农业结构调整以及国际市场需求的强力推动下,各地纷纷缩减粮食作物种植面积,转向发展蔬菜等收益率较高的经济作物,中国蔬菜种植规模由此得到了迅速扩张。尤其是自"十二五"以来,随着蔬菜产业的快速发展,我国已成为世界最大的蔬菜生产国。2016 年,我国设施园艺面积约为 5 850 万亩,其中蔬菜播种面积占 95%,蔬菜总产量达 7.85 亿 t 以上,人均蔬菜拥有量近600 kg,远超过世界人均 105 kg 的水平,居世界第一。据不完全统计 我国城市居民蔬菜人均消费量为 150 kg 以上,超过了世界人均消费水平的 102 kg。因此,中国也是世界上最大的蔬菜消费国。目前,中国蔬菜处于总量上供大于求,处于季节性剩余与季节性不足、结构性剩余与结构性不足、区域性剩余与区域性不足同时并存的发展阶段。今后的中国人均蔬菜消费量也不可能有大幅度的增加,或许还有下降的可能。已经建立的雄厚蔬菜生产能力和基础设施建设为我国蔬菜的升级换代奠定了坚实的基础,今后蔬菜的消费将以品质改善为主,这为绿色蔬菜或蔬菜有机化生产迎来了良好的发展机遇。

目前,我国蔬菜产业发展中大体上存在 3 种生产模式,即无公害蔬菜、绿色蔬菜和有机蔬菜生产体系及其产品。三者既有紧密的联系,也各有的特点。蔬菜有机化生产是结合多年的研究与生产实践总结提出的一种新的概念,是介于绿色蔬菜生产和有机蔬菜生产之间的一种生产方式。根据《无公害蔬菜管理办法》,无公害蔬菜、绿色蔬菜、有机蔬菜、有机化生产蔬菜给出的定义如下。

一、无公害蔬菜

它是指产地环境、生产过程、产品质量符合国家有关标准和规范的要求,经认证合格获得认证证书并允许使用无公害蔬菜标志的未经加工或初加工的蔬菜。无公害蔬菜认证分为产地认定和产品认证,产地认定由省级农业行政主管部门组织实施,产品认证由农业部蔬菜质量安全中心组织实施,获得无公害蔬菜产地认定证书的产品方可申请产品认证。无公害蔬菜定位是保障基本安全、满足大众消费。

二、绿色蔬菜

它是指遵循可持续发展原则,按照特定生产方式生产,经专门机构认定,许可使用绿色蔬菜标志商标的无污染的安全、优质、营养类蔬菜。绿色蔬菜必须具备以下 4 个条件:绿色蔬菜必须出自优良生态环境,即产地经监测,其土壤,大气、水质符合《绿色蔬菜产地环境技术条件》要求。绿色蔬菜的生产过程必须严格执行绿色蔬菜生产技术标准,即生产过程中的投入品(农药、肥料,兽药、饲料,蔬菜添加剂等)符合绿色蔬菜相关生产资料使用准则规定,生产操作符合绿色蔬菜生产技术规程要求。绿色蔬菜产品必须经绿色蔬菜定点监测机构检验,其感官,理化(重金属、农药残留,兽药残留等)和微生物学指标符合绿色蔬菜产品标准。绿色蔬菜产品包装必须符合《绿色蔬菜包装通用准则》要求,并按相关规定在包装上使用绿色蔬菜标志。

三、有机蔬菜

这一词是从英文 Organic Vegetable 直译过来的,其他语言中也有叫生态或生物蔬菜等。这是指在蔬菜生产过程中严格按照有机生产规程,不使用任何化学合成的农药、肥料、除草剂和生长调节剂等物质以及不使用基因工程生物及其产物,而是遵循自然规律和生态学原理,采取一系列可持续发展的农业技术,协调种植平衡,维持农业生态系统持续稳定,且经过有机食品认证机构鉴定认证,并颁发有机食品证书的蔬菜产品。有机蔬菜应具备的条件主要是在生产和加工过程中必须严格遵循蔬菜有机化生产、采集、加工、包装、贮藏、运输标准,禁止使用化学合成的农药、化肥、激素、抗生素、蔬菜添加剂等,禁止使用基因工程技术及该技术的产物及其衍生物,建立严格的质量管理体系、生产过程控制体系和追踪体系。因此,它一般需要转换期,必须通过合法的蔬菜有机化认证机构的认证。

四、有机化生产蔬菜

它是指为了在蔬菜的生产过程中,达到生产系统中物种多样性的平衡,人为地采取一些技术措施来提高蔬菜生长发育,从而抵御恶劣环境的影响,并改善自然环境中有益微生物的生物活性,提高环境生产能力,这是介于绿色蔬菜与有机蔬菜之间的一种生产方式。保持有机物料合理的碳氮比有助于微生物的发酵和分解,在有机肥或者栽培介质中适当添加氮素物质,提高氮的含量,促进自然生物质循环,改善作物生长的根际环境。在栽培管理过程中塑料制品的防虫网、滴灌管、地膜等的应用都有利于改善生产环境中的空间环境、土壤环境状态,以及蔬菜作物生长发育,获得较高的产量和品质。它和有机蔬菜完全遵循自然规律和生态学原理的基本原则有差异。蔬菜有机化生产是在集成了上述无公害、绿色、有机生产发展的经验和理论的基础上,为适应生产需求而提出的一种生产方式或模式,也是基于近年来我国农业生产发展出现的一些新问题衍生而来的一种农业生产认识和生产体系。

无公害蔬菜、绿色蔬菜、有机蔬菜和有机化生产蔬菜都是经质量认证的安全蔬菜。首先，四者是级别顺序递加的关系。无公害蔬菜是绿色蔬菜和有机蔬菜发展的基础，也是我国蔬菜生产的基本要求。绿色蔬菜和有机蔬菜是在产地环境标准和产品质量标准方面要求更严格，是在无公害蔬菜基础上的进一步提高。蔬菜有机化生产是介于绿色蔬菜生产和有机蔬菜生产之间的一种生产方式，是在目前人类生产的自然环境中从事蔬菜生产，采取一系列技术措施来保障和改善生产环境从而达到较高产量和品质的生产方式。蔬菜有机化生产强调的是在生产过程中应用化学制品是为了强化有机蔬菜的生产过程的环境管控，而不是直接用于生产蔬菜自身的生命活动或者是采用化学制剂破坏蔬菜生产周边的物种平衡。其次，由于管理标准的不同，四者的认证方法不同。无公害蔬菜和绿色蔬菜依据标准要对生产环境、生产过程以及产品都要全过程环境与质量控制，检查检测并重，注重产品质量。蔬菜有机化生产需要在无公害蔬菜和绿色蔬菜基础采取经常性检测和检查，严格管控生产过程避免受到二次污染或人为破坏干扰了正常的生态环境。而有机蔬菜实行检查员制度，国外通常只进行检查，而国内一般以检查为主，检测为辅，注重生产方式。再次，四者都注重生产过程的管理。无公害蔬菜和绿色蔬菜侧重对影响产品质量因素的控制，有机蔬菜侧重对影响环境质量因素的控制，也就是说只要生产过程严格按照有机蔬菜生产体系进行生产，产品必然是有机蔬菜产品，产品无须进行检测。蔬菜有机化生产则包括产品质量因素和环境质量因素控制，旨在提供自然和谐环境基础上的生产过程产品质量的合理控制。最后，四者的运作方式和管理机构不同。无公害蔬菜是生产地行政主管部门运作，实行公益性认证，也就是说认证标志、程序、产品目录等由生产地政府统一发布，采用产地认定与产品认证相结合的管理模式。绿色蔬菜是采用生产地行政主管部门推动，质量认证与商标转让采用市场运作相结合的管理机制。有机蔬菜则是采取社会化的经营性认证行为，因地制宜进行生产，市场运作加强管理的方式。蔬菜有机化生产则是完全按照绿色蔬菜生产的管理机制的基础上，遵循有机蔬菜生产的基本要素，出于农业生产者自发地对自然环境的保护和控制的基础上进行一种蔬菜生产活动（图 1-1）。

在我国蔬菜产业发展过程中，无公害蔬菜生产模式处于主导地位，绿色蔬菜生产模式其次。虽然有机蔬菜有一定的发展，但由于种植成本比传统蔬菜的种植成本高出 20%～30%。如果再加上防虫网等基础设施的费用，有机蔬菜的种植成本比传统蔬菜的种植成本高出 50% 左右。目前我国已经形成了规范的有机食品生产和认证体系，以《中华人民共和国认证认可条例》的正式颁布实施为起点，截至 2003 年年底，我国有机蔬菜的认证机构已有 1 000 多家，有机蔬菜的实际种植面积约为 2 000 hm²，其中还不包括已经认证而没有实际种植的面积。有机蔬菜占我国蔬菜总种植面积的0.011%，可谓是少之又少。随着社会经济的发展与进步，人民生活水平的提高，消费者对蔬菜产品的安全问题越来越关注，蔬菜有机化产品正被人们逐渐认识和倡导。

在"十一五"期间，我国政府有关部门将按照"引导、规范、培育、监督"的职责定位，大力促进有机食品产业的发展。我国有机食品产业潜力大，市场前景好，发展有机食品产业是防治农村、农业污染的最好方式，国家有关部门将加大扶植力度，制定产业发展规划。据统计，目前我国有机农业种植面积约为 460 万亩，品种覆盖粮食、蔬菜、水果、茶叶、奶制品等十几大类。通过有机食品产业的发展，希望能从根本上解决我国的食品安全问题。从根本上说，进

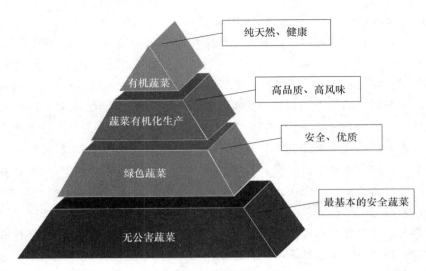

图 1-1　我国蔬菜的级别分类

行生态建设,发展有机农业、生产绿色食品(包括蔬菜)才是农村和农业发展的根本出路,也是我国农业在入关后能够站稳脚跟,并能打入国际市场的关键所在。

有机蔬菜栽培是有机农业的重要组成部分,也是有机农业发展的重要内容之一。尽管我国在有机蔬菜方面起步较晚,但是发展很迅速。台湾是我国发展有机蔬菜最早的地区之一,它在有蔬菜生产、验证和检测以及有机蔬菜产品的销售等方面都形成了一套比较完整的操作模式。已有许多有机蔬菜的生产企业在国际市场站稳脚跟之后,开始转攻国内市场。广东增城有机农庄的销售战略就很具代表性。该农庄是目前广东省最大的有机种植农庄,有机认证面积达 1 000 多亩,种植的菜心、番茄、生菜等 20 多种蔬菜,年产量达 8 000 多 t,其中 90% 的有机产品热销东南亚等市场,年创汇达 200 多万美元,显示出了良好的发展势头。

第二节　蔬菜有机化生产理论基础及其原则

一、蔬菜有机化生产的理论基础

蔬菜有机化生产是指在有机蔬菜的生产过程中,为了达到生产系统中物种多样性的平衡,有限使用一些化学制品,如在有机物料微生物发酵过程中适当添加氮素物质,提供合理碳氮比,促进发酵分解,用于育苗和栽培所需的农林物质发酵中。在生产中,采用多种材料建造各类设施结构,通过塑料制品的防虫网、滴灌管、地膜等应用都有利于改善生产环境中的空间环境和土壤环境状态,提高蔬菜生长发育抵御恶劣环境的影响,改善自然环境中有益微生物的生物活性,提高环境生产能力,是介于绿色蔬菜向有机蔬菜过渡的一种生产方式。蔬菜有机化生产是在强化农业生产者自发的采用防护、驱避、诱导、激发等技术措施在对自然环境的保护和控制的基础上进行农业生产活动。这和有机蔬菜完全遵循自然规律和生态学原理的基本原则有差异。蔬菜有机化生产本质上不属于严格意义上的有机蔬菜生产,但遵循有机蔬菜生产的基本要素,在生产过程中应用化学制品是为了强化有机蔬菜的生产过程的环境管控,而不是直接用于生产蔬菜自身的生命活动或者是采用化学制剂破坏蔬菜生产周边的物种平衡。蔬菜有机化生产强调的是生产过程的有机化程度,而不是最终的有机产品等级。原则上蔬菜有机化生产达不到有机蔬菜的层次和标准,但采用了有机蔬菜生产要素的一种过渡性生产方式,也不完全属于绿色蔬菜生产的范畴,但高于绿色蔬菜的等级标准。

二、蔬菜有机化生产的主要技术体系

蔬菜有机化栽培是指严格遵守有机蔬菜生产的操作规程,即在生产过程中不允许使用用于蔬菜生命活动或者破坏生产地周边物种平衡的人工合成的农药、肥料、除草剂、生长调节剂、转基因品种。因此,在栽培中对病虫草害和施肥技术提出了不同于常规蔬菜的要求,也仍须遵循有机蔬菜生产的各类基本要求。但在不为蔬菜植物生长发育提供化学产品,生产过程采取一些必要的技术手段保证蔬菜产品符合有机蔬菜产品的基本要求。

(一)蔬菜有机化生产基地的核心要求

蔬菜有机化生产基地的地块应是完整的区域,土地之间不能间隔常规蔬菜生产的地块,但允许间隔蔬菜有机化转换的地块。蔬菜有机化生产基地与常规地块界限必须有明显标记,如河流、山丘、草地、人为设置的障碍隔离带等,且要达到所要求的隔离标准。如果蔬菜有机化生产基地中的地块可能受到相邻近常规生产地污染的影响,则必须在蔬菜有机化生产地块和常规地块之间设置缓冲隔离带以保证蔬菜有机化生产基地不受污染,如空间、树林带等。不同认证机构对隔离带的宽度要求不同,如我国 OFDC 认证机构要求 8 m,德国 BCS 认证机构要求 10 m。蔬菜有机化生产的转换期也应参照有机蔬菜生产的转换期,由常规生产系统向有机化生产转换通常需要 2 年,其后在播种的蔬菜收获后,才可作为有机产品。1 年生作物的转换期一般不少于 1 年,多年生作物的转换期一般不少于 2 年,新开荒或撂荒多年的土地经过至少需要 3 年的转换期。转换期的开始时间从向认证机构申请转换之日起计算。生产者在转换期必须完全按照蔬菜有机化生产的要求操作。经 1～3 年有机转换后的田块中生长的蔬菜可作为蔬菜有机化转换的产品销售。而蔬菜的有机化生产的转换期视是否采用有机认证的时间为准,转换期间的蔬菜生产属于蔬菜的有机化生产,为最终实现有机蔬菜生产做准备。

(二)蔬菜有机化栽培管理的关键技术

1.种苗及栽培管理基本原则

蔬菜有机化生产需要使用蔬菜有机化种子和种苗。种子的繁殖和种苗的培育必须经过有机认证的蔬菜有机化种子和种苗。在特殊情况下,在有机种植的初始阶段,也可使用未经禁用物质处理的常规种子。选择的品种应对生产区的土壤和气候具有很好的适应性,具有较强的抗逆能力,在考虑保护作物遗传多样性的基础上具有很好的抗病虫能力。优先选择中、早熟和成熟度集中的品种,应禁止使用任何转基因种子。在生长过程中,可以选择采收生育中前期的果实。当蔬菜作物进入生育期的中、后期或者开始出现不可防治的病虫害时,及时终止田间生长和拉秧,清洁田园。

在经过认证或准备认证的生产区进行栽培,要注意采用豆科作物或绿肥进行耕地轮作以及利用生产区的物种多样性,培养各类天敌的数量。避免大面积种植单一作物,充分利用各种栽培作物的生长特点和物种差异,合理搭配间作或套作组合,不同的栽培茬口必须合理复种或轮作的栽培物种次序。蔬菜有机化栽培田间的四周要有保护性的模式作物种植。在作物收获后及时清洁田园,将病残体全部运出基地外销毁或深埋,以减少病害基数。采取多种农艺措施或技术,如采用生产区安装防虫网、壮苗培育、嫁接换根、起垄覆膜、合理稀植、间作套作、轮作倒茬、植株调整,充分利用或满足温、光、水、肥、气等生产要素,为蔬菜有机化生产创造一个良好的生长环境。

2. 肥料选择及使用技术基本原则

不同于常规蔬菜生产,蔬菜有机化生产最主要、最根本的差异在于病虫草害防治和肥料使用。蔬菜有机化生产禁止为其生长发育的物质需要使用各种化学制品。所允许使用的肥料包括自制的腐熟有机肥、作物秸秆或通过认证,允许在蔬菜有机化生产上使用的一些肥料厂家生产的纯有机肥料。

3. 病虫草害防治的基本原则

在蔬菜有机化的种植过程中,合理配置一些特殊的作物或保护设施既可满足物种多样性的基本要求,又可利用物种的特殊性规避病虫害的发生,如一些具有特殊气味的蔬菜(韭菜、大蒜、洋葱、莴笋、芹菜、香菜、苦瓜、蛇瓜、佛手瓜、胡萝卜、毛豆等)。通过轮作倒茬,尤其是水旱轮作可以改变生态环境均一性、同一性。注意加强生产区的环境条件的改善和管理,创造不利于病虫害发生的条件。病虫害防治可利用害虫天敌进行害虫捕食和防治,还可利用害虫固有的趋光性、趋味性来捕杀害虫,还要重视矿物质和植物药剂的使用,如使用硫黄、石灰、石硫合剂波尔多液等。在草害的控制方面,大多采用人工除草,但一些小草或不影响蔬菜有机化生长发育的草类可不清除,以保证田间的物种多样性。经观察发现,有草的西瓜地反而比无草的西瓜地的虫害更轻、更少。

综上所述,蔬菜有机化生产要素之间的关系如图1-2所示。各生产要素环环相扣,互相配合,发挥最佳的生态效果,共同构建良好的生态平衡与可持续发展途径。

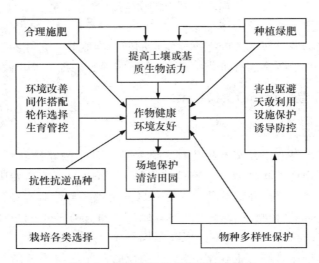

图1-2　蔬菜有机化生产的技术集成

第三节　蔬菜有机化生产的发展意义

一、发展蔬菜有机化生产有利于保护和改善农业生态环境

随着人口的逐渐增加,人类对蔬菜的需求越来越大。为了稳定蔬菜供应,人类就要从自然环境中获取更多的资源用于蔬菜的生产。过分耕作消耗了土壤的有效养分和有机物质,土壤生态环境被破坏,保水、保肥和调节能力逐年下降,这些都加剧了土壤质量恶化,加重了水土流失和旱涝灾害的发生。有机蔬菜就是不施用农药、化肥等化学合成物质,恢复农业生态系统的良性循环的可持续发展而建立的生产体系。蔬菜有机化生产的发展完全符合国家关于污染控制与生态保护并重的环保战略,符合习近平总书记提出的"绿水青山都是金山银山"的伟大号召。

二、发展蔬菜有机化生产满足社会高品质蔬菜产品的需求

蔬菜的生产环节多。其管理相对于其他农产品的生产复杂度高,管理不当容易受到污染。蔬菜有机化生产是建立在自然生态环境和谐的条件下生产出来的无污染、品质高、口味好、放心的食品。近年来,越来越多的科学研究表明,在传统蔬菜生产过程中,或多或少的农药或化肥残留和积累对人体的影响不仅表现为直接损害,间接危害也很严重。据报道,农药在降解过程中将形成各种各样的中间体,其中,某些中间体的分子结构与动物体内的雌性激素十分相似,这可能是导致整个生物界(包括人类)雄性退化的重要原因。基因工程安全的不确定性导致人们对基因工程食物的潜在影响普遍比较担忧,而蔬菜有机化绝对禁止引入基因工程技术及其产物。由于蔬菜有机化生产和有机蔬菜生产需要建立在和谐的生态环境基础之上,必然造成生产成本高,产量有限。因此,蔬菜有机化生产产品和有机蔬菜产品高昂的价格也逐渐被部分人群所接受。这不仅出于自身健康的需求,也是对有机蔬菜的消费对环境保护尽一分责任和贡献。

三、发展蔬菜有机化生产有助于提高投入与产出效益

蔬菜的消费在人们的食品消费中逐年增加,有机蔬菜产品在有机食品中占有的份额越来越大。目前,我国的传统蔬菜生产方式投入不足,仅靠规模和面积生产蔬菜已经严重过剩,蔬菜生产者的收入大幅度下降,无力增加更多的安全生产投入。急需的转型蔬菜有机化生产方式由量向质转变,以质量为核心的发展是当前我国蔬菜生产的发展方向。自然品质和风味的有机蔬菜产品在价格上已经被消费者所接受。发展有机蔬菜或近似有机蔬菜可以大幅度提高有机蔬菜或者蔬菜有机化生产从业者的收入,也有利于基础设施投入增加,生产环境的改

善,从而建立良性循环的蔬菜有机化生产区。蔬菜有机化生产避免了由于达不到有机蔬菜的生产和产品标准,但部分满足了消费者需要高品质产品之间的心理矛盾。

四、发展蔬菜有机化生产有利于推进农业产业的现代化发展

推进农业产业现代化发展,用现代技术和装备武装我国现有农业生产水平是我国农业和农村经济发展中实现"两个根本性转变"的战略措施,是我国农业发展的必由之路和方向。我国有机蔬菜或蔬菜有机生产产业正逢其时,以消费需求为导向,社会化管理体制建立逐步发展起来的,并已显示出因转型而带来的强劲增长势头。目前,国际市场上的有机蔬菜的价格通常比常规食品的价格高50%~200%,特殊品种的价格甚至更高。我国高品质蔬菜产品也因高额的生产回报而得到大力地发展。尽管投入了更多的生态环境的改善成本和管理成本,但减少了购买农药、化肥的支出,改善了生产环境,建立了可持续的发展态势,所以开发有机蔬菜产品或蔬菜有机化产品是推进农业产业现代化,实现农村社会、经济、环境可持续发展的一条重要而现实的途径。

五、发展蔬菜有机化生产有利于参与国际竞争调节贸易平衡

蔬菜生产环节的复杂程度高,劳动强度大,发达国家的蔬菜生产成本高,销售价格高。我国的蔬菜生产基础设施良好,生产机制完善,管理水平高,其在规模和产量上已经成为蔬菜生产大国。目前,结合蔬菜生产转型,生产高品质的蔬菜有机化产品参与国际市场的竞争,且具有很强的价格和质量优势,对调节我国的贸易平衡具有很重要的意义。

第四节　蔬菜有机化生产存在的问题及发展方向

一、蔬菜有机化栽培存在的问题

(一)消费者对蔬菜有机化生产的认识还不足

蔬菜有机化生产过程是遵循生态环境和谐共存的生产方式,通过多种技术措施和基础设施创造良好的生态生产区,按照蔬菜有机化的生产要求进行蔬菜栽培管理,其技术复杂,成本投入大,商品产量相对较低,需要较高的价格支撑,否则不能持续发展。消费者不太了解蔬菜有机化的生产过程,对价格的认同感存在差距。另外,我国有一定数量的蔬菜有机化产品供应市场,但蔬菜产品优质不优价,蔬菜有机化产品得不到价格上的优势体现,生产者不能得到利益保证,对蔬菜有机化产品的生产还有消极心理。对于消费者来说,有机食品和非有机食品的部分价格差异过大,消费者会产生抵触心理。人们普遍认为有机食品比普通食品价格高

20%～30%是能够接受的,高过此幅度就会使需求剧减,但这个幅度无法使生产者得到合理利润。有机蔬菜或蔬菜有机化种植投入大、利润少,我国生产者大多选择放弃,转向无公害或绿色蔬菜生产。小规模的生产满足少部分高收入者的需求,不能进行规模化经营。然而蔬菜有机化生产是现代农业的重要组成部分,也是我国农业的发展趋势,较高价格和大众消费者的心理接受程度还需要适应。发展蔬菜有机化生产是一项从生产基地建设到市场体系建立的系统工程,需要各行各业的人们相互协调、配合,才能实现最终目标。

(二)蔬菜有机化生产与传统蔬菜生产的矛盾依然尖锐

近年来,蔬菜播种面积逐年增加,且主要集中在城镇郊区。工业化、城镇化和交通的发展产生大量的烟粉尘、有害气体、各种有机污染物以各种形式排放到大气中。有的污染物具有刺激性、恶臭,有的污染物还具有较大毒性,它们最后落到植株、土壤上,或落到水体中,对土壤结构、理化性质等产生长期的破坏性影响。随着设施栽培中地膜、塑料大棚的广泛使用以及生活垃圾中一次性塑料废弃物的增多,塑料成为新的重要污染源,严重影响着植物的生长发育和蔬菜的自然风味。我国传统农业有利用生活污水灌溉农田的方式,但不可避免地会带来大量有害人体健康的重金属等有毒物质。严重的环境污染不仅降低蔬菜品质,更重要的是对环境资源造成了难以逆转的破坏和无法挽回的损失。因此,完全达到典型有机蔬菜生产的场地和空间,环境越来越受到限制。

我国人口众多,食物的需求仍然是第一位,蔬菜生产的目的还是以高产为衡量标准,高产才能带来高利润,对化肥的需求量非常大。因片面追求高产而造成的连作、重茬也使病虫害日益加重,进而加重了对农药的依赖性。蔬菜种类、品种繁多,其组织及食用器官鲜嫩多汁、营养丰富是病虫害的良好寄主和食物来源。而蔬菜有机化的生产完全需要在没有化肥和化学农药的环境中进行,需要特殊的生产场所、良好生态环境、良好的土壤肥力和生物活性,因此,基础设施的投入巨大。为了维护生产区域的物种多样性,单位面积的产量比较低,尤其是在有机蔬菜生产和蔬菜有机化生产系统中初期阶段产量比较低,所以蔬菜有机化生产者需要接受投入大、收入低的前期发展结果或后期的巨大维护成本。

(三)蔬菜有机化生产基地的选择和技术保障仍有待突破和规范

蔬菜有机化生产的环境是进行蔬菜有机化的重要保障,但目前在我国完全没有使用过化肥、化学农药等的生产地很少,大多处于传统农业的开放系统中。封闭系统的有机农业生产地很缺乏。传统蔬菜产地环境恶化与不合理的蔬菜生产管理水平形成恶性循环,破坏着生态环境的可持续性。另外,在传统农业中进行有机农业的生产需要2～3年的转换期,在转换期间可以进行蔬菜的有机化生产。因此,建立有机蔬菜的生产基地还需要在过渡阶段得到社会和蔬菜生产者的理解和支持。

二、蔬菜有机化发展的途径和方向

蔬菜有机化生产与销售是一项系统工程。农资的提供者、蔬菜有机化生产的从业者、蔬菜有机化产品的营销者以及消费者之间要建立互信和谐的生态链,才是蔬菜有机化发展的适宜途径。

①国家主管部门因地制宜地制定相应的优惠政策,以促进我国蔬菜有机化产业的发展。通过资金和政策的倾斜支持,对基地建设、农资投入进行财政补贴,不仅是有机蔬菜生产进行补贴,蔬菜的有机化生产也需要并给予补贴,鼓励蔬菜有机化从业者大胆投入蔬菜有机化生产中。

②加强蔬菜有机化生产的组织和管理,建立优质优价的营销模式,加强生产基地的监督和市场供销的管理,健全有机认证体系和保障机制,保证蔬菜有机化产品优质优价。在遇到风险年份,给予农业保险和风险补贴。建立专门的国内国外营销渠道既可保证蔬菜有机化生产者的利益,促进可持续发展,又能让消费者获得满意的消费心理。

③加强蔬菜有机化基地建设,划定特殊的蔬菜有机化生产区域。根据蔬菜有机化从业者的生产水平可以考虑在较边远、污染少、四周远离传统农业生产区域或没有从事农业生产的区域进行生产基地建设,避免这些地区走先污染后治理的老路。另外,在老的蔬菜生产区或者污染较严重地区按照蔬菜有机化生产技术体系进行改造和转化,以促进整体蔬菜生产区环境的改善和提升。

④加强蔬菜有机化的科研开发和技术推广体系,持续研发蔬菜有机化生产的新技术与新装备。蔬菜品种繁多、生长特性差异大、生产环境千差万别、管理水平层次不均,蔬菜有机化的生产与发展也不尽一致,风险随时可见。生产的存在必然要加强科技的开发,建立专项资金从蔬菜有机化的各个环节加强研发力度,开发和更新技术、设施设备。利用现代科学技术的新成果,加强蔬菜有机化的生产管理,同时健全技术服务体系,提高蔬菜有机化生产的抗风险能力,保障蔬菜有机化生产有序有利发展态势。

⑤提高消费者对蔬菜有机化的认知度和接受度,加强蔬菜有机化生产和非蔬菜有机化生产的差异的认同感,接受蔬菜有机化高投入低产出高价格的心理承受度。同时通过蔬菜有机化知识的普及和宣传提高公众的健康意识、环境意识,消费者能体会到发展蔬菜有机化不仅是健康的需要,更是环境和谐的需要,以消费促进蔬菜有机化的生产与发展。

第 二 章

宁夏旱作区蔬菜有机化生产的
资源优势和存在的问题

第一节　宁夏蔬菜有机化生产的优势

一、良好的农业生产资源优势

宁夏地处西北的黄土高原,黄河中上游,素有"塞上江南""天下黄河富宁夏"的美称,土地资源丰富,水利设施配套,环境污染较轻,交通便利,拥有丰富的土地资源、便利的引黄灌溉资源以及良好的光热资源上的农业资源优势,是无公害绿色蔬菜、蔬菜有机化生产的优质基地。宁夏现有耕地面积达 126.67 万 hm²,人均耕地面积为 0.23 hm²,居全国第 2 位;有 66.67 万 hm² 荒地可开发成良田,是全国 8 个宜农荒地较多的省区之一,具有很好的开发前景。宁夏属温带大陆性半干旱气候,年降水量一般为 200～400 mm。气温为 5～10 ℃。四季分明,昼夜温差大,全年日照达 3 000 h,无霜期为 170 d 左右,是全国日照和太阳辐射最充足的地区之一,特别适宜农作物及瓜果生长,已经成为蔬菜有机化发展的前提必要条件。

宁夏吴忠国家农业科技园区位于素有"塞上江南,鱼米之乡"美誉的宁夏平原中部,是科技部于 2001 年 9 月批准的第一批国家农业科技园区(试点)之一,也是当时宁夏回族自治区唯一的国家农业科技园区。宁夏吴忠园区(试点)先后顺利通过了 2007 年 9 月,宁夏回族自治区的地方审查,2009 年 5 月,国家科技部专家组现场审查和 2009 年 11 月科技部综合评价验收,正式跨入国家农业科技园区行列,2019 年被国家农业科技园区评估为优秀园区。宁夏吴忠国家农业科技园区孙家滩地区位于宁夏中部,干旱带核心区域,其面积为 504 km²,属扬黄新灌区,开发时间较短,耕种时间不长,其中有灌溉条件的宜农耕地 16 万亩,具有发展生态农业、有机农业、高效设施农业的基础和便利条件,也是宁夏 100 个农业示范园区之一。该地区没有工业污染,土壤纯净,没有发展过常规农业生产,地下水清洁充足,与传统农业生产区天然隔离 10 km 以上,具有发展蔬菜有机化的天然条件,而且已经申请到了有机生产转换基地的证书,是宁夏蔬菜有机化生产的理想发展之地。

二、良好的蔬菜产业优势

蔬菜产业是宁夏"十五"规划重点发展的一项产业,宁夏回族自治区党委政府将蔬菜产业列入宁夏农业六大支柱产业之一。近年来,宁夏回族自治区党委政府通过政策引导、资金扶持,使蔬菜产业实现快速发展,并逐步形成了石嘴山市的脱水蔬菜、银川和中卫市的设施蔬菜、固原市的冷凉蔬菜兼温棚蔬菜的生产格局。2017 年,宁夏蔬菜生产总面积达 315.9 万亩,产值达 109.8 亿元,同比增加 6.2 亿元,增长 6%。其中 2017 年宁夏供港蔬菜种植面积已达 1.5 万亩,占蔬菜生产面积的 0.47%,是香港夏季蔬菜的主要供应区之一。常规蔬菜的花色品种由过去的十几个增加到了 50 多个,产量、质量明显提高。在银川北环蔬菜批发市场的蔬菜年交易量中,其销往外省区的夏秋露地菜也上升到了 80% 以上。以平罗、惠农、中卫等地为主的脱水菜是宁夏传统的出口创汇产业,其产品 70% 远销东南亚、日本、欧美等国家和地区。加工企业的带动使脱水菜种植成为石嘴山市惠农区农民收入重要的优势特色产业,连续多年基地种植面积稳定在 4 万亩以上,脱水蔬菜具有明显的市场竞争优势和发展潜力。宁夏吴忠国家农业科技园区涉及吴忠市 3 个县,17 个乡(镇),总面积达 54 万亩。园区坚持"政府引导,企业农户主体,中介参与,农民致富"的原则,按照奶、设施蔬菜、优质粮食、肉羊四大主导产业建成了种植业、奶产业、肉羊产业 3 个核心区和 5 个示范区(园),已建成核心区 1.03 万亩,核心区总收入达到 1.23 亿元,核心区的农民人均纯收入达 7 023.4 元。宁夏吴忠园区现有科技研发与服务机构 21 家,其中企业所属研发与服务机构 16 个,已实施国家、自治区科技项目 46 个,研究和开发新技术 37 项,推广先进适用技术 99 项,引进新品种 600 个,示范和推广新品种 113 个,并解决了园区主导产业发展中存在的一些重大技术瓶颈,制定了一大批生产技术标准。通过园区,每年吸引区内外科研教学单位的 30 多名专家、100 多名科技特派员到园区创业和从事科研、技术服务,形成了专家、科技特派员、当地农技人员相结合的园区技术队伍,提高了技术研发与成果转化能力。良好的蔬菜产业发展态势和生产设施配套也为蔬菜有机化的生产转型奠定了雄厚的基础。

三、良好的蔬菜产品品质优势

随着农业标准化工作的逐步推进,无公害农产品基地、产品和绿色食品发展迅速。截至目前,宁夏为保障绿色食品产业健康发展,通过实施农业标准化,先后制定和发布农业地方标准近 100 项。目前,宁夏已经创建国家级农业标准化示范县 1 个,全国绿色食品原料标准化生产基地 10 个,国家级农业标准化示范区 15 个,自治区级农业标准化示范区 14 个。宁夏回族自治区已经完成认证的无公害农产品 680 个,绿色食品 165 个,有机产品 8 个;认定无公害种植业产地面积占全区耕地面积的 80% 以上。宁夏吴忠国家农业科技园区建设取得了很好的示范带动作用。目前,该园区建立农村技术经济合作组织与各种农村专业协会 51 个,其中设施蔬菜协会 6 个,奶牛协会 21 个,农副产品运销协会 9 个。

四、良好的无工业污染蔬菜种植区位优势

宁夏是传统的农业省区,环境污染较轻,空气质量好,土地也很少受到严重污染。宁夏主要蔬菜生产地区大部分远离工业基地,特别是宁南山区的光热资源丰富。砂田西甜瓜产业和马铃薯产业已经成为当地主导优势产业,其生育期较短,病虫害较少,化肥和农药的极少使用,土壤收到的化学污染较轻,能够满足蔬菜有机化生产的环境需求,有条件进行蔬菜有机化转换生产。

第二节　宁夏发展蔬菜有机化生产的制约因素

一、蔬菜有机化生产的基础条件制约

蔬菜有机化的生产过程需要较为严格操控技术、产地和投入品有严格的检测标准、有规范的认证程序不同于严格意义的有机蔬菜生产,但需高于绿色蔬菜生产。国际有机食品标准采用或引用欧盟有机农业条例 EU2092/91 中的 16 项条款和 6 份附件的具体要求。我国经营有机产品的企业要获得国外有机标志就必须接受和采用欧盟标准以及支付大量的检验、测试、评估、购买仪器设备等间接费用,另外,还要支付价格不菲的认证中申请费和标志使用年费等直接费用。因此,我国发展蔬菜有机化存在着很高的入门门槛,而且还必须为此每年承担高额的维护费用。目前,我国认证机构得到国际承认的仅有"国环有机产品认证中心(OFDC)"等为数不多的机构。有机蔬菜的生产区的转换期为 2～3 年,从生产基地的选择到蔬菜有机化种植再到 OFDC 认证最少也要经历 3 年的时间。在开始认证的初始阶段按照欧盟有机食品标准提出申请,并需要支付较高的检测认证费外,同时对蔬菜有机化生产基地的土壤、水源和空气以及周边的生产基础设施等进行改造或拆迁,还要对生产中使用的有机肥和生物农药等投入品进行认证,这些都需要大量的费用,从而导致有机蔬菜的生产成本大幅度增加。而蔬菜的有机化生产的转换期也参照有机蔬菜生产的转换期,具体转换时间以是否采用有机认证的时间为准,转换期间的蔬菜生产属于蔬菜的有机化生产,转换期间的生产投入同样需要大量的费用。另外,在生产基地改造过程中,土壤肥料需要有机化培肥和改良,初始阶段的土壤养分供应不足,蔬菜有机化产量不高,管理成本高,单位面积的经济收益较低,这些对有机蔬菜生产或蔬菜有机化生产的从业者生产效益和积极性都会产生极大的负面影响。

二、蔬菜有机化生产的管理制约

目前,宁夏蔬菜有机化的生产尚在研究和探索阶段,政策引导和扶持力度不够,蔬菜生产组织化程度不高,有机蔬菜生产基地的环境保护受周边各种产业发展和生产模式的影响很

大,难以持续维护蔬菜有机化生产的环境要求。宁夏尚没有专门经营有机蔬菜的企业,缺乏有机蔬菜产业发展的引领者和带动者。有机蔬菜的生产存在着只要产品检测符合有机蔬菜的质量标准就认同为有机蔬菜,而不管其生产过程是否按照有机蔬菜的生产体系进行生产。同样,蔬菜有机化生产都是采用或参考现有的标准和方法进行管理和评价。有些所谓的有机蔬菜生产者对产品的分类定义的认识很模糊,没有建立和推进标准化生产方式及管理机制,既没有各类蔬菜产品制定详细的等级标准,有机蔬菜的生产管理缺乏协调统一的运作的有机蔬菜的生产管理,又缺乏有机蔬菜生产或蔬菜的有机化生产的管理法规。同时,检验检疫水平落后等严重影响力宁夏有机蔬菜生产的起步与发展。

三、蔬菜有机化生产的产品营销制约

宁夏有机蔬菜或蔬菜有机化生产采收后的商品化处理还是按照常规蔬菜的处理方法,其缺乏高端处理和包装措施,生产出来的有机蔬菜或蔬菜有机化生产的产品很少经加工和分等分级后按质论价出售。更重要的是,在市场销售价格上难以优质优价。其主要是由品牌意识差,有机蔬菜或蔬菜有机化生产的产品营销体系不健全等制约因素造成的。在蔬菜产品的销售方面,监管不严、消费者接受程度不同。无公害蔬菜、绿色蔬菜、蔬菜有机化生产有机蔬菜的标识和管理不统一、不规范,也缺少相应的检验、检测、认证机构。如何定位无公害蔬菜产品、绿色蔬菜产品蔬菜有机化产品和有机蔬菜产品的等级标准需要生产者和消费者建立共同的认知途径和方法。

第三章

有机蔬菜种类和品种选择

第一节　有机蔬菜品种选择的原则

有机蔬菜的品种要求选择抗逆性强、生长健壮、风味品质俱佳,同类蔬菜易选择生育期短的品种,或者具有特殊气味的品种。害虫一般不愿啃食这些具有特殊气味的品种,虫害发生少,如韭菜、大蒜、洋葱、莴笋、芹菜、胡萝卜、牛蒡、罗勒等。植物含有特殊物质的品种就很少发生病虫害,如苦瓜、蛇瓜、佛手瓜、甘薯、紫薯等。为改良土壤或丰富其多样性,豆类蔬菜也是较多被选择的种类。经历了大自然的严格选择,野生蔬菜也是优选的栽培种类。蔬菜有机化坚决不允许转基因品种进入。

通过多年的蔬菜有机化研究与示范,项目组开展了大量的蔬菜优良新品种的引进,并进行品比试验,筛选出尼克、新小玉2个小型西瓜品种可以作为宁夏荒漠化地区露地生态礼品西瓜优势品种发展;芬达、普罗旺斯2个粉色硬果型番茄品种为设施越冬番茄的优势品种;银丽丝、蜜世界、密雪华、白雪蜜4个甜瓜品种可作为日光温室早春茬及露地厚皮甜瓜的主栽品种;德尔99和博耐13为设施黄瓜早春茬栽培的优势品种;薄皮甜瓜为金帝、超甜王、特早丰、德里斯4个品种;彩椒为阿斯达4号、万德、凯肯2号、费德4个品种,茄子品种为盖世茄王、精选绿茄、西龙绿茄3个品种,樱桃番茄品种为FS-222(红果)、红硕(红果)、金玉(黄果)3个品种适合本地消费习惯,适宜宁夏地区推广种植,另外,筛选出适宜宁夏叶菜类供港生态蔬菜生产的优良品种为台湾帝王芥蓝、四九菜心等。然而由于蔬菜品种更新换代非常快,筛选的品种也不能满足现时的栽培需求,只作阶段性栽培参考。

第二节　典型有机蔬菜品种的引种和筛选

一、干旱风沙区设施番茄栽培适应性比较

由于干旱风沙区占宁夏土地总面积的55%,长期缺乏科学的经营活动造成了生态平衡失

调。这一问题已引起人们的广泛关注和忧虑。这里的气候为典型的大陆性气候,干旱少雨,蒸发强烈,风大沙多,光照充足,十分利于发展设施农业。本研究以 7 种设施番茄品种为试材,进行干旱风沙区设施内冬季栽培适应性比较试验,为干旱风沙区设施农业新品种引进与示范提供参考。

本试验于 2008 年 10 月至 2009 年 6 月进行,供试材料的 7 个番茄品种分别为:好韦斯特(引自美国 BHN 种子公司),倍盈(引自先正达荷兰种子有限公司),保罗塔(引自先正达印度种子有限公司),红太子和粉太子(引自法国 tezier 公司),瑞顿(引自上海惠和种业有限公司),耐莫尼塔(引自以色列尼瑞特种子有限公司)。在盐池县位于宁夏东部、毛乌素沙漠南缘,属陕西、甘肃、宁夏、内蒙古四省(区)交界地带,境内地势南高北低,平均海拔为 1 600 m,常年干旱少雨,风大沙多,属典型的温带大陆性季风气候。它地处宁夏中部干旱带,年平均降水量为 280 mm,年蒸发量为 2 100 mm,年平均气温为 7.7 ℃,年均日照为 2 872.5 h,太阳辐射总量为 592.72 kJ/m² 。这种气候条件十分有利于作物光合作用和干物质积累,完全可满足喜温瓜菜、设施栽培对光热条件的需求,是发展设施特色作物的优势区域。

(一)不同番茄品种的品质比较

从表 3-1 可以看出,在 7 个番茄品种中,可滴定酸含量值以好韦斯特和粉太子为最大,为 0.47 g/100 g,倍盈、瑞顿、耐莫尼塔为 0.32 g/100 g,保罗塔为 0.29 g/100 g,红太子最低,仅为 0.25 g/100 g;在可溶性糖方面,粉太子含量最多,为 3.89 g/100 g,其他依次为红太子＞倍盈＞瑞顿＞保罗塔＞好韦斯特＞耐莫尼塔;红太子的糖酸比值最大,为 14.32,其次为保罗塔(11.79)＞倍盈(10.81)＞瑞顿(10.78)＞耐莫尼塔(9.69)＞粉太子(8.28)＞好韦斯特(6.83);粉太子的维生素 C 含量最大,为 18.6 mg/100 g,好韦斯特为 18 mg/100 g,保罗塔为 17.5 mg/100 g,倍盈为 16 mg/100 g,耐莫尼塔为 14.4 mg/100 g,红太子为 14 mg/100 g,瑞顿仅为 13.8 mg/100 g;7 个番茄品种的粗蛋白质含量均为 0.6～0.7 g/100 g,差异不明显,而且在 7 个番茄品种中均未检出亚硝酸盐的存在。

表 3-1　7 种番茄品质指标比较

品种	可滴定酸/ (g/100 g)	可溶性糖/ (g/100 g)	维生素 C/ (mg/100 g)	粗蛋白质/ (g/100 g)	糖酸比	亚硝酸盐 /(mg/kg)
好韦斯特	0.47	3.21	18	0.7	6.83	未检出
倍盈	0.32	3.46	16	0.66	10.81	未检出
保罗塔	0.29	3.42	17.5	0.69	11.79	未检出
粉太子	0.47	3.89	18.6	0.66	8.28	未检出
红太子	0.25	3.58	14	0.61	14.32	未检出
瑞顿	0.32	3.45	13.8	0.64	10.78	未检出
耐莫尼塔	0.32	3.1	14.4	0.62	9.69	未检出

(二)不同番茄品种的产量比较

粉太子的最大单果重为 810 g/个,其在 7 个番茄品种中为最重,其他均为 250～330 g/个;

而在平均单果重方面,粉太子值最大,为 290 g/个,其他依次为倍盈（221 g/个）＞保罗塔（212 g/个）＞瑞顿(197 g/个)＞好韦斯特(176 g/个)＞粉太子(161 g/个)＞耐莫尼塔 (134 g/个)。从最大单果重/平均单果重的比值大小可以侧面反映果实均一性的情况,其比值越接近 1,表明果实均一性越佳,商品性越强。在 7 个番茄品种中,倍盈的最大单果重/平均单果重的比值仅为 1.49,保罗塔和红太子为 1.55,瑞顿为 1.57,好韦斯特为 1.64,耐莫尼塔为 1.86,而粉太子达到 2.79;在产量方面,保罗塔最高,为 9 480.6 kg/亩,倍盈次之,为 9 424.3 kg/亩,其他依次为:粉太子(7 562.9 kg/亩)＞好韦斯特(7 421.9 kg/亩)＞耐莫尼塔(7 280.8 kg/亩)＞瑞顿(6 911.2 kg/亩)＞红太子(6 799.2 kg/亩)(表 3-2)。

表 3-2　7 种番茄产量指标比较

品种	最大单果重 /(g/个)	平均单果重 /(g/个)	最大单果重/ 平均单果重	产量 /(kg/亩)
好韦斯特	290	176	1.64	7 421.9
倍盈	330	221	1.49	9 424.3
保罗塔	330	212	1.55	9 480.6
粉太子	810	290	2.79	7 562.9
红太子	250	161	1.55	6 799.2
瑞顿	310	197	1.57	6 911.2
耐莫尼塔	250	134	1.86	7 280.8

(三)不同番茄品种的抗性比较

从表 3-3 可以看出,在抗旱性方面,以倍盈和保罗塔的抗旱性表现最强,好韦斯特和耐莫尼塔次之,粉太子、红太子、瑞顿抗旱性较弱;在抗立枯病方面,瑞顿表现为强抗,保罗塔、粉太子、红太子表现为中抗,好韦斯特、倍盈表现为弱抗;在抗灰霉病方面,倍盈和保罗塔表现为强抗,好韦斯特和耐莫尼塔表现为中抗,粉太子、红太子、瑞顿表现为弱抗;在抗叶霉病方面,倍盈表现为强抗,好韦斯特、保罗塔、红太子、耐莫尼塔次之,粉太子和瑞顿表现为弱抗;在抗晚疫病方面,好韦斯特、瑞顿、耐莫尼塔表现为强抗,倍盈、保罗塔、粉太子表现为中抗,红太子表现为弱抗;在抗旱性方面,以倍盈和保罗塔的抗旱性表现为最强。

表 3-3　7 种番茄抗性指标比较

品种	抗立枯病	抗灰霉病	抗叶霉病	抗晚疫病	抗旱性
好韦斯特	弱	中	中	强	中
倍盈	弱	强	强	中	强
保罗塔	中	强	中	中	强
粉太子	中	弱	弱	中	弱
红太子	中	弱	中	弱	弱
瑞顿	强	弱	弱	强	弱
耐莫尼塔	弱	中	中	强	中

在 7 个番茄品种中,粉太子、好韦斯特、保罗塔、倍盈的维生素 C 含量均超过 16 mg/100 g;红太子、保罗塔、倍盈、瑞顿的糖酸比值均超过 10;保罗塔和倍盈的产量均超过 9 400 kg/亩,而且倍盈、保罗塔、红太子、瑞顿的最大单果重/平均单果重的比值均小于 1.6,其中倍盈仅为 1.49,说明其果实均一性极佳,商品性强。综合以上品质、产量、果实均一性、抗旱性及抗病性等指标得出:倍盈、保罗塔的综合表现优于其他品种,可作为干旱风沙区设施越冬番茄优势品种。

二、宁夏干旱风沙区设施黄瓜早春茬栽培适应性比较

黄瓜野生种起源于喜马拉雅山麓,经长期驯化,现已成为世界各国广泛栽培的主要蔬菜。近年来,它已成为我国北方冬季日光温室的主栽作物之一。本研究以 12 个设施用黄瓜品种为试材,进行干旱风沙区设施内早春栽培适应性比较试验,为干旱风沙区设施新品种引进与示范提供参考。

本试验于 2009 年 1—6 月进行,1 月 10 日育苗,2 月 2 日定植。供试材料的 12 个黄瓜品种分别为:顶秀(引自北京格瑞亚种子有限公司),东悦 1 号(引自辽宁东亚农业发展有限公司),亮优绿箭、亮优 218、早春优秀(均引自天津亿连特科技发展有限公司)、德尔 99、博耐 13(均引自天津德瑞特种业有限公司)、日光博雅、日光祥瑞、日光幸运(均引自北京聚宏种苗技术有限责任公司)、好运(引自上海惠和种业有限公司)、新瓜神(引自天津市惠农有限公司)。试验采用随机区组设计,每个品种为 1 个处理,3 次重复,每个处理小区面积为 1.3 m×6 m,共计 36 个小区,采用温室内覆膜栽培,灌水方式为膜下滴灌。盐池县位于宁夏东部,毛乌素沙漠南缘,属陕西、甘肃、宁夏、内蒙古四省(区)交界地带,境内地势南高北低,平均海拔为 1 600 m,常年干旱少雨,风大沙多,属典型的温带大陆性季风气候。年平均降水量为 280 mm,年蒸发量为 2 100 mm,年平均气温 7.7 ℃,年均日照时数为 2 872.5 h,太阳辐射总量为 5.928 5×10⁹ J/m²。虽然这里干旱少雨,风多沙大,但是光照时间长,光热资源充足,昼夜温差大,十分有利于作物光合作用和干物质积累,完全可满足喜温瓜菜、设施栽培对光热条件的需求,是发展设施特色作物的优势区域。该试验温室位于宁夏盐池县花马池镇城西滩村设施农业科技核心示范园区内,北纬 37°48′21″,东经 107°18′43″。

(一)不同黄瓜品种对品质的比较

由表 3-4 可看出,在 12 个黄瓜品种中,好运的维生素 C 含量最多,为 12.8 mg/100 g,顶秀的维生素 C 含量为 11.8 mg/100 g,新瓜神的维生素 C 含量为 10.8 mg/100 g,亮优绿箭和亮优 218 的维生素 C 含量为 10.6 mg/100 g、德尔 99 的维生素 C 含量为 10.3 mg/100 g、东悦 1 号、日光博雅、日光幸运、博耐 13 的维生素 C 含量均为 9.85 mg/100 g,日光祥瑞的维生素 C 含量为 8.87 mg/100 g,早春优秀的维生素 C 含量最小,仅为 8.37 mg/100 g;在可溶性糖方面,德尔 99 含量最多,为 2.15 g/100 g,其他依次为好运>顶秀>日光祥瑞=日光幸运>亮优绿箭>东悦 1 号>早春优秀>新瓜神>亮优 218>博耐 13>日光博雅;在 12 个黄瓜品种中,可滴定酸含量除早春优秀为 0.06,好运为 0.08 外,其余品种均为 0.07 g/100 g,差异不明显;

早春优秀的糖酸比值最大,为31.3,其次为德尔99(30.7)>顶秀(28.7)>日光祥瑞=日光幸运(28.3)>亮优绿箭(28)>东悦1号(27.3)>新瓜神(26.4)>亮优218(26.3)>好运=博耐13(26)>日光博雅(25.4);在粗蛋白质含量方面,日光祥瑞的含量最多,为0.944 g/100 g,好运为0.942 g/100 g 德尔99为0.938 g/100 g,博耐13为0.906 g/100 g,其他黄瓜品种均为0.810～0.899 g/100 g。在12个黄瓜品种中均未发现亚硝酸盐的存在。

表 3-4　黄瓜品种品质指标比较

品　种	维生素 C /(mg/100 g)	可溶性糖 /(g/100 g)	可滴定酸 /(g/100 g)	糖酸比	亚硝酸盐 /(mg/kg)	粗蛋白质 /(g/100 g)
顶秀	11.8	2.01	0.07	28.7	0	0.82
东悦1号	9.85	1.91	0.07	27.3	0	0.808
亮优绿箭	10.6	1.96	0.07	28	0	0.898
亮优218	10.6	1.84	0.07	26.3	0	0.898
早春优秀	8.37	1.88	0.06	31.3	0	0.812
新瓜神	10.8	1.85	0.07	26.4	0	0.876
日光博雅	9.85	1.78	0.07	25.4	0	0.859
日光祥瑞	8.87	1.98	0.07	28.3	0	0.944
日光幸运	9.85	1.98	0.07	28.3	0	0.812
好运	12.8	2.08	0.08	26	0	0.942
德尔99	10.3	2.15	0.07	30.7	0	0.938
博耐13	9.85	1.82	0.07	26	0	0.906

(二)不同黄瓜品种果实形态指标及产量的比较

在果长方面,亮优绿箭、顶秀、博耐13的果长均超过30 cm,其中亮优绿箭达平均果长为36.4 cm,其他品种依次为新瓜神>日光幸运>亮优218>德尔99>日光祥瑞>早春优秀>东悦1号>日光博雅,好运的平均果长仅为21.2 cm;日光博雅、日光幸运、日光祥瑞、德尔99、博耐13、亮优绿箭、亮优218的果实直径均超过30 mm,除早春优秀(27.54 mm)外,其他品种均为29～30 mm。博耐13的平均单果质量值最大,达到189.97 g,其他品种均低于180 g;在商品率方面,好运黄瓜达到93.07%,其他品种均在90%以下,依次为东悦1号、德尔99、博耐13 亮优218、新瓜神、日光祥瑞、顶秀、亮优绿箭、日光博雅、日光幸运、早春优秀;在产量方面,博耐13的产量最高,为5 106 kg/亩,德尔99的产量次之,为4 798 kg/亩,其他依次为:亮优绿箭(4 764 kg/亩)>顶秀(4 487 kg/亩)>亮优218(4 371 kg/亩)>日光幸运(4 227 kg/亩)>新瓜神(4 074 kg/亩)>东悦1号(3 962 kg/亩)>日光博雅(3 956 kg/亩)>日光祥瑞(3 929 kg/亩)>早春优秀(3 829 kg/亩)>好运(3 631 kg/亩)(表3-5)。

表 3-5　黄瓜品种果实形态指标及产量比较

品种	果长/cm	直径/mm	单果质量/g	商品率/%	亩产量/kg
顶秀	35.6	29.02	166.94	83.63	4 487
东悦 1 号	23.8	29.07	136.26	89.74	3 962
亮优绿箭	36.4	30.52	177.26	83.44	4 764
亮优 218	27.3	30.7	162.62	86.97	4 371
早春优秀	24.5	27.54	135.04	80.86	3 829
新瓜神	28.4	29.38	151.59	85.89	4 074
日光博雅	23.3	31.14	139.76	83.26	3 956
日光幸运	28.1	31.26	146.11	83.21	4 227
日光祥瑞	25.2	32.45	138.74	84.34	3 929
好运	21.2	29.14	135.09	93.07	3 631
德尔 99	25.5	30.35	156.19	89.28	4 798
博耐 13	33.4	31.01	189.97	88.64	5 106

(三)不同黄瓜品种抗性比较

由表 3-6 可看出,在抗霜霉病方面,好运、德尔 99、博耐 13 表现为强抗,顶秀、亮优 218、早春优秀、新瓜神表现为中抗,东悦 1 号、亮优绿箭、日光博雅、日光幸运、日光祥瑞表现为弱抗;在抗白粉病方面,早春优秀、好运、德尔 99、博耐 13 表现为强抗,亮优 218、日光博雅、日光祥瑞表现为中抗,顶秀、东悦 1 号、亮优绿箭、新瓜神、日光幸运表现为弱抗;在抗旱性方面,以顶秀、早春优秀、好运、德尔 99、博耐 13 抗旱性表现为最强,东悦 1 号、亮优绿箭、亮优 218、日光博雅、日光幸运、日光祥瑞次之,新瓜神表现为较弱。

表 3-6　黄瓜品种植株抗性指标比较

品种	抗霜霉病	抗白粉病	抗旱性		
			Ⅰ	Ⅱ	Ⅲ
顶秀	中	弱	Ⅰ		
东悦 1 号	弱	弱		Ⅱ	
亮优绿箭	弱	弱		Ⅱ	
亮优 218	中	中		Ⅱ	
早春优秀	中	强	Ⅰ		
新瓜神	中	弱			Ⅲ
日光博雅	弱	中		Ⅱ	
日光幸运	弱	弱		Ⅱ	
日光祥瑞	弱	中		Ⅱ	
好运	强	强	Ⅰ		
德尔 99	强	强	Ⅰ		
博耐 13	强	强	Ⅰ		

注:在同等水分管理条件下,按耐旱级别分为Ⅰ级植株长势旺盛,叶色深绿;Ⅱ级植株长势正常,叶片无明显萎蔫;Ⅲ级植株长势较弱,部分植株叶片出现萎蔫现象。

在 12 个黄瓜品种中,维生素 C 含量以好运为最多,为 12.8 mg/100 g;在可溶性糖方面,德尔 99、好运、顶秀的含量均超过 2.0 g/100 g;日光祥瑞、好运、德尔 99、博耐 13 的粗蛋白含量均超过 0.9 g/100 g;亮优绿箭、顶秀、博耐 13 的果实品均长度均超过 30 cm,好运的商品率达到93.07%,东悦 1 号、德尔 99、博耐 13 的商品率也均超过 88%;在产量方面,博耐 13 的产量最高,为 5 106 kg/亩,德尔 99 次之,为 4 798 kg/亩;早春优秀、好运、德尔 99、博耐 13 抗病性和抗旱性表现较强。综合以上品质、产量、果实均一性、抗旱性及抗病性等指标得出:德尔 99 和博耐 13 的综合表现优于其他品种,可作为宁夏干旱风沙区设施黄瓜早春茬栽培优势品种发展。

三、荒漠化地区厚皮甜瓜适应性、栽培性状比较

厚皮甜瓜属葫芦科甜瓜属甜瓜种(*Cucumis melon* L.)中的喜光耐热类型,因外观漂亮,肉质细嫩,清香多汁,口感好,营养丰富,产量高、品质优、风味独特等优点,深受消费者的青睐。近年来,随着人们生活水平的不断提高,作为高档水果销售的厚皮甜瓜,其市场需求量逐年增加,而且在厚皮甜瓜栽培技术、品质、生物学特性研究方面,前人已做了较为翔实的研究。选择 10 种厚皮甜瓜分别为:翠香(来源于香港兆春企业有限公司)、金美丽、赤玉、黄金宝(来源于沈阳爱绿士种业有限公司)、金甜王(来源于北京农斯特农业公司)、白雪蜜(来源于山西运城河东种业科技开发中心)、玉美人(来源于北京科立昌农业研究所)、银丽斯(来源于日本泷井种苗株式会社)、金海蜜(来源于新疆双全农业科技有限公司)、金蜜六号(来源于新疆宝丰种业有限公司)。

(一)果实性状比较

果皮颜色、果肉颜色、果肉厚度、果实形状等方面 10 种厚皮甜瓜存在一定的差异性(表3-7)。在果皮颜色方面,玉美人、白雪蜜的果皮为白色,金甜王、黄金宝、金海蜜、金蜜六号的果皮为黄色,金美丽的果皮为金黄色且带有白色条纹,色泽诱人,赤玉的果皮为黄白色,翠香和银丽斯的果皮为白绿色;在果肉颜色方面,金甜王、金美丽、金海蜜的果肉颜色均为浅黄色,白雪蜜和翠香的果肉颜色为白色,黄金宝和金蜜六号的果肉颜色为红黄色,玉美人的果肉颜色为橙红色,赤玉的果肉颜色为橙色,银丽斯的果肉颜色为白绿色;在果肉形状方面,金蜜六号和金海蜜为纺锤形,其他均为圆形或近、长圆形;在果肉厚度方面,平均果肉最厚的为银丽斯,即4.7 cm,其次为玉美人 4.2 cm,而金美丽和金海蜜仅为 2.8 cm,其他均为 3.0~4.0 cm;在果实成熟期过后,银丽斯和翠香出现轻微裂果现象,其余均无裂果。由于瓜皮较硬,除金美丽外,其他品种均比较耐藏。

(二)产量、品质性状比较

银丽斯的含糖量最高,达到 16.5%,金蜜六号、金甜王、玉美人的含糖量则为 15.5%,糖含量最低为赤玉,仅为 14.0%;在平均单瓜重方面,金蜜六号最重,即 2.45 kg,银丽斯为 1.85 kg,金美丽最低为 0.86 kg,其余均为 1.00~1.3 kg。结合单株结瓜数量,金美丽平均单株结瓜数为3.0 个,而赤玉和翠香仅为 1.0 个,其他品种为 1.5~2.5,所以平均单株产量,金蜜六号产量最高,为 3.675 kg,其次为白雪蜜,为 3.05 kg,赤玉和翠香单株产量最低,分别为 1.2 kg 和1.23 kg。

(三)生长势比较

玉美人、白雪蜜、金甜王、银丽斯、金美丽、金蜜六号均表现较强的生长势,赤玉、黄金宝、翠香和金海蜜表现一般;单株结瓜数一定程度上反映植株生长势的强弱和植株座瓜能力大小,金美丽单株结瓜数最多,赤玉和翠香最少,其他品种介于二者之间(表3-7)。

表3-7　不同品种厚皮甜瓜的农艺性状的比较

品种名称	果皮颜色	果肉颜色	果实形状	果肉厚度/cm	含糖量/%	单瓜重/kg	单株结瓜数/个	裂果性	耐贮性	耐旱性	生长势	抗病性
玉美人	白	橙红	圆形	4.2	15.5	1.01	2.0	不易	好	强	强	强
白雪蜜	白	白	长圆形	3.5	15.0	1.22	2.5	不易	好	强	强	强
金甜王	黄	浅黄	圆形	3.7	15.5	1.18	1.5	不易	好	弱	强	中
赤玉	黄白	橙	近圆形	3.7	14.0	1.20	1.0	不易	好	弱	中	强
黄金宝	黄	红黄	圆形	4.1	15.0	1.27	1.5	不易	好	中	中	弱
翠香	白绿	白	长圆形	3.8	14.5	1.23	1.0	不易	好	中	中	中
银丽斯	白绿	白绿	圆形	4.7	16.5	1.85	1.5	轻微	好	强	强	强
金美丽	金黄	浅黄	长棒形	2.8	15.0	0.86	3.0	不易	一般	弱	强	弱
金海蜜	黄	浅黄	纺锤形	2.8	14.5	1.25	2.0	不易	好	中	中	强
金蜜六号	黄	红黄	纺锤形	3.5	15.5	2.45	1.5	不易	好	强	强	强

供试地区为干旱风沙区,植株耐旱性显得尤为重要。在供试品种中银丽斯、玉美人、白雪蜜和金蜜六号在相同灌水量的条件下表现为较耐旱,黄金宝、翠香和金海蜜表现一般,而金甜王、赤玉和金美丽表现为耐旱能力较弱。

(四)抗病性比较

玉美人、白雪蜜、赤玉、银丽斯、金海蜜和金蜜六号均较抗病,其他品种抗病能力一般或较弱。银丽斯、玉美人、白雪蜜和金蜜六号4种厚皮甜瓜在果肉厚度、含糖量、单株产量、耐贮性、裂果性、抗旱性、抗病性等方面表现优于其他品种。这4种厚皮甜瓜可作为今后宁夏荒漠化地区厚皮甜瓜的优势品种发展。

四、礼品西瓜露地栽培品种比较试验

小型西瓜因果型美观、肉质细嫩、汁多味甜、品质极佳等诸多优点而深受消费者青睐。近几年,随着人们生活水平的提高,小型西瓜迅速发展,市场前景十分乐观。为了在众多的小型礼品西瓜中筛选出适合本地区推广的优良品种,并探讨小型礼品西瓜露地连作、省时高效的大面积栽培方法,2008年,引进8个优良小型礼品西瓜新品种。其分别为:新小玉(来源于北京望稼鸿良种公司)、尼克(来源于沈阳爱绿士种业有限公司)、小玲[来源于农友种苗(中国)有限公司]、福美来、蜜小宝、黄小宝、翠宝、翠玉(均来源于北京华蔬种子有限公司)。通过表3-8可以看出,在单瓜重方面,福美来和蜜小宝较重,分别为2.12 kg和2.00 kg,依次为小玲、尼克、翠玉、翠宝、黄小宝、新小玉;在果皮厚度方面,尼克最薄,仅为 0.5 cm,黄小宝为 0.6 cm,小玲为 0.7 cm,翠玉和翠宝均为 0.8 cm,新小玉和福美来为 1.0 cm,蜜小宝最厚,为 1.2 cm;在种子数量方面,福美来和蜜小宝种子数量均最少,只有 48 粒;在含糖量方面,尼克 最高达到 12.5%,翠宝次之,依次为福美来、黄小宝、翠玉、小玲,新小玉和蜜小宝最低,仅为 9.0%;小玲、福美来、蜜小宝、黄小宝、尼克的坐果力较强;在抗病性方面,新小玉、小玲、福美 来、翠宝、翠玉、尼克均表现较强抗性;在平均亩产方面,蜜小宝为最高,达 5 700 kg,其次是福 美来、小玲、尼克和黄小宝,亩产超过 4 000 kg,翠玉、翠宝和新小玉亩产较低。

表 3-8   不同品种礼品西瓜的园艺学性状的比较

品种名称	单瓜重/kg	果皮颜色	果肉颜色	纵径/cm	横径/cm	皮厚/cm	种子数量	含糖量/%	坐果性	抗病性	单株坐果数	平均亩产/kg
新小玉	1.40	淡绿底青黑狭条斑	鲜红	17.0	12.2	1.0	170	9.0	中等	强	2.0	2 660
小玲	1.96	淡绿底散布青黑细网纹	鲜红	14.0	14.0	0.7	96	10.0	强	强	2.5	4 655
福美来	2.12	淡绿色底青黑色条斑纹	鲜红	14.8	14.8	1.0	48	11.0	强	强	2.5	5 035
蜜小宝	2.00	黄色底橙黄色狭条斑	粉红	16.3	16.3	1.2	48	9.0	强	中等	3.0	5 700
黄小宝	1.42	淡黄底白黄色狭条斑	晶黄	14.0	14.0	0.6	120	10.5	强	中等	3.0	4 047
翠宝	1.50	淡绿散布青黑色阔条斑	深红	15.5	15.0	0.8	99	11.1	中等	强	2.0	2 850
翠玉	1.70	绿色底青黑色条斑	桃红	14.0	15.5	0.8	107	10.5	中等	强	2.0	3 230
尼克	1.75	翠绿底青黑狭条斑	大红	16.0	16.0	0.8	68	12.5	强	强	2.5	4 156

通过各个品种的西瓜在含糖量、坐果能力、平均亩产和抗病性等综合比较得出:小玲、福 美来和尼克较适宜在本地区栽培。按每千克价格 4 元估算,种植这 3 种礼品西瓜平均亩产的 收益可达 18 400 元,去除每亩的投入 2 600 元,纯收入可达 15 800 元,所以种植品质好、产量 高的礼品西瓜收益可观。

五、南瓜栽培优良品种选择

南瓜(*Cucurbita Linnaeus*)为葫芦科(*Cucurbitaceae*)一年生草本植物。中国南瓜和印度 南瓜以老熟果实为主要食用产品,美洲南瓜以采收嫩果为主。南瓜的营养成分丰富,具有很 高的营养价值与保健功能,已被国际公认为特效的保健食品。2008 年,宁夏青铜峡市金沙湾 旅游区是适合南瓜栽培的地区。其地理位置为北纬 37°51′,东经 105°54′,属西北干旱带,平均 海拔为 1 168 m,年积温为 2 064～2 300 ℃,年降水量为 183.4～677 mm,年日照时数为 2 300～2 800 h,气候类型属温带大陆性季风气候,具有典型内陆性半干旱气候条件,且春季 风沙较大。选择产自宁夏地方品种和北方地区其他省份栽培品种共计 27 份进行了筛选试 验。由表 3-9 可看出不同南瓜品种在横切外径、横切内经、纵切外径、纵切内经方面均有较大 差异。根据外径大小,可将不同品种南瓜分为大型、中型、小型 3 种:大型南瓜有中卫南瓜、陶 2# 南瓜、吴忠南瓜、银川南瓜、香炉瓜、混杂南瓜、大王南瓜、四川南瓜;中型南瓜包括甜栗、现 代黄栗、日本南瓜、红芳香南瓜、红英南瓜、黑锦南瓜、银川面瓜、白五角星、流星南瓜、斑块南瓜、红美丽南瓜、红斑点南瓜、癞头南瓜、花斑南瓜;小型南瓜包括黑玉南瓜、花脸南瓜、黄飞碟、白飞碟、西小南瓜。

从单果重方面来看,大果型南瓜较重,其中吴忠南瓜单果最重,为 3.0 kg,次重为中卫南瓜;中型南瓜由于果肉厚度差异造成单果重的差异较大,小果型南瓜单果重量普遍偏低;在亩产方面,丛生南瓜植株坐瓜率高,亩产量较高,银川南瓜亩产最高,为 5 200 kg/亩;中果型南瓜亩产量较高,小果型蔓生南瓜产量较低。甜栗、红芳香南瓜、西小南瓜、红英南瓜、黑锦南瓜、斑块南瓜、红美丽南瓜果肉平均厚度均超过 3 cm,黄飞碟果肉厚度值最小,仅为 1.5 cm。在种子数量方面,吴忠南瓜单瓜种子数量最多,为 400 粒;癞头南瓜种子数量仅有 40 粒。其中吴忠南瓜、红英南瓜、四川南瓜、红芳香南瓜可作为籽用南瓜栽培。

表 3-9　不同南瓜品种的农艺性状(一)

品种	单果重/kg	横切外径/cm	横切内径/cm	纵切外径/cm	纵切内径/cm	果肉厚度/cm	产量/(kg/亩)	种子数量/粒
甜栗	1.8	16	9	10	6	3.5	3 200	170
中卫南瓜	2.8	24	19	16	12	2.5	2 500	235
陶 2# 南瓜	2.5	14	8	45	18	3.0	2 220	256
现代黄栗	1.2	13	8	8	5	2.5	2 140	150
黄飞碟	0.4	16	6	6	4	1.5	2 600	272
白飞碟	0.7	16	6	8	4	1.8	3 640	210
吴忠南瓜	3.0	17	11	12	7	3.0	2 670	400
银川南瓜	2.0	10	6	25	18	2.6	5 200	60
香炉瓜	2.5	18	12	11	7	2.5	2 230	140
日本南瓜	1.8	14	8	9	4	3.0	3 200	127
混杂南瓜	2.2	18	13	10	6	2.5	2 000	163
红芳香南瓜	1.9	14	7	9	4	3.7	3 380	270
西小南瓜	1.1	14	7	11	5	3.5	2 000	100
红英南瓜	1.3	13	6	11	6.5	3.2	2 320	375
黑锦南瓜	1.8	14	6.5	10	4.5	3.8	3 200	108
银川面瓜	1.2	13	7	8	4	3.0	2 140	120
大王南瓜	2.3	26	20	16	11	2.8	2 050	260
四川南瓜	2.0	18	12	12	8	2.5	1 800	283
白五角星	0.8	15	8	8	4	3.0	3 120	155
流星南瓜	1.1	13	6	16	10	2.8	1 960	135
斑块南瓜	0.8	13	7.5	10	5	3.2	1 430	185
黑玉南瓜	0.9	12	6	8	4	3.0	1 600	143
花脸南瓜	1.0	12	7	14	8	2.5	1 800	125
红美丽南瓜	1.2	14	7	9	4	3.3	2 140	170
红斑点南瓜	0.9	13	7	11	5	3.0	1 600	100
癞头南瓜	0.8	13	6	9	4	3.2	1 430	40
花斑南瓜	1.2	14	8	8	3	2.8	2 140	43

对不同品种南瓜的其他农艺性状调查结果显示(表 3-10),近圆形南瓜有 8 种,扁圆形有 12 种,高圆形有 4 种,长圆形有 2 种,圆柱形有 1 种。不同品种南瓜的果皮颜色各不相同,包

括深绿、橙色、黑绿、橙红、杏黄、白色、墨绿、黄绿相间等,而果肉颜色以橙黄色居多,也有浅黄、红黄和橙红。在供试的 27 种南瓜中,只有白飞碟、黄飞碟、银川南瓜和白五角星 4 种南瓜株型为丛生,其余 24 种均为蔓生。在叶片颜色方面,陶 2# 南瓜、银川面瓜为浅绿、叶脉处有白色斑块,而香炉瓜叶片为深绿、叶脉处有白色斑块,其余均叶色均一,其中深绿色有 15 种,浅绿色有 9 种。

在抗白粉病方面,高抗品种 10 个,分别为中卫南瓜、陶 2# 南瓜、吴忠南瓜、香炉瓜、红芳香南瓜、西小南瓜、黑锦南瓜、四川南瓜、黑玉南瓜、红美丽南瓜;中抗品种有 12 个,不抗病品种为 5 个,而且发现丛生南瓜基本不抗白粉病,但叶脉处有白色斑点的香炉瓜、银川面瓜、陶 2# 南瓜普遍较抗白粉病。

表 3-10 不同南瓜品种的农艺性状(二)

品种	果实形状	果皮颜色	果肉颜色	株型	叶片颜色	抗白粉病
甜栗	近圆	深绿	红黄	蔓生	深绿、叶色均一	中抗
中卫南瓜	高圆	橙色	橙黄	蔓生	深绿、叶色均一	高抗
陶 2# 南瓜	圆柱	墨绿	浅黄	蔓生	浅绿、叶脉处有白色斑块	高抗
现代黄栗	高圆	橙红	橙黄	蔓生	浅绿、叶色均一	中抗
黄飞碟	扁圆	杏黄	黄白	丛生	浅绿、叶色均一	不抗
白飞碟	扁圆	白	白黄	丛生	浅绿、叶色均一	中抗
吴忠南瓜	近圆	杏黄	黄	蔓生	浅绿、叶色均一	高抗
银川南瓜	长圆	黄绿	浅黄	丛生	深绿、叶色均一	不抗
香炉瓜	扁圆	橙黄	橙黄	蔓生	深绿、叶脉处有白色斑块	高抗
日本南瓜	扁圆	墨绿	橙黄	蔓生	深绿、叶色均一	中抗
混杂南瓜	扁圆	橙红	橙黄	蔓生	深绿、叶色均一	中抗
红芳香南瓜	扁圆	橙黄	橙红	蔓生	深绿、叶色均一	高抗
西小南瓜	近圆	橙色	橙红	蔓生	深绿、叶色均一	高抗
红英南瓜	近圆	橙红	橙红	蔓生	深绿、叶色均一	中抗
黑锦南瓜	高圆	墨绿	橙黄	蔓生	深绿、叶色均一	高抗
银川面瓜	扁圆	黄绿相间	黄	蔓生	浅绿、叶脉处有白色斑块	中抗
大王南瓜	扁圆	黄白	浅黄	蔓生	深绿、叶色均一	中抗
四川南瓜	高圆	杏黄	橙黄	蔓生	深绿、叶色均一	高抗
白五角星	扁圆	白	浅黄	丛生	浅绿、叶色均一	不抗
流星南瓜	长圆	黄绿相间	浅黄	蔓生	浅绿、叶色均一	中抗
斑块南瓜	近圆	浅黄,有深绿斑点	黄	蔓生	深绿、叶色均一	中抗
黑玉南瓜	扁圆	黑绿	橙红	蔓生	深绿、叶色均一	高抗
花脸南瓜	扁圆	深绿,有橙色斑点	橙红	蔓生	深绿、叶色均一	不抗
红美丽南瓜	近圆	粉红	橙红	蔓生	浅绿、叶色均一	高抗
红斑点南瓜	近圆	黑色,有红斑点	橙色	蔓生	深绿、叶色均一	中抗
癞头南瓜	近圆	墨绿	黄	蔓生	深绿、叶色均一	中抗
花斑南瓜	扁圆	橙色,有白斑点	浅黄	蔓生	浅绿、叶色均一	不抗

根据在干旱风沙区南瓜试种表现结果,27 个南瓜品种的农艺性状均有较大差异。其中表现为大果型南瓜有 8 种,中果型南瓜有 14 种,小果型南瓜有 5 种,近圆形南瓜有 8 种,扁圆形

南瓜有 12 种,高圆形南瓜有 4 种,长圆形南瓜有 2 种,圆柱形南瓜有 1 种;高抗白粉病南授讲有 10 种,中抗白粉病南瓜有 11 种。西北地区的人们普遍喜欢大小适中,果皮、果肉颜色均为橙色或红色的南瓜品种。根据市场需求和适应性栽培结果(包括果型大小、果皮颜色、果肉颜色及抗病能力大小等方面),本试验得出在宁夏中部干旱地区栽培南瓜应选用高抗白粉病品种红芳香南瓜、西小南瓜、红美丽南瓜,中抗品种现代黄栗和红英南瓜。

六、球茎甘蓝品种引种筛选

球茎甘蓝(*Brassica oleracea* L. var. *caulorapa* DC.)原产地中海沿岸,通过古丝绸之路由西向东传入中国。"蓝菜""甘蓝""茄莲""擘蓝""芥蓝""玉蔓菁""苤根""茎蓝"等是球茎甘蓝在不同时期、不同地区使用的地方名称,迄今仍在各地广泛使用。早期传入中国的球茎甘蓝茎部膨大不显著,自明清时期起才有球茎膨大品种栽培。中国北方是栽培、驯化、选育球茎甘蓝品种的重要地区。球茎甘蓝属十字花科芸薹属植物,膨大的肉质球茎可鲜食、熟食或腌制。球茎甘蓝有很高的营养价值和药用功效,日本国家癌症研究中心将球茎甘蓝列为 20 种抗癌蔬菜之一。宁南山区海拔为 1 248~2 955 m,年日照时数为 2 200~2 700 h,年平均气温为 5~7 ℃。年平均降水量为 500 mm 以下的地区占总面积的 80%,该地区"十年九旱",水资源不足的现状明显制约着宁南山区农业发展。为保证球茎甘蓝品种既优质、高产、高抗性,又符合当地种植和推广,本试验引进了 8 个品种进行品比试验,筛选出适宜的优质品种,促进当地西兰花生产稳步快速发展。2015 年 4 月至 2015 年 10 月,在宁夏西吉县将台堡乡火沟村院地选为合作基地。该地区处于宁夏六盘山西麓,位于东经 105°52′,北纬 35°48′,海拔为 1 850 m,地处黄土高原西北部,属黄河中游黄土丘陵沟壑区,大陆性季风气候明显。其特点年平均气温为 5.3 ℃,年平均降水量为 427.9 mm,属典型的温带大陆性季风气候。选择球茎甘蓝品种有 8 个:神农、青丰、青秀、精耕、克沙克、克利普利、脆嫩紫、邢台紫(表 3-11)。

表 3-11　球茎甘蓝植株抗性比较

品种	抗旱性			裂果率/%	抗黑腐病/%	抗枯萎病/%
	Ⅰ	Ⅱ	Ⅲ			
神农		Ⅱ		18b	89e	96c
青丰		Ⅱ		11c	92d	92e
青秀	Ⅰ			7d	95c	98b
精耕		Ⅱ		11c	100a	95d
克沙克	Ⅰ			2e	98b	100a
克利普利	Ⅰ			0f	98b	100a
脆嫩紫		Ⅱ		3e	89e	96c
邢台紫			Ⅲ	21a	92d	95d

注:同列不同小写字母表示差异显著($P<0.05$)。在同等水分管理条件下,按耐旱级别分为:Ⅰ级为植株长势旺盛,叶色深绿;Ⅱ级为植株长势正常,叶片无明显萎蔫;Ⅲ级为植株长势较弱,部分植株叶片出现萎蔫现象。重复 3 次,取平均值。

由表 3-11 可以看出,在抗旱性方面,有 3 个品种表现为Ⅰ级,分别为青秀、克沙克、克利普利;有 4 个品种表现为Ⅱ级分别为神农、青丰、精耕、脆嫩紫;有 1 个品种为Ⅲ级,为邢台紫。在裂果性方面,克利普利裂果率为 0,表现最优,克沙克裂果率为 2%,脆嫩紫薇裂果率为 3%,清秀裂果率为 7%,其余品种裂果率均超过 10%,邢台紫裂果率达到 21%。在抗病性方面,精耕抗黑腐病能力最强,抗病率达到 100%;克沙克和克利普利次之,均为 98%,青秀抗病率为 95%,青丰和邢台紫抗病率为 92%,神农和脆嫩的紫抗病率最低,为 89%。在抗枯萎病方面,克沙克和克利普利均为 100%,青秀次之,98%,脆嫩紫和神农均为 96%,精耕和邢台紫为 95%,青丰为 92%。

从表 3-12 可以看出,在维生素 C 含量方面,青秀含量最高,达到 627 mg/kg,其次是克利普利,为 539 mg/kg,再次是青丰,其含量为 451 mg/kg,神农为 419 mg/kg,其他 4 个品种均低于 400 mg/kg,邢台紫含量最低,仅为 298 mg/kg。

在总糖含量方面,克利普利含量最高,达到 40 g/kg,其次是邢台紫,含量为 39 g/kg,再次为精耕,其含量为 37 g/kg,神农、青丰、青秀和克沙克均为 36 g/kg,脆嫩紫含量最低,为 35 g/kg。在总酸含量方面,脆嫩紫含量最高,为 1.9 g/kg,其次是克沙克 1.6 g/kg,克利普利 1.5 g/kg,神农和青秀为 1.4 g/kg,精耕和邢台紫为 1.2 g/kg,青丰仅为 0.95 g/kg。在蛋白质含量方面,脆嫩紫的蛋白质含量最高,达到 20.0 g/kg,青丰次之,为 17.4 g/kg,之后依次是克沙克为 16.8 g/kg,克利普利为 16.2, g/kg,青秀为 15.7 g/kg,精耕为 15.6 g/kg,神农为 13.2 g/kg,邢台紫为 13.0 g/kg。

表 3-12　球茎甘蓝果实农艺性状比较

品种	果皮颜色	单果重/kg	亩产量/kg	成熟期/d	维生素 C/(mg/kg)	总糖/(g/kg)	总酸/(g/kg)	可溶性蛋白质/(g/kg)
神农	绿	0.801 3f	3 205f	60	419d	36d	1.4 d	13.2f
青丰	绿	0.759 8g	3 039g	65	451c	36d	0.95f	17.4b
青秀	绿	0.909 3b	3 637b	65	627a	36d	1.4 d	15.7e
精耕	绿	0.853 8e	3 415e	60	304g	37c	1.2 e	15.6e
克沙克	绿	0.888 5c	3 574c	70	329f	36d	1.6 b	16.8c
克利普利	紫	0.917 3a	3 669a	60	539b	40a	1.5 c	16.2d
脆嫩紫	紫	0.708 0h	2 832h	65	356e	35e	1.9 a	20.0a
邢台紫	紫	0.868 5d	3 474d	60	298h	39b	1.2 e	13.0g

注:同列不同小写字母表示差异显著($P<0.05$)。

经方差分析表明,品种间的差异达极显著水平,克利普利和青秀单果重超过 0.9 kg,神农、精耕、邢台紫单果重为 0.8～0.9 kg,其他品种均低于 0.8 kg;有 6 个品种的产量超过 3 000 kg/亩,其中克利普利最高,达到 3 669 kg/亩,青秀次之,为 3 637 kg/亩;脆嫩紫为最低,仅为 2 832 kg/亩。

根据果实、性状、产量、品质、植株长势、植株抗性等性状综合比较得出,克利普利最高,达到 3 669 kg/亩,青秀次之,为 3 637 kg/亩;青秀维生素 C 含含量最高,达到 627 mg/kg,其次是克利普利,为 539 mg/kg;克利普利总糖含量最高,达到 40 g/kg;脆嫩紫总酸含量最高,为

1.9 g/kg,其次是克沙克 1.6 g/kg;脆嫩紫的蛋白质含量最高,达到 20.0 g/kg,青丰次之,为 17.4 g/kg;青秀、克沙克、克利普利在抗旱性方面表现为 I 级。克利普利裂果率为 0,表现最优,精耕抗黑腐病能力最强,抗病率达到 100%;克沙克和克利普利次之,均为 98%,在方面,克沙克和克利普利抗枯萎病均为 100%,青秀次之,98%。综合上述结果,克利普利和青秀适合在宁夏南部山区越夏露地栽培。

七、花椰菜品种的引种和筛选

花椰菜(*Brassica oleracea* L. var. *botrytis* L.)是我国重要的大田种植蔬菜作物之一,我国花椰菜年种植面积达 35.3 万 hm²,居世界第 1 位,占世界总面积的 40.9%。花椰菜除含蛋白质纤维素和各种矿物质外,还含有多种吲哚衍生物,具有抗癌作用,已被列为抗癌蔬菜。花椰菜属冷凉蔬菜,它不仅能够调剂蔬菜供应,而且是出口创汇的重要蔬菜品种之一。为保证花椰菜品种优质高产高抗性,并符合当地种植和推广。2015 年在宁南山区的西吉县院地合作基地(同球茎甘蓝试验基地),引进了 16 个品种:神良金色、神良宝塔、神良春秋、松花青梗、长庆青梗、一代龙峰、同得乐、丰田春梗、高山青花菜、台湾耐热、神良紫花、富贵宝塔、华耐圣美、雪莉、改良艾玛、洁雅,进行品比试验,筛选出适宜的优质品种,促进当地花椰菜生产较快发展(表 3-13)。

在 16 个花椰菜品种中,白色品种有 11 个,黄色品种有 3 个,紫色有 1 个,绿色有 1 个;在成熟期方面,早熟品种 9 个(65～70 d),中熟品种 2 个(75～85 d),晚熟品种 5 个(90 d 以上);亩产量超过 3 000 kg 的有 1 个品种为洁雅;亩产量在 2 000～3 000 kg 的品种有 6 个,分别为:富贵宝塔、松花青梗、长庆青梗、雪莉、高山青花菜、同得乐;亩产量为 1 000～2 000 kg 的品种有 9 个;单果质量最大的是洁雅,其他品种的单果质量大小与其产量相同。

表 3-13　花椰菜果实农艺性状比较

品种	花球颜色	成熟期/d	单果质量/kg	亩产量/kg	维生素 C/(mg/kg)	总糖/(g/kg)	总酸/(g/kg)	可溶性蛋白质/(g/kg)
一代龙峰	白	65	0.284 8k	1 139k	489f	12.0i	1.7a	24.2ab
台湾耐热	白	65	0.497 0e	1 988e	476 g	19.0f	1.0f	14.6h
同得乐	白	65	0.571 0d	2 284d	458h	18.0 g	1.0f	15.0 gh
丰田春梗	白	65	0.400 8h	1 603h	640b	18.0 g	1.0f	17.6e
长庆青梗	白	65	0.596 3cd	2 385cd	469 g	22.0cd	1.2d	17.5e
雪莉	白	65	0.588 8d	2 355d	455h	21.0d	1.2d	13.6i
高山青花菜	白	65	0.519 0e	2 076e	491f	20.0e	1.2d	19.0d
神良紫花	紫	75	0.343 3i	1 373i	771a	23.0c	1.4b	15.6 g
神良春秋	白	70	0.407 5h	1 630h	482f	19.7e	1.2d	17.2e
松花青梗	白	90	0.617 8c	2 471c	637b	25.7b	1.3c	16.8f

续表 3-13

品种	花球颜色	成熟期/d	单果质量/kg	亩产量/kg	维生素C/(mg/kg)	总糖/(g/kg)	总酸/(g/kg)	可溶性蛋白质/(g/kg)
洁雅	白	70	0.991 8a	3 967a	518e	27.7a	1.0f	16.5f
华耐圣美	白	85	0.440 5g	1 762g	742ab	23.3c	1.2d	20.6bc
富贵宝塔	黄	100	0.730 8b	2 923b	612c	24.0bc	1.1e	20.0c
神良金色	黄	90	0.355 8i	1 423i	600c	28.1a	1.2d	25.0a
改良艾玛	黄	100	0.467 6f	1 897f	644b	17.2h	1.2d	21.1b
神良宝塔	绿	110	0.305 6j	1 264j	576d	19.8e	1.2d	19.6c

注:同列不同小写字母表示差异显著($P<0.05$)。

在维生素C含量方面,神良紫花的含量最高,达到771 mg/kg,其次是华耐圣美,达到742 mg/kg,再次为改良艾玛、丰田春梗和松花青梗,其含量分别为644 mg/kg、640 mg/kg、637 mg/kg,富贵宝塔为612 mg/kg,神良金色为600 mg/kg,其他9个品种均低于600 mg/kg,雪莉含量最低,仅为455 mg/kg。

在总糖含量方面,神良金色含量最高,达到28.1 g/kg,其次是洁雅,含量为27.7 g/kg,再次为松花青梗,其含量为25.7 g/kg,超过20.0 g/kg的还有富贵宝塔(24.0 g/kg)、华耐圣美(23.3 g/kg)、神良紫花(23.0 g/kg)、长庆青梗(22.0 g/kg)、雪莉(21.0 g/kg)和高山青花菜(20.0 g/kg),其余7个品种均低于20.0 g/kg,一代龙峰含量最低,为12.0 g/kg。

在总酸含量方面,一代龙峰含量最高,为1.7 g/kg,其次是神良紫花1.4 g/kg、松花青梗1.3 g/kg,含量为1.2 g/kg的品种有8个,1.1 g/kg的有1个品种,1.0 g/kg的品种有4个。

在可溶性蛋白质含量方面,神良金色的可溶性蛋白质含量最高,达到25.0 g/kg,一代龙峰为24.2 g/kg、改良艾玛为211 g/kg、华耐圣美为20.6 g/kg、富贵宝塔为20.0 g/kg,其余11个品种的可溶性蛋白质含量均低于20.0 g/kg,雪莉仅为13.6 g/kg。

在抗病性方面,16个品种抗黑斑病均超过80%,其中洁雅抗黑斑病能力最优,抗病率为97%,长庆青梗次之,为94%,神良金色为93%,神良紫花、雪莉和松花青梗为91%,同得乐、华耐圣美和富贵宝塔均为90%,其他品种均为80%~90%。有10个品种在抗立枯病方面均为100%,分别是一代龙峰、台湾耐热、同得乐、长庆青梗、雪莉、神良紫花、洁雅、富贵宝塔、改良艾玛和神良宝塔,其余6个品种均为90%~96%。

在生长势方面,一代龙峰、长庆青梗、高山青花菜、华耐圣美和神良宝塔表现中等,其他10个品种生长势均为强;在抗旱性方面,有8个品种表现为Ⅰ级,分别为同得乐、长庆青梗、雪莉、神良紫花、洁雅、富贵宝塔、改良艾玛和神良宝塔,有5个品种表现为Ⅱ级,有3个品种为Ⅲ级(表3-14)。

表 3-14　花椰菜植株农艺性状比较

品种	抗黑斑病/%	抗立枯病/%	生长势	抗旱性
一代龙峰	87c	100a	中	Ⅱ
台湾耐热	82e	100a	强	Ⅲ
同得乐	90b	100a	强	Ⅰ
丰田春梗	80d	95b	强	Ⅲ
长庆青梗	94ab	100a	中	Ⅰ
雪莉	91b	100a	强	Ⅰ
高山青花菜	85d	96b	中	Ⅱ
神良紫花	91b	100a	强	Ⅰ
神良春秋	80e	92c	强	Ⅱ
松花青梗	91b	95b	中	Ⅱ
洁雅	97a	100a	强	Ⅰ
华耐圣美	90b	90c	中	Ⅲ
富贵宝塔	90b	100a	强	Ⅰ
神良金色	93ab	95b	强	Ⅱ
改良艾玛	84d	100a	强	Ⅰ
神良宝塔	89b	100a	中	Ⅰ

　　根据性状、产量、品质、植株长势、植株抗性等性状综合比较得出,洁雅和富贵宝塔 2 个品种的亩产量分别为 3 967 kg 和 2 923 kg,洁雅的总糖含量为 27.7 g/kg,富贵宝塔的维生素 C 为 612 mg/kg,洁雅和富贵宝塔抗黑斑病为 97% 和 90%,抗立枯病均为 100%,生长势强,抗旱性强,综合性状明显优于其他品种,适合在宁夏南部山区越夏露地栽培。

八、西兰花品种的引种和筛选

　　西兰花(*Brassica oleracea* L.)是中国重要的大田种植蔬菜作物之一,西兰花营养丰富,其蛋白质是白菜花的 2 倍,胡萝卜素的含量高于其他蔬菜,维生素 A 含量是白菜花的 240 倍,是番茄的 6 倍,钙的含量是番茄的 2 倍。西兰花中所含异硫氰酸酯衍生物——萝卜硫素具有很强的抗癌活性,西兰花中异硫氰酸盐在诱导肝癌细胞 HepG-2 凋亡过程中起作用,能够促进人胃腺癌 SGC-7901 细胞凋亡。西兰花对高血压、心脏病有调节和预防的功用,富含高膳食纤维能有效降低肠胃的葡萄糖的吸收,进而降低血糖,有效控制糖尿病的病情。2015 年 4 月至 2015 年 10 月,将宁夏宁南山区的西吉县台堡乡火沟村院地选为合作基地(同球茎甘蓝试验基地),选择西兰花品种有 14 个,分别为绿世、青云、快速、秀丽、园博园、优秀、蔓陀绿、碧玉、炎秀、思贝奇、冬皇、南秀 366、幸运、文兴。

　　从表 3-15 可以看出,冬皇产量最高,达到 42 930 kg/hm²,产量为 30 000～40 000 kg/hm² 的 7 个品种,其分别为青云、秀丽、园博园、优秀、蔓陀绿、碧玉、幸运;产量为 20 000～30 000 kg/hm²

的 5 个品种;产量最低的是文兴,为 16 260 kg/hm²,其仅为冬皇的 37.88%。

表 3-15 西兰花果实农艺性状比较

品种	成熟期/d	单果重/kg	产量/(kg/hm²)	可溶性蛋白质/(g/kg)	总酸/(g/kg)	总糖/(g/kg)	维生素C/(mg/kg)
幸运	65	0.569 5de	34 170de	37.2cd	2.3e	22.2c	637a
文兴	68	0.271 0k	16 260k	40.8a	3.2a	19.1de	573c
思贝奇	70	0.411 8ij	24 705ij	36.4d	2.8c	18.0ef	596bc
碧玉	65	0.595 8c	35 745c	36.6d	2.4de	14.8g	610b
南秀 366	65	0.474 8g	28 485g	33.4f	2.3c	22.1c	486e
优秀	68	0.604 8b	36 285b	29.2g	2.4de	18.6e	578c
秀丽	65	0.550 5e	33 030e	24.0h	3.1ab	17.8f	537d
青云	65	0.582 5d	34 950d	37.8c	1.5f	23.5b	628ab
炎秀	70	0.448 5h	26 910h	37.4cd	2.9b	22.1c	596bc
快速	70	0.422 5i	25 350i	33.0f	2.3e	19.8d	546d
园博园	65	0.507 3f	30 435f	34.0e	2.5d	23.4b	409g
曼陀绿	65	0.576 3d	34 575d	34.4e	2.7cd	25.1a	628ab
冬皇	60	0.665 5a	42 930a	38.2b	2.8c	19.3de	610b
绿世	58	0.418 8i	25 125i	40.4ab	2.8c	14.2g	419f

注:同列不同小写字母表示差异显著($P<0.05$)

从表 3-15 可以看出,文兴的蛋白质含量最高,达到 40.8 g/kg,绿世次之,为 40.4 g/kg,之后依次为冬皇(38.2 g/kg)、青云(37.8 g/kg)、炎秀(37.4 g/kg)、幸运(37.2 g/kg)、碧玉(36.6 g/kg)、思贝奇(36.4 g/kg)、曼陀绿(34.4 g/kg)、园博园(34.0 g/kg)、南秀 366(33.4 g/kg)、快速(33.0 g/kg),其余 2 个品种蛋白质含量均低于 30.0 g/kg,秀丽仅为24.0 g/kg。

在总酸含量方面,文兴的含量最高,为 3.2 g/kg,其次是秀丽(3.1 g/kg);含量为 2.0~3.0 g/kg 的品种有 11 个,含量最低的是青云,仅为 1.5 g/kg,为文兴含量的 46.87%。

在总糖含量方面,曼陀绿的含量最高,达到 25.1 g/kg,其次是青云,含量为 23.5 g/kg,再次是园博园,其含量为 23.4 g/kg,超过 20.0 g/kg 的还有幸运(22.2 g/kg)、南秀 366(22.1 g/kg)、炎秀(22.1 g/kg),其余 8 个品种均低于 20.0 g/kg,绿世的含量最低,为14.2 g/kg。

在维生素 C 含量方面,幸运的含量最高,达到 637 mg/kg,其次是青云和曼陀绿,均为 628 mg/kg,再次是碧玉和冬皇,其含量为 610 mg/kg,其他 9 个品种均低于 600 mg/kg,园博园的含量最低,仅为 409 mg/kg。

由表 3-16 可知,在抗病性方面,14 个品种抗苗期立枯病均超过 90%,其中幸运、南秀 366、青云、冬皇抗病能力最优,抗病率均为 100%;有 8 个品种抗苗期猝倒病达到 100%,分别是文兴、思贝奇、优秀、秀丽、炎秀、快速、园博园、曼陀绿,有 2 个品种抗病率为 98%,幸运抗苗期猝倒病能力最弱,为 89%。在成株期,14 个品种抗霜霉病均超过 90%,其中思贝奇、青云、炎秀、园博园、冬皇 5 个品种抗病率均为 100%;有 6 个品种的抗黑腐病率达到 100%,分别是文兴、南秀 366、优秀、快速、冬皇和绿世,其他品种抗黑腐病率也超过了 90%。在抗旱性方面,有 5 个品种表现为Ⅰ级,分别为幸运、碧玉、青云、曼陀绿和冬皇,有 6 个品种表现为Ⅱ级,分别为思贝奇、优秀、秀丽、炎秀、园博园和绿世,有 3 个品种为Ⅲ级,分别为文兴、南秀 666 和快速。

表 3-16　西兰花植株农艺性状比较

品种	抗苗期病害		抗成株期病害		抗旱性		
	抗立枯病/%	抗猝倒病/%	抗霜霉病/%	抗黑腐病/%	Ⅰ	Ⅱ	Ⅲ
幸运	100a	89f	96c	95c	Ⅰ		
文兴	93g	100a	98b	100a			Ⅲ
思贝奇	97c	100a	100a	90f		Ⅱ	
碧玉	95e	95c	95d	95c	Ⅰ		
南秀 366	100a	94d	90f	100a			Ⅲ
优秀	96d	100a	91e	100a		Ⅱ	
秀丽	94f	100a	96c	92e		Ⅱ	
青云	100a	98b	100a	94d	Ⅰ		
炎秀	92h	100a	100a	92e		Ⅱ	
快速	95e	100a	98b	100a			Ⅲ
园博园	96d	100a	100a	95c		Ⅱ	
曼陀绿	98b	100a	90f	98b	Ⅰ		
冬皇	100a	98b	100a	100a	Ⅰ		
绿世	97c	98b	96c	100a		Ⅱ	

注:同列不同小写字母表示差异显著($P<0.05$)。

根据果实、性状、产量、品质、植株长势、植株抗性等性状综合比较得出,冬皇的产量最高,达到 42 930 kg/hm²,青云、秀丽、园博园、优秀、蔓陀绿、碧玉、幸运 7 个品种产量为 30 000～40 000 kg/hm²;文兴的蛋白质含量达到 40.8 g/kg,绿世的蛋白质含量为 40.4 g/kg,文兴的总酸含量为 3.2 g/kg,秀丽的总酸含量为 3.1 g/kg,曼陀绿的总糖含量达到 25.1 g/kg,青云的总糖含量为 23.5 g/kg,幸运维生素 C 含量达到 637 mg/kg,青云和曼陀绿的维生素 C 含量为 628 mg/kg,碧玉和冬皇的维生素 C 含量为 610 mg/kg,冬皇的抗立枯病、抗霜霉病、抗黑腐病均为 100%,南秀 366 的抗立枯病、抗黑腐病为 100%,文兴、优秀、快速的抗猝倒病和抗黑腐病为 100%,思贝奇、炎秀、园博园的抗猝倒病和抗霜霉病均为 100%,青云的抗立枯病和抗霜霉病为 100%。文兴、碧玉、青云、曼陀绿和冬皇的抗旱性性状明显优于其他品种。综上所述,冬皇、青云和曼陀绿适合在宁夏南部山区越夏露地栽培。

九、油菜品种引种筛选

目前,我国油菜的栽培面积约为 700 万 hm²。其中,甘蓝型油菜的栽培面积占 80% 左右,芥菜型油菜的栽培面积约占 5%，白菜型油菜的栽培面积为 15% 左右。白菜型油菜（*Brassica campestris* L）可分为 2 个亚种：一组为芜箐和产油类型；另一组为叶菜型。叶用白菜型油菜在北方栽培面积较广，品质佳，市场需求量较大，而在西北干旱风沙区栽培方面的报道极少，2008 年在宁夏盐池县位于宁夏回族自治区东部、毛乌素沙漠南缘，属陕、甘、宁、蒙四省（区）交界地带，境内地势南高北低，平均海拔为 1 600 m，常年干旱少雨，风大沙多，属典型的温带大陆性季风气候。地处宁夏中部干旱带，年平均降水量为 280 mm，年蒸发量为 2 100 mm，年平均气温为 7.7 ℃，年均日照为 2 872.5 h，太阳辐射总量为 141.6 kcal/cm²，气候干旱少雨，风多沙大，但光照时间长，昼夜温差大，光热资源充足，昼夜温差大，十分有利于作物光合作用和干物质积累，完全可满足喜温瓜菜、设施栽培对光热条件的需求是发展设施特色作物的优势区域。选择 6 种试材为寒绿（引自天津科润农业科技股份有限公司蔬菜研究所）、寒青（引自天津市耕耘种业有限公司）、品冠（引自大连市旅顺口区永顺营蔬菜种子研究所）、青帮（引自河北省高碑店市蔬菜研究中心）、矮脚菜和绿太郎（均引自韩国株式会社目宇种苗园）。叶菜型白菜型油菜为试材，进行干旱风沙区冬季栽培适应性比较试验，为干旱风沙区设施农业新品种引进与示范提供参考。

表 3-17　油菜生物学特性指标比较

品种	株高 /cm	冠幅 /cm	叶片数/ （片/株）	最大叶长 /cm	最大叶宽 /cm	单株产量 /kg	亩产 /kg
寒绿	22.3	17.3	7	21.5	7.4	0.018	2 655
品冠	16.1	18.7	11.6	15.1	6.1	0.038	3 595
青帮	21.3	16.7	7.6	21.6	5.2	0.032	2 775
寒青	20.3	12	7.6	20.1	4.9	0.022	2 135
矮脚菜	12.6	7.5	6.6	11.9	4.1	0.026	3 465
绿太郎	16.3	8.7	7.7	15.9	5.9	0.024	3 095

从表 3-17 可以看出，寒绿的株高最高，为 22.3 cm，由高到低依次为青帮、寒青、绿太郎、品冠、矮脚菜；品冠的冠幅最大，均值达到 18.7 cm，其次是寒绿为 17.3 cm，青帮为 16.7 cm，寒青为 12 cm，绿太郎为 8.7 cm，而矮脚菜的冠幅最小仅为 7.5 cm。

在叶片方面，品冠的叶片数最多，均值达到 11.6 片，而矮脚菜最少，仅有 6.6 片，其他 4 种均为 7~8 片；在叶片长方面，青帮的叶片值最大，为 21.6 cm，寒绿为 21.5 cm，寒青为 20.1 cm，绿太郎为 15.9 cm，品冠为 15.1 cm，矮脚菜叶片值最小，仅为 11.9 cm；寒绿叶宽值最大，为 7.4 cm，由高到低依次为品冠、绿太郎、青帮、寒青、矮脚菜。

在单株产量方面，品冠最重，达到 0.038 kg/株，寒绿值最小，仅为 0.018 kg/株，其他依次为青帮＞矮脚菜＞绿太郎＞寒青＞寒绿；而在亩产方面，品冠亩产量最大，为 3 595 kg/亩，其次为矮脚菜＞绿太郎＞青帮＞寒绿＞寒青，寒青值最小，仅为 2 135 kg/亩。

由表 3-18 可知，青帮油菜可溶性糖含量最高，为 1.62 g/100 g，寒青最少，仅为 0.46 g/100 g，其顺序依次为青帮＞寒绿＞品冠＞绿太郎＞矮脚菜＞寒青；在维生素 C 含量方面，品冠含量最高,达到 68.2 mg/100 g,寒绿次之,为 67.4 mg/100 g,寒青、寒绿分别为 53.2 mg/100 g、52.8 mg/100 g,矮脚菜为 43.3 mg/100 g,而绿太郎最低,仅为 32.6 mg/100 g;6 个油菜品种中仅寒青中发现 2.55 mg/kg 亚硝酸盐,其他各品种均未发现。

表 3-18　油菜品质指标比较

品种	可溶性糖/(g/100 g)	维生素 C/(mg/100 g)	亚硝酸盐/(mg/kg)
寒绿	0.84	67.4	0
品冠	0.83	68.2	0
青帮	1.62	52.8	0
寒青	0.46	53.2	2.55
矮脚菜	0.58	43.3	0
绿太郎	0.66	32.6	0

从比较结果可以看出,在产量方面,品冠、矮脚菜和绿太郎均超过 3 000 kg/亩,具有一定推广优势;而在品质方面,品冠、寒绿和青帮表现较佳,综合上述两方面,品冠油菜值得在干旱风沙区越冬叶菜类蔬菜栽培中大力推广。

十、结球甘蓝品种引种筛选

结球甘蓝(*Brassica oleracea* var. capitata)是我国栽培很广的蔬菜,是十字花科,芸薹属的植物,为甘蓝的变种,又名卷心菜、洋白菜、疙瘩白、包菜、圆白菜、包心菜、莲花白等。其起源于欧洲的地中沿海岸,16 世纪开始传入我国,具有耐寒、抗病、抗逆性强、耐贮运、耐抽薹、适应性强等特点,目前,在全国年种植面积达 26.67 万 hm² 以上,占我国蔬菜种植面积的 25%～30%。为保证结球甘蓝品种优质、高产、高抗性,并符合当地种植和推广,该试验引进了 16 个品种在宁南山区的西吉县院地合作基地(同球茎甘蓝试验基地)进行品比试验,筛选出适宜的优质品种,促进当地结球甘蓝生产较快发展。

由表 3-19 可知,亩产量超过 6 000 kg 的 1 个品种为碧翠 65,达到 6 223 kg/亩;产量为 5 000～6 000 kg 的 2 个品种,其为普来米罗(紫)和禧来盛夏;产量为 4 000～5 000 kg 的 8 个品种,分别是紫冠 861、精选紫甘蓝、中甘 828、绿球、邢蔬特球、绿球 25、品胜、春先锋;产量为 3 000～4 000 kg 的 4 个品种,产量低于 3 000 kg 的 1 个品种为庆丰。

在维生素 C 含量方面,禧来盛夏含量最高,达到 578 mg/kg,且其他品种均低于 500 mg/kg;400～499 mg/kg 的品种有 3 个,分别为紫冠 861(紫)、精选紫甘蓝(紫)和荷兰紫薇(紫);有 10 个品种的维生素 C 含量为 300～399 mg/kg,低于299 mg/kg 的品种有 2 个,分别是品胜和绿球,其中绿球含量仅为禧来盛夏的51.04%。

在可溶性糖含量方面,含量最高的是"禧来盛夏",达到 39.4 mg/kg,有 11 个品种的含量为 3～40 mg/kg,低于 30 mg/kg 的有 5 个品种,分别为精选紫甘蓝(紫)、绿球、真绿、邢蔬特球和品胜。在可滴定酸含量方面,12 个绿色结球甘蓝品种(除"品胜"外)均高于或等于 1.0 g/kg;4 个紫色结球甘蓝品种的可滴定酸含量均低于 0.5 g/kg,且品种间差异不显著。在可溶性蛋白质含量方面,紫冠861(紫)最高,达到 17.6 g/kg,荷兰紫薇(紫)、真绿、普来米罗(紫)和 庆丰 4 个品种次之,含量均高于 14.9 g/kg,品胜的含量最低,仅为 9.9 g/kg,其他 9 个品种的含量均为 10.0~14.9 g/kg。

表 3-19　结球甘蓝农艺性状比较

品种	单果重/kg	亩产量/kg	维生素C/(mg/kg)	可溶性糖/(g/kg)	可滴定酸/(g/kg)	可溶性蛋白质/(g/kg)
荷兰紫薇(紫)	0.953 8d	3 815d	400c	33.4b	0.47c	15.8b
紫冠861(紫)	1.160 5c	4 642c	473b	30.4c	0.48c	17.6a
普来米罗(紫)	1.262 5b	5 050b	373d	33.4b	0.48c	15.0bc
精选紫甘蓝(紫)	1.129 3c	4 517c	419c	29.8c	0.47c	13.1d
禧来盛夏	1.339 0b	5 356b	578a	39.4a	1.3a	14.8c
碧翠65	1.555 7a	6 223a	373d	33.1b	1.1ab	13.4d
中甘828	1.015 3c	4 061c	302f	30.5c	1.0d	11.4e
苏甘25	0.940 0d	3 760d	302f	33.4b	1.2a	12.6de
绿球	1.212 7b	4 851b	295f	29.6c	1.0ab	11.2e
真绿	0.895 7e	3 583e	316e	27.6d	1.0ab	15.6b
邢蔬特球	1.226 3b	4 905b	327e	29.3c	1.2a	12.0e
品胜	1.096 7c	4 387c	298f	29.5c	0.95b	9.9f
奥巴玛	0.956 7d	3 827d	363d	31.7bc	1.2a	13.8d
春先锋	1.034 0c	4 136c	365d	33.5b	1.2a	14.3c
绿球25	1.136 0c	4 544c	325e	32.4b	1.2a	13.2d
庆丰	0.707 3f	2 829f	347de	32.8b	1.4a	15.0bc

由表 3-20 可知,在抗旱性方便,表现Ⅰ级的品种有 10 个,分别是荷兰紫薇(紫)、紫冠861(紫)、普来米罗(紫)、精选紫甘蓝(紫)、禧来盛夏、碧翠65、绿球、邢蔬特球、品胜、奥巴玛和绿球25;表现Ⅱ级的品种有 4 个,Ⅲ级的有 2 个,分别是苏甘25 和庆丰。

在生长势方面,表现强势的品种有 10 个,中势的品种有 4 个,弱势的品种有 2 个,与抗旱性表现一致。在裂球度方面,中甘828、品胜、春先锋和庆丰 4 个品种出现少量裂球外,其他 12 个品种表现较好。在抗病性方面,12 个品种表现为抗枯萎病,近 4 个品种出现少量感病植株,分别是精选紫甘蓝(紫)、中甘828、真绿和品胜。

碧翠65 的产量最高,普来米罗(紫)和禧来盛夏的产量为 5 000~6 000 kg。禧来盛夏的维生素 C 含量最高,达到 578 mg/kg;紫冠861(紫)、精选紫甘蓝(紫)和荷兰紫薇(紫)的含量为 400~499 mg/kg,其中绿球含量仅为禧来盛夏的 51.04%。禧来盛夏的可溶性糖含量 39.4 mg/kg,12 个绿色结球甘蓝品种(除品胜外)的可滴定酸含量均高于或等于 1.0 g/kg。紫冠861(紫)的可溶性蛋白质含量达到 17.6 g/kg,荷兰紫薇(紫)、真绿、普来米罗(紫)和庆丰 4 个品种含量均高于 14.9 g/kg。荷兰紫薇(紫)、紫冠861(紫)、普来米罗(紫)、精选紫甘蓝(紫)、禧来盛夏、碧翠65、绿球、邢蔬特球、品胜、奥巴玛和绿球25 的抗旱性表现Ⅰ级。中甘

828、品胜、春先锋和庆丰4个品种出现少量裂球外，其他12个品种表现较好。12个品种表现为抗枯萎病，精选紫甘蓝（紫）、中甘828、真绿和品胜出现少量感病植株。根据16个结球甘蓝品种在本地区植株长势、植株抗性、果实性状、品质、产量等性状综合比较分析得出，绿色结球甘蓝"禧来盛夏""碧翠65"和紫色结球甘蓝"普来米罗（紫）"综合性状明显优于其他品种，适宜在宁夏旱作区露地栽培和推广。

表3-20 结球甘蓝农艺性状比较

品种	抗旱性	生长势	裂球度/%	抗枯萎病/%
荷兰紫薇（紫）	Ⅰ	强	0	100a
紫冠861（紫）	Ⅰ	强	0	100a
普来米罗（紫）	Ⅰ	强	0	100a
精选紫甘蓝（紫）	Ⅰ	强	0	95b
禧来盛夏	Ⅰ	强	0	100a
碧翠65	Ⅰ	强	0	100a
中甘828	Ⅱ	中	1	96b
苏甘25	Ⅲ	弱	0	100a
绿球	Ⅰ	强	0	100a
真绿	Ⅱ	中	0	95b
邢蔬特球	Ⅰ	强	0	100a
品胜	Ⅱ	中	3	95b
奥巴玛	Ⅰ	强	0	100a
春先锋	Ⅱ	中	3	100a
绿球25	Ⅰ	强	0	100a
庆丰	Ⅲ	弱	2	100a

十一、紫心甘薯品种引种筛选

宁夏引（扬）黄灌区地处中温带干旱区，日照充足，温差较大，热量丰富，无霜期较长。灌区年均气温8～9℃，作物生长季节4—9月大于等于10℃的积温为3 200～3 400℃，不仅能满足小麦、糜子等作物的需要，但喜温作物也能很好地生长，如水稻、棉花。同时大于等于10℃的积温的初日及终日也正好与无霜期吻合，再加上在太阳辐射达148 Cal/cm²，年均日照为2 800～3 100 h及无霜期长达164 d，有利于作物生长。引（扬）黄灌区属大陆性气候，干旱少雨、蒸发强烈。灌区年均蒸发量为1 100～1 600 mm，年均降水量为180～200 mm，降水年内分配不均，干湿季节明显，7—9这3个月的雨量占全年雨量的60%～70%。虽然宁夏引（扬）黄灌区降雨稀少，但有时秋雨集中，影响夏收及秋作成熟。

甘薯（*Dioscore esculental* Lour.）Burkill是保障我国能源安全和粮食安全的重要作物，在国内其总产量仅次于水稻、小麦和玉米，位居第4位。甘薯为旋花科1年生草本植物，富含蛋白质、果胶、淀粉、纤维素、氨基酸及多种矿物质,有"长寿食品"之称。含糖量达 15％～20％,有抗癌、保护心脏、预防肺气肿等功效。甘薯是国际上推崇的最佳保健食品,同时也是重要的粮食、工业原料、饲料、新型能源作物。甘薯在保障国家粮食安全和满足人们不同需求方面的作用日益凸显。为适应农业产业结构调整,优化种植模式,提高单位面积产值,项目组进行紫心甘薯的引选试种栽培,并取得初步成效,据折算每公顷全年耗水量为 3 600 m³,收入可达 180 000 元/hm² 以上,而当地普通玉米每公顷全年耗水量超过 11 250 m³,纯效益仅为 22 500 元/hm²,种植紫肉甘薯的耗水量仅为玉米的 32％,而经济效益却是种植玉米的 8 倍以上,因此,紫心甘薯经济效益显著。以期筛选出具有优质特性的紫肉甘薯品种为指导宁夏地区的甘薯种植提供理论支持。

通过对不同品种紫肉甘薯全植株的形态性状的调查和观测(表 3-21),明晰了供试品种的形态特征和农艺学性状,紫肉甘薯顶叶色总体以淡紫为主,叶色以绿为主,叶脉色以绿为多,脉基色以绿和淡紫为主,叶形以心脏型带齿和浅裂单缺刻为主,叶柄以长和中为主,茎与粗为主,节间以中和短为主,最长蔓长以短为主,株型以匍匐和半直立为主,茎叶长势以强为主,抗病性以强为主。

表 3-21　不同品种紫肉甘薯植株的形态性状

品种 特性	徐薯 0602	京紫 6 号	济黑 1 号	凌紫	群紫 1 号	花心王	美国 黑薯	广紫薯	济农 2694	渝紫 2 号	秦紫
顶叶色	绿带褐	淡绿 带褐	淡绿 带褐	绿带褐	绿带褐	淡紫色	淡紫色	淡紫色	淡紫色	淡紫色	淡紫色
叶色	绿色	绿色	绿色	绿色	绿色	绿色	绿色	绿色	绿色	绿色	绿色
叶脉色	绿色	淡绿色	绿色	淡紫色	淡紫色	绿带 淡紫色	绿色	绿色	绿色	绿色	绿色
脉基色	绿色	绿色	紫色	淡紫色	淡紫色	紫色	淡紫色	绿色	绿色	绿色	绿色
柄基色	绿色	紫色	紫色	绿色	紫色	绿带 紫色	绿色	绿色	绿色	绿色	绿色
茎色	绿色	紫色	淡紫色	紫色	绿带 紫色	绿色	绿色	绿带 紫色	绿色	绿色	绿色
叶形	心脏形	心脏形 带齿	心脏形 带齿	心脏形	心脏形 带齿	深裂复 缺刻	心脏形	浅裂单 缺刻	浅裂单 缺刻	心脏形 带齿	心脏形
叶片 大小	大	大	中	大	中	中	大	小	大	小	大
叶柄 长短	长	中	中	中	长	中	长	中	中	中	长
茎粗细	粗	粗	粗	粗	粗	粗	粗	粗	粗	粗	粗
节间长	中	短	短	短	短	短	短	短	短	短	中

续表 3-21

品种特性	徐薯0602	京紫6号	济黑1号	凌紫	群紫1号	花心王	美国黑薯	广紫薯	济农2694	渝紫2号	秦紫
最长蔓长	中	短	短	短	短	短	短	短	短	短	中
基部分支数	11	13	12	12	8	12	9	20	7	9	11
株型	匍匐	匍匐	匍匐	半直立	半直立	半直立	半直立	匍匐	匍匐	匍匐	匍匐
茎叶长势	强	强	强	强	强	弱	强	强	强	强	强
抗病性	强	强	强	强	较强	较强	强	强	较强	较强	较强

在单株结薯数方面,11个品种均为4～7个,其中群紫1号7个最多,广紫薯4个最少,有4个品种为6个薯块(济黑1号、京紫6号、花心王、渝紫2号),有5个品种为5个薯块(徐薯0602、凌紫、美国黑薯、济农2694、秦紫)。薯形以纺锤和椭圆形为主,皮色以紫为主,薯肉色以紫为主,条沟以无为主,薯皮以细为多,薯梗色以紫为主,结薯习性以集中为主。不同品种紫肉甘薯薯块的形态性状(表3-22)。

表 3-22　不同品种紫肉甘薯薯块的形态性状

品种特性	徐薯0602	京紫6号	济黑1号	凌紫	群紫1号	花心王	美国黑薯	广紫薯	济农2694	渝紫2号	秦紫
单株结薯数	5	6	6	5	7	6	5	4	5	6	5
薯型	长椭圆形	椭圆形	下膨纺锤形	长椭圆形	倒卵圆形	纺锤形	纺锤形	纺锤形	纺锤形	长纺锤形	纺锤形
薯皮色	深紫	紫红	深紫	深紫	深紫	紫红	深紫	紫红	紫色	紫红	紫色
薯肉色	紫色	紫色	紫色	紫色	紫色	紫色	紫色	紫色	紫色	紫色	紫色
条沟有无	无	无	无	无	无	无	无	无	无	无	无
薯皮粗细	粗	细	细	细	粗	细	粗	粗	细	细	细
薯梗色	深紫	紫红	深紫	深紫	深紫	紫	紫	紫	紫	紫	紫
结薯习性	集中	集中	集中	集中	集中	集中	集中	集中	集中	集中	集中

引进的11个紫肉甘薯中,除了花心王、渝紫2号和秦紫鲜薯的商品产量低于1 000 kg/亩,其他均在1 000 kg/亩以上。排在前4位的分别为徐薯0602、凌紫、京紫6号和济黑1号,商品产量分别为1 873.13 kg/亩、1 658.70 kg/亩、1 606.50 kg/亩和1 522.80 kg/亩,干薯产量排在前4位的分别为徐薯0602、凌紫、济黑1号和京紫6号,分别为768.46 kg/亩、701.52 kg/亩、672.95 kg/亩和556.36 kg/亩,干物率以美国黑薯为最高,33.33%,其次是凌紫,为32.14%,

以济农 2694 最低,为 18.18%。综合考虑,除花心王、渝紫 2 号和秦紫产量偏低外,其余 8 个品种均适于宁夏地区种植,其中徐薯 0602、凌紫、京紫 6 号和济黑 1 号等 4 个品种在 2016—2017 年连续种植条件下表现优良。

在粗蛋白质方面,济黑 1 号含量最高,为 39.8 g/kg,其次是徐薯(0602,36.1 g/kg),超过 30 g/kg 的品种还有凌紫(33.2 g/kg)、美国黑薯(31.6 g/kg)和花心王(31.2 g/kg),秦紫最低,仅为 23.8 g/kg;凌紫的可溶性糖含量最高,达到 43.6 g/kg,较含量最低的渝紫 2 号(24.2 g/kg)高出 78.5%,花心王(42.6 g/kg)、群紫 1 号(42.5 g/kg)、广紫薯(40.3 g/kg)、京紫 6 号(40.2 g/kg)可溶性糖含量均超过 40.0 g/kg,其他品种均低于 40.0 g/kg。花心王和渝紫 2 号粗纤维素含量最高为 3.6%,广紫薯为 3.4%,有 2 个品种(徐薯 0602 和凌紫)粗纤维素含量低于 3.0%,分别为 2.6% 和 2.4%。在熟食味方面,有 6 个品种为优等(徐薯 0602、京紫 6 号、济黑 1 号、凌紫、群紫 1 号、美国黑薯)。不同品种紫肉甘薯产量、干物质积累、品质指标如表 3-23 所列。

表 3-23 不同品种紫肉甘薯产量、干物质积累、品质指标

品种	单株产量/kg	鲜薯产量/kg·亩	干薯产量/kg·亩	薯块干率/%	粗蛋白质 g/kg	可溶性糖 g/kg	粗纤维素%	熟食味
徐薯 0602	1.11a	1 873.13a	768.46a	30.77b	36.1b	36.2c	2.6c	优
京紫 6 号	1.02b	1 606.50b	556.36d	24.24d	28.0d	40.2b	3.0b	优
济黑 1 号	0.94b	1 522.80c	672.95c	31.82b	39.8a	37.1c	3.0b	优
凌紫	0.97b	1 658.70b	701.52b	32.14a	33.2c	43.6a	2.4c	优
群紫 1 号	0.68d	1 101.60f	370.91e	24.24d	28.4d	42.5a	3.1b	优
花心王	0.51d	814.73g	323.24e	28.17c	31.2c	42.6a	3.6a	中
美国黑薯	0.64d	1 051.20f	480.00de	33.33a	31.6c	36.4c	3.0b	优
广紫薯	0.84c	1 379.70d	504.00d	26.67cd	23.8d	40.3b	3.4ab	中
济农 2694	0.76cd	1 231.20e	310.91e	18.18e	25.6d	35.6c	3.0b	中
渝紫 2 号	0.52d	830.70g	319.09e	27.27c	29.7d	24.2d	3.6a	中
秦紫	0.53d	858.60g	290.85f	24.39d	23.8d	27.5d	3.0b	中

产量超过 1 500 kg/亩的紫肉甘薯鲜薯有徐薯 0602、凌紫、京紫 6 号和济黑 1 号 4 份,食味品质优,它们可作为宁夏地区高鲜产紫肉甘薯种质亲本和鲜食品种种植。徐薯 0602、凌紫、美国黑薯、济黑 1 号干物率均超过 30%,它们可作为高干物率紫肉甘薯种质亲本和薯干加工型品种种植。可溶性糖含量超过 40 g/kg 且熟食性优等的品种有京紫 6 号、凌紫、群紫 1 号,它们可作为烘烤食用型种质亲本和烘烤食用型品种种植。

另外,根据供港蔬菜的供销特点(要求生育期短,抗逆性强,耐储运,品质佳),项目组广泛收集国内外叶菜类蔬菜优良新品种,通过进行小面积试验和示范选择出台湾帝王芥蓝、奶油生菜、四九菜心、梵高菠菜、香港结球生菜、特红皱、鸟巢苦苣、丽丝苦苣、叶用红甜菜、鸡心小白菜等 10 余个优良品种。

第四章

蔬菜有机化种苗培育的
基质配制与管理

第一节　地方农林资源基质发酵处理

　　草炭是现代园艺生产中广泛使用的重要育苗及栽培基质在自然条件下草炭形成约需上千年时间,过度开采利用,草炭的消耗速度加快,体现出"不可再生"资源的特点。长期以来,草炭作为育苗基质在世界范围内被广泛应用。近些年,设施农业发展迅速,蔬菜种苗需求量急增,进而育苗基质原料——草炭需求量加大。草炭来源于沼泽地,为不可再生资源。草炭的大量开采会破坏湿地环境,加剧温室效应,而且草炭产地和使用地之间的长途运输也增加了草炭的使用成本。很多国家已经开始限制草炭的开采,草炭的价格不断上涨。因此,开发和利用来源广泛、性能稳定、价格低廉,又便于规模化商品生产的草炭替代基质的研究已成为热点。另外,随着农业的发展和农产品数量的增加,农业生物质资源呈现日益增长的态势,其合理利用与管理成为当前世界上大多数国家共同面临的一个重要农业和环境问题。农业废弃物种类繁多、来源广泛、养分含量丰富,被称作"放错位置的资源"。利用这些资源制作多样化、无害化园艺基质不仅可以解决当前棘手的农业环境污染与资源浪费问题,而且还为补充或替代不可再生的园艺草炭基质生产提供了原料的来源,这些对保护环境和发展无土设施农业都大有益处。国外开发了椰子壳、锯末等替代基质,并将这些基质应用于商业化生产,中国在以木糖渣、芦苇末、油菜秸秆、蚯蚓粪等工农业废弃物为原料来开发草炭替代基质方面也做了较为深入的研究。根据宁夏地方资源特点,我们开展了针对西北地区替代草炭的育苗基质的研发。

　　柠条(*Caragana korshinskii*)是蝶形花科(Papilionaceae),锦鸡儿属(*Caragana* Fabr.)植物栽培种的通称,属多年生落叶灌木,其主要分布于我国西北干旱半干旱地区的一种乡土灌木树种。由于其根系发达、适应性强、耐旱性强,现已成为水土保持和防风固沙的优良树种及治理水土流失和退化沙化草场的先锋植物。柠条每隔2～3年就要平茬一次以防止冬季冻害发生,促进第二年枝条迅速恢复生长,柠条营养成分丰富,用其沤制的绿肥可使蔬菜增产13%～20%。柠条作为中国"三北"地区一种广泛分布的乡土灌木树种,由于其根系发达、耐旱性强,已成为水土保持和防风固沙的主要灌木树种。据统计,全国柠条的生长面积为134万 hm² 以上,每年需要平茬的面积达 34 万 hm² 以上,宁夏现有柠条林面积为 45 万 hm²,且全区每年新增柠条面积为 8 万 hm²,可以开发利用的面积达 14 万 hm² 以上,丰富的可再生的柠条资源需要后续产业的开发,进一步提高沙产业的经济效益。柠条是优良的"三料"植物,枝条富含油脂,易燃耐烧,枝、叶既是很好的绿肥,又是优良的饲料;枝干皮层厚,富含纤维,可以剥麻。目前我们对柠条资源的应用仅局限于动物饲料的开发,且伴随着柠条草粉适口性差、消化率及利用率不高等问题开发利用比较缓慢。同时对于多年生长的柠条,必须进行平茬抚育。如果不进行平茬,柠条就会出现严重的木质化现象。木质化柠条输送养分和水分的能力会越来越弱,然后逐渐干枯死亡。经过 2～3 年的轮换平茬抚育措施,年柠条干粉产量可达到 23 万 t 左右。另外,枸杞是茄科枸杞属的多分枝灌木植物,是宁夏五宝之一,在全区种植面积为 70 万亩,每年有大约 50 万亩左右的多分枝灌木植物需要剪枝,可采收枝条 25万 t 以上,剪下的枝条大多被废弃掉,没能被很好地利用。针对西北内陆地区贮量极为丰富的沙生植物——柠条,以它作为栽培基质进行探索性研究,以柠条发酵粉为为基础,复配鸡粪进行黄瓜栽培效果试验的研究,通过基质的性状及黄瓜生长发育指标来确定柠条粉作为栽培基质的可行性,不仅为开发新基质奠定了基础,而且也为丰富的可再生的柠条资源后续产业的开发提供理论基础,提高沙产业的经济效益和生态效益得到了提高。

一、添加纤维素酶对柠条粉静态高温堆腐条件下厌氧发酵的影响

2013 年 8 月 10 日至 2013 年 11 月 10 日,在宁夏银川市宁夏农林科学院园林场试验基地内进行发酵试验。供试柠条粉由宁夏回族自治区盐池县源丰草产业有限公司提供,纤维素酶制剂由陕西沃德生物酶有限公司提供。试验设置 6 个处理,以清水处理为对照(CK),其他处理方式相同(表 4-1)。

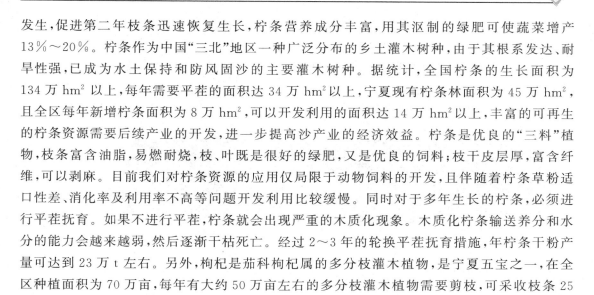

表 4-1 不同纤维素酶剂量及处理方式

处理编号	剂量/(kg/m³)	使用方式	使用时期
T1	0.125	拌入	发酵之前
T2	0.25	拌入	发酵之前
T3	0.5	拌入	发酵之前
T4	1.25	拌入	发酵之前
T5	2.5	拌入	发酵之前
CK	0	—	—

采用堆腐装置主要由 6 个内部高为 1.0 m,长为 1.0 m,宽为 1.0 m,墙厚 0.24 m 方形砖池组成,上口露天,腐熟发酵时用塑料薄膜封盖,墙内外均进行水泥砂浆找平,且内部均进行防水处理,砖池底部水平处安装 1 寸 PVC 管出水口一个,以便发酵过程中多余水分排出及进行气体交换,如图 4-1 所示。

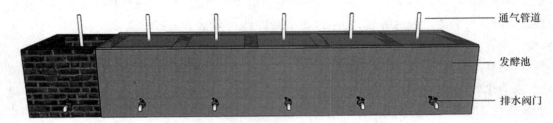

图 4-1 堆腐装置

研究不同纤维素酶剂量对柠条发酵过程中温度变化的影响,从图 4-2 中可以看出,根据堆体温度变化,T1～T5、CK 在发酵第 5 天、第 9 天、第 13 天、第 20 天翻料。发酵前 5 天,添加不同纤维素酶剂量的柠条基质堆体温度全部快速上升,以 T3 升温最快,温度最高,第 5 天达到 68.22 ℃,其次是 T4 为 66.55 ℃,T2 为 66.44 ℃,T1 为 63.44 ℃,T5 为 63.11 ℃,CK 升温最慢,第 5 天温度为 53.67 ℃,第一次翻料后,不同处理的温度迅速下降至 43 ℃左右。

室外温度始终保持在 30 ℃左右,柠条粉发酵物料内部温度快速回升,在第 9 天时,物料内部温度超过 50 ℃,进行第 2 次翻料(第 9 天),此时,T4 温度最高 63 ℃,其次是 T5 为 62.67 ℃、T1 为 62.67 ℃、T2 为 62.22 ℃、T3 为 61.67 ℃、CK 温度最低 53.67 ℃,其后各处理温度快速下降至 40 ℃左右。

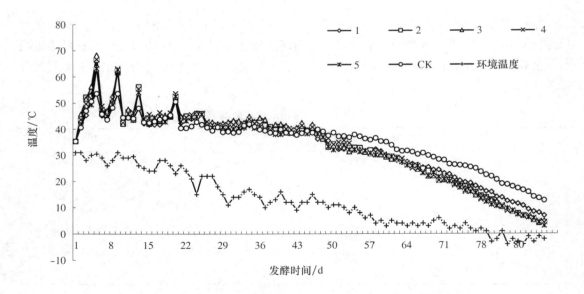

图 4-2 不同纤维素酶处理的柠条粉发酵物的物料内部温度

柠条粉发酵物料内部温度快速回升,到第 3 次翻料(第 13 天)时,最高温度为 T2 的 56.22 ℃,T3 与 T4 相同,均为 55.44 ℃,T1 为 55.33 ℃,T5 为 54.11 ℃,最低温度是 CK 的 48.15 ℃,T1~T5 的差异不明显,与 CK 差异明显;第 4 次翻料时(第 20 天),T3 温度最高为 53.67 ℃,最低 CK 为 50.55 ℃,温度差异明显减小。在此之后至发酵后第 46 天,各处理物料发酵温度逐渐降低,但 T1~T5 的温度一直高于 CK,从第 47 天起,CK 温度开始大于 T1~T5,一直到第 90 天,尤其是从第 54 天开始,CK 温度随气温缓慢下降,T1~T5 温度下降明显。

　　研究不同纤维素酶剂量对柠条发酵物物理性状的影响,从表 4-2 可以看出各个处理的湿质量体积为 0.420 2~0.459 4 g/cm³,CK 值最大,为 0.4594 g/cm³;T2 的湿质量体积其次,依次为:T4、T1、T5、T3 的最小,不同纤维素酶剂量处理柠条发酵物的湿体积质量均略低于 CK。在干体积质量方面,各处理(除 T2)的干质量体积均略低于 CK。不同处理总孔隙度为 57%~63%,且各处理之间差异显著;通气孔隙度为 32.00%~37.28%,持水孔隙度为 24.17%~27.38%,水气比为 64.83~83.63,各处理之间差异显著,总孔隙度、通气孔隙度、持水孔隙度、水气比其大小关系与纤维素酶使用剂量线性相关系数分别为 0.011 8、0.08、0.313、0.202 9,其线性相关系数均小于 0.5,说明不同剂量纤维素酶与柠条发酵物物理性状无显著影响。

表 4-2　不同纤维素酶剂量处理柠条发酵物的物理性状

处理编号	湿质量体积/(g/cm³)	干质量体积/(g/cm³)	总孔隙度/%	通气孔隙度/%	持水孔隙度/%	水气比
T1	0.4281bc	0.1771d	59.05d	33.95d	25.10cd	73.93d
T2	0.4578a	0.1867a	62.65a	35.54c	27.11b	76.28c
T3	0.4202c	0.1785c	61.45b	37.28a	24.17d	64.83f
T4	0.4407b	0.1814b	57.93e	32.00f	25.93c	81.03b
T5	0.4250c	0.1833b	60.79c	36.62b	24.17d	66.00e
CK	0.4594a	0.1856a	60.12cd	32.74e	27.38a	83.63a

　　注:同列不同小写字母表示差异显著($P<0.05$);同列不同大写字母表示差异极显著($P<0.01$),下同。

　　不同纤维素酶剂量对柠条发酵物化学性状的影响由表 4-3 可知,本试验分析测定了柠条发酵物的 pH、电导率、有机质、全量氮、全量磷、全量钾、速效氮、速效磷、速效钾的含量及碳氮比。结果表明,各处理之间差异显著,与 CK 相比,其值大小关系无显著规律;其中 pH、电导率、有机质、全量氮、全量磷、全量钾、速效氮、速效磷、速效钾的含量及碳氮比与纤维素酶使用剂量线性相关系数分别为 0.157 1、0.831 7、0.393 3、0.053 8、0.007 4、0.488 7、0.944 9、0.151 4、0.016 1、0.148 7,其中,只有电导率(0.831 7)和速效氮(0.944 9)的线性相关系数大于 0.8,其他指标的线性相关关系,系数均小于 0.5,存在正向线性相关关系,电导率和速效氮的非线性相关关系的系数为 0.881 6 和 0.956 1,其他指标的非线性相关关系的系数均小于 0.6。

表 4-3　不同纤维素酶剂量处理柠条发酵物的化学性状

处理编号	pH	电导率 EC/（mS/cm）	有机质/（g/kg）	全量氮/（g/kg）	全量磷/（g/kg）	全量钾/（g/kg）	速效氮/（mg/kg）	速效磷/（mg/kg）	速效钾/（mg/kg）	碳氮比
T1	7.46b	8.76e	653bc	21.93d	0.94e	3.82c	1 424e	124c	2 350e	17.27b
T2	7.56a	10.02d	681a	21.4de	0.98d	3.82c	1 400f	156.4a	3 200b	18.46a
T3	7.14d	11.52c	663b	24.48b	1.05ab	4.15a	1 583c	142.4b	3 300a	15.71c
T4	7.18d	12.64b	663b	25.16a	1.06a	4.05b	1 726b	123.2d	2 950c	15.29cd
T5	7.33c	13.89a	639c	23.76c	0.96d	4.15a	1 929a	154.6ab	2 950c	15.6e
CK	7.45b	10.19d	659b	25.16a	1.02b	3.52d	1 448d	126.8c	2 900d	15.19cd

由表 4-4 可知,对不同纤维素酶剂量处理柠条发酵物的细菌、真菌、镰刀菌、放线菌、芽孢杆菌的测定结果表明,柠条发酵物微生物含量与纤维素酶使用剂量存在相关关系,而且各处理之间差异显著。柠条发酵物真菌、细菌、镰刀菌、放线菌、芽孢杆菌与纤维素酶使用剂量线性相关系数均小于 0.5,而非线性相关系数均大于 0.6,分别为 0.609 9、0.907 2、0.724 2、0.627 7、0.654 1。

在真菌方面,CK 中的每克干发酵物的真菌数量最高,为 159×10^3 个,T5 中的每克干发酵物的真菌数量最低,仅为 79×10^3 个。当纤维素酶使用剂量小于 1.65 kg/m³ 时,真菌数量随着纤维素酶使用剂量的增加呈现非线性减少,当纤维素酶使用剂量增加到 1.65 kg/m³ 之后,真菌数量开始缓慢上升,其多项式为:$y = 23.519x^2 - 77.777x + 128.96$,非线性相关系数为 0.609 9;镰刀菌的变化规律与细菌相似,CK 中的每克干发酵物的镰刀菌数量最高,为 35.8×10^2 个,其多项式为:$y = 4.111 2x^2 - 13.361x + 32.255$,非线性相关系数为 0.724 2。

T4 的每克干发酵物的细菌数量最多,为 $1 175 \times 10^4$ 个,其数量变化与纤维素酶使用剂量非线性相关系数为 0.907 2,其多项式为:$y = -220.26x^2 + 669.01x + 742.31$。当纤维素酶使用剂量小于 1.51 kg/m³ 时,细菌数量随着纤维素酶使用剂量的增加呈现非线性增加,当纤维素酶使用剂量超过 1.51 kg/m³ 之后,细菌数量逐渐降低。

放线菌和芽孢杆菌数量变化规律与细菌相似,其相关多项式分别为:$y = -202.94x^2 + 605.4x + 386.19$,非线性相关系数为 0.627 7,$y = -44.133x^2 + 140.55x + 130.7$,非线性相关系数为 0.654 1。T3 的每克干发酵物的放线菌数量和芽孢杆菌的数量均为最多,达到 735×10^4 个和 218×10^4 个,CK 中的每克干发酵物的放线菌数量和芽孢杆菌数量均为最少,分别是 210×10^4 个和 88×10^4 个,各处理差异显著。

表 4-4　不同纤维素酶剂量处理柠条每克干发酵物的微生物含量

处理编号	真菌/10³ 个	细菌/10⁴ 个	镰刀菌/10² 个	放线菌/10⁴ 个	芽孢杆菌/10⁴ 个
1	96.5c	850d	28.5b	505d	165c
2	100b	925c	28.4b	650c	183b
3	91d	1 090b	24.2c	735a	218a
4	80e	1 175a	24.2c	710b	209ab
5	79e	1050b	24.1c	655c	212a
CK	159a	665e	35.8a	210e	88d

不同纤维素酶剂量对柠条发酵物酶活性的影响从表4-5可以看出，T5(4.01 mg/g)蔗糖酶活性明显高于CK(2.81 mg/g)，各处理间差异显著。柠条发酵物蔗糖酶活性与纤维素酶使用剂量呈非线性相关关系，其相关多项式分别为：$y = -0.371\ 4x^2 + 1.314\ 4x + 3.019\ 1$，非线性相关系数为0.8593。脲酶活性大小关系与蔗糖酶相似，T4最大，为0.77 mg/g，T3次之，依次为T5、T2、T1，CK最小，为0.34，其值与纤维素酶使用剂量呈非线性相关关系，其相关多项式分别为：$y = -0.614\ 6x^2 + 1.113x + 0.339\ 3$，非线性相关系数为0.857。各处理之间磷酸酶活性差异显著，但与纤维素酶使用剂量既不呈线性关系，也不呈非线性相关关系，其活性由大到小依次为：T5＞T3＞T4＞T2＞T1＞CK。在多酚氧化酶活性方面，T5活性最大，为1.13 mg/g，由大到小依次为：T5＞T4＞T3＞T2＞T1＞CK，而且各处理间差异显著；多酚氧化酶活性与纤维素酶使用剂量呈线性关系，其线性相关关系式为：$y = 0.128\ 4x + 0.802\ 7$，线性相关系数为0.903。

表4-5 不同纤维素酶剂量处理柠条发酵物的蔗糖酶活性、脲酶活性、磷酸酶活性和多酚氧化酶活性

mg/g

处理 编号	蔗糖酶活性 (Glucose)	脲酶活性 (NH$_3$-N)	磷酸酶活性 (Phenol)	多酚氧化酶活性 (Gallicin)
T1	3.15d	0.58c	1.45e	0.86c
T2	3.63c	0.49d	1.57d	0.76d
T3	3.61c	0.76a	1.74b	0.87c
T4	3.96b	0.77a	1.61c	0.96b
T5	4.01a	0.65b	1.79a	1.13a
CK	2.81e	0.34e	0.87f	0.83cd

不同纤维素酶剂量处理浸提液的GI水平明显不同，添加纤维素酶处理的发芽指数明显高于CK，T1～T5的GI值依次为61.55%、77.4%、81.05%、83.45%和78.35%，分别比CK高出78.4%、124.3%、134.9%、141.9%和127%，CK的GI值仅为34.5%，说明添加添加纤维素酶能够明显提高发芽指数(图4-3)。

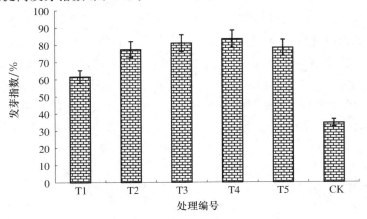

图4-3 不同纤维素酶剂量对萝卜种子发芽指数的影响

从柠条粉发酵开始一直到第47天,T1~T5物料温度一直大于CK,说明添加纤维素酶制剂有助于发酵的进行;从第47天起,T1~T5的温度开始小于CK,一直到第90天,尤其是从第54天开始,T1~T5的温度下降明显,但CK温度下降较为缓慢,说明添加纤维素酶有助于发酵速度加快,因为发酵物中心温度降低是腐熟发酵过程趋于完成的表现。

在物理性状发面各指标数值大小关系与纤维素酶使用剂量线性相关系数均小于0.5,说明不同剂量纤维素酶与柠条发酵物物理性状无显著影响。柠条发酵物的化学指标中,只有电导率(0.831 7)和速效氮(0.944 9)的线性相关系数和非线性相关关系系数(0.881 6和0.956 1)均大于0.8,存在正向线性相关和非线性相关关系。其他指标的线性相关关系系数和非线性相关系数均小于0.6,不具备相关性。这就说明添加纤维素酶对柠条发酵物化学性质(除电导率和速效氮)无影响;电导率和速效氮与纤维素酶使用剂量的线性相关和非线性相关是本次试验偶得的,还是存在相关性有待于重演性试验的进一步验证。

电导率(EC值)是栽培基质重要的化学性状。它表明基质内可电离盐类的溶液浓度,反映了基质中可溶性盐分的多少,直接影响浇灌营养液的平衡。电导率能说明添加纤维素酶提高柠条发酵物的养分释放量。

在微生物种群数量方面,对不同纤维素酶剂量处理下柠条发酵物细菌、真菌、镰刀菌、放线菌、芽孢杆菌的测定结果表明,柠条发酵物微生物含量与纤维素酶使用剂量存在非线性相关关系,而且各处理之间差异显著。柠条发酵物细菌、真菌、镰刀菌、放线菌、芽孢杆菌与纤维素酶使用剂量线性相关系数均小于0.5,而非线性相关系数均大于0.6,分别为0.609 9、0.907 2、0.724 2、0.627 7、0.654 1。通过非线性相关系数高低分析得出,添加纤维素酶对柠条发酵物细菌数量的影响最为显著。

对不同纤维素酶剂量处理下柠条发酵物蔗糖酶、脲酶、磷酸酶、多酚氧化酶的活性、芽孢杆菌的测定结果表明,只有多酚氧化酶活性与纤维素酶使用剂量呈线性相关关系,其线性相关关系式为:$y=0.128\,4x+0.802\,7$,线性相关系数为0.903。其余3中酶活性与纤维素酶使用剂量均不呈线性相关关系。酶活性测定本身具有瞬时性强的特点,因此对多种酶活性的测定与分析也有待于重演性试验的验证。

而发芽指数(GI)测定T3、T4的GI值都大于80%,而其他处理都低于80%,说明柠条发酵物在第60天时的处理腐熟程度较高。

添加纤维素酶能够加快柠条粉发酵速度,提高发酵物电导率和柠条发酵物的养分释放量,增加速效氮含量,提高多酚氧化酶活性。当纤维素酶添加量为0.5 kg/m³和1.25 kg/m³时,柠条粉发酵物60 d已达到腐熟及无毒害标准,较之前发酵90 d相比,时间缩短了1/3。综上所述,适当剂量纤维素酶的使用对柠条粉发酵物好氧发酵具有促进作用。纤维素酶具备作为柠条粉发酵物好氧发酵的催化剂的潜能,为柠条资源合理利用和基质商品化开发和应用提供了理论依据和技术支持。

二、氮源与配比对柠条粉基质化发酵品质的影响

氮源是基质发酵的外源调节物质之一。无机氮源更易被微生物利用,有机氮源更有利于

持续被微生物利用。作物秸秆发酵前需要添加氮源,比如,鸡粪、尿素、复合肥等。因此,要根据发酵材料的特性来选择合适的氮源及配比。柠条粉质地较硬,选择哪种氮源更有利于微生物对柠条粉降解,直接影响发酵效果。为此,将氮源及配比应用于柠条粉基质发酵中,研究柠条粉基质化发酵过程中堆体的腐熟速度和腐解产物及腐熟效果,旨在为柠条粉基质的实际生产和应用提供科学依据。

于 2012—2013 的连续 2 年在宁夏农林科学院试验基地进行,其中试验材料有柠条粉、鸡粪、油饼、尿素、纤维素降解菌(活菌总数大于等于 10^9 cfu/g),其基本性质如表 4-6 所列。

表 4-6　物料基本性质

物料	含水率 /%	pH	有机质质量比 /(g/kg)	总氮质量比 /(g/kg)	总磷质量比 /(g/kg)	总钾质量比 /(g/kg)	总有机碳质量比 /(g/kg)
柠条粉	22.30	6.90	921.93	12.06	0.78	4.01	534.72
鸡粪	10.16	8.62	218.20	24.22	8.68	11.8	126.56
油饼	5.32		451.13	55.21	19.25	14.86	261.66

将粉碎(0.5~1 cm)的柠条粉装入前述发酵池(1 m×1 m×1 m),以干燥鸡粪、尿素和油饼为氮源,统一调整堆体的碳氮比为 30。以纯柠条粉为对照(CK),每个处理设 3 次重复。微生物菌按照菌剂、麸皮质量比 1:10 混合分 2 次加入,第 1 次在发酵刚开始时加入,第 2 次在发酵 10 d 时结合翻料的同时加入,水分调节至 60% 左右,覆盖塑料薄膜进行发酵(表 4-7)。

表 4-7　物料发酵处理设置

处理编号	氮源类型与配比	碳氮比	柠条粉 /kg	鸡粪 /kg	尿素 /kg	油饼 /kg	菌剂 /g
T1	100%鸡粪	30	100	28.5			50
T2	100%尿素	30	100		1.25		50
T3	75%有机肥+25%尿素	30	100	10.7	0.31	3.9	50
T4	50%有机肥+50%尿素	30	100	7.3	0.62	2.6	50
T5	25%有机肥+75%尿素	30	100	3.6	0.93	1.3	50
CK		44.4	100				50

温度是基质发酵过程环境因素的一个重要指标,其高低、持续时间和有效积温长短决定着堆体进程的快慢。图 4-4 看出添加氮源的柠条粉堆体在发酵过程中经升温期、高温期、降温期而逐渐趋近于环境温度。发酵前 5 天温度上升很快,为升温期,添加氮源的柠条粉堆体的升温速度均大于 CK,且提前 2 天达到 60 ℃;5~35 d 发酵温度达 50 ℃以上为高温期,各处理堆体的温度都随着发酵时间延长呈逐渐降低的趋势,对比各堆体的最高温度可见,T2 的温度最高,为 65.3 ℃,其次是 T5,为 64.9 ℃,再次是 T4,为 64.4 ℃,CK 温度最低,为 60.6 ℃,这可能与发酵初期尿素更迅速被微生物利用有关,随着发酵的进行,6 个处理堆温保持 50 ℃以上的时间依次为 8 d、5 d、10 d、9 d、5 d、3 d,保持 55 ℃以上的时间依次为 4 d、3 d、6 d、6 d、3 d、1 d,添加氮源提前并延长了堆体发酵的高温期,添加 75%有机肥+25%化肥和 50%有机

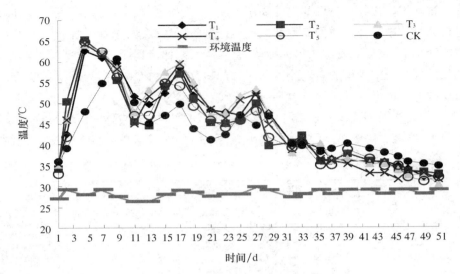

图 4-4　不同处理对基质堆体温度变化的影响

肥＋50％化肥更利于保持柠条粉高温发酵。

由表 4-8 可以看出,添加氮源对柠条粉发酵的积温作用显著。方差分析和多重比较结果表明,不同氮源处理积温与纯柠条粉处理间的差异达极显著水平,以 T3 积温最高,达到 1 215.25 ℃,其次是 T4,较纯柠条粉处理分别提高 13.1％和 12.5％,均与其他处理存在极显著差异,而两处理间无显著差异,说明添加氮源增加了堆体发酵的积温,添加 75％有机肥＋25％化肥和 50％有机肥＋50％化肥更利于保持柠条粉的发酵。

表 4-8　不同处理对基质堆体积温变化的影响

参数	处理编号					
	T1	T2	T3	T4	T5	CK
积温/℃	1 153.35＋20.16cC	1 132.28＋21.53dD	1 215.25＋20.78aA	1 208.23＋22.61aA	1 167.47＋20.75bB	1 074.37＋21.62eE

注:多重比较采用 Duncan 新复极差法,小写字母表示在 0.05 水平上显著,大写字母表示在 0.01 水平上显著。

碳源是微生物利用的能源在发酵过程中碳源被消耗,转化成二氧化碳和腐殖质物质;碳氮比是堆体腐熟度的重要指标,当堆腐产品碳氮比降为 15～20 时,可以认为堆体腐熟。在堆肥过程中,各组堆料有机碳和碳氮比的变化情况由图 4-5 可以看出,在堆肥结束时,处理的有机碳和碳氮比均低于处理前,添加不同氮源,显著降低了柠条粉发酵过程中的有机碳和碳氮比,各处理碳氮比均小于 20,按照以上标准衡量,当发酵 50 d 时,除了 CK 外,所有处理柠条粉基质均达到基本腐熟;方差分析和多重比较结果表明,不同氮源处理的有机碳和碳氮比与纯柠条粉 CK 处理间的差异达显著水平,以 T3 处理有机碳质量比最低,为 355.54 g/kg,碳氮比最低,为 15.90,其次是 T4,均与其他处理存在显著差异,且两处理间无显著差异,说明添加氮源有利于柠条粉基质碳素的降解,合适的氮源类型与配比加速了柠条粉堆料有机碳和碳氮比的降解,其中以氮源 T3 和 T4 效果为最好。

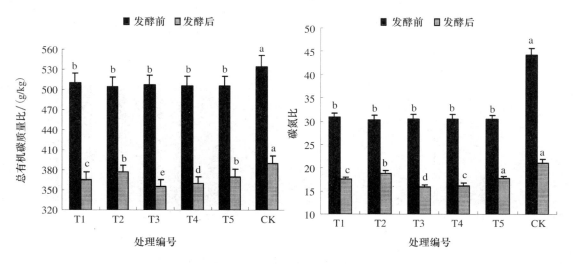

图 4-5 不同处理对基质堆体碳素变化的影响

氮源是微生物的营养物质。在发酵过程中，氮以氨气的形式散失，或变为硝酸盐和亚硝酸盐，或是被生物体同化吸收。各处理在堆肥过程中的各组堆料全氮和硝态氮的变化情况由图 4-6 和图 4-7 可以看出，在堆肥结束时，处理的总氮和硝态氮均高于处理前，添加不同氮源显著增加了柠条粉发酵过程中的总氮和硝态氮。方差分析和多重比较结果表明，不同氮源处理的总氮和硝态氮与纯柠条粉 CK 处理间的差异达显著水平，以 T3 处理总氮和硝态氮质量

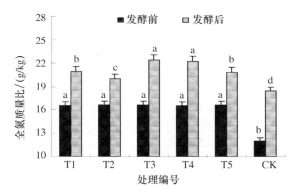

图 4-6 不同处理对基质堆体全氮的影响

比最高，分别为 22.36 g/kg 和 0.385 g/kg，其次是 T4，分别为 22.21 g/kg 和 0.337 g/kg，均与其他处理存在显著差异，且两处理间无显著差异；铵态氮变化与总氮和硝态氮变化恰好相反，至堆肥结束时，各处理的质量比分别为 0.054 g/kg、0.056 g/kg、0.049 g/kg、0.051 g/kg、0.051 g/kg 和 0.044 g/kg，以 T3 铵态氮减少率最大，达到 10.8%，其次是 T4，达到 10.3%，均与其他处理存在显著或极显著差异，且两处理间无显著差异。这种情况说明随着发酵的进行和物料的逐渐腐熟，铵态氮一部分用于微生物代谢和同化作用的消耗，另一部分以氨气的形式散失，添加氮源有利于柠条粉基质的腐熟，伴随着基质的质量和体积逐渐变小而促成了总氮的浓缩，且氮素以硝态氮的形式被固定，合适的氮源类型及配比加速了柠条粉基质的腐熟，提高了基质总氮和硝态氮含量，其中以氮源 T3 和 T4 效果为最好。

堆肥过程中的各组堆料纤维素、半纤维素和木质素的变化情况由表 4-9 可以看出，在堆肥结束时，处理的纤维素、半纤维素和木质素质量分数均低于处理前，各处理纤维素降解率均为 35% 以上，半纤维素降解率为 37% 以上，木质素降解率为 19% 以上，添加不同氮源对柠条粉发酵过程中的纤维素、半纤维素和木质素质量分数变化作用显著。方差分析和多重比较结

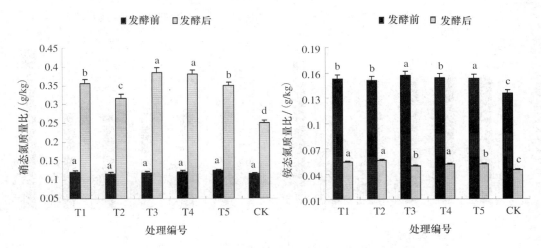

图 4-7　不同处理对基质堆体硝态氮和铵态氮的影响

果表明,不同氮源处理的纤维素、半纤维素和木质素质量分数与纯柠条粉 CK 处理间的差异达显著水平,以 T3 处理纤维素、半纤维素和木质素质量分数最低和降解率最高,分别为 14.50%、44.49%、12.96%、44.35% 和 18.64%、25.71%,其次是 T4,分别为 14.55%、44.83%、13.01%、44.26% 和 18.69%、25.19%,均与其他处理存在显著差异,且两处理间无显著差异,说明添加氮源有利于柠条粉基质纤维素、半纤维素和木质素降解,其中以氮源 T3 和 T4 效果为最好。

表 4-9　不同处理对基质腐熟后纤维素和腐殖酸的影响

| 处理编号 | 纤维素 | | | 半纤维素 | | | 木质素 | | | 腐殖酸 |
	发酵前质量分数	发酵后质量分数	降解率	发酵前质量分数	发酵后质量分数	降解率	发酵前质量分数	发酵后质量分数	降解率	
T1	26.45	15.01+1.01c	43.23	23.61	13.33+0.92d	43.53	25.01	18.93+1.14d	24.31	36.74 b
T2	26.23	15.59+1.06b	40.55	23.57	13.87+0.96b	41.17	25.08	19.48+1.13b	22.34	36.12d
T3	26.21	14.50+1.05d	44.49	23.29	12.96+0.94e	44.35	25.09	18.64+1.10e	25.71	37.12a
T4	26.29	14.55+1.04d	44.83	23.34	13.01+0.93e	44.26	24.98	18.69+1.15e	25.19	37.08a
T5	26.25	15.26+1.05c	41.85	23.19	13.49+0.94c	41.83	24.96	19.20+1.14c	23.06	36.51c
CK	26.3	16.89+1.02a	35.75	23.20	14.53+0.95a	37.37	25.04	20.04+1.12a	19.97	35.13e

注:多重比较采用 Duncan 新复极差法,小写字母表示在 0.05 水平上显著,大写字母表示在 0.01 水平上显著。

　　腐殖酸是土壤有机胶体的重要组成部分,对土壤结构和养分的保蓄等方面起到良好的作用。堆肥过程中腐殖酸的变化情况如表 4-9 所示,至堆肥结束时,添加氮源对柠条粉发酵过程中的腐殖酸质量分数变化作用显著。不同氮源处理的腐殖酸质量分数与纯柠条粉 CK 的差异达显著水平,以 T3 处理腐殖酸质量分数最高,达到 37.12%,其次是 T4,达到 37.08%,均与其他处理存在显著差异,且两处理间无显著差异。

　　堆肥过程中各组堆料的浸提液对种子发芽指数变化情况如图 4-8 所示。至堆肥结束时,添加氮源显著加快柠条粉堆体过程中种子发芽指数的提高,各处理种子发芽指数均大于

85%。按照 Zucconi 等提出，当种子发芽指数达到 80%～85% 时，这种堆体就可以认为已经完全腐熟，对植物没有毒性，这就说明不同处理的发酵柠条粉基质的浸提液均不会对种子的发芽产生毒害作用；方差分析和多重比较结果表明，添加氮源处理的种子发芽指数与纯柠条粉 CK 间的差异达显著水平。而不同氮源类型及配比处理间的种子发芽指数差异达显著水平，其中以 T3 处理种子发芽指数最高，其次是 T4，均与其他处理的差

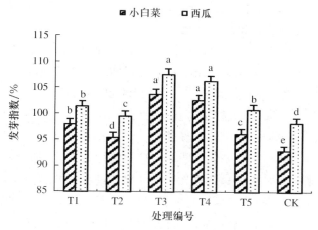

图 4-8 不同处理对种子发芽指数的影响

异达显著水平，而两处理间差异不显著，这就说明添加氮源有利于柠条粉基质的浸提液种子发芽指数提高，其中以氮源 T3 和 T4 促进效果较优。

基质的体积质量和孔隙度是最重要的理化性质参数。堆肥过程中的各组基质体积质量及孔隙度的变化情况见表 4-10，在堆肥结束时，添加氮源有增加柠条粉基质体积质量的趋势，显著增加了腐熟后堆肥的总孔隙度和持水孔隙度，通气孔隙和气水比未呈现有规律的变化。不同氮源类型及配比处理 T1、T2、T3、T4 和 T5 与纯柠条粉 CK 相比，体积质量分别增加了 1.42%、5.32%、2.78%、3.78% 和 0.65%，总孔隙度分别增加了 7.56%、6.93%、9.73%、8.28% 和 7.62%，持水孔隙度分别增加了 8.26%、5.93%、10.89%、9.39% 和 9.10%，极显著高于 CK，处理间差异显著。

表 4-10 不同处理腐熟后基质容重及孔隙度变化

处理编号	体积质量/(g/cm³)	总孔隙度/%	持水孔隙/%	通气孔隙/%	大小孔隙比
T1	0.20+0.009bB	79.49+2.19bB	58.00+1.78bB	21.49+1.08cC	0.37+0.03cC
T2	0.24+0.008aA	78.86+2.18cC	55.67+1.86cC	23.19+1.06aA	0.42+0.02aA
T3	0.22+0.010bB	81.66+2.17aA	60.63+1.84aA	21.03+1.10cC	0.35+0.02eE
T4	0.23+0.011aA	81.24+2.18aA	60.14+1.83aA	21.08+1.09cC	0.36+0.03dD
T5	0.20+0.009bB	79.55+2.19bB	58.84+1.85bB	20.71+1.11dD	0.35+0.01eE
CK	0.19+0.010cC	71.93+2.17dD	49.74+1.86dD	22.10+1.10bB	0.39+0.02bB
理想基质	0.1～0.8	70～90		20 左右	(1:2)～(1:4)

注：多重比较采用 Duncan 新复极差法，小写字母表示在 0.05 水平上显著，大写字母表示在 0.01 水平上显著。

由表 4-10 可知，理想基质的体积质量范围为 0.1～0.8 g/cm³，最佳体积质量为 0.5 g/cm³，通气孔隙为 20% 左右，大小孔隙比为 0.25～0.5。按照以上衡量基质的标准，在发酵结束时，几种处理（包括对照）的物理性质均符合理想基质的要求。但考虑基质保护作物根系生长、固

定植株、同外界气体交换功能及持水保水能力等对基质的要求,认为 T3 和 T4 处理腐熟的基质更适合蔬菜作物栽培。

综上所述,从柠条粉基质的腐熟速度来看,添加氮源以 75％有机肥＋25％化肥和 50％有机肥＋50％化肥柠条粉堆体的升温速度快,高温持续时间较长(高于 50 ℃,分别达到 10 d 和 9 d;高于 55 ℃,均达到 6 d),积温分别达到 1 215.25 ℃和 1 208.23 ℃,堆体 TOC 和碳氮比降解率较高,缩短柠条粉基质腐熟的时间,加速了有机质的分解,腐熟速度比其他处理要快,两种氮源配比间差异不显著。

从柠条粉基质腐熟后的理化特性来看,添加氮源以 75％有机肥＋25％化肥和 50％有机肥＋50％化肥显著提高了堆体腐熟进程中的总氮和硝态氮含量,且 2 种氮源配比间无显著差异,有效控制了氮素的损耗,保证了柠条粉基质腐熟后的肥力。在发酵结束时,几种处理(包括对照)的物理性质均符合理想基质的要求,但考虑基质保护作物根系生长、固定植株、同外界气体交换功能及持水保水能力等对基质的要求,认为氮源以 75％有机肥＋25％化肥和 50％有机肥＋50％化肥柠条粉腐熟的基质更适合蔬菜作物栽培。

从柠条粉基质腐解产物来看,添加氮源以 75％有机肥＋25％化肥和 50％有机肥＋50％化肥显著加快了堆体腐熟进程中的纤维素、半纤维素和木质素的降解,纤维素和半纤维素降解率均在 44％以上,木质素降解率在 37％以上,显著增加了堆体的腐殖酸质量分数,分别达 37.12％和 37.08％,且两种氮源配比间无显著差异。在发酵结束时,几种处理(包括对照)基质的浸提液均不会对种子(小白菜和西瓜)产生毒害作用。在第 50 天时,添加氮源以 75％有机肥＋25％化肥和 50％有机肥＋50％化肥柠条粉的处理的基质已完全腐熟,显著提高了堆体过程中种子发芽指数,均与其他处理的差异达显著水平,而两种氮源配比间差异不显著。相较而言,添加氮源为 75％有机肥＋25％化肥和 50％有机肥＋50％对柠条粉基质堆体种子发芽指数的促进效果较优。

对比柠条粉几种处理的基质化过程,以添加氮源为 75％有机肥＋25％化肥和 50％有机肥＋50％化肥 2 个处理堆体发酵温度较高,持续时间较长、腐熟速度较快、腐熟后的基质理化性质更适合作物栽培。因此,可以在这两种处理下进一步细化研究,以这两种处理发酵得到的材料作为基质进行蔬菜育苗及栽培的效果需进一步研究。

三、接种微生物菌剂对枸杞枝条基质化发酵品质的影响

微生物的添加缩短了基质发酵时间,提高了基质发酵效果,且在基质发酵过程中得到了较好的应用。寻找快速微生物菌剂是基质发酵的核心问题之一。因此,接种微生物被应用于枸杞枝条基质发酵中以研究枸杞枝条基质化发酵过程中的堆料温度、营养释放变化及腐熟效果,旨在筛选出快速、有效的枸杞枝条发酵菌剂,为枸杞枝条基质生产和应用提供理论和实践依据。

2012—2013 年连续 2 年在宁夏农林科学院试验基地进行,试验材料有枸杞枝条碎屑、鸡粪、粗纤维复合益菌(粉剂、有效活菌总数≥1×10⁹ cfu/g)、速腐复合菌(粉剂、由细菌、丝状菌和酵母菌群组成)、锯末专用复合菌(粉剂、由细菌、丝状菌和酵母菌群组成,有效活菌总数≥

2×10^8 cfu/g)、EM 复合益菌(液体剂、由光合细菌、乳酸菌和酵母菌群组成,有效菌含量$\geqslant$ 2×10^9 cfu/g)、BM 复合益菌(粉剂、由细菌、真菌、放线菌和酵母菌群组成,有效活菌总数$\geqslant$ 1×10^8 cfu/g)和纤维素类复合酶(粉剂、由内切葡聚糖酶、外切葡聚糖酶和纤维二糖酶组成的 复合制剂,cmc 酶活力 120 万),其基本性质如表 4-11 所示。

表 4-11　物料基本性质

物料名称	pH	全氮/ (g/kg)	全磷/ (g/kg)	全钾/ (g/kg)	总有机碳 /(g/kg)
枸杞枝条	6.52	12.62	0.82	3.56	641.10
鸡粪	8.62	24.22	8.68	11.8	126.56

研究接种微生物对枸杞枝条基质堆体温度变化,从图 4-9 可见,堆体发酵温度经升温期、 高温期、降温期而逐渐趋近于环境温度。发酵前 7 d 温度上升很快,为升温期;7~60 d 发酵 温度达 50 ℃以上,为高温期;60 d 以后堆温逐渐趋于环境温度,为降温期。在升温期,T1、 T3、T6 处理的升温速度大于 CK、T2、T4、T5,且提前 2 d 达到 55 ℃;在高温期,各处理堆体的 温度都随着发酵时间延长呈逐渐降低的趋势,虽然在第 15 天、第 30 天、第 45 天、第 60 天、第 75 天翻堆后温度又上升,但均没有达到之前的最高温度,且最高温度逐渐降低;对比各堆体的 最高温度可见,T1 处理的温度最高,为 62.4 ℃,其次是 T3,为 60.8 ℃,再次是 T6,为 59.6 ℃,CK 温度最低,为 53.3 ℃,7 个处理堆温保持在 45 ℃以上的时间依次为 20 d、7 d、15 d、4 d、 7 d、12 d、4 d;保持在 55 ℃以上的时间依次为 9 d、2 d、5 d、1 d、2 d、5 d、1 d,说明接种微生物能 提前并延长高温期,相较而言,接种 T1、T3 和 T6 处理效果最好。

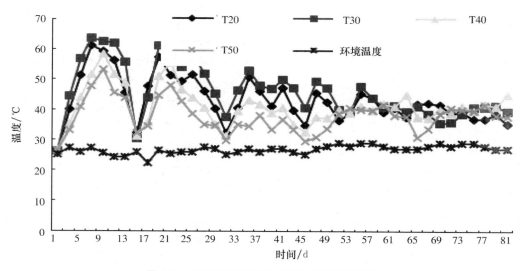

图 4-9　不同处理对基质堆体温度变化的影响

碳源是微生物利用的能源。在发酵过程中,碳源被消耗,转化成二氧化碳和腐殖质物质; C/N 值是判断发酵物料是否腐熟的重要指标,腐熟堆肥的 C/N 值约为 20。由表 4-12 所示, 各处理总有机碳和 C/N 值均随着发酵的进行而逐渐降低,但降低的速度不同。发酵 80 d 时 各处理总有机碳分别为 308.6 g/kg、354.6 g/kg、318.9 g/kg、323.5 g/kg、352.4 g/kg、 312.4 g/kg 和 393.2 g/kg,较不添加任何微生物菌剂 CK,总有机碳分别降低了 8.46%、 3.86%、7.43%、6.97%、4.08 和 8.06%,其中以 T1 处理降解速度最快,其次是 T3,再次是 T6,这个处理均快于其他处理,说明接种外源微生物可以加快堆腐进程中总有机碳的降低,且 降解速度均快于不添加任何微生物菌剂 CK,以接种 T1、T3 和 T6 微生物菌剂能极大地加速 枸杞枝条有机质的分解。在发酵 80 d 时,各处理 C/N 分别为 18.05、23.03、18.54、21.01、 22.74、19.30 和 25.53,以 T1,T3 和 T6 处理降低速率较快,且在第 80 天时基本腐熟,而其他 处理达到基本腐熟还需要一定时间。

表 4-12　不同处理对堆体总有机碳和碳氮比值的影响

处理编号	总有机碳/(g/kg)					总有机碳/(g/kg)				
	0 d	20 d	40 d	60 d	80 d	0 d	20 d	40 d	60 d	80 d
T1	512.4	456.6	404.8	352.9	308.6	30	30.64	26.29	21.92	18.05
T2	507.6	432.2	405.5	382.6	354.6	30	30.01	27.40	25.34	23.03
T3	511.9	415.8	392.6	362.5	318.9	30	27.54	24.69	21.45	18.54
T4	513.6	442.1	402.5	368.1	323.5	30	30.07	27.01	24.38	21.01
T5	510.4	472.6	422.7	388.6	352.4	30	32.15	28.18	25.40	22.74
T6	512.1	462.1	409.1	357.6	312.6	30	31.65	27.09	22.49	19.30
CK	511.3	482.9	448.6	416.5	393.2	30	32.85	29.91	27.40	25.53

　　由表 4-13 所示,各处理堆体 pH 呈现先升后降的趋势,发酵 40 d 各处理堆体 pH 都有升 高,这与堆体发酵中有机酸大量分解、有机氮的矿化有关。在 80 d 时,各处理堆体 pH 都有所下 降,但处理间变化幅度不大,这与发酵后期微生物活动和氨化作用减弱及硝化作用增强有关。 另外,各处理的总氮含量随着发酵的进行总体呈现增加趋势,但增加的速度不同。在发酵 80 d 时,各处理总氮含量分别为 17.1 g/kg、15.4 g/kg、17.2 g/kg、15.4 g/kg、15.5 g/kg、16.2 g/ kg、15.4 g/kg,较不添加任何微生物菌剂 CK,接种外源微生物以 T1 处理增加最多,其次是 T3,再次是 T6,说明接种微生物提高了堆体腐熟进程中的总氮含量,这可能与物料的体积、质 量逐渐变小和堆体水分的降低有关。

表 4-13　不同处理对堆体 pH 和总氮含量的影响

处理编号	pH			总氮/(g/kg)				
	0 d	40 d	80 d	0 d	20 d	40 d	60 d	80 d
T1	6.76	8.16	7.78	14.5	14.9	15.4	16.1	17.1
T2	6.76	8.03	7.62	14.2	14.4	14.8	15.1	15.4

续表4-13

处理编号	pH			总氮/(g/kg)				
	0 d	40 d	80 d	0 d	20 d	40 d	60 d	80 d
T3	6.76	8.12	7.71	14.6	15.1	15.9	16.9	17.2
T4	6.76	8.11	7.71	14.4	14.7	14.9	15.1	15.4
T5	6.76	8.01	7.64	14.3	14.7	15.0	15.3	15.5
T6	6.76	8.09	7.81	14.4	14.6	15.1	15.9	16.2
CK	6.76	7.99	7.68	14.3	14.7	15	15.2	15.4

由表4-14所示,各处理的总磷和总钾含量均随着发酵的进行总体呈现增加趋势,但增加的速度不同,但总体都要高于发酵前的含量。发酵80 d时,总磷含量分别为5.1 g/kg、4.9 g/kg、5.2 g/kg、5.0 g/kg、5.1 g/kg、5.2 g/kg、4.8 g/kg,总钾含量分别为16.5 g/kg、16.1 g/kg、16.4 g/kg、16.2 g/kg、16.3 g/kg、16.4 g/kg、15.8 g/kg,接种微生物处理的总磷和总钾含量稍高于不添加任何微生物菌剂CK处理,接种微生物处理间变化不明显,说明接种微生物提高了堆体腐熟进程中的总磷和总钾含量,这可能与物料的体积、质量逐渐变小和堆体水分的降低有关。

表 4-14　不同处理对堆体总磷和总钾含量的影响　　　　　　　　　　　　　　g/kg

处理编号	总磷					总钾				
	0 d	20 d	40 d	60 d	80 d	0 d	20 d	40 d	60 d	80 d
T1	3.5	4.4	4.6	4.9	5.1	14.4	14.9	15.5	16.1	16.5
T2	3.2	4.2	4.5	4.7	4.9	14.2	14.8	15.3	15.7	16.1
T3	3.1	4.1	4.7	5.0	5.2	14.2	14.8	15.7	16	16.4
T4	3.3	4.2	4.6	4.8	5.0	14.4	15.1	15.3	15.8	16.2
T5	3.2	4.1	4.6	4.8	5.1	14.3	15	15.4	15.9	16.3
T6	3.4	4.3	4.5	4.9	5.2	14.4	15.2	15.8	16.1	16.4
CK	3.4	4.3	4.5	4.6	4.8	14.3	14.9	15.3	15.5	15.8

由表4-15可知,接种微生物菌剂增加了枸杞枝条腐熟后堆肥的容重,总孔隙度和持水孔隙度。在发酵结束后,接种微生物处理T1、T3和T6与不添加任何微生物菌剂CK相比,其容重分别增加了1.10%、0.91%和1.20%,总孔隙度分别增加了9.78%、10.45%和10.51%,持水孔隙度分别增加了6.21%、5.36%和8.80%,明显高于处理CK。

表 4-15 不同处理腐熟后的物理性质

处理编号	容重/(g/cm)	总孔隙度/%	持水孔隙/%	通气孔隙/%	大小孔隙比
T1	0.205	69.18	49.88	19.29	0.39
T2	0.200	67.73	47.14	20.59	0.44
T3	0.203	69.85	49.03	20.82	0.42
T4	0.198	64.42	46.63	17.79	0.38
T5	0.207	66.98	46.54	20.45	0.44
T6	0.206	69.91	50.47	19.44	0.33
CK	0.194	62.97	43.67	19.30	0.44
理想基质	0.1~0.8	70~90	—	20 左右	1:(2~4)

由图 4-10 可知,接种微生物能显著加快堆体过程中种子的发芽指数(GI)的提高。在发酵结束后,各处理小白菜的 GI 分别为 89.59%、86.96%、88.35%、87.04%、87.13%、88.94% 和 86.06%,黄瓜种子的 GI 分别为 90.23%、87.96%、90.16%、88.67%、88.53%、89.91% 和 87.11%,各处理 GI 均大于 85%,说明不同处理的发酵枸杞枝条基质的浸提液均不会对种子的发芽产生毒害作用。经方差分析和多重比较,接种微生物显著加快堆体的 GI 的提高,各处理均与 CK 间的差异达极显著水平,而接种微生物处理间 GI 达显著差异,以 T1 处理 GI 最高,其次是 T3,再次是 T6 处理,这三个处理均与其他处理的差异达显著水平,而处理间差异不显著。相较而言,以接种 T1、T3 和 T6 种子发芽指数的促进效果较优。

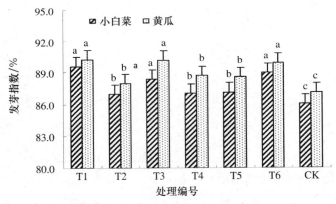

图 4-10 不同处理对种子发芽指数(GI)的影响

碳氮比值 T 值的计算:$T = T_i/T_0$,其中 T_i 为发酵某一时间段堆体的碳氮比值,T_0 为初始堆体的碳氮比值。T 值大小也是判断发酵物料是否腐熟的重要指标之一,一般认为 T 值小于 0.6 堆体达到腐熟。若以 T 值作为判断标准,其结果表 4-16 可以看出,在 80 d 时,除了 T2、T5、CK 外,其他处理基质已完全腐熟,这与以上的 GI 分析有些出入。总体来看,T1、T3 和 T6 处理的腐熟速度仍是较快的。

表 4-16　不同处理对堆体 T 值的变化

处理编号	T 值			
	20 d	40 d	60 d	80 d
T1	0.87	0.74	0.62	0.51
T2	0.84	0.77	0.71	0.64
T3	0.79	0.70	0.61	0.53
T4	0.84	0.76	0.68	0.59
T5	0.90	0.79	0.71	0.64
T6	0.89	0.76	0.63	0.54
CK	0.92	0.84	0.77	0.71

接种微生物菌剂对枸杞枝条进行基质化发酵处理,这是对枸杞枝条的处理具有探索意义,也是对枸杞枝条资源化利用的一次新尝试。基质发酵是一个以微生物为媒介的生物发酵过程。其主要目的是灭菌和稳定化。微生物的活动对堆体物料的分解起重要作用,接种微生物菌剂是加快堆体腐熟的重要手段,温度是表征堆体发酵过程有效性的一个重要指标,温度过高则会抑制并杀死部分有益微生物,过低会导致有机物分解缓慢,均不利于有机固体废弃物的堆肥化处理。Epstein E 认为堆肥的最适温度为 50~60 ℃,Bach P. D. 认为固体废物堆肥处理的最佳温度为 65~70 ℃,也有文献提出堆体温度在 55 ℃下,保持 3 d 以上(或 50 ℃以上,保持 7 d),这是杀灭堆料中所含的致病微生物、保证堆肥的卫生指标合格和堆肥腐熟的重要条件。

接种微生物菌剂,加速了堆体总有机碳和碳氮比值的降解,加快了枸杞枝条基质腐熟进程,这与鸡粪、麦秸、西番莲果渣和油枯堆腐的研究结果相同。西番莲果渣单独堆肥过程中,在添加一定比例牛粪的基础上接种微生物菌剂增加堆肥产品的全氮、全磷和全钾等养分含量,降低堆肥的容重,增加堆肥产品的总孔隙和持水孔隙度,提高堆肥产品品质,烟草废弃物发酵中,添加微生物菌剂后,到堆肥腐熟时的全氮、全磷、全钾含量有所上升,降低堆肥容重、增加堆肥的总孔隙度和持水孔隙度的作用。猪粪堆肥发酵中,接种微生物对堆肥物质的分解作用浓缩了堆肥中的无机营养成分,而且由于水分的降低,使养分含量相对增加,有利于提高堆肥质量,玉米秸秆鸡粪混料发酵中,添加微生物腐熟剂总干物质重的下降幅度明显大于全氮下降幅度,最终使得干物中全氮含量相对增加,本文研究结果与其吻合,接种微生物菌剂提高了堆体腐熟进程中的总氮、总磷和总钾含量。不同微生物对同一指标的影响不同,这与不同微生物菌剂对堆肥体系的适应性不同有关,如接种 NNY 微生物菌剂对促进烟草废弃物堆肥的无害化进程最快,接种福贝微生物菌剂对西番莲果渣腐熟效果最好。本试验接种粗纤维复合益菌、锯末专用复合菌和纤维素类复合酶更适合枸杞枝条粉基质化处理。

接种粗纤维复合益菌、锯末专用复合菌和纤维素类复合酶提前并延长了枸杞枝条基质高温期,均在第 5 天进入高温分解阶段(>50 ℃),持续在 55 ℃以上的时间分别达到 9 d、5 d 和 5 d,加速了堆体总有机碳和碳氮比值的降解,加快了枸杞枝条基质腐熟进程。

接种微生物菌剂提高了堆体腐熟进程中的总氮、总磷和总钾含量,腐熟后的各项理化指标基本达到栽培基质的要求,基质的浸提液均不会对种子的发芽产生毒害作用。考虑到基质的发酵温度、腐熟周期及基质保护作物根系生长及固定植株的功能对基质各项理化性质的要求,接种粗纤维复合益菌、锯末专用复合菌和纤维素类复合酶更适合枸杞枝条粉基质化处理。因此,可以在这3种处理下进一步细化研究,以这3种处理发酵得到的材料作为基质进行蔬菜栽培的效果需进一步研究。

四、枸杞枝条最优基质化发酵工艺及参数优化

发酵是制作无土栽培基质的关键环节之一,如何通过最优发酵将枸杞枝条转化成园艺基质是本文的探索方向。寻找适宜、快速、有效的微生物菌剂、碳氮比和氮源类型及氮源配比是基质发酵的核心问题。为此,试验采用正交设计的方法研究碳氮比、微生物菌剂、氮源类型及氮源配比对枸杞枝条发酵过程中堆料温度、碳氮素变化及腐熟效果,旨在探讨枸杞枝条最优基质化发酵工艺及参数优化,为枸杞枝条基质的生产和应用提供理论和实践依据。

本研究于2012—2013年连续在宁夏农林科学院试验基地进行,试验材料有枸杞枝条、鸡粪、油饼(宁夏地方小杂粮作物胡麻榨完油后的渣滓压成饼统称为油饼)、尿素、粗纤维素降解菌(粉剂、有效活菌总数≥1×10^9 cfu/g)、EM复合益菌(液体剂、有效活菌总数≥2×10^8 cfu/g)、BM复合益菌(粉剂、有效活菌总数≥2×10^8 cfu/g),其基本性质见表4-17。

表4-17 物料基本性质 g/kg

物料	pH	总氮	总磷	总钾	有机碳
枸杞枝条	6.90	12.06	0.78	4.01	534.76
鸡粪	8.62	24.22	8.68	11.8	126.56
油饼	—	55.11	19.25	14.86	261.66

将粉碎(0.5 cm)的枸杞枝条装入发酵池(1 m×1 m×1 m),以烘干鸡粪、尿素和油饼为氮源,接种微生物按照粉末菌剂、麸皮质量比1:10混合,然后按菌剂与物料浓度为1‰(干物质量)的比例添加粉末菌剂,液体菌剂按照菌剂、红糖质量比1:1混合后,再与水体积比1:500混合,然后按菌剂与物料浓度为2‰(体积比)的比例添加液体菌剂,均分2次加入,第1次在发酵刚开始时加入,第2次在发酵10 d时结合翻料的同时,加入水分调节至60%左右,覆盖塑料薄膜进行发酵。在发酵过程中,于第0天、第15天、第30天、第45天、第60天、第75天对发酵堆体取样测定(表4-18、表4-19)。

表4-18 枸杞枝条发酵试验因素水平

水平	碳氮比	微生物菌剂	氮源类型	氮源配比
1	20:1	粗纤维素降解菌	鸡粪	3:1
2	30:1	EM菌	尿素	1:1
3	40:1	BM菌	油饼	1:3

表 4-19　L9(3⁴) 枸杞枝条发酵正交试验设计表

处理编号	碳氮比	微生物菌剂	氮源类型	氮源配比
T1	20:1	粗纤维素降解菌	鸡粪	3:1
T2	20:1	EM 菌	尿素	1:1
T3	20:1	BM 菌	油饼	1:3
T4	30:1	粗纤维素降解菌	尿素	1:3
T5	30:1	EM 菌	油饼	3:1
T6	30:1	BM 菌	鸡粪	1:1
T7	40:1	粗纤维素降解菌	油饼	1:1
T8	40:1	EM 菌	鸡粪	1:3
T9	40:1	BM 菌	尿素	3:1

图 4-11a 可以看出不同碳氮比枸杞枝条发酵过程中温度均呈先上升后下降的趋势,各处理均从第 2 天开始迅速升温,碳氮比为 20:1 和 30:1 的处理在第 7 天达到最高温度,分别为 60.9 ℃和 62.3 ℃,碳氮比为 40:1 处理在第 9 天达到最高温度,为 53.5 ℃,虽然在第 15 天、第 30 天、第 45 天、第 60 天、第 75 天翻堆后温度又上升,但均没有达到之前的最高温度,且最高温度逐渐降低,碳氮比为 20:1、30:1 和 40:1 的处理堆温保持在 50 ℃以上的时间依次为 9 d、12 d、6 d,保持在 55 ℃以上的时间依次为 4 d、8 d、2 d,说明适宜碳氮比能提前并延长高温期,碳氮比为 30:1 的枸杞枝条碎屑堆腐处理效果最好。

图 4-11b 可以看出不同微生物菌剂枸杞枝条发酵过程中温度均呈先上升后下降的趋势,各处理均从第 2 天开始迅速升温,接种粗纤维素降解菌的处理在第 7 天达到最高温度,为 62.1 ℃,接种 EM 菌和 BM 菌的处理均在第 9 天达到最高温度,分别为 56.8 ℃和 53.3 ℃,虽

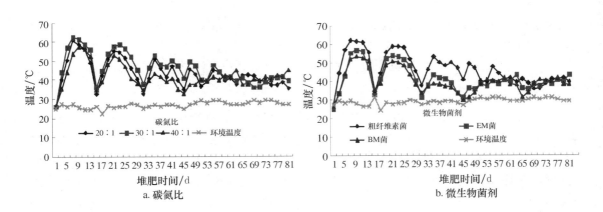

a 中的数据为不同微生物菌剂、不同氮源类型及氮源配处理的平均值;b 中的数据为不同碳氮比、不同氮源类型及氮源配处理的平均值。

图 4-11　碳氮比和微生物菌剂对基质堆体温度变化的影响

然在第 15 天、第 30 天、第 45 天、第 60 天、第 75 天翻堆后温度又上升,但均没有达到之前的最高温度,且最高温度逐渐降低,接种粗纤维素降解菌、EM 菌和 BM 菌的处理堆温保持在 50 ℃以上的时间依次为 13 d、7 d、5 d,保持在 55 ℃以上的时间依次为 9 d、4 d、2 d,说明,接种粗纤维素降解菌枸杞枝条堆腐处理效果最好。

从图 4-12a 可以看出,不同氮源类型及配比在枸杞枝条发酵过程中温度均呈先上升后下降的趋势,各处理均从第 2 天开始迅速升温,添加氮源为尿素的处理在第 7 天达到最高温度,为 63.3 ℃,添加氮源为鸡粪和油饼的处理均在第 9 天达到最高温度,分别为 59.1 ℃ 和61.3 ℃。从图 4-12b 可以看出,氮源配比为 1:3 和 1:1 的处理均在第 7 天达到最高温度,分别为 63.6 ℃ 和 61.6 ℃,氮源配比为 3:1 的处理在第 9 天达到最高温度,为 60.5 ℃。这可能与发酵初期无机氮更易被微生物利用有关。随着发酵的进行,不同氮源类型鸡粪、尿素和油饼的处理堆温保持在 50 ℃ 以上的时间依次为 11 d、10 d、12 d,保持在 55 ℃ 以上的时间依次为7 d、6 d、9 d,氮源配比为 3:1、1:3 和 1:1 的处理堆温保持在 50 ℃ 以上的时间依次为 12 d、10 d、9 d,保持在 55 ℃ 以上的时间依次为 7 d、6 d、3 d,由此可见,添加氮源为油饼、氮源配比为 3:1的枸杞枝条堆腐处理效果最好。

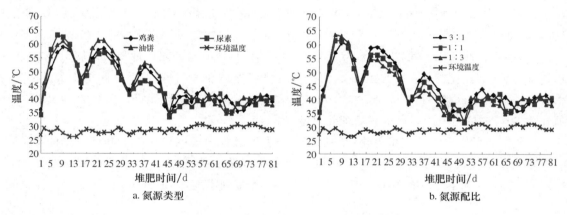

a. 氮源类型 b. 氮源配比

a 中的数据为不同碳氮比、微生物菌剂及氮源配比处理的平均值;b 中的数据为不同碳氮比、微生物菌剂及氮源类型处理的。

图 4-12 氮源类型和氮源配比对基质堆体温度变化的影响

在堆肥结束时,不同因素对枸杞枝条堆体发酵中堆料总有机碳和 C/N 值含量的影响见表 4-20。与发酵前相比,碳氮比为 30:1 堆料总有机碳和 C/N 值降解程度最大,分别为22.33% 和 59.78%。接种粗纤维素菌堆料总有机碳和 C/N 值显著高于其他微生物菌的降解程度,添加鸡粪氮源堆料总有机碳和 C/N 值降解程度显著高于添加尿素的氮源堆料,且两者间无显著差异,可见,碳氮比、微生物菌剂和氮源类型均对枸杞枝条堆料总有机碳和C/N 值的降解有显著影响,氮源配比对枸杞枝条堆料总有机碳和 C/N 值的降解无显著性影响。说明调整碳氮比、接种微生物菌、添加有机氮源加速了枸杞枝条堆料总有机碳和 C/N 值的降解。其中以调整碳氮比为 30:1,接种粗纤维素降解菌、添加鸡粪或油饼氮源对枸杞枝条基质碳素降解效果为最好。

表 4-20　不同因素处理对枸杞枝条基质碳素变化的影响

因素		总有机碳 TOC			碳氮比		
		发酵前/(g/kg)	发酵后/(g/kg)	降低比例/%	发酵前/(g/kg)	发酵后/(g/kg)	降低比例/%
碳氮比	20:1	522.32	307.28 Bb	21.50	46.97	20.30 Ab	56.78
	30:1	525.54	302.16 Cc	22.33	46.30	18.62 Bc	59.78
	40:1	527.27	311.71 Aa	21.55	45.61	21.30 Aa	53.31
微生物菌	粗纤维素菌	521.41	302.16 Bc	21.93	46.76	19.13 Ac	59.00
	EM 菌	523.46	305.90 Bb	21.76	44.93	19.75 Ab	56.18
	BM 菌	524.47	313.10 Aa	21.14	45.81	20.33 Aa	54.68
氮源类型	鸡粪	519.56	304.25 Bb	21.53	43.96	19.34 Ab	55.98
	尿素	513.65	312.82 Aa	20.08	42.24	21.26 Aa	49.68
	油饼	518.31	304.10 Bb	21.42	43.16	19.61 Ab	54.56
氮源配比	3:1	520.62	303.98 Aa	21.66	45.83	19.58 Aa	57.28
	1:1	525.32	307.56 Aa	21.78	45.52	19.72 Aa	56.69
	1:3	519.26	309.63 Aa	20.96	44.53	19.91 Aa	55.29

注:多重比较采用 Duncan 新复极差法,小写字母表示在 0.05 水平上显著,大写字母表示在 0.01 水平上显著。下同。

从表 4-21 可以看出,碳氮比、微生物菌、氮源类型及氮源配比处理的总氮和硝态氮均高于发酵前,碳氮比为 30:1 显著增加了枸杞枝条发酵进程中堆料的总氮和硝态氮,接种粗纤维素降解菌堆料的总氮和硝态氮的增加率高于接种 EM 菌和 BM 菌,添加鸡粪氮源堆料的总氮和硝态氮的增加率高于添加尿素和油饼;氮源配比为 3:1 处理堆料的总氮和硝态氮的增加率显于其他 2 种配比,碳氮比、微生物菌、氮源类型及氮源配比处理的铵态氮均低于发酵前。碳氮比、氮源类型及氮源配比均对枸杞枝条堆料全氮和硝态氮值的变化有显著性作用,对铵态氮的变化无显著性影响。这种情况说明调节碳氮比、添加有机氮源有利于枸杞枝条基质的腐熟。伴随着基质的质量和体积逐渐变小而促成了总氮的浓缩,铵态氮一部分用于微生物代谢和同化作用的消耗,另一部分以氨气的形式散失,氮素以硝态氮的形式被固定。其中以调节碳氮比为 30:1、接种粗纤维素降解菌、添加鸡粪氮源、氮源配比为 3:1 提高了枸杞枝条基质总氮和硝态氮含量。

从表 4-22 可以看出,至堆肥结束时,碳氮比、微生物菌、氮源类型及氮源配比处理的容重、持水孔隙均高于发酵前,通气孔隙度均低于发酵前,总孔隙度无明显规律变化,其中以调节碳氮比为 30:1、添加鸡粪氮源、氮源配比比例为 3:1 处理的容重和持水孔隙增加率最大,分别达到 76.54%、75.14%、76.26% 和 114.41%、113.39%、113.85%。若按照理想基质的标准,至枸杞枝条基质化堆肥结束时,碳氮比、微生物菌、氮源类型及氮源配比处理的物理性质均符合理想基质的要求。考虑基质保护作物根系生长、固定植株、同外界气体交换功能及持水保水能力等的要求认为,调节碳氮比为 30:1、添加鸡粪氮源、氮源配比为 3:1 处理腐熟的基质更适合蔬菜作物栽培。

表4-21 不同因素处理对枸杞枝条基质氮素变化的影响

因素		总氮 TN			NO₃-N			NH₄-N		
		发酵前/(g/kg)	发酵后/(g/kg)	增加率/%	发酵前/(g/kg)	发酵后/(g/kg)	增加率/%	发酵前/(g/kg)	发酵后/(g/kg)	增加率/%
碳氮比	20:1	11.12	15.36 Bb	38.13	0.212	0.327 Ab	54.25	0.134	0.048 Aa	64.18
	30:1	11.35	16.25 Aa	43.17	0.201	0.338 Aa	69.00	0.132	0.048 Aa	63.64
	40:1	11.56	15.45 Bb	33.65	0.203	0.320 Ab	57.64	0.133	0.050 Aa	62.53
微生物菌	粗纤维素菌	11.1	15.84 Aa	42.75	0.204	0.332 Aa	62.75	0.122	0.046 Aa	62.02
	EM菌	11.31	15.65 Aa	38.40	0.211	0.327 Aa	54.98	0.128	0.049 Aa	62.04
	BM菌	11.5	15.56 Aa	35.33	0.203	0.326 Aa	60.59	0.13	0.050 Aa	61.47
氮源类型	鸡粪	11.82	15.76Aa	33.33	0.121	0.329 Ab	49.02	0.143	0.052 Aa	63.93
	尿素	12.16	15.38 Bb	26.47	0.116	0.312 Ac	44.44	0.139	0.047 Aa	66.55
	油饼	12.01	15.92 Aa	32.59	0.201	0.344 Aa	48.98	0.128	0.047 Aa	63.35
氮源配比	3:1	11.36	15.82 Aa	39.22	0.120	0.338 Aa	53.64	0.143	0.048 Aa	66.14
	1:1	11.54	15.80 Aa	36.91	0.111	0.327 Ab	55.13	0.134	0.046 Aa	65.49
	1:3	11.66	15.45 Ab	32.47	0.123	0.320 Ab	43.35	0.138	0.050 Aa	63.53

表4-22 不同处理腐熟后基质容重及孔隙度变化

因素		容重 /(g/cm³)		总孔隙度 /%		持水孔隙 /%		通气孔隙 /%		气水比
		发酵前	发酵后	发酵前	发酵后	发酵前	发酵后	发酵前	发酵后	
碳氮比	20:1	0.166	0.247 Aa	75.431 Aa	74.412 Aa	28.141 Aa	55.060 Aa	47.290 Aa	16.353 Aa	0.282 Aa
	30:1	0.154	0.254 Aa	76.547 Aa	73.686 Aa	27.616 Aa	58.342 Aa	48.931 Aa	17.343 Aa	0.313 Aa
	40:1	0.151	0.244 Aa	76.247 Aa	72.304 Aa	27.147 Aa	57.003 Aa	49.100 Aa	16.300 Aa	0.286 Aa
微生物菌	粗纤维素菌	0.154	0.251 Aa	74.165 Aa	73.296 Aa	27.163 Aa	56.676 Aa	47.002 Aa	16.621 Aa	0.293 Aa
	EM菌	0.156	0.248 Aa	73.579 Aa	76.545 Aa	26.535 Aa	59.737 Aa	47.064 Aa	16.807 Aa	0.281 Aa
	BM菌	0.156	0.246 Aa	76.247 Aa	73.699 Aa	26.957 Aa	57.393 Aa	49.290 Aa	16.306 Aa	0.284 Aa
氮源类型	鸡粪	0.155	0.253 Aa	75.142 Aa	73.268 Aa	27.452 Aa	56.443 Aa	47.690 Aa	16.825 Aa	0.298 Aa
	尿素	0.154	0.251 Aa	74.262 Aa	72.260 Aa	26.592 Aa	56.041 Aa	47.670 Aa	16.219 Aa	0.289 Aa
	油饼	0.152	0.243 Aa	77.127 Aa	72.202 Aa	27.124 Aa	53.620 Aa	50.003 Aa	18.582 Aa	0.307 Aa
氮源配比	3:1	0.151	0.250 Aa	75.143 Aa	74.412 Aa	27.151 Aa	58.060 Aa	47.992 Aa	16.353 Aa	0.282 Aa
	1:1	0.156	0.253 Aa	76.264 Aa	72.686 Aa	26.252 Aa	55.342 Aa	50.012 Aa	17.343 Aa	0.313 Aa
	1:3	0.156	0.243 Aa	75.149 Aa	73.304 Aa	26.248 Aa	57.003 Aa	48.901 Aa	16.300 Aa	0.286 Aa
理想基质		0.1~0.8		70~90		—		20左右		0.25~0.5

农作物秸秆经过发酵后会产生一些具有植物毒性的物质，它们会抑制种子发芽和植物生长。种子发芽指数（GI）不但能检测堆肥样品的毒性，而且能预测堆肥毒性的发展，Zucconi 等认为，如果 $GI > 50\%$，则可认为基本无毒性，当 GI 达到 $80\% \sim 85\%$ 时，这种堆肥就可以认为是对植物没有毒性。

根据 4 因素 3 水平的正交试验结果所示，通过比较碳氮比、微生物菌、氮源类型及氮源配比对枸杞枝条基质种子发芽指数（GI）影响的极差（R）可以看出，碳氮比、微生物菌、氮源类型及氮源配比 4 因素对枸杞枝条基质种子发芽指数（GI）的影响主次顺序为：碳氮比＞氮源配比＞微生物菌剂＞氮源类型。比较各水平的效应值可以看出，较优枸杞枝条基质化发酵工艺组合为 $A_2B_1C_1D_1$，即碳氮比为 30:1，接种粗纤维降解菌，添加鸡粪氮源，氮源配比为 3:1。

由于正交试验设计组合中没有此组合，为此按上述正交最优条件组合，即碳氮比为 30:1，接种粗纤维降解菌，添加鸡粪氮源，氮源配比为 3:1，安排了一个补充发酵试验，重复 3 次试验，以验证上述枸杞枝条较优发酵工艺组合的合理性和稳定性，定期测定枸杞枝条发酵中基质的总有机碳、总氮、总磷、总钾、容重、总孔隙度、碳氮比和发芽指数（GI）等指标。通过试验结果分析，发酵 80 d 时，堆料的有机碳 294.22 g/kg，总氮为 16.05 g/kg、总磷为 4.95 g/kg、总钾为 16.75 g/kg、容重为 0.25 g/cm³、总孔隙度为 77.74%、碳氮比为 16.05 和发芽指数（GI）为 93.10%，因此，该正交最优组合即为枸杞枝条最优基质化发酵工艺（表 4-23）。

表 4-23　枸杞枝条基质最优发酵工艺及腐熟参数的试验结果

试验号	碳氮比	微生物菌剂	氮源类型	氮源配比	发芽指数
1	20:1	粗纤维素菌	鸡粪	3:1	93.16
2	20:1	EM 菌	尿素	1:1	90.18
3	20:1	BM 菌	油饼	1:3	90.10
4	30:1	粗纤维素菌	尿素	1:3	92.35
5	30:1	EM 菌	油饼	3:1	93.97
6	30:1	BM 菌	鸡粪	1:1	93.15
7	40:1	粗纤维素菌	油饼	1:1	91.86
8	40:1	EM 菌	鸡粪	1:3	90.26
9	40:1	BM 菌	尿素	3:1	90.15
K_{1GI}	91.15	92.46	92.19	92.43	
K_{2GI}	93.16	91.47	90.89	91.73	
K_{3GI}	90.76	91.13	91.98	90.90	
R_{GI}	2.40	1.32	1.29	1.52	

基质发酵的 2 个目的是灭菌和稳定化，它们都与温热条件有着密切的联系。温度的变化是表征堆体发酵过程有效性的一个重要指标，是影响微生物活动和堆体工艺过程的关键因素。温度的高低决定堆体进程的快慢。碳氮比低的处理 20:1 和碳氮比高的处理 40:1，堆温相对较低、高温保持时间相对较短，这与低碳氮比条件下有效碳源不足和高碳氮比条件下有效氮源不足抑制微生物的生长和活性有关。添加氮源为尿素的处理在发酵前期的温度较高，后期的温度较

低;氮源为鸡粪和油饼的处理在发酵前期的温度较低,后期的较高,这与发酵初期无机氮更易被微生物利用有关。调整碳氮比为30∶1,接种粗纤维素降解菌,添加油饼氮源,氮源配比为3∶1的处理有利于堆体保持较长时间的高温(>50 ℃,达到12 d、13 d、12 d和12 d;>55 ℃,达到8 d、9 d、9 d和7 d),可缩短枸杞枝条腐熟的时间。其原因是添加菌剂、鸡粪所致。在充足的碳源和氮源下,烘干鸡粪本身又携带了大量多种微生物,增加了微生物的数量,尿素可迅速被微生物利用,且鸡粪中的有机氮逐渐转化成无机氮,这样有利于微生物持续活动从而维持较长时间的高温。

碳源是微生物利用的能源。在发酵过程中,碳源被消耗,转化成二氧化碳和腐殖质物质。氮源是微生物的营养物质。在发酵过程中,氮以氨气的形式散失,或变为硝酸盐和亚硝酸盐、或由生物体同化吸收。碳氮比、微生物菌剂和氮源类型对枸杞枝条堆料总有机碳和碳氮比值的降低有显著性作用。碳氮比为30∶1堆料总有机碳和碳氮比值降解程度最大,分别为22.33％和59.78％,调节碳氮比,接种微生物菌,添加氮源加速了枸杞枝条堆料有机碳和碳氮比值的降解。碳氮比、氮源类型及氮源配比对堆料全氮和硝态氮值的变化均存在有显著性作用。对铵态氮的变化无显著性作用,其中以调整碳氮比为30∶1,接种粗纤维素降解菌,添加鸡粪氮源及氮源配比为3∶1效果较好。其原因是随着发酵的进行和枸杞枝条的逐渐腐熟,调节碳氮比,添加氮源及合适的氮源配比有利于枸杞枝条基质的腐熟,基质的质量和体积逐渐变小而促成了总氮的浓缩,铵态氮一部分用于微生物代谢和同化作用的消耗,另一部分以氨气的形式散失,氮素以硝态氮的形式被固定。

基质的容重和孔隙度是最重要的物理性质参数。容重直接保护作物根系生长及固定植株。孔隙度直接作用水分和空气的含量,其中包括通气孔隙度和持水孔隙度。在发酵过程中,持水孔隙度的提高可增强基质的持水保水能力,也利于蔬菜的生长。

碳氮比、微生物菌剂、氮源类型及氮源配比对基质容重、总孔隙度、持水孔隙和通气孔隙的变化无显著性作用。在发酵结束时,所有处理的物理性质均符合理想基质的要求。考虑基质保护作物根系生长、固定植株、同外界气体交换功能及持水保水能力等对基质的要求认为,以碳氮比30∶1,氮源为鸡粪,氮源配比为3∶1处理腐熟的基质更适合蔬菜作物栽培。

腐熟度是基质发酵腐熟效果的重要评价指标,种子发芽指数(GI)是检验堆体腐熟度直接、有效的方法。本试验中的各因素对枸杞枝条基质腐熟参数影响显著。对种子发芽指数(GI)的影响主次顺序为:碳氮比>氮源配比>微生物菌剂>氮源类型。

从枸杞枝条基质的腐熟速度来看,调整碳氮比为30∶1,接种粗纤维素降解菌,添加油饼氮源,氮源配比为3∶1的处理有利于堆体保持较长时间的高温(>50 ℃,达到12 d、13 d、12 d和12 d,>55 ℃,达到8 d、9 d、9 d和7 d),缩短了枸杞枝条腐熟的时间。从枸杞枝条基质腐熟后的理化特性来看,碳氮比、微生物菌剂和氮源类型对堆料总有机碳和碳氮比值的降低有显著性作用,碳氮比、氮源类型及氮源配比对堆料全氮和硝态氮值的变化均有显著性作用,对铵态氮的变化无显著性作用。调整碳氮比为30∶1,接种粗纤维素降解菌,添加鸡粪氮源和氮源配比为3∶1处理,堆体总有机和碳氮比值降解率较高,加速了有机质的分解,显著提高了堆体腐熟进程中的总氮和硝态氮含量,有效控制了氮素的损耗,保证了枸杞枝条基质腐熟后的肥力和持水保水能力。从枸杞枝条基质腐解产物来看,碳氮比、微生物菌剂、氮源类型及氮源配比对枸杞枝条基质腐熟参数影响显著。这些因素对枸杞枝条基质种子发芽指数的影响主次顺序为:碳氮比＞氮源配比＞微生物菌剂＞氮源类型。

综合考虑,最优枸杞枝条基质化发酵工艺组合为,调整碳氮比为 30∶1,接种粗纤维降解菌、添加鸡粪或油饼氮源和氮源配比为 3∶1。因此,可以在这 2 种处理下进一步细化研究,以这种处理发酵得到的材料作为基质进行蔬菜育苗及栽培的效果需进一步研究。

五、碳氮比对枸杞枝条基质化发酵堆体腐熟效果的影响

通过研究碳氮比对粉碎的枸杞枝条屑发酵过程中堆料温度、营养释放变化及腐熟效果的影响,为选择出适合枸杞枝条单一发酵的碳氮比水平,以期为枸杞枝条基质的工厂化生产和应用提供理论和实践依据。

于 2013 年在宁夏农林科学院试验基地进行,试验材料包括枸杞枝条碎屑、鸡粪、粗纤维降解菌(购于广州农冠生物科技有限公司),其基本性质如表 4-24 所列。

表 4-24　物料基本性质

物料名称	pH	氮/(g/kg)	磷/(g/kg)	钾/(g/kg)	碳氮比
枸杞枝条	6.52	12.62	0.82	3.56	50.8
鸡粪	—	1.40	1.58	4.10	10.1

将粉碎(0.5～1 cm)的枸杞枝条碎屑装入前述发酵池(1 m×1 m×1 m),以烘干鸡粪和尿素(质量比为 1∶1)为氮源,分别调整堆体的碳氮比为 20∶1、30∶1、40∶1 和 50∶1(计算公式:补充 N 量＝[主材料总碳量/目标碳氮比－主材料总氮量]/补充物质含氮量),即对应的试验处理分别为 T20、T30、T40 和 T50,以净枸杞枝条碎屑(T50)为对照,每个处理设 3 次重复。水分调节至 60% 左右,然后按每方枸杞枝条碎屑中加入粗纤维降解菌剂 0.5 kg($W_{菌剂}$∶$W_{麸皮}$＝1∶5),覆盖塑料薄膜进行发酵。

如图 4-13 所示,枸杞枝条基质在整个发酵过程中经历了升温期、高温期和降温期而逐渐趋近于环境温度;发酵前 7 天温度上升很快,为升温期,7～69 d 的发酵温度达 40 ℃以上,为高温期,69 d 以后的堆温逐渐趋于环境温度,为降温期。在升温期,除 T50 在第 9 天达到最高温度外,T20、T30 和 T40 处理均在第 7 天达到最高温度,说明碳氮比越高,枸杞枝条基质堆温升温越慢;在高温期,各处理堆体的温度都随着发酵时间延长呈逐渐降低的趋势。虽然在第 15 天、第 30 天、第 45 天、第 60 天、第 75 天翻堆后温度又上升,但均没有达到之前的最高温度,且最高温度逐渐降低;对比各堆体的最高温度可见,T30 的温度最高,为 63.7 ℃,其次是 T20,为 61.1 ℃,T50 温度最低,为 53.3 ℃,4 个处理堆温保持在 45 ℃以上的时间依次为 15 d、20 d、9 d、5 d,保持在 55 ℃以上的时间依次为 5 d、8 d、2 d、1 d,这种情况说明适宜碳氮比能提前并延长高温期,碳氮比为 30 的枸杞枝条碎屑堆腐处理效果最好。

在堆腐过程中的各组堆料总碳和碳氮比值的变化情况如图 4-14 所示,在开始发酵时各处理组的总碳均在 52% 左右,处理间差异不显著,到堆肥结束时,各处理组的总碳分别为 30.21%、29.38%、36.56% 和 40.32%,以 T30 总碳最低,其次是 T20,且两处理间无显著差

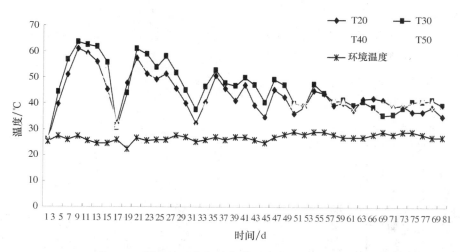

图 4-13 碳氮比对枸杞枝条基质堆体温度变化的影响

异,但均与其他处理存在显著或极显著差异,以碳氮比 T30 的降解程度最大,为 23.49%。随着发酵的进行,碳氮比 值逐渐降低,但降低的速率不同。至堆肥结束时,以 T30 和 T20 降低速率较快,且达到基本腐熟。这种情况说明合适的堆体碳氮比能提高枸杞枝条基质的发酵效果,加速枸杞枝条堆料总碳的降解。

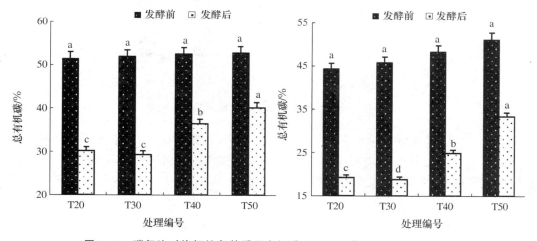

图 4-14 碳氮比对枸杞枝条基质总有机碳(TOC)和碳氮比值变化的影响

堆肥过程中各组堆料全氮和硝态氮的变化情况如图 4-14 所示,至堆肥结束时,处理的总氮和硝态氮的增加速率均高于处理前的增加速率,各处理总氮含量分别为 15.66 g/kg、15.62 g/kg、14.62 g/kg 和 12.06 g/kg,以 T20 总氮最高,其次是 T30,且两处理间无显著差异,但均与其他处理存在显著或极显著差异。这种情况说明随着发酵的进行和物料的逐渐腐熟,物料的体积和质量逐渐变小而促成了总氮的浓缩。各处理硝态氮含量分别为 0.348 g/kg、0.366 g/kg、0.294 g/kg 和 0.277 g/kg,以 T30 硝态氮最高,其次是 T20,且两处理间无显著差异,但均与其他处理存在显著或极显著差异,这种情况说明随着发酵的进行和物料的逐渐腐熟,氮素以硝态氮的形式被固定。铵态氮的变化与总氮和硝态氮变化恰好相反,至堆肥结束时,处理的含量分别为 0.059 g/kg、0.052 g/kg、0.062 g/kg 和 0.075 g/kg，以 T30 铵态氮减少率最大，达到 16.6%，其次是 T20，且均与其他处理存在显著或极显著差异。这种情况说明随着发酵的进行和物料的逐渐腐熟，微生物的代谢和同化作用消耗了一部分铵态氮，同时在高温条件下铵态氮不稳定，以氨气的形式散失。

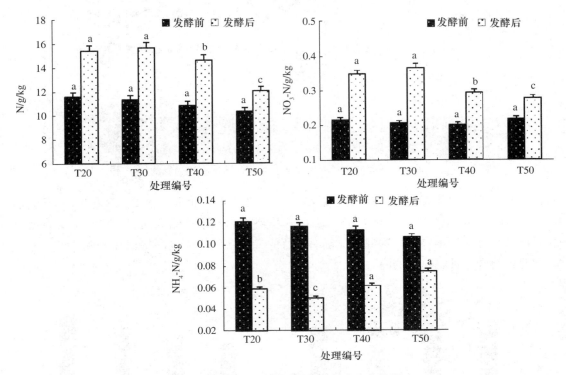

图 4-15　碳氮比对枸杞枝条基质氮素变化的影响

由表 4-25 可见，发酵开始时各处理组的种子发芽指数（GI）间存在显著差异，分别为 35.6%、37.8%、40.2% 和 42.5%，具体表现为鸡粪和尿素所占比例越多，种子发芽指数越低，本试验至堆肥结束时，分别达到 91.5%、94.6%、89.5% 和 86.4%。这种情况说明发酵结束时各处理均对植物的无伤害作用，但合适的碳氮比是枸杞枝条基质发酵质量的重要保证。在堆肥结束时，T20～T50 T 值为 0.44～0.65，只有 T50 处理 T 值为 0.65 大于 0.6，堆肥没有达到腐熟，其他处理堆料均达到腐熟。

表 4-25　碳氮比对枸杞枝条基质堆体腐熟指标的影响　　　　　　　　%

处理编号	GI			T 值	
	发酵前	发酵后	标准	发酵后	标准
T20	35.6±1.08dD	91.5±2.86bB	≥85	0.44±0.004cBC	≤0.6
T30	37.8±1.12cC	94.6±2.84aA	≥85	0.41±0.004cC	≤0.6
T40	40.2±1.19bB	89.5±2.86cC	≥85	0.52±0.005bB	≤0.6
T50	42.5±1.17aA	86.4±2.81dD	≥85	0.65±0.006aA	≥0.6

注：多重比较采用 Duncan 新复极差法，小写字母表示在 0.05 水平上显著，大写字母表示在 0.01 水平上显著。

基质发酵的两个目的是灭菌和稳定化,它们都与温热条件有着密切的联系。温度的变化是表征堆体发酵过程有效性的一个重要指标,是影响微生物活动和堆体工艺过程的关键因素,因此,堆体温度的高低决定堆体进程的快慢。碳氮比值低的处理 T20 和碳氮比值高的处理 T40、T50 堆温相对较低、高温保持时间相对较短,这与低碳氮比条件下有效碳源不足和高碳氮比条件下有效氮源不足抑制微生物的生长和活性有关。碳氮比值为 30 的处理堆体升温最快,高温持续时间最长(高于 55 ℃,达到 8 d;高于 50 ℃,达到 20 d)。缩短枸杞枝条腐熟时间的原因可能是添加的氮源烘干鸡粪本身携带了大量多种微生物,增加了微生物的数量,尿素可迅速被微生物利用,且鸡粪中的有机氮逐渐转化成无机氮。这种无机氮既有利于微生物持续活动从而维持较长时间的高温,又有利于枸杞枝条的发酵。

碳源是微生物利用的能源。在发酵过程中,碳源被消耗,转化成二氧化碳和腐殖质物质;氮源是微生物的营养物质,在发酵过程中,氮以氨气的形式散失,或变为硝酸盐和亚硝酸盐或是由生物体同化吸收。在本实验中,碳氮比值加速了枸杞枝条堆料总碳的降解,显著提高了堆体腐熟进程中的总氮和硝态氮含量,减少了堆体腐熟进程中的铵态氮含量。以碳氮比 30 的处理堆体有机碳降解程度最大,总氮和硝态氮含量最高,铵态氮减少率最大,其次是 T20,且均与其他处理存在显著或极显著差异。这可能与随着发酵的进行和枸杞枝条的逐渐腐熟,堆体的体积和质量逐渐变小而促成了总氮的浓缩,微生物的代谢和同化作用消耗了一部分铵态氮,且在高温条件下不稳定,以氨气的形式散失,氮素以硝态氮的形式被固定下来有关。

腐熟度是个综合的评价指标,单一指标的评价是片面和不科学的。种子发芽指数(GI)和 T 值是检验堆体腐熟度的两种直接的和有效的方法。种子发芽指数(GI)不但能检测堆肥样品的毒性,而且能预测堆肥毒性的发展。Zucconi 等认为如果 GI >50%,则可认为基本无毒性,当 GI 达到 80%～85% 时,这种堆肥就可以被认为对植物没有毒性。Morel 等认为 T 值小于 0.6 为堆体达到腐熟的指标。在本实验中,碳氮比值发酵结束时只有 T50 处理 T 值为 0.65 大于 0.6,堆肥没有达到腐熟,其他处理均达到腐熟。所有处理的种子发芽指数(GI)均高于 85%,表明各处理均对植物的无毒害作用。所有处理的种子发芽指数(GI)均高于 85%,表明各处理均对植物的无毒害作用,但合适的碳氮比是枸杞枝条基质发酵质量的重要保证。

综上所述,碳氮比为 30 的处理堆体升温最快,高温持续时间最长(高于 55 ℃,达到 8 d;高于 50 ℃,达到 20 d),缩短枸杞枝条腐熟的时间。碳氮比为 30 加速了枸杞枝条有机质的分解,显著提高了堆肥腐熟进程中的总氮和硝态氮含量,有效控制了氮素的损耗,保证了枸杞枝条腐熟后的肥力。在发酵结束时,所有处理的种子发芽指数(GI)均高于 85%,表明各处理均对植物的无毒害作用,但合适的碳氮比是枸杞枝条基质发酵质量的重要保证。

六、外源微生物对苦参基质化发酵腐熟效果的影响

苦参是宁夏本地区的多年生亚灌木豆科植物。其主要用苦参生产加工饲料、生物农药、医学临床等综合利用进行了较多研究,但是苦参的茎易木质化,影响作为饲料的适口性和消化率。另外,苦参是豆科作物,来源丰富,可再生,养分含量高。经检测,其氮质量比为 12.51 g/kg,磷质量比为 0.93 g/kg,钾质量比为 2.57 g/kg,在基质开发方面有很高的利用

价值。2012—2013 年,我们将粗纤维降解菌和纤维素类酶制剂应用于苦参枝屑基质发酵,研究苦参枝屑基质化发酵过程中的堆料温度、营养变化及腐熟效果,旨在筛选出快速、有效的苦参枝屑发酵菌剂,为苦参枝屑基质生产和应用提供理论和实践依据。在宁夏农林科学院试验基地进行,试验材料有苦参碎屑、鸡粪、粗纤维降解菌(购于广州农冠生物科技有限公司)、纤维素类酶制剂(购于陕西沃德金钥匙生物科技有限公司)和 BM 菌(购于河南宝融生物科技有限公司),其基本性质见表 4-26。

表 4-26 物料基本性质

物料名称	含水率 /%	pH	全 N 质量比 /(g/kg)	全 P 质量比 /(g/kg)	全 K 质量比 /(g/kg)	有机碳质量比/(g/kg)
苦参碎屑	15.42	7.62	12.51	0.93	2.57	412.00
鸡粪	10.16	8.62	24.22	8.68	11.8	126.56

将粉碎(0.5~1 cm)的苦参碎屑装入前述发酵池(1 m×1 m×1 m),以干燥鸡粪为氮源,微生物菌剂按照菌剂、麸皮质量比 1:10 混合,分 2 次加入,第 1 次在发酵刚开始时加入,第 2 次在发酵 10 d 时结合翻料同时加入。发酵池底部埋设 PVC 管(用于通气或排水),发酵料混匀后上下覆盖塑料薄膜进行发酵,在发酵过程中的第 10 天、第 20 天、第 30 天和第 40 天,间隔进行通气、翻堆,适时监测发酵堆体的水分,调节并保持在 60% 左右(表 4-27)。

表 4-27 物料发酵处理设置

处理编号	物料组分	碳氮比	苦参碎屑 /kg	鸡粪 /kg	微生物菌剂 /g
T1(CK)	苦参	32.96	150		
T2	苦参+鸡粪+纤维素类酶制剂	25	150	30.20	80
T3	苦参+鸡粪+粗纤维降解菌	25	150	30.20	80
T4	苦参+鸡粪 BM 菌	25	150	30.20	80
T5	苦参+鸡粪	25	150	30.20	

温度的变化是表征堆体发酵过程有效性的一个重要指标,反映了微生物活动情况以及发酵情况。图 4-16 可以看出苦参基质在整个发酵过程中经历了升温期、高温期和降温期而逐渐趋近于环境温度,各处理堆体的温度都随着发酵时间延长呈逐渐降低的趋势。发酵前 5 天温度上升很快,为升温期,其中 T2、T3、T4 和 T5 的升温速度均大于 CK,且比 CK 提前 2 d 达到 50 ℃;第 5 天进入高温期(50 ℃),T2、T3、T4 和 T5 均在第 7 天达到了最高温度,CK 在第 9 天达到,尽管第 10 天、第 20 天、第 30 天翻堆后,其温度又上升,但均没有达到之前的最高温度,且最高温度逐渐降低。对比各堆体的最高温度可见,T2、T3、T4 和 T5 处理的温度显著高于 CK,5 个处理堆温保持在 50 ℃以上的时间依次为 2 d、5 d、5 d、4 d、4 d,说明接种外源微生物能提前并延长高温期;20 d 以后堆温逐渐趋于环境温度进入降温期。相较而言,接种 T2 和 T3 微生物的苦参枝屑堆腐处理效果最好。

碳源是微生物利用的能源。在发酵过程中,碳源被消耗转化成二氧化碳和腐殖质物质。

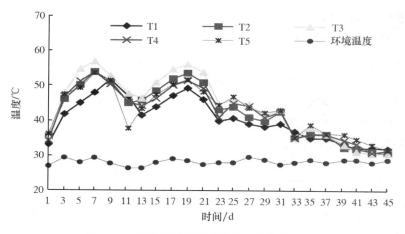

图 4-16　不同处理基质堆体温度变化的影响

碳氮比是堆体腐熟度的重要指标。当堆腐产品碳氮比降为(15～20)∶1 时,可以被认为是堆体腐熟。由图 4-17 可以看出,各处理的总有机碳和碳氮比均随着发酵的进行而逐渐降低,但降低的速度不同,接种外源微生物可以显著加快总有机碳和碳氮比的降低,且降解速度均快于对照。至堆体腐熟后各处理碳氮比分别为 17.83、12.83、12.48、13.87 和 15.37,各处理都满足堆腐腐熟要求,其中以 T3 降解速度最快,其次是 T2,显著快于其他处理,且两处理间无显著差异。至堆体 20 d,添加鸡粪和接种外源微生物 T2、T3、T4 和 T5 较纯苦参粉碎物 T1,碳氮比分别降低了 3.41%、4.21%、2.51% 和 1.91%,至堆体腐熟后各处理总有机碳分别为 35.9%、27.9%、27.4%、29.6% 和 32.4%,较纯苦参粉碎物 T1,总有机碳分别降低了 8.01%、8.52%、6.31% 和 3.48%。其中,以接种外源微生物 T3 下降速率最快,其次是 T2,显著快于其他处理,且两处理间无显著差异。其主要原因是堆腐过程中的微生物利用堆料中的有机碳不断分解,微生物活性越强,有机碳分解为 CO_2,挥发损失相应增加。

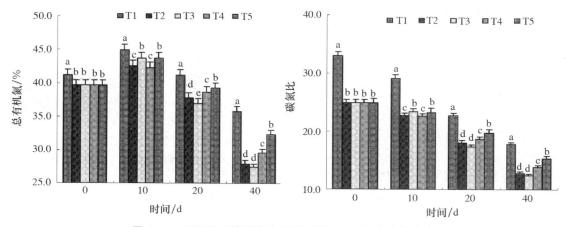

图 4-17　不同处理基质堆体总有机碳和碳氮比变化的影响

氮源是微生物的营养物质。在发酵过程中,氮以氨气的形式散失,或变为硝酸盐和亚硝酸盐或是由生物体同化吸收。试验如图 4-18 所示,处理的总氮(TN)、总磷(TP)和总钾(TK)

均随发酵的进行总体呈现增加趋势,但增加速度不同,添加鸡粪和接种微生物显著提高了堆体腐熟进程中的 TN、TP 和 TK 质量分数。至堆体结束后,各处理 TN 质量分数分别为 2.013%、2.174%、2.195%、2.133%、2.108%,TP 质量分数分别为 1.550%、1.735%、1.740%、1.729%、1.715%,TK 质量分数分别为 6.702%、7.192%、7.183%、7.081%、7.012%,添加鸡粪 T5 较纯苦参粉碎物 T1,TN、TP 和 TK 质量分数分别增加了 9.50%、16.5% 和 31.0%,接种外源微生物 T2、T3 和 T4,TN、TP 和 TK 质量分数分别增加了 16.1%、18.2%、12.0%、18.5%、19.0%、17.9%、49.1%、48.1%、37.9%。其中,以接种 T3 的 TN、TP 和 TK 增加最多,其次是 T2,均显著高于 T1,且两处理间无显著差异。相较而言,以接种 T2 和 T3 微生物处理的效果较优。

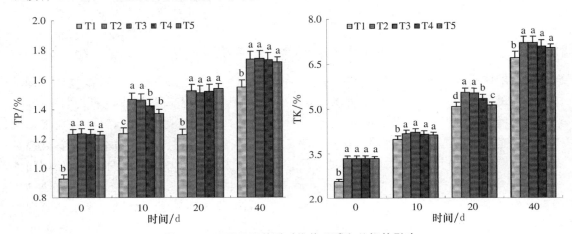

图 4-18 不同处理基质对堆体总磷和总钾的影响

堆肥过程中的各组堆料纤维素、半纤维素和木质素含量的变化情况,由表 4-28 可见:至堆肥结束时,处理的纤维素、半纤维素和木质素含量均低于处理前。各处理纤维素降解率均在 30% 以上,半纤维素降解率在 39% 以上,木质素降解率在 15% 以上,添加鸡粪和接种微生物处理纤维素降解率均在 40% 以上,半纤维素降解率均在 44% 以上,木质素降解率无呈现有规律的变化,但仍以 T2 和 T3 处理降解率为较高。方差分析和多重比较结果表明,各处理的纤维素、半纤维素和木质素含量与纯苦参

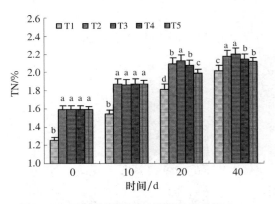

图 4-19 不同基质处理对堆体总氮的影响

T1 处理间的差异达极显著水平,以接种外源微生物处理 T3 的纤维素、半纤维素和木质素质量分数最低,其次是 T2。较纯苦参粉碎物 T1,其纤维素、半纤维素和木质素含量分别下降了 3.31% 和 3.29%,半纤维素降解率分别下降了 2.89% 和 2.93%,木质素降解率分别下降了 2.01% 和 1.98%,且两处理间无显著差异,但均与其他处理存在显著或极显著差异。这种情况说明添加鸡粪和接种微生物有利于苦参基质纤维素、半纤维素和木质素降解。其中以接种

外源微生物 T2 和 T3 的效果为最好。

表 4-28　不同处理基质腐熟后纤维素含量变化

处理编号	纤维素质量分数			半纤维素质量分数			木质素质量分数		
	发酵前	发酵后	降解率/%	发酵前	发酵后	降解率/%	发酵前	发酵后	降解率/%
T1	25.80	17.53+1.04Aa	32.07	23.37	14.17+0.98Aa	39.35	24.78	20.12+1.14Aa	18.81
T2	26.27	14.14+1.05Cc	46.16	22.24	11.24+0.98Cc	49.48	23.53	18.14+1.13Cc	22.91
T3	26.16	14.22+1.04Cc	45.64	22.12	11.28+0.95Cc	49.01	23.36	18.11+1.11Cc	22.05
T4	26.24	15.07+1.03Bb	42.56	22.56	12.22+1.01Bb	45.82	23.41	19.24+1.11Bb	17.81
T5	26.31	15.31+1.04Bb	41.82	22.43	12.35+0.98Bb	44.95	23.67	19.79+1.12Bb	16.39

注：多重比较采用 Duncan 新复极差法，小写字母表示在 0.05 水平上显著，大写字母表示在 0.01 水平上显著。

基质通常可分为固体、气体、液体 3 个部分。固体部分的作用主要是保护作物根系生长及固定植株，液体部分供应作物水分和养分，气体部分保持根系同外界的氧气与二氧化碳的交换。固体部分品质的好坏以体积质量表示。由表 4-29 可知，添加鸡粪和接种微生物有增加苦参基质容重的趋势，显著增加了腐熟后堆肥的总孔隙度和持水孔隙度。至发酵结束后，添加纯鸡粪 T5 与纯苦参 T1 相比，其容重增加了 6.10%，总孔隙度增加了 8.1%，持水孔隙增加了 5.1%；接种微生物 T2、T3 和 T4 与纯苦参 T1 相比，其容重分别增加了 6.10%、9.20% 和 6.70%，总孔隙度分别增加了 9.28%、9.90% 和 8.31%，持水孔隙度分别增加了 4.83%、6.09% 和 3.71%，显著高于 T1，而接种外源微生物处理间差异不显著。一般认为，理想基质的体积质量范围为 0.1～0.8 g/cm^3，最佳体积质量为 0.5 g/cm^3。据有些文献认为是 0.4 g/cm^3，总孔隙度为 70%～90%，通气孔隙为 20% 左右，气水比（通气孔隙/持水孔隙）为 (1:2)～(1:4)。

表 4-29　不同处理基质腐熟后的物理性质

处理编号	干体积质量/(g/cm^3)	湿体积质量/(g/c^3)	总孔隙度/%	持水孔隙/%	通气孔隙/%	气水比
T1	0.22+0.012bB	0.54+0.04bB	73.94+2.26bB	58.37+2.21bB	15.57+1.08bB	0.27+0.02cC
T2	0.28+0.010aA	0.60+0.04aA	83.22+2.17aA	63.20+2.09aA	20.02+1.13aA	0.32+0.03aA
T3	0.31+0.010aA	0.60+0.03aA	83.84+2.37aA	64.46+2.13aA	19.38+1.15aA	0.30+0.03aA
T4	0.29+0.009aA	0.56+0.03bAB	82.25+2.21aA	62.07+2.11aA	20.18+1.14aA	0.33+0.02aA
T5	0.28+0.009aA	0.56+0.04bAB	81.96+2.22aA	63.44+2.14aA	18.52+1.17aA	0.29+0.02bAB
理想基质	0.1～0.8	0.1～0.8	70～90	—	20 左右	(1:2)～(1:4)

注：多重比较采用 Duncan 新复极差法，小写字母表示在 0.05 水平上显著，大写字母表示在 0.01 水平上显著。

由图 4-20 可知，添加鸡粪与接种微生物显著加快堆体过程中种子发芽指数的提高。至发酵结束后，各处理小白菜种子发芽指数(GI)分别为 88.59%、93.33%、94.67%、93.59% 和 93.14%，黄瓜种子发芽指数(GI)分别为 87.26%、92.86%、93.24%、92.04% 和 91.86%，各处理种子发芽指数(GI)均大于 85%。这种情况说明不同处理的发酵苦参基质的浸提液均不会对种子的发芽产生毒害作用。经方差分析和多重比较,添加鸡粪与接种微生物显著加快85％,说明不同处理的发酵苦参基质的浸提液堆体过程中的种子发芽指数的提高与纯苦参T1相比,各处理均与T1之间的差异达极显著水平91.86％,各处理种子发芽指数(GI)均大于平,而接种微生物处理间种子发芽指数差异不显著。相较而言,以接种T2和T3对苦参基质堆体种子发芽指数的促进效果较优。

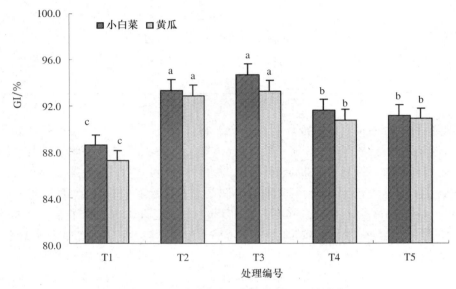

图 4-20　不同处理种子发芽指数(GI)的影响

从苦参枝屑基质的腐熟速度来看,接种粗纤维降解菌和纤维素类酶制剂堆体的升温速度快,高温持续时间较长(高于 50 ℃,均达到 5 d),堆体 TOC、碳氮比、纤维素、半纤维素和木质素降解率较高,缩短苦参堆体腐熟时间,加速了苦参基质有机质的分解和纤维素降解,两种微生物菌剂间无显著差异。

从苦参枝屑基质腐熟后的理化特性来看,添加鸡粪和接种微生物显著提高了苦参堆体腐熟进程中的 TN、TP 和 TK 含量。至堆体结束后,接种粗纤维降解菌和纤维素类酶制剂显著增加了堆体的总氮含量,提高了堆体总磷和总钾含量,但未达到显著水平,且两种微生物菌剂间无显著差异。至发酵结束时,几种处理(包括对照)的物理性质均符合理想基质的要求。考虑基质保护作物根系生长及固定植株的功能对基质容重的要求,我们认为处理 T2 和 T3 腐熟的基质更适合作物栽培。

从苦参枝屑基质腐解产物腐熟效果来看,几种处理(包括对照)基质的浸提液均不会对种子的发芽产生毒害作用。接种粗纤维降解菌和纤维素类酶制剂显著加快堆体过程中的种子发芽指数的提高,且两处理间差异不显著。相较而言,以接种 T2 和 T3 微生物对苦参基质堆体种子发芽指数的促进效果较优。

对比苦参枝屑几种处理的基质化过程,以接种粗纤维降解菌和纤维素类酶制剂两个处理堆体发酵的温度最高、腐熟速度最快、腐熟后的基质理化性质最适合作物栽培。因此,以这两种处理发酵得到的材料作为基质,进行蔬菜栽培的效果须进一步研究。

七、苦豆子茎秆粉基质化发酵中碳素及氮素的变化

苦豆子是豆科槐属基部木质化成亚灌木植物,在我国主要分布于新疆、内蒙古、陕西、山西、宁夏、甘肃、西藏等省区。宁夏苦豆子资源集中分布在盐池、灵武,零星分布于红寺堡、同心、中宁、中卫。其生长区分布面积为 213 829 hm²,其来源丰富、可再生。目前,苦豆子在生物农药、医学临床、饲料方面的综合利用已有相关的研究,并在医学临床和生物农药开发进行了应用。但是苦豆子味微苦和茎易木质化,影响作为饲料的适口性和消化率,经检测苦豆子茎秆粉氮质量分数 16.17 g/kg,磷质量分数 0.94 g/kg,钾质量分数 2.52 g/kg,养分含量高,其在基质开发方面具有可利用价值。基质化发酵是制作无土栽培基质的关键环节之一。目前,有关棉秆、木薯茎秆、花生壳、醋糟、枸杞枝条、柠条粉等基质化发酵的研究报道较多,但采用苦豆子茎秆粉发酵作为栽培基质的研究鲜有报道。添加外源微生物菌剂一方面可增加发酵原料中的微生物数量,促使堆体快速升温,另一方面则可更加有效和彻底地降解有机物,在短时间内实现有机废弃物资源化利用的目标。氮源是基质发酵的核心问题之一,无机氮源易被微生物利用,有机氮源有利于持续被微生物利用,如鸡粪、尿素、复合肥等。如何通过发酵将苦豆子茎秆粉转化成栽培基质是本文的探索方向,微生物菌剂和氮源是快速基质化的关键因子,因此,本试验将外源微生物和氮源应用于苦豆子茎秆基质发酵,研究苦豆子茎秆基质化发酵中碳素及氮素的变化,为苦豆子茎秆基质的生产和应用提供理论和实践依据。

本研究于 2014—2015 年在宁夏农科院试验基地进行,试验材料有苦豆子、鸡粪、粗纤维降解菌(粉剂、有效活菌总数≥10⁹ cfu/g),其基本性质如表 4-30 所示。

表 4-30 物料基本性质

物料	pH	全氮 /(g/kg)	全磷 /(g/kg)	全钾 /(g/kg)	总有机碳 /(g/kg)	碳氮比
苦豆子枝条	7.62	16.17	0.94	2.52	426.30	26.36
鸡粪	8.62	24.22	8.68	11.8	126.56	5.23

将粉碎(长度为 0.5 cm 左右)苦豆子茎秆粉装入前述发酵池(1 m³),然后水分质量分数调节至 60% 左右。本试验采用单因素随机区组设计,设置 5 个处理,即 T1(CK:净苦豆子茎秆粉)、T2(苦豆子茎秆粉+粗纤维降解菌)、T3(苦豆子茎秆粉+有机肥+粗纤维降解菌)、T4(苦豆子茎秆粉+尿素+粗纤维降解菌)、T5(苦豆子茎秆粉+有机肥+尿素+粗纤维降解菌),以 T1 为对照,每个处理设 3 次重复,粗纤维降解菌剂按苦豆子茎秆粉中添加 0.5 kg/m³,分 2 次加入,第 1 次在发酵刚开始时加入,第 2 次在发酵 10 d 时结合翻料的同时,加入之后覆盖塑料薄膜进行发酵。

由图 4-21 可以看出,不同处理堆体温度均表现先升高后下降的趋势。虽然在第 15 天、第 25 天、第 35 天、第 45 天翻堆后温度又上升,但均没有达到之前各处理的最高温度,且最高温度逐渐降低,各处理均从第 2 天开始迅速升温,其中 T4 温度上升的速度最快,于第 7 天温度就超过 60 ℃,达 63.8 ℃,其次是 T5,达 62.5 ℃,以 T1 处理温度最低,这可能与发酵初期添加微生物菌、有机肥、尿素及尿素更易被微生物利用有关。通过对苦豆子茎秆基质化发酵期间

温度检测和统计,5 个处理堆温保持 50 ℃以上的时间依次为 4 d、8 d、10 d、9 d、10 d,保持 55 ℃以上的时间依次为 1 d、4 d、6 d、5 d、6 d。这种情况说明接种粗纤维素降解菌和添加氮源提前并延长了堆体发酵的高温期,处理 T5 和 T3 堆腐效果较好。

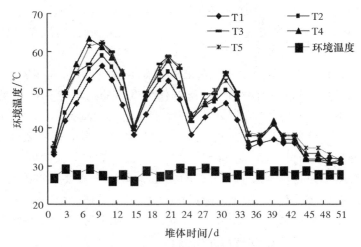

图 4-21　不同处理堆体温度的变化

由图 4-22 可以看出,不同处理的碳素随着发酵的进行而逐渐降低,但降低的速度不同,处理的降解速度均快于对照。至堆体腐熟后,其中以 T5 总有机碳和碳氮比值降解速度最快,较 T1,其分别降低了 12.20%、27.76%;其次是 T3,分别降低了 10.83%、25.24%,显著快于其他处理,且两处理间无显著差异,以 T2 降解速度最慢。这种情况说明随着发酵的进行和物料的逐渐腐熟,添加微生物菌、有机肥、尿素有利于苦豆子粉基质堆料碳素的降解。相较而言,添加有机肥+尿素+微生物菌和有机肥+微生物处理的有机碳分解现象较其他处理更明显。

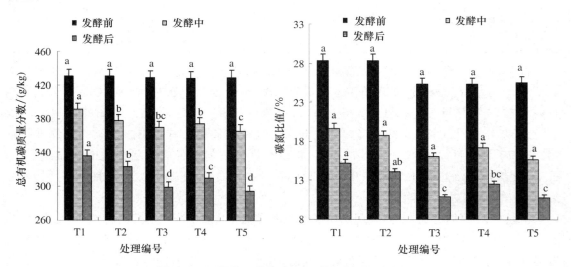

图 4-22　不同处理堆体总有机碳和碳氮比的变化

由图 4-23 和图 4-24 可以看出,随着发酵的进行,不同处理堆体总氮和硝态氮均为增加趋势,但增加的速度不同,处理增加的速度均快于对照。至堆体腐熟后,其中以 T5 处理含量最高,分别为 26.90 g/kg、0.384 g/kg;其次是 T3 处理,分别为 26.40 g/kg 和 0.381 g/kg,且两处理间无显著差异,但均与 T1 处理存在显著差异,以 T1 总氮和硝态氮含量最低,仅为 22.14 g/kg 和 0.338 g/kg;铵态氮变化与上述变化恰好相反。至堆体腐熟后,其中以 T5 处理铵态氮减少率最大,其次是 T3,分别为 10.0% 和 9.90%,但均与其他处理无显著差异。这种情况说明苦豆子枝条粉基质化发酵中,伴随着物料的腐熟而促成了氮素的浓缩,氮素以硝态氮的形式被固定,以处理 T5 和 T3 氮素"浓缩"和"固定"现象较其他处理更明显。

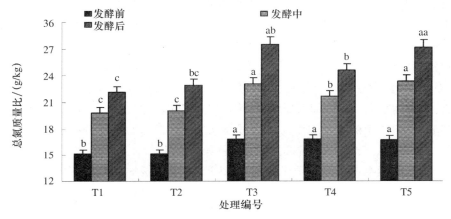

图 4-23 不同处理对基质堆体全氮的影响

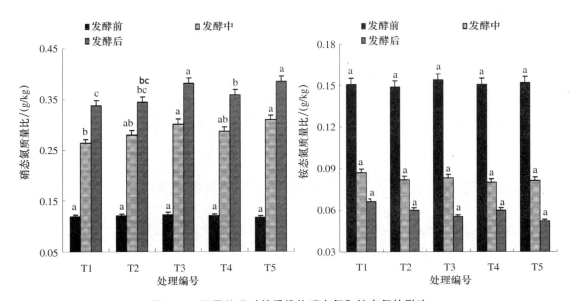

图 4-24 不同处理对基质堆体硝态氮和铵态氮的影响

温度是堆肥过程的一个关键控制指标,其变化反映了堆肥过程中的微生物活性。这种变化与堆肥中可被氧化分解有机质的含量呈正相关。无论何种物料的堆肥,其温度通常在开始的 3~5 d 从环境温度迅速上升至 60~70 ℃ 的高温,并在这一水平持续一段时间后逐渐下降。

本试验从苦豆子粉基质化堆体温度来看,添加"有机肥＋尿素＋接种微生物菌"和添加"有机肥＋接种微生物"处理堆体升温速度快,堆体高温期提前到来,高温持续时间较长(高于50 ℃,均达到 10 d;高于 55 ℃,均达到 6 d),加速苦豆子茎秆粉腐熟,缩短腐熟的时间,这与伍琪等研究相似。这种情况说明添加氮源和微生物菌加速了苦豆子茎秆粉腐熟,且在加入一定量的鸡粪、微生物菌的基础上添加尿素能影响苦豆子茎秆粉的发酵进程,在一定程度上促进物料腐熟,但差异不显著。

堆肥过程中的一切生物化学变化都是在微生物及各种酶的参与下进行的。碳源和氮源是微生物利用的能源和营养物质。在发酵过程中,碳源被消耗,转化成二氧化碳和腐殖质物质,氮以氨气的形式散失,或变为硝酸盐和亚硝酸盐或是由生物体同化吸收。堆肥过程中的酶及微生物都与碳、氮等基础物质代谢密切相关,所以分析碳素和氮素变化趋势可以反映堆肥的演替过程。本试验从苦豆子粉基质化堆体碳素和氮素变化来看,添加有机肥＋尿素＋接种微生物菌和添加有机肥＋接种微生物处理降低了堆料的有机碳和 C/N 值,增加了堆料的总氮、硝态氮含量,均显著高于对照及其他处理,这与前人研究一致。这种情况说明添加氮源和微生物菌,加速了苦豆子茎秆粉碳素的降解和氮素的转化,保证了腐熟后的肥力,且在加入一定量鸡粪、微生物菌的基础上添加尿素对苦豆子茎秆粉的有机碳分解和氮素的转化的影响较明显,在一定程度上提高堆肥产品质量,但差异不显著。

综合考虑,添加氮源和接种微生物菌对加快苦豆子粉基质腐熟具有促进效果,添加"有机肥＋尿素＋接种微生物菌"和添加"有机肥＋接种微生物"这两个处理效果显著,因此,可以在这 2 种处理下进一步细化研究,其作为基质进行园艺作物育苗及栽培的效果需进一步研究。

第二节　蔬菜有机化育苗基质的配制和应用

采用地方农林生物质材料经过收割、晒干、粉碎、发酵等程序,和其他一些材料如珍珠岩、蛭石、沙粒、有机肥等材料进行调配,组合成适宜的育苗基质,这样通过就地取材解决草炭或椰糠等传统育苗基质的远途调运,缓解交通压力,降低成本,废物利用都有积极的生产作用和生态意义。

一、发酵柠条粉混配基质对辣椒幼苗生长发育的影响

2011 年 10 月 20 日—2011 年 12 月 20 日,以腐熟柠条粉为试材进行育苗试验,通过茄子苗期生长发育指标,确定柠条粉复配基质作为育苗基质的可行性。选择以下配方进行配比组合试验,以期筛选最佳配方组合。供试辣椒品种为"亨椒龙亢",选自于北京中农绿亨种子科技有限公司,供试柠条粉购自宁夏回族自治区盐池县源丰草产业有限公司,柠条粉中加入有机-无机肥料(1 m³ 柠条粉加入 3.0 kg 尿素、20 kg 消毒鸡粪)腐熟发酵 90 d,加入珍珠岩和蛭石(具体比例见表 4-31)后作为育苗基质使用,使用目前宁夏地区较为广泛的"壮苗二号"基质做对照,采用 72 穴标准穴盘育苗。

表 4-31 各处理混配基质的体积比和体积百分比

处理编号	柠条粉	珍珠岩	蛭石	柠条粉/%	珍珠岩/%	蛭石/%
T1	2	1	1	50	25	25
T2	3	1	1	60	20	20
T3	4	1	1	66.6	16.7	16.7
T4	5	1	1	71.4	14.3	14.3
T5	3	1	2	50	16.7	33.3
T6	4	1	2	57.1	14.3	28.6
T7	5	1	2	62.5	12.5	25
CK	"壮苗二号"育苗基质					

从表 4-32 可以看出,各个处理的干质量体积为 $0.13\sim0.22~g/cm^3$,T5 的最大,而 CK 的干质量体积其次,依次为:T6、T7、T1、T2、T3、T4 的干质量体积最小。各处理复配基质(除 T5)的干体积质量均略低于 CK,而且随着混配基质中蛭石含量的减少,混配基质的干体积质量也随之逐渐减小。在湿体积质量方面,各处理复配基质(除 T6)的湿体积质量均略低于 CK。在总孔隙度方面,各处理复配基质(除 T1 和 T5)均略高于 CK;通气孔隙均比 CK 大,其中 T4 是 CK 的 3.2 倍,T3 为 CK 的 3.0 倍。总体而言,随着混配基质中柠条粉基质含量的增加,其总孔隙度也随之增大,混配基质的通气孔隙逐渐增加,而持水孔隙则逐渐减小。其原因是柠条粉基质中含有较多的大颗粒,造成复合基质的通气孔隙较大,而持水孔隙较少,进而水汽较小。由以上分析可知,随着基质中柠条粉含量的增加,混配基质的总孔隙度和通气孔隙得到了提高,基质的持水孔隙被降低。

表 4-32 混配基质与壮苗二号育苗基质物理性状

基质	干体积质量/(g/cm³)	湿体积质量/(g/cm³)	总孔隙度/%	通气孔隙/%	持水孔隙/%	大小孔隙比
T1	0.155 7A	0.799 2A	66.81B	9.50C	67.90A	7.631 5A
T2	0.153 4A	0.731 6A	82.21AB	11.18C	64.35A	5.755 8A
T3	0.137 0B	0.757 0A	86.09A	25.09A	59.66A	2.377 8B
T4	0.135 0B	0.832 4A	87.09A	26.43A	55.63A	2.104 8B
T5	0.213 2A	0.849 5A	74.80AB	9.71C	72.50A	7.248 1A
T6	0.170 1A	0.891 2A	79.88AB	10.45C	70.38A	6.497 6A
T7	0.166 2A	0.873 9A	85.73A	17.83B	62.00A	3.477 2B
CK	0.199 3A	0.875 1A	75.80AB	9.22C	67.58A	7.329 7A

注:同列不同小写字母表示差异显著($P<0.05$);同列不同大写字母表示差异极显著($P<0.01$)。下同。

在株高方面(表 4-33),T7 略低于壮苗二号,且株高大小关系与珍珠岩含量变化关系呈正相关关系;在茎粗方面,T6、T2 均大于 CK,其余则略小于 CK;除 T6 和 T2 外,其他处理植株叶片数均相同。

表 4-33 混配基质与壮苗二号基质育苗生长状况

处理编号	株高/cm	茎粗/mm	叶片数
T1	13.33a	2.48b	6.00c
T2	12.00abc	3.02ab	6.33b
T3	12.50ab	2.48b	6.00c
T4	11.33abc	2.61ab	6.00c
T5	13.00ab	2.81ab	6.00c
T6	11.67bc	3.24a	6.67a
T7	10.83c	2.75ab	6.00c
CK	11.33bc	2.85ab	6.00c

从表 4-34 可以发现,混配基质各处理的根体积和根重均大于 CK,其中 T2 的根体积为 CK 的 1.5 倍,根重是 CK 的 1.84 倍,但混配基质各处理之间变化无明显规律性。由于幼苗根的体积,混配基质各处理根系总吸收面积、活跃吸收面积(m^2)均大于 CK;混配基质各处理比表面积均明显小于 CK,且大小关系为:CK>T7>T5>T4>T3>T1>T6>T2。

表 4-34 混配基质与壮苗二号基质幼苗根系状况

处理编号	根体积/mL	根鲜质量/g	总吸收面积/m^2	活跃吸收面积/m^2	活跃吸收面积百分比/%	比表面积/(cm²/cm³)
T1	1.1AB	1.09A	1.271 4A	0.632 2A	0.497 2B	11 558.18AB
T2	1.2A	1.12A	1.278 0A	0.635 1A	0.496 9B	10 650.00B
T3	1.0AB	0.68B	1.264 3A	0.628 0A	0.496 7B	12 643.00AB
T4	1.0AB	0.62B	1.268 5A	0.632 2A	0.498 3B	12 685.00AB
T5	1.1AB	0.70B	1.261 0A	0.632 6A	0.501 6A	12 744.00AB
T6	1.0AB	0.71B	1.274 4A	0.634 2A	0.497 6B	11 463.64AB
T7	0.9AB	0.63B	1.252 1A	0.638 0A	0.509 5A	13 912.22AB
CK	0.8B	0.61B	1.249 4A	0.621 8A	0.497 6B	15 617.50A

从表 4-35 可以发现,从各个处理的单株干质量来看,与地上部分生长指标变化趋势相一致,从数值上看,辣椒的地上干质量在总干质量的比例要远远大于根系干质量所占比例,因此,单株干质量的变化趋势与地上干质量变化趋势是一致的。在根冠比方面,混配基质幼苗根冠比比值均显著高于 CK 的根冠比比值。壮苗指数是评价幼苗质量的重要形态指标。通过试验得出,柠条粉混配基质幼苗壮苗指数均高于 CK 基质幼苗的壮苗指数,在出苗后 50 d 时的混配基质(T6)幼苗壮苗指数高出 CK 基质幼苗 118.92%,达到极显著水平。

表 4-35　混配基质与壮苗二号基质对幼苗干物质积累的影响

处理编号	地上部鲜质量/g	地上部干质量/g	地下部鲜质量/g	地下部干质量/g	全株鲜质量/g	全株干质量/g	根冠比/(R/S)	壮苗指数/g
T1	2.020 0A	0.239 3A	1.090 0A	0.098 3A	3.110 0A	0.337 7A	0.410 9AB	0.103 7AB
T2	1.770 0B	0.210 0AB	1.120 0A	0.094 7AB	2.890 0AB	0.304 7AB	0.450 8AB	0.145 0A
T3	1.196 7D	0.130 3C	0.680 0B	0.052 7C	1.876 7C	0.183 0B	0.404 1AB	0.077 6AB
T4	1.113 3D	0.138 0C	0.620 0B	0.063 7C	1.733 3C	0.201 7AB	0.461 4AB	0.097 7AB
T5	1.380 0CD	0.149 3C	0.700 0B	0.060 7C	2.080 0C	0.210 0AB	0.406 3AB	0.089 8AB
T6	1.150 0D	0.138 7C	0.706 7B	0.067 0BC	1.856 7C	0.205 7AB	0.483 2A	0.146 9A
T7	1.106 7D	0.133 0C	0.626 7B	0.064 0BC	1.733 3C	0.197 0AB	0.481 2A	0.099 8AB
CK	1.633 3BC	0.178 0BC	0.613 3B	0.048 3C	2.246 7BC	0.226 3AB	0.271 5B	0.067 1B

通过发酵柠条粉、珍珠岩、蛭石混合配制辣椒育苗基质,其在辣椒育苗上的表现得出,混配基质(T2、T3、T4、T6、T7)完全符合育苗基质要求,且育苗效果明显优于CK;发酵柠条粉为55%～60%,总孔隙度为70%～90%,通气孔隙以10%～11%的育苗效果更佳。

二、混配柠条复合基质对茄子幼苗生长发育的影响

于 2011 年 10 月 20 日至 2011 年 12 月 20 日,以腐熟柠条粉为试材进行育苗试验,通过茄子苗期生长发育指标确定柠条粉复配基质作为育苗基质的可行性。以茄子品种为"盛园三号"来自山东省华盛农业有限公司,在柠条粉中加入有机-无机肥料(1 m³ 柠条粉加入 3.0 kg 尿素、20 kg 消毒鸡粪)腐熟发酵 90 d,加入珍珠岩和蛭石后,作为育苗基质使用,使用目前宁夏地区应用较为广泛的壮苗二号育苗基质为对照(CK),育苗穴盘采用 72 穴标准苗盘(表 4-36、表 4-37)。

表 4-36　各处理复合基质的体积比

处理编号	柠条粉	珍珠岩	蛭石
T1(CK)	壮苗二号		
T2	2	1	1
T3	3	1	1
T4	4	1	1
T5	5	1	1
T6	3	1	2
T7	4	1	2
T8	5	1	2

表 4-37　发酵后的柠条粉基质的化学性状

pH	电导率/(mS/cm)	全盐/(g/kg)	有机质/(g/kg)	全氮/(g/kg)	速效氮/(mg/kg)	速效磷/(mg/kg)	速效钾/(mg/kg)	碳氮比
5.35	1.153	3.50	685	31.36	1 904	217	4 475	12.7

　　从表 4-38 可以发现,各个处理的干质量体积为 0.135 0～0.213 2 g/cm³,其中 T5 最大,而 CK 的干质量体积其次,其他处理依次为:T6>T7>T1>T2>T3,T4 的最小;各处理复合基质(除 T5 外)的干体积质量均略低于 CK,而且随着混配基质中蛭石含量的减少,混配基质的干体积质量也随之逐渐减小。在湿体积质量方面,各处理复合基质(除 T6)的湿体积质量均略低于 CK,无显著差异。在总孔隙度方面,各处理复合基质(除 T2 和 T6)均略高于 CK,且各处理之间无极显著差异;各处理复合基质通气孔隙均比 CK 大,其中 T5 是 CK 的 3.2 倍,T4 为 CK 的 3.0 倍。总体而言,随着复合基质中柠条粉基质含量的增加,其总孔隙度也随之增大,混配基质的通气孔隙逐渐增加,而持水孔隙则逐渐减小。其原因是柠条粉基质中含有较多的大颗粒,造成复合基质的通气孔隙较大,而持水孔隙较少,进而水气较少。由以上分析可知,随着基质中柠条粉含量的增加,提高了复合基质的总孔隙度和通气孔隙得到了提高,基质的持水孔隙被降低。

表 4-38　复合基质与壮苗二号育苗基质物理性状

处理编号	干体积质量/(g/cm³)	湿体积质量/(g/cm³)	总孔隙度/%	通气孔隙/%	持水孔隙/%	大小孔隙比/(A/W)
T1(CK)	0.199 3ab	0.875 1a	75.80AB	9.22C	67.58a	7.329 7A
T2	0.155 7ab	0.799 2a	66.81B	9.50C	67.90a	7.631 5A
T3	0.153 4ab	0.731 6a	82.21AB	11.18C	64.35a	5.755 8A
T4	0.137 0b	0.757 0a	86.09A	25.09A	59.66a	2.377 8B
T5	0.135 0b	0.832 4a	87.09A	26.43A	55.63a	2.104 8B
T6	0.213 2a	0.849 5a	74.80AB	9.71C	72.50a	7.248 1A
T7	0.170 1ab	0.891 2a	79.88AB	10.45C	70.38a	6.497 6A
T8	0.166 2ab	0.873 9a	85.73A	17.83B	62.00a	3.477 2B

注:同列不同小写字母表示差异显著($P<0.05$);同列不同大写字母表示差异极显著($P<0.01$),下同。

　　在基质化学状质方面(表 4-39),复合基质的 pH 与 CK 的无显著差异;而复合基质电导率均略高于 CK 且差异极显著;复合基质全盐含量、速效氮含量均大于 CK,且差异极显著;T5 复合基质有机质含量极显著高于 CK;在全氮量方面,各处理(除 T6)复合基质均显著高于 CK;CK 速效磷含量和碳氮比值均显著高于复合基质。除 T2 外,其他各处理复合基质速效钾含量均显著高于 CK。

表 4-39　复合基质与壮苗二号育苗基质化学性状

处理编号	pH	电导率/(mS/cm)	全盐/(g/kg)	有机质/(g/kg)	全氮/(g/kg)	速效氮/(mg/kg)	速效磷/(mg/kg)	速效钾/(mg/kg)	碳氮比
T1(CK)	5.65a	2.35E	7.16D	439B	15.66C	892C	269a	2 665C	15.4a
T2	5.74a	4.40D	17.50C	454B	20.21B	1 292B	115.5c	2 925C	12.7b
T3	5.48a	6.64ABC	17.90C	468B	21.54AB	1 330B	122.4bc	3 425B	12.6b
T4	5.63a	6.78AB	21.50A	491AB	22.50AB	1 414AB	141.7bc	3 850AB	11.3b
T5	5.62a	6.93A	22.00A	537A	25.07A	1 588A	157.3b	4 025A	12.4b
T6	5.66a	5.73C	17.90C	426B	19.16BC	1 324B	117.5c	3 450B	11.8b
T7	5.68a	5.70C	18.20BC	480AB	20.98AB	1 355B	121.5bc	3 525AB	12.1b
T8	5.86a	5.86BC	21.30AB	486AB	22.00AB	1 480AB	136.7bc	3 775AB	11.4b

　　在株高、茎粗方面(表 4-40),除 T8 外,其他复合基质均高于 CK,但无显著差异;各处理茄子幼苗叶片数均相同,无显著差异;复合基质对茄子幼苗地上部分生长无影响。

表 4-40　复合基质与壮苗二号基质育苗生长状况

处理编号	出苗后天数/d	株高/cm	茎粗/mm	叶片数
T1(CK)	55	11.67a	2.553a	5a
T2	55	12.63a	2.663a	5a
T3	55	12.67a	2.973a	5a
T4	55	12.83a	2.830a	5a
T5	55	12.33a	2.617a	5a
T6	55	12.67a	2.583a	5a
T7	55	13.50a	2.920a	5a
T8	55	11.50a	2.470a	5a

　　从表 4-41 可以发现,复合基质各处理的根容和根鲜重均大于 CK,其中 T6 的根容为 CK 的 2 倍,根鲜重是 CK 的 1.96 倍,但复合基质各处理之间变化无明显规律性;各处理复合基质根系总吸收面积、活跃吸收面积(m²)均大于 CK;T3、T5 比表面积均略大于 CK,无显著差异,其他复合基质比表面积均小于 CK,差异显著。

表 4-41　复合基质与壮苗二号基质对幼苗根系的影响

处理编号	根体积/mL	根鲜质量/g	总吸收面积/m²	活跃吸收面积/m²	活跃吸收面积/%	比表面积/(cm²/cm³)
T1(CK)	0.7BC	0.54C	1.265 9a	0.629 2a	0.490 1a	15 824.94A
T2	1.0AB	0.71BC	1.262 9a	0.630 3a	0.498 2a	13 259.91B
T3	0.8BC	0.65BC	1.318 1a	0.653 6a	0.495 9a	16 476.62A

续表 4-41

处理编号	根体积/mL	根鲜质量/g	总吸收面积/m²	活跃吸收面积/m²	活跃吸收面积/%	比表面积/(cm²/cm³)
T4	1.0AB	0.87AB	1.296 2a	0.645 8a	0.498 2a	12 962.00B
T5	0.8BC	0.63BC	1.287 9a	0.641 2a	0.497 9a	12 099.06B
T6	1.4A	1.06A	1.280 4a	0.643 7a	0.502 7a	16 146.26A
T7	0.9BC	0.75BC	1.285 8a	0.634 6a	0.493 5a	14 287.29B
T8	0.9BC	0.61BC	1.277 5a	0.629 4a	0.492 5a	14 195.34B

从表 4-42 可以看出，复合基质 T2 和 T3 地上部鲜质量显著高于 CK，地上部干质量与地上部鲜质量变化趋势相同；在地下部鲜质量方面，T2 显著高于 CK，其他处理差异均不显著，且地下部干质量与地下部鲜质量变化趋势相同；而在全株鲜质量方面，T2、T3、T4、T7 均显著高于 CK，其差异极显著；T2、T3 的全株干质量显著高于 CK，其他处理与 CK 差异不显著；在根冠比方面，复合基质与 CK 无显著差异。壮苗指数是评价幼苗质量的重要形态指标，通过试验得出，柠条粉复合基质（T3）幼苗壮苗指数高于 CK 基质幼苗的壮苗指数，在出苗的 50 d 时，幼苗壮苗指数为 CK 基质幼苗 1.66 倍，达到极显著水平，其他处理复合基质壮苗指数均大于 CK，但差异不显著。

通过发酵柠条粉、珍珠岩、蛭石混合配制育苗基质，其在茄子育苗上的表现得出，混配基质（T3、T6）完全符合育苗基质要求，且育苗效果明显优于 CK；发酵柠条粉在 50%～60%，总孔隙度为 70%～90%，通气孔隙为 9.5%～11.5% 的育苗效果更佳。通过茄子幼苗根系活力和壮苗指数的生理指标，确定柠条粉∶珍珠岩∶蛭石＝3∶1∶1 或 3∶1∶2（体积比）为茄子最佳育苗基质配比比例。

表 4-42　复合基质与壮苗二号基质对幼苗干物质积累的影响

处理编号	地上部鲜质量/g	地上部干质量/g	地下部鲜质量/g	地下部干质量/g	全株鲜质量/g	全株干质量/g	根冠比	壮苗指数/g
T1(CK)	2.320c	0.223b	0.540c	0.049b	2.860E	0.272C	0.219a	0.065B
T2	3.277a	0.318a	0.710bc	0.061ab	3.986AB	0.379AB	0.191a	0.081AB
T3	3.263a	0.321a	1.060a	0.079a	4.323A	0.400A	0.247a	0.108A
T4	2.983ab	0.274ab	0.873ab	0.058ab	3.856ABC	0.332ABC	0.214a	0.078AB
T5	2.643bc	0.255ab	0.626bc	0.052b	3.270CDE	0.307ABC	0.205a	0.069B
T6	2.517bc	0.237ab	0.653bc	0.054ab	3.170DE	0.291BC	0.228a	0.092AB
T7	2.867ab	0.283ab	0.753ab	0.060ab	3.620BCD	0.343ABC	0.212a	0.081AB
T8	2.243c	0.232b	0.610bc	0.055ab	2.853E	0.287BC	0.236a	0.074AB

Abad 等认为理想基质的干体积质量应小于 0.4 g/cm³，总孔隙度应大于 80%，而通气孔隙应为 20%～30%。李谦盛提出的基质质量标准认为，干体积质量应在 0.1～0.8 g/cm³，总孔隙度应为 70%～90%，通气孔隙应为 15%～30%。发酵柠条粉混配基质的干体积质量为

0.13～0.22；符合 Abad 和李谦盛提出的基质质量标准，总孔隙度为 60％～90％，通气孔隙为 9％～27％，其中部分处理（T3、T4、T7）符合李谦盛提出的基质质量标准。通过对辣椒、茄子幼苗根系活力和壮苗指数比较得出，T2、T6 更有利于辣椒、茄子幼苗壮苗的培育。这种情况说明柠条粉混配基质通气孔隙为 10％～11％时更有利于辣椒、茄子等蔬菜幼苗生长发育。

三、根域体积对柠条基质番茄幼苗生长发育及光合特性的影响

容器苗根域体积是固定的，容易对地下部分生长造成限制，进而影响地上部分的生长。基质与容器的筛选一直是国内外容器育苗研究的重要内容。课题组 2007—2012 年在柠条粉作为基质的探索性试验已经取得了初步成功，尤其是在西瓜、甜瓜、茄子、辣椒、黄瓜等育苗上和樱桃番茄、辣椒、番茄等作物基质栽培上均有较好的表现。目前，柠条基质配型筛选研究基本确定了柠条基质的配比类型，但是多种蔬菜使用柠条基质育苗过程中的穴盘选择存在一定的不确定性。因此，单一蔬菜品种使用适宜的穴盘进行育苗的研究就显得尤为重要，同时为柠条资源合理利用和工厂化育苗生产提供理论依据和技术支撑（表 4-43）。

表 4-43　各处理基本状况

处理编号	穴盘规格/（穴/盘）	根域体积/（cm³/穴）	秧苗密度/（株/m²）
T1	32	110.07	190.25
T2	50	67.2	297.27
T3	72	39.06	428.06
T4	98	26.82	582.64
T5	128	19.76	761.00
T6	200	12.21	1 189.06
T7	288	7.28	1 712.25

在株高方面（表 4-44），T4 最大，为 10.3 cm，其次是 T5，再次为 T6、T2、T3、T1，T7 最小，仅为 8.0 cm。T2 的茎粗值最大，为 2.494 mm，T7 最小，大小关系依次为：T2＞T1＞T4＞T5＞T3＞T6＞T7，茎粗与根域体积呈非线性相关，关系式为：$y = -0.000\,1x^2 + 0.022x + 1.602\,8$，相关关系系数为 0.889。其大小与秧苗密度呈现线性负相关，关系式为：$y = -0.000\,4x + 2.379\,2$，相关关系系数为 0.856 2。在叶片数方面各处理无差异。但在根长方面存在显著差异，大小关系为：T1＞T2＞T3＞T4＞T5＞T6＝T7，根长与根域体积呈线性正相关，关系式为：$y = 0.101x + 6.098\,2$，相关关系系数为 0.879 8。其大小与秧苗密度呈现线性负相关，关系式为：$y = -0.007\,1x + 15.396$，相关关系系数为 0.913 6。

表 4-44　根域体积对番茄幼苗生长的影响

处理编号	株高/cm	茎粗/mm	叶片数	根长/cm
T1	8.1c	2.208b	5a	15.8a
T2	9.3b	2.494a	5a	13.2b
T3	8.3c	2.008bc	5a	13.8b
T4	10.3a	2.198b	5a	9.3c
T5	10.0a	2.080b	5a	8.7d
T6	9.5b	1.852c	5a	5.2e
T7	8.0c	1.696d	5a	5.2e

注:同列不同字母表示差异显著($P<0.05$)。下同。

从表 4-45 可以发现,T2 的根系体积为最大,其大小关系为:T2>T3>T1>T4>T5>T6>T7,根系体积与根域体积大小呈非线性相关系数,关系式为:$y = -0.000\ 1x^2 + 0.016\ 7x - 0.000\ 1$,相关关系系数为 0.975;根鲜质量大小关系与根体积相一致,根鲜质量与根域体积大小呈非线性相关系数,关系式为:$y = -8E-05x^2 + 0.011x + 0.018\ 2$,相关关系系数为 0.978 1。

在根系活力方面,其大小关系为:T2>T1>T3>T4>T5>T6>T7,根系活力大小与根域体积的线性相关关系系数为 0.982 1,非线性相关关系系数为 0.776 3,与秧苗密度呈线性负相关,关系式为:$y = -0.000\ 1x + 0.449\ 6$,相关关系系数为 0.564。在总吸收面积方面,其大小关系为:T1>T2>T3>T4>T5>T6>T7,活跃吸收面积大小关系与总吸收面积相同,T7 的比表面积值最大,为 41 212.28 cm²/cm³,T2 的比表面积值最小,仅为 10 911.67 cm²/cm³。

表 4-45　根域体积对番茄幼苗根系的影响

处理编号	根系体积/mL	根鲜质量/g	根系活力/[μg/(g·h FW)]	总吸收面积/m²	活跃吸收面积/m²	比表面积/(cm²/cm³)
T1	0.34cd	0.208c	0.415b	0.663 2a	0.330 4a	23 510.48d
T2	0.61a	0.406a	0.439a	0.659 1b	0.326 8b	10 911.67g
T3	0.43b	0.294b	0.402bc	0.648 1c	0.322 9bc	14 967.67f
T4	0.38c	0.264bc	0.378c	0.644 2c	0.320 6c	16 726.33e
T5	0.24d	0.188c	0.311d	0.640 2c	0.321 9c	26 239.28c
T6	0.17e	0.126d	0.285de	0.642 9c	0.317 3d	38 269.52b
T7	0.16e	0.120d	0.241e	0.638 8d	0.314 6d	41 212.28a

从番茄幼苗植株地上部、地下部鲜、干质量及全株鲜、干质量上来看,地上部鲜质量大小关系为:T2>T5>T4>T1>T3>T6>T7,其中 T7 值最小,仅为 0.396 g。地上部干质量的大小关系与地上部鲜质量略有不同,其大小关系为:T2>T4>T1>T5>T3>T6>T7;地下部鲜质量方面,T2 值最大,为 0.406 g,其大小关系为:T2>T3>T4>T1>T5>T6>T7,与地下部干质量变化规律相同。

由表 4-46 可知,从数值上看,番茄幼苗地上部干质量在总干质量的比例要远远大于根系干质量所占比例,因此单株干质量的变化趋势与地上干质量变化趋势是一致的。在根冠比方面,T3 的根冠比比值最大,为 0.333,T6 的根冠比值最小,仅为 0.206。壮苗指数是评价幼苗质量的重要形态指标,T2 的壮苗指数最大,为 0.558 g,T7 的最小仅为 0.135 g,壮苗指数与根域体积大小呈非线性相关系数,关系式为:$y = -8\mathrm{E}-05x^2 + 0.012\,1x + 0.038\,6$,相关关系系数为 0.936 2。

表 4-46　根域体积对番茄幼苗干物质积累的影响

处理编号	地上部鲜质量/g	地上部干质量/g	地下部鲜质量/g	地下部干质量/g	全株鲜质量/g	全株干质量/g	根冠比	壮苗指数/g
T1	0.688c	0.092b	0.208c	0.030b	0.896c	0.122b	0.326a	0.372b
T2	1.004a	0.141 2a	0.406a	0.045a	1.410a	0.186a	0.318b	0.558a
T3	0.668c	0.081 2c	0.294b	0.027b	0.962c	0.108c	0.333a	0.297cd
T4	0.84b	0.098 5b	0.264bc	0.028b	1.104b	0.126b	0.286c	0.306c
T5	0.984a	0.088 8c	0.188c	0.019c	1.172b	0.108c	0.216d	0.248d
T6	0.648c	0.072 7d	0.126d	0.015cd	0.774d	0.087d	0.206e	0.189e
T7	0.396d	0.042 1e	0.120d	0.013d	0.516f	0.055e	0.318b	0.135f

在叶绿素含量方面,各处理之间差异显著,但与根域体积既不呈线性相关,也不呈现非线性相关。但 T1～T6 的叶绿素 SPAD 值与秧苗密度呈线性相关关系,关系式为:$y = 0.015\,8x + 19.339$,相关关系系数为 0.988 3。同时,各处理叶绿素 SPAD 值与叶片温度呈线性相关关系,相关关系系数为 0.908 2。

在净光合速率、蒸腾速率、气孔导度、胞间 CO_2 浓度等方面,总体变化趋势均为随着根域体积的减少而减少,各处理之间差异显著,且线性相关关系系数均在 0.6 以下,T1 的净光合速率、蒸腾速率、气孔导度、胞间 CO_2 浓度 4 项指标均为各处理最高值,而 T7 均为最低值。

叶片温度变化趋势与叶绿素 SPAD 值极为相似,T1～T6 的叶片温度随着根域体积的减少而增加,且呈线性负相关关系,关系式为:$y = -0.042\,3x + 23.404$,相关关系系数为 0.858 9。同时其与秧苗密度呈线性正相关关系,关系式为:$y = 0.004\,7x + 18.774$,相关关系系数为 0.934 3。在总体方面分析,T1～T7 的叶片温度随着根域体积的减少呈现先增加、后减小的趋势,即当根域体积小于 12.21 cm^3/穴时,叶片温度开始降低。

在气孔限制值方面,各处理之间差异显著;且气孔限制值随着根域体积的减少而增加,且呈线性负相关关系,关系式为:$y = -0.002\,7x + 0.380\,9$,相关关系系数为 0.615 6;气孔限制值与秧苗密度呈线性正相关关系,关系式为:$y = 0.000\,3x + 0.065\,5$,相关关系系数为 0.952 1。

在番茄幼苗生长方面,株高、茎粗均与根域体积呈非线性相关(表 4-47),且茎粗相关系数更高;根长与根域体积呈线性正相关,与秧苗密度呈现线性负相关,且相关关系系数(0.913 6)大于根域体积的(0.879 8)。

表 4-47　根域体积对番茄幼苗光合特性的影响

处理编号	叶绿素SPAD值	净光合速率/[μmol/(m²·s)]	蒸腾速率/[mmol/(m²·s)]	气孔导度/[mol/(m²·s)]	胞间CO_2浓度/(μmmol/mol)	叶片温度/℃	气孔限制值
T1	22.87d	13.06a	2.414c	428.6a	416.2a	19.24e	0.157 7f
T2	23.37d	12.68b	2.568b	321.2d	392.2b	20.38c	0.186 7d
T3	27.30c	11.66c	2.566b	369.0c	389.0b	20.58c	0.176 8e
T4	27.57c	12.84b	2.908a	385.8b	375.0c	21.28b	0.195 9c
T5	30.63b	10.84d	1.854e	258.4e	369.0c	23.54a	0.188 7d
T6	38.63a	9.16e	1.936d	247.8f	253.8d	23.76a	0.442 9b
T7	21.83e	8.7f	1.654f	215.0 g	201.8e	19.74d	0.559 1a

　　植物通过光合作用合成碳水化合物,积累干物质,积累量的大小直接反映在植株的生长量上。光合作用是作物形成生物学产量和经济产量的基础。光合强度不但与叶片的生理状况有关,而且与根系的发育密切相关。本研究表明随着根域体积的下降,净光合速率、蒸腾速率、气孔导度、胞间 CO_2 浓度均随之降低,而且各处理之间差异显著。

　　按照营养体积判断,在均匀基质条件下,体积越大,富含营养越多,秧苗所获的营养越多,由于叶绿素含量与氮素含量呈正相关,因此,根域体积越大,其叶绿素含量越高。本试验得出,32~200 穴/盘的叶绿素含量逐渐增加,且与秧苗密度呈线性相关关系,相关关系系数为0.988 3。但当根域体积为 288 穴/盘时,叶绿素 SPAD 值却显著下降。就试验样本(图 4-25)(32~288 穴)而言,叶绿素含量与根域体积既不呈线性相关,也不呈现非线性相关,但各处理叶绿素 SPAD 值与叶片温度呈线性相关关系,相关关系系数为 0.908 2。而叶片温度与秧苗密度呈线性正相关关系,相关关系系数为 0.934 3。这种情况说明叶绿素含量不仅与氮素相关,也与根域体积、秧苗密度及叶片温度密切相关。

　　通过本次试验可以假定在一定根域体积条件下(12.21~110.07 cm³/穴),番茄幼苗叶绿素含量受秧苗密度影响大于根域体积大小的影响,叶片温度也受秧苗密度影响。但在根域体积为 7.28 cm³/穴,即 288 穴/盘时,番茄幼苗叶绿素含量和叶片温度又急剧下降,根域体积已经严重影响了秧苗的质量(壮苗指数仅为 0.135 g)。因此,根域体积、秧苗密度对番茄幼苗光合、矿质生理方面的影响以及互作关系有待于进一步研究。

　　根域体积与株高、茎粗均呈非线性相关,且茎粗相关系数更高;根长与根域体积呈线性正相关,与秧苗密度呈现线性负相关,且相关关系系数(0.913 6)大于根域体积(0.879 8)。随着根域体积的下降,净光合速率、蒸腾速率、气孔导度、胞间 CO_2 浓度均随之降低,而且各处理之间差异显著,根域体积(0.615 6)对气孔限制值的影响小于秧苗密度(0.952 1)对气孔限制值的影响。在一定根域体积(12.21~110.07 cm³/穴)范围内,根域体积大小对番茄幼苗叶绿素含量和叶片温度的影响小于受秧苗密度的影响。综合生理指标、壮苗指数、植株生长状况等多方面因素考虑,建议在柠条基质培育番茄秧苗时使用 98 穴或 128 穴标准穴盘。

A. 带基质块；B. 去基质块露根

图 4-25　不同根域体积番茄育苗状况

四、根域限制对柠条基质黄瓜幼苗生长及气体交换参数的影响

课题组 2009—2013 年在柠条粉作为育苗基质的试验已经取得了初步成效,尤其是在西瓜、甜瓜、茄子、辣椒等育苗上有较好表现。目前,柠条基质配型筛选研究基本确定了柠条基质的配比类型,但是多种蔬菜使用柠条基质育苗过程中的穴盘选择存在一定的不确定性。因此,单一蔬菜品种使用适宜的穴盘进行育苗的研究就显得尤为重要,同时也可为柠条资源合理利用和工厂化育苗生产提供理论依据和技术支撑,在一定程度上促进沙产业的经济效益和生态效益的提高(表 4-48)。

表 4-48　各处理基本状况

处理编号	穴盘规格/(穴/盘)	根域体积/(cm³/穴)
T1	32	110.07
T2	50	67.20
T3	72	39.06
T4	98	26.82
T5	128	19.76
T6	200	12.21
T7	288	7.28

从表 4-49 可以发现,在株高方面,黄瓜幼苗株高并没有随根域体积减小而降低,而是随着根域体积减小而逐渐增高,其大小与根域体积呈负相关,T7 最高,为 9.2 cm,T2 最矮,仅为 5.1 cm,为 T7 的 55.43%;在茎粗方面,T3 最大,为 4.032 mm,T7 最小,为 3.296 mm,其大小关系为:T3>T2>T4>T1>T5>T6>T7;在叶片数量方面,所有处理均为 2 叶 1 心。

表 4-49　根域体积对黄瓜幼苗生长的影响

处理编号	株高/cm	茎粗/mm	叶片数
T1	5.5e	3.698d	2a
T2	5.1f	3.794bc	2a
T3	5.9d	4.032a	2a
T4	7.0c	3.708c	2a
T5	6.8cd	3.680d	2a
T6	8.6b	3.452e	2a
T7	9.2a	3.296f	2a

注:同列不同字母表示差异显著($P<0.05$)。下同。

五、根域限制对黄瓜幼苗根系发育的影响

在黄瓜幼苗根系长度方面(表 4-50),T1 最大,为 10.4 cm,T7 最小,为 5.3 cm,仅为 T1 的 50.96%,其总体大小关系为:T1>T2>T3>T4>T5>T6>T7,其值与根域体积呈线性正相关关系,皮尔逊系数为 0.962 7;根系体积大小关系与根系长度类似,T1 最大,为 0.91 mL,其值为 T7 的 3.14 倍,同时其值与根域体积呈线性正相关关系,皮尔逊系数为 0.960 2;在根系活力方面,T2 值最大,为 0.474 μg/(FW·h),T7 值最小,为 T2 的 74.47%。其总体趋势为随着根系体积的减小而逐渐减小。

表 4-50　根域体积对黄瓜幼苗根系的影响

处理编号	根系长度/cm	根系体积/mL	根系活力/[μg/(FW·h)]
T1	10.4a	0.91a	0.465c
T2	9.3b	0.77b	0.474a
T3	7.8c	0.61c	0.455d
T4	7.3cd	0.55d	0.466b
T5	6.6d	0.47e	0.428e
T6	5.5e	0.35f	0.387f
T7	5.3f	0.29 g	0.353 g

在黄瓜幼苗物质积累方面(表 4-51),幼苗地上部鲜质量各处理之间差异显著,T6 值最大,为 1.113 g,T2 最小,仅为 0.747 g,各处理大小关系为:T6>T7>T4>T5>T3>T1>T2,无显著规律;地上部干质量变化与地上部鲜质量相似,无明显规律。黄瓜幼苗地上部鲜质

量各处理之间差异显著,各处理大小关系为:T1>T2>T3>T4>T5>T6>T7,地下部鲜质量与根域体积呈线性正相关,皮尔逊系数为 0.834,地下部干质量变化规律与地下部鲜质量相一致,皮尔逊系数为 0.899;全株鲜质量和全株干质量变化无显著规律;根冠比值大小随着根域体积的减小而减小,皮尔逊系数为 0.869 7;在壮苗系数方面,各处理大小关系为:T1>T2>T3>T4>T5>T6>T7,皮尔逊系数为 0.888 8,T1、T2、T3 均大于 0.25,而其他处理均小于 0.2。

表 4-51 根域体积对黄瓜幼苗干物质积累的影响

处理编号	地上部鲜质量(SFW)/g	地上部干质量(SDW)/g	地下部鲜质量(RFW)/g	地下部干质量(RDW)/g	全株鲜质量(TFW)/g	全株干质量(TDW)/g	根冠比 R/S	壮苗指数(SI)/g
T1	0.785ef	0.069d	0.315a	0.018a	1.100c	0.087d	0.261a	0.0284a
T2	0.747f	0.064e	0.309b	0.017ab	1.056d	0.081e	0.266a	T0.027 5b
T3	0.798e	0.069d	0.299c	0.016ab	1.097c	0.085d	0.232b	0.025 5c
T4	0.932c	0.078cd	0.258d	0.012b	1.190b	0.090c	0.154c	0.018 6d
T5	0.912d	0.082c	0.219e	0.012b	1.131b	0.094c	0.146cd	0.018 8d
T6	1.113a	0.099a	0.191f	0.010bc	1.304a	0.109a	0.101d	0.015 4e
T7	1.088b	0.096b	0.167 g	0.009c	1.255ab	0.105b	0.094e	0.013 6f

在气体交换参数方面(表 4-52),净光合速率(Pn)、蒸腾速率(Tr)、气孔导度(Gs)、胞间 CO_2 浓度(Ci)其值大小受根域体积影响显著;随着根域体积的减小,黄瓜幼苗的 Pn、Tr、Gs、Ci 均降低,且与根域体积呈线性正相关,皮尔逊系数分别为 0.887 4、0.931 6、0.800 6、0.945 6;在水分利用效率(WUE)方面,其值变化无显著规律,T3 值最高,为 2.513 9,T1 最小,为 2.406 3。

表 4-52 根域体积限制对黄瓜幼苗叶片气体交换参数的影响

处理编号	净光合速率/[$\mu mol/(m^2 \cdot s)$]	蒸腾速率/[$mmol/(m^2 \cdot s)$]	气孔导度/[$\mu mol/(m^2 \cdot s)$]	胞间 CO_2 浓度/($\mu mol/mol$)	水分利用效率
T1	12.32a	5.12a	0.28a	287.53a	2.406 3c
T2	11.87b	4.89b	0.26a	274.33b	2.427 4c
T3	11.74b	4.67bc	0.26a	273.33b	2.513 9a
T4	11.05c	4.54bc	0.25ab	264.67c	2.433 9bc
T5	10.70d	4.36c	0.24ab	263.00c	2.454 1b
T6	10.45d	4.30c	0.19b	253.33d	2.430 2bc
T7	9.73e	3.97d	0.19b	252.33d	2.450 9b

无论是何种苗龄,其均表现为穴盘孔数越少,蔬菜幼苗生长势越强。本试验结果表明,黄瓜幼苗株高随着根域体积减小而逐渐增高,T7 最高,T2 最矮,T3 的茎粗最大,为 4.032 mm;T1 的根系长度最长,为 10.4 cm,其值与根域体积的皮尔逊系数为 0.962 7;根系体积与根域体积的皮尔逊系数为 0.960 2;地下部鲜质量、地下部干质量、根冠比、壮苗系数与根域体积的皮尔逊系数

分别为 0.834、0.899、0.869 7、0.888 8,T1、T2、T3 壮苗系数的均大于 0.25。总体而言,根域体积越大对黄瓜幼苗形态指标越有利。

随着根域体积的减小,黄瓜幼苗的净光合速率(Pn)、蒸腾速率(Tr)、气孔导度(Gs)、胞间 CO_2 浓度(Ci)均降低,且与根域体积的皮尔逊系数分别为 0.887 4、0.931 6、0.800 6、0.945 6。虽有限根对植株光合无影响鲜有报道,但极度限根仍会使光合速率下降,而 T3 的水分利用效率值最高,为 2.513 9。

综合黄瓜幼苗植株壮苗指数、根系活力、气体交换参数(Pn、Tr、Gs、Ci、WUE)等多方面分析比较得出,T3 较适合柠条基质进行黄瓜育苗,即 72 穴/盘的穴盘较适宜进行柠条基质黄瓜育苗。

六、根域体积限制对芹菜幼苗生长和气体交换及叶绿素荧光参数的影响

供试芹菜品种为"皇后",引自法国 Tezier 公司,供试柠条粉购自宁夏回族自治区盐池县源丰草产业有限公司,1 m³ 柠条粉加入 2.0 kg 尿素,商品有机肥(N:P:K=12:8:9)5 kg,在高温静态发酵 90 d 后,加入珍珠岩和蛭石(柠条粉:珍珠岩:蛭石=7:2:1,体积比),作为育苗基质使用。穴盘使用 29 cm×58 cm 的标准穴盘,每个处理 1 个穴盘,重复 3 次。具体规格如表 4-53 所示。

表 4-53 不同穴盘基本状况

处理编号	穴盘规格(穴/盘)	根域体积/(cm³/穴)	秧苗密度/(株/m²)
T1	32	110.07	190.25
T2	50	67.20	297.27
T3	72	39.06	428.06
T4	98	26.82	582.64
T5	128	19.76	761.00
T6	200	12.21	1 189.06
T7	288	7.28	1 712.25

从表 4-54 可以看出,在株高方面,T1 最大,为 21.2 cm,其次是 T2,再次为 T3、T5、T6、T4,T7 最小,仅为 13.0 cm,为 T1 的 61.32%。株高与根域体积呈线性正相关,关系式为: $y = 0.061 3x + 14.855$,相关关系系数为 0.879 5,同时与秧苗密度呈线性负相关,关系式为: $y = -0.004 5x + 20.664$,相关关系系数为 0.960 1。在叶片数方面其大小关系变化趋势与株高相一致,T1 最大,T7 最小,叶片数与根域体积呈线性正相关,关系式为: $y = 0.034 9x + 5.076 5$,相关关系系数为 0.941 9,同时与秧苗密度呈线性负相关,关系式为: $y = -0.004 3x + 20.042$,相关关系系数为 0.870 5。

在根长方面(表 4-54),其大小关系为:T1>T2>T3>T4>T5>T6>T7,根长与根域体积呈线性正相关,相关关系系数为 0.959 3;其大小与秧苗密度呈线性负相关,相关关系系数

为 0.876 1。根系体积大小变化规律与根长一致,根系体积与根域体积大小呈线性正相关,相关关系系数为 0.997 1;与秧苗密度呈线性负相关,相关关系系数为 0.801 1。在根系活力方面,其大小关系为:T1>T2>T3>T4>T5>T6>T7,根系活力大小与根域体积的线性相关关系系数为 0.740 7,与秧苗密度呈线性负相关,关系式为:$y=-0.000\,2x+0.457\,5$,相关关系系数为 0.993 1。

表 4-54　根域体积限制对芹菜幼苗生长的影响

处理编号	株高 /cm	叶片数	根长 /cm	根系体积 /mL	根系活力 /[$\mu g/(FW \cdot h)$]
T1	21.2±0.8a	8.4±0.6a	18.8±3.2a	3.50±0.50a	0.431±0.031a
T2	18.6±1.2b	8.2±1.2b	13.3±3.3b	2.50±0.35b	0.415±0.033b
T3	18.1±0.9bc	6.6±1.6c	12.8±3.8c	1.75±0.30c	0.391±0.051c
T4	17.8±1.8c	6.2±1.2d	10.8±2.2d	1.40±0.20d	0.374±0.022d
T5	17.0±2.0d	6.2±1.4d	10.8±1.4d	1.25±0.25e	0.364±0.038e
T6	15.6±1.6e	5.6±0.6e	8.0±0.6e	1.15±0.10f	0.261±0.011f
T7	13.0±2.0f	4.8±1.2f	6.8±1.2f	0.80±0.20g	0.181±0.019g

注:同列不同字母表示差异显著($P<0.05$)。下同。

在芹菜幼苗物质积累方面(表 4-55),幼苗地上部鲜质量各处理之间差异显著,T1 为 8.697 8 g,而 T7 仅为 1.825 6 g,为 T1 的 20.99%,各处理大小关系为:T1>T2>T3>T5>T6>T4>T7,其与根域体积呈线性正相关,关系式为:$y=0.067\,3x+2.184\,2$,相关关系系数为 0.951 9。其大小与秧苗密度呈线性负相关,关系式为:$y=-0.004\,2x+7.965\,7$,相关关系系数为 0.869 1;幼苗地上部干质量变化规律与地上部鲜质量相一致,其与根域体积呈线性正相关,相关关系系数为 0.863 9,与秧苗密度呈线性负相关,相关关系系数为 0.855 9。

在幼苗地下部鲜质量方面(表 4-55),各处理大小关系差异显著,依次为:T3>T1>T2>T4>T5>T6>T7,其中 T1 为 2.431 9 g,是 T7(0.494 4 g)的 4.92 倍,其与根域体积呈线性正相关,相关关系系数为 0.787 0,与秧苗密度呈线性负相关,相关关系系数为 0.954 4;在地下部干质量方面,其变化规律与地上部干质量相一致,且各处理差异显著,与根域体积呈线性正相关,相关关系系数为 0.743 6,与秧苗密度呈线性负相关,相关关系系数为 0.909 0。

从数值上看,番茄幼苗地上部鲜质量在全株鲜质量的比例要远远大于地下部鲜质量所占比例,因此全株鲜质量的变化趋势与地上部先质量变化趋势是一致的。由于 T2 的地下部干质量最大,在地上部、地下部、全株干质量方面与鲜质量差异较大,且各处理差异显著,但是其在根冠比方面却在较大不同,其大小关系为:T3>T4>T6>T2>T5>T1>T7,其与根域体积线性正相关关系系数为 0.200 0,非线性相关关系系数为 0.698 3,关系式为 $y=-0.000\,05x^2+0.002\,5x+0.194\,5$,与秧苗密度线性负相关关系系数为 0.282 8,非线性相关关系系数为 0.540 2。

表 4-55　根域体积限制对芹菜幼苗干物质积累的影响

处理编号	地上部鲜质量/g	地上部干质量/g	地下部鲜质量/g	地下部干质量/g	全株鲜质量/g	全株干质量/g	根冠比（R/S）
T1	8.697 8±0.832 4a	0.630 6±0.064 5b	2.431 9±0.678 3ab	0.122 7±0.035 7b	11.129 7±1.123 1a	0.753 4±0.077 8b	0.194 6±0.050 1e
T2	8.136 5±0.546 7b	0.720 9±0.044 9a	2.323 4±0.654 5b	0.160 2±0.032 7a	10.459 9±1.213 2b	0.881 1±0.080 8a	0.222 2±0.037 6c
T3	4.783 9±0.645 3c	0.404 3±0.051 7c	2.449 1±0.347 4a	0.118 8±0.017 3c	7.233 0±0.897 4c	0.523 2±0.056 1c	0.293 9±0.034 7a
T4	4.252 8±0.354 6f	0.394 9±0.029 6d	1.773 5±0.412 3de	0.093 5±0.020 6d	6.023 6±0.343 6d	0.488 4±0.022 9d	0.236 7±0.026 8b
T5	3.835 2±0.521 1d	0.366 9±0.042 7e	1.255 5±0.230 1c	0.079 0±0.012 1e	5.090 7±0.867 5e	0.445 9±0.056 6e	0.215 3±0.028 7d
T6	2.777 0±0.425 6e	0.294 9±0.035 4f	0.882 3±0.233 5e	0.069 8±0.012 2f	3.659 3±0.483 7f	0.364 6±0.030 2f	0.236 6±0.024 3b
T7	1.825 6±0.516 3g	0.183 5±0.043 1g	0.494 4±0.224 8f	0.035 4±0.011 2g	2.320 0±0.511 3g	0.218 9±0.015 3g	0.193 0±0.024 9e

　　根域体积大小对芹菜幼苗叶片气体交换参数的影响差异显著（表 4-56）。在净光合速率方面，其总体变化趋势均为随着根域体积的减少而各参数减少，各处理之间差异显著，其大小关系依次为：T1＞T2＞T3＞T5＞T4＞T6＞T7，T1 的净光合速率比 T7 高出 64.13%。同时净光合速率与根域体积呈线性正相关，关系式为：$y=0.049\,4x+9.489\,2$，相关关系系数为 0.915 6；与根域体积呈非线性相关，关系式为：$y=-0.000\,5x^2+0.107\,2x+8.536\,9$，相关关系系数为 0.952 5；净光合速率与秧苗密度呈线性负相关，关系式为：$y=-0.003\,2x+13.816$，相关关系系数为 0.869 1；与秧苗密度呈非线性相关，关系式为：$y=0.000\,002x^2-0.007\,3x+15.13$，相关关系系数为 0.907 1。

　　各处理蒸腾速率差异显著，变化规律与净光合速率类似，T1 的蒸腾速率比 T7 高出 18.87%。蒸腾速率与根域体积呈线性正相关，相关关系系数为 0.818 6，同时与根域体积呈非线性相关，相关关系系数为 0.864 5；与秧苗密度呈线性负相关，相关关系系数为 0.883 0，与秧苗密度亦呈非线性相关，相关关系系数为 0.920 5。

　　在气孔导度方面，总体趋势为随着根域体积的减少而减少，即 T2＞T1＞T3＞T4＞T5＞T6＞T7，与根域体积呈线性正相关，相关关系系数为 0.846 3，同时与根域体积呈非线性相关，相关关系系数为 0.987 5；与秧苗密度呈线性负相关，相关关系系数为 0.975 0，与秧苗密度亦呈非线性相关，相关关系系数为 0.992 3。而在胞间 CO_2 浓度方面，T3、T5、T6，差异不显著，T2 和 T4 差异不显著，总体变化趋势无规律。

　　在气孔限制值方面，各处理之间差异显著，总体变化趋势不规律，与根域体积和秧苗密度线性、非线性相关关系系数均小于 0.65。在各处理之中，T2 的水分利用效率值最高，为 2.628 6，T7 为 1.816 9，为 T1 的 69.12%，其他处理均为 2.000 0～2.599 9，与根域体积和秧苗密度均不构成相关关系。

表 4-56 根域体积限制对芹菜幼苗叶片气体交换参数的影响

处理编号	净光合速率/ [$\mu mol/(m^2 \cdot s)$]	蒸腾速率/ [$mmol/(m^2 \cdot s)$]	气孔导度/ [$\mu mol/(m^2 \cdot s)$]	胞间 CO_2 浓度/ ($\mu mol/mol$)	气孔限制值 (Ls)	水分利用效率
T1	14.23±1.23a	5.67±0.23a	0.456±0.042b	359.33±3.26b	0.059 5±0.004 3d	2.508 8±0.210 5b
T2	13.97±1.56b	5.31±0.34cd	0.461±0.044a	354.33±1.19c	0.074 7±0.003 5bc	2.628 6±0.351 2a
T3	11.23±1.15d	5.42±0.24b	0.416±0.029c	363.67±3.35a	0.050 6±0.004 2e	2.073 8±0.324 7d
T4	11.70±0.87c	5.34±0.71c	0.392±0.051d	354.00±2.64c	0.078 3±0.006 2b	2.081 7±0.452 6d
T5	11.07±0.44de	5.28±0.57d	0.367±0.044e	363.00±5.10a	0.060 9±0.004 9c	2.097 3±0.257 4d
T6	10.50±0.97e	4.66±0.26f	0.322±0.037f	363.33±4.55a	0.059 6±0.002 2d	2.253 2±0.368 2c
T7	8.67±1.04f	4.77±0.46e	0.284±0.021g	352.67±3.76d	0.089 5±0.003 1a	1.816 9±0.444 2e

由表 4-57 可知，不同根域体积限制下芹菜幼苗叶片叶绿素荧光参数 Fo、Fm 和 Fv 变化较大，且各处理差异显著。其中 T3 的 Fo 值最大，达到 546.75，比 T7 高出 7.63%，与根域体积和秧苗密度均不构成相关关系。Fm 和 Fv 在 T3 时的值最高，其大小关系为：T4>T3>T2>T5>T6>T1>T7。

Fv/Fm 是表明光化学反应状况的 1 个重要参数，Fv/Fm 反映了荧光诱导动力学曲线上升过程的 O-P 段的 PSII 光合电子传递能力，从其大小关系可以发现根域体积过大或偏小都会影响 PSII 光合电子传递，而且根域体积过小（T7 为 7.28 cm³/穴）对 PSII 光合电子传递的影响要明显大于根域体积过大（T1 为 110.07 cm³/穴）的影响；性能指数（PI）可以准确反映植物光合机构的状态，适当根域体积（T4 为 26.82 cm³/穴）芹菜幼苗光合原初反应显著高于根域体积过大（T1 为 110.07 cm³/穴）或偏小（T7 为 7.28 cm³/穴）。

表 4-57 根域体积限制对芹菜幼苗叶绿素荧光参数的影响

处理编号	初始荧光 (Fo)	最大荧光 (Fm)	可变荧光 (Fv)	PSII 最大光化学 效率（Fv/Fm）	性能指数 (PI)
T1	527.75±57.25d	2 492.50±514.50d	1 964.75±521.50d	0.788 3±0.056 3c	0.693 8±0.101 2e
T2	522.50±87.50e	2 511.25±602.25c	1 988.75±540.25c	0.791 9±0.028 9b	0.701 0±0.085 2d
T3	546.75±43.25a	2 553.75±128.50b	2 007.00±121.50b	0.785 9±0.037 4d	0.779 8±0.112 3c
T4	533.75±50.25c	2 608.25±501.50a	2 074.00±553.25a	0.795 4±0.069 1a	0.927 8±0.221 3b
T5	521.50±71.25e	2 506.50±232.25c	1 985.00±213.50c	0.791 9±0.059 1b	1.085 8±0.201 9a
T6	541.75±84.25b	2 503.50±180.00c	1 965.75±248.00c	0.783 6±0.046 2f	0.672 0±0.121 1f
T7	508.00±33.50f	2 355.25±422.25e	1 847.25±423.50e	0.784 3±0.033 2e	0.487 3±0.210 5g

由表 4-58 可以看出，芹菜幼苗叶片单位反应中心吸收（ABS/RC）、捕获的用于还原 QA（TRO/RC）、捕获的用于电子传递（ETO/RC）及热耗散掉（DIO/RC）的能量的 4 个活性参数与根域体积和秧苗密度既不呈线性相关，也不呈现非线性相关，这就说明 PSII 反应中心活性参数受根域限制的影响不大。

无论在何种根域体积条件，都呈现出 ABS/RC>TRO/RC>ETO/RC 的趋势，这就表明随着电子传递链的延伸热耗散增加，光能利用率降低。而且 T1 和 T7 的 ETO/RC 均比 DIO/

RC 小,其余各处理均为 ETO/RC>DIO/RC,说明根域体积过大或偏小均使得 PSⅡ反应中心用于热耗散的能量高于用于电子传递的能量。

表 4-58　根域体积限制对芹菜幼苗叶片 PSⅡ反应中心活性参数的影响

处理	单位反应中心吸收的能量（ABS/RC）	单位反应中心捕获的用于还原 QA 的能量（TRO/RC）	单位反应中心捕获的用于电子传递的能量（ETO/RC）	单位反应中心耗散掉的能量（DIO/RC）
T1	2.652 1±0.115 3de	2.090 5±0.201 3e	0.544 3±0.035 8e	0.561 5±0.002 1e
T2	2.891 3±0.219 4bc	2.289 7±0.195 2c	0.622 3±0.061 5c	0.601 6±0.015 4d
T3	2.869 5±0.136 2c	2.255 1±0.348 2cd	0.664 2±0.019 5b	0.614 4±0.021 5c
T4	2.578 5±0.251 4e	2.050 9±0.274 6f	0.619 2±0.024 8cd	0.527 7±0.021 3f
T5	2.692 9±0.512 3d	2.132 6±0.591 2d	0.663 6±0.025 9b	0.560 8±0.033 2e
T6	3.052 6±0.412 3b	2.392 0±0.556 2b	0.685 9±0.031 4a	0.660 6±0.034 6b
T7	3.221 6±0.214 6a	2.526 7±0.182 5a	0.610 4±0.039 1d	0.694 9±0.029 5a

在 PSⅡ受体侧的几个指标中(表 4-59),初始最大光化学效率(ϕ_{Po})、用于热耗散的量子比率(ϕ_{Do})与根域体积和秧苗密度既不呈线性相关,也不呈现非线性相关,PSⅡ的功能活性受根域体积影响不大;被用于电子传递的量子产额(ϕ_{Eo})和捕获的激子推动了电子传递到电子传递链中超过 QA 的其他电子受体的激子。其被用来推动 QA 还原激子的比率(ψ_o)。其主要反映了 PSⅡ受体侧的变化,ϕ_{Eo}与根域体积既不呈线性相关,也不呈现非线性相关,但与秧苗密度呈非线性相关关系,相关关系式为:$y=-0.000\ 000\ 08x^2+0.000\ 1x+0.185\ 7$,相关系数为 0.966 3。$\psi_o$与 ϕ_{Eo}变化规律极其相似,其与根域体积亦不呈线性相关,也不呈现非线性相关,与秧苗密度呈非线性相关关系,相关关系式为:$y=-0.000\ 000\ 1x^2+0.000\ 2x+0.235\ 3$,相关系数为 0.970 6。这种情况说明秧苗密度过大或偏小使芹菜幼苗叶片用于 QA 下游电子传递的量子不断减少,PSⅡ反应中心捕获的激子中用于 QA 下游电子传递的激子占捕获激子总数的比例不断减少。PSⅡ受体侧 QA 下游的电子传递接收的能量占总能量的比例值都是不断降低的。

表 4-59　根域体积限制对芹菜幼苗叶片光系统Ⅱ（PSⅡ）能量分配比率的影响

处理编号	捕获的激子中用来推动电子传递到电子传递链中超过 QA 的其他电子受体的激子占用来推动 QA 还原激子的比率(ψ_o)	初始最大光化学效率(ϕ_{Po})	用于电子传递的量子产额(ϕ_{Eo})	用于热耗散的量子比率(ϕ_{Do})
T1	0.260 4±0.003 15f	0.788 3±0.056 3c	0.205 2±0.022 6e	0.211 7±0.004 9b
T2	0.271 8±0.042 5e	0.791 9±0.028 9b	0.215 2±0.034 8d	0.208 1±0.015 6c
T3	0.294 5±0.032 3c	0.785 9±0.037 4d	0.231 5±0.041 5b	0.214 1±0.026 8ab
T4	0.301 9±0.025 8b	0.795 4±0.069 1a	0.240 1±0.008 5ab	0.204 6±0.005 8d
T5	0.311 2±0.046 9a	0.791 9±0.059 1b	0.246 4±0.019 6a	0.208 1±0.051 2c
T6	0.286 7±0.012 1d	0.783 6±0.046 2f	0.224 7±0.009 1c	0.216 4±0.034 5a
T7	0.241 6±0.039 1g	0.784 3±0.033 2e	0.189 5±0.034 7f	0.215 7±0.009 5a

对叶绿素快速荧光诱导动力学曲线的数据分析表明,T5 的单位面积内反应中心数目(RC/CS)值最高,比最低的 T7 高出 31.68%,其他依次为:T4>T3>T1>T2>T6>T7,且各处理差异显著。同时 T5 的单位面积捕获的光能(TRO/CS)比最低值 T7 高出 8.67%,其他大小关系依次为:T3>T4=T6>T1>T2>T7;而单位面积内用于电子传递的光能(ETO/CS)T5 值依旧最高,同样 T7 最低,仅为 T5 的 74.90%,总体次序为:T5>T4>T3>T6>T2>T1>T7;单位面积内热耗散的光能(DIO/CS)方面,T5 最小,比最高值 T7 降低 9.26%。

RC/CS、TRO/CS、ETO/CS、DIO/CS 与根域体积既不呈线性相关,也不呈现非线性相关。其与秧苗密度的相关性虽然不构成线性相关,却呈现非线性相关关系,RC/CS、TRO/CS、ETO/CS、DIO/CS 与秧苗密度非线性相关关系系数分别为,0.886 8、0.947 6、0.972 4 和 0.890 8,TRO/CS 和 ETO/CS 的相关性极高,其相关关系式为:$y = -0.000\,04x^2 + 0.068\,7x + 402.41$ 和 $y = -0.000\,05x^2 + 0.078\,9x + 96.231$。

无论何种苗龄定植,其均表现为穴盘孔数越少,蔬菜幼苗生长势越强。孙磊玲等(2012)认为高密度低根域体积的栽培虽然可以使经济学产量较高,但是商品性较差。本研究得出,株高与根域体积线性正相关系数(0.879 5)小于与秧苗密度线性负相关系数(0.960 1);叶片数与根域体积线性正相关系数(0.941 9)大于与秧苗密度线性负相关系数(0.870 5),在根长(根域体积相关系数 0.959 3>秧苗密度相关系数 0.876 1)、根系体积(根域体积相关系数 0.997 1>秧苗密度相关系数 0.801 1)方面,表现结果与株高、叶片数相同。这种情况说明根域体积大小对芹菜幼苗株高、叶片数、根长、根系体积等形态指标的影响大于秧苗密度对这些形态指标的影响,而且从试验结果分析得出,根域体积越大对芹菜幼苗形态指标越有利,(表4-60)。

根域体积限制对芹菜幼苗叶片气体交换参数的影响差异显著。孙磊玲等(2012)研究认为净光合速率随着单株根域体积的减小呈现递减趋势,高密度栽培会影响普通幼苗对光能的吸收、营养的分配,进而影响其叶绿素的合成和叶面积的增大,这与本试验的研究结果相一致。植物通过光合作用合成碳水化合物,积累干物质,积累量的大小直接反映在植株的生长量上。光合作用是作物形成生物学产量和经济产量的基础。光合强度不但与叶片的生理状况有关,而且与根系的发育密切相关。虽然有限根对植株光合无影响鲜有报道,但是极度限根会使光合速率下降。

表 4-60　根域体积限制对芹菜幼苗叶片单位面积叶片光能利用效率的影响

处理编号	单位面积内有活性的反应中心数目(RC/CS)	单位面积捕获的光能(TRO/CS)	单位面积内用于电子传递的光能(ETO/CS)	单位面积内热耗散的光能(DIO/CS)
T1	189.00±13.00c	416.01±53.22d	108.31±21.03e	111.74±8.91c
T2	180.71±21.23d	413.79±25.21de	112.47±29.88d	108.71±15.66e
T3	190.54±15.47c	429.69±24.65b	126.56±43.15b	111.06±21.63c
T4	193.00±51.44b	424.52±10.55c	128.17±19.21a	109.23±31.44d
T5	207.65±26.37a	433.00±33.64a	128.51±16.58a	108.50±33.26e
T6	177.47±16.82e	424.52±22.51c	121.72±42.35c	117.23±18.45b
T7	157.69±25.57f	398.43±19.54e	96.25±21.16f	119.57±25.64a

作为一种无损伤的快速探针,叶绿素荧光测定技术被用于植物的抗逆生理研究已有大量报道。Fv/Fm 反映了荧光诱导动力学曲线上升过程的 O-P 段的 PSⅡ光合电子传递能力(表5),根域体积过大(T1,110.07 cm³/穴)或偏小(T7,7.28 cm³/穴)都会影响 PSⅡ光合电子传递,而且根域体积过小(T7,7.28 cm³/穴)对 PSⅡ光合电子传递的影响要明显大于根域体积过大(T1,110.07 cm³/穴)的影响。其原因是当根域体积较小时,根域体积与秧苗密度共同作用,但其影响的主效因子的确定有待于进一步研究。

根据 Strasser 等的能量流动模型,植物叶片吸收的总能量(ABS),一部分以荧光的形式释放,其中大部分被反应中心(RC)捕获(TR)。在被反应中心捕获的能量中,有一部分通过 QA 的还原氧化导致电子传递(ET)。另一部分以热耗散的形式释放(DI),ABS/RC、TRO/RC 和 DIO/RC 的值不断增加。这种情况说明叶片受胁迫时单位反应中心承担的光能转换任务更多。本试验得出,芹菜幼苗叶片 PSⅡ反应中心活性参数 ABS/RC、TRO/RC、ETO/RC 及 DIO/RC 受根域限制的影响不大。无论何种根域体积条件下,其都呈现出 ABS/RC>TRO/RC>ETO/RC 的趋势。这就表明随着电子传递链的延伸热耗散增加,光能利用率降低,T1 和 T7 的 ETO/RC 均比 DIO/RC 小,其余各处理均为 ETO/RC>DIO/RC。这种情况说明根域体积过大或偏小均使得 PSⅡ反应中心用于热耗散的能量高于用于电子传递的能量,这也体现了热耗散对 PSⅡ具有较强的保护能力。

在用于电子传递的量子产额(ϕ_{Eo})和捕获的激子中,用来推动电子传递到电子传递链中超过 QA 的其他电子受体的激子占用来推动 QA 还原激子的比率(ψ_o)主要反映了 PSⅡ受体侧的变化。ψ_o 是对 PSⅡ电子传递的综合评价之一,受 PSⅡ供体侧的电子供应能力和受体侧(包括 PSⅠ)接收电子的能力制约。通过非线性相关关系式和幂函数关系式得出,当根域体积为 25.68 cm³/穴时(625 株/m²),ϕ_{Eo} 值达到最大;当根域体积达到 14.34 cm³/穴时(1 000 株/m²),ψ_o 值达到最大。这就说明当根域体积超过 25.68 cm³/穴或小于 14.34 cm³/穴时,使得芹菜幼苗叶片用于 QA 下游电子传递的量子不断减少,PSⅡ反应中心捕获的激子中用于 QA 下游电子传递的激子占捕获激子总数的比例不断减少,PSⅡ受体侧 QA 下游的电子传递接收的能量占总能量的比例不断降低。

通过非线性相关关系式得出,当根域体积达到 17.32 cm³/穴时(858 株/m²),TRO/CS 值达到最大;当根域体积达到 19.21 cm³/穴时(789 株/m²),ETO/CS 值达到最大。这就说明当根域体积超过 19.21 cm³/穴或小于 17.32 cm³/穴时,芹菜叶片单位面积叶片从光能捕获(TRO/CS)和用于电子传递(ETO/CS)的能力开始下降,并导致光能过剩及活性氧浓度上升,损害 OEC。

在穴盘规格(29 cm×58 cm)确定的前提下,根域体积、穴盘规格、秧苗密度三者相互制约。本研究结果是在三者同时作用下得到的结论。而三者对芹菜幼苗光合、矿质生理方面的单效影响以及互作关系过程中主效因素的确定有待于进一步研究。

根域体积大小对芹菜幼苗株高、叶片数、根长、根系体积等形态指标的影响大于秧苗密度对这些形态指标的影响。秧苗密度大小对芹菜幼苗根系活力的影响大于根系体积对芹菜幼苗根系活力的影响。幼苗地上部分受根域体积影响较大,而地下部分则受秧苗密度影响较大。

在净光合速率随着根域体积的减少而各参数减少,净光合速率与根域体积呈线性正相关,相关关系系数为 0.9156。蒸腾速率变化规律与净光合速率相似,气孔导度总体变化趋势为随着根域体积的减少而减少,胞间 CO_2 浓度总体变化受根域体积影响不大。

根域体积限制会影响 PSⅡ光合电子传递,而且根域体积过小(7.28 cm^3/穴)对 PSⅡ光合电子传递的影响要明显大于根域体积过大(110.07 cm^3/穴)对 PSⅡ光合电子传递的影响,适当根域体积时(26.82 cm^3/穴)性能指数(PI)值较高。根域体积过大(110.07 cm^3/穴)或偏小(7.28 cm^3/穴)均会使 PSⅡ反应中心用于热耗散的能量高于用于电子传递的能量。当根域体积超过 25.68 cm^3/穴或小于 14.34 cm^3/穴时,芹菜幼苗叶片用于 QA 下游电子传递的量子将不断减少,在 PSⅡ反应中心捕获的激子中,用于 QA 下游电子传递的激子占捕获激子总数的比例不断减少,PSⅡ受体侧 QA 下游的电子传递接收的能量占总能量的比例不断降低;当根域体积超过19.21 cm^3/穴或小于 17.32 cm^3/穴时,芹菜叶片单位面积叶片从光能捕获(TRO/CS)和用于电子传递(ETO/CS)的能力开始下降。

通过对芹菜幼苗生长、气体交换和叶绿素荧光参数的综合分析得出,建议在使用柠条基质穴盘培育芹菜时使用 128 穴/盘,即根域体积为 19.76 cm^3/穴的穴盘进行育苗操作。

第五章

蔬菜有机化栽培管理系统与实践

第一节 蔬菜有机化土壤培肥体系

一、生物有机肥在温室水果黄瓜上施用效果研究

生物肥料是以活性有机物质为主要载体,加入固氮、解磷、解钾等高效专性微生物后形成的活性肥料,其中的高效活性微生物可以活化土壤中的潜在养分,改善植物营养状况,其产生的各类生长激素可以刺激植物的生长发育,拮抗某些病原微生物的活动,减轻植物病害。我国关于微生物肥料的研究大部分是与化学肥料同时使用而得到的增产和改良品质的结果,单施微生物菌剂肥料增产效果目前还不稳定。设施蔬菜生产用地由于多年使用化学肥料土壤次生盐渍化严重,土传病菌积累,蔬菜生长和产品品质受到严重影响。因此,本试验运用河北环发有机肥有限公司生产的"易高活"活性生物有机肥替代化学肥料,研究其肥效特点以及对水果黄瓜生长及土壤理化特性的影响,为设施土壤改良以及科学施肥提供科学方法(表 5-1、表 5-2)。

在宁夏吴忠国家农业科技园区,土壤的基本性状:0~20 cm 土壤 pH 为 8.06,全盐 1.227 g/kg,有机质 23.3 g/kg,速效氮含量为 148 mg/kg,速效磷为 116.5 mg/kg,速效钾为 212 mg/kg(2005 年 9 月 5 日取样测定)。供试肥料为"易高活"活性生物有机肥,其两种类型:一种直接施用(基施肥);另一种需加水发酵(300 倍稀释沤制 2 d 后),灌根施用(发酵肥)。

表 5-1 "易高活"生物活性菌肥肥料特性

提供厂家	有机质含量 /%	NPK 含量 /%	其他
河北正定县环发有机肥有限责任公司	50	8	pH 中性、活性菌 0.2 亿个/克、钙镁硫总量 3%~5%、铁锰锌硼等微量元素 0.5%~1%。

水果黄瓜于 2005 年 8 月 10 日育苗，品种为小天使，9 月 13 日定植，小区面积 42 m²，基肥为猪粪（3 000 kg/亩），均匀撒施后，起垄，畦宽 80 cm，株行距 35 cm×60 cm，每垄定植水果黄瓜 30 株，有机肥施肥处理如表 2，"易高活"基施肥在定植前的整地时（9 月 10 日）开沟施入，发酵肥在黄瓜浇缓苗后灌根（9 月 20 日），9 月 30 日开始测量，间隔半个月在每个小区随机选 10 株测量株高、叶面积、小区产量，在结果旺盛期（11 月中旬）取样测试黄瓜品质以及土壤理化性质。

表 5-2　"易高活"活性生物菌肥肥料处理

处理编号	肥料	用量
CK	尿素、硫酸钾	尿素 2 kg/区（32 kg/亩）钾肥 1.2 kg/区（20 kg/亩）
T1	"易高活"基施肥	3 kg/区（50 kg/亩）
T2	"易高活"基施肥	6 kg/区（100 kg/亩）
T3	"易高活"基施肥	12 kg/区（200 kg/亩）
T4	"易高活"发酵肥	3 kg/区（50 kg/亩）
T5	"易高活"发酵肥	6 kg/区（100 kg/亩）
T6	"易高活"发酵肥	12 kg/区（200 kg/亩）

采用 1:5 土壤悬液电导法（电导仪法）测量土壤 EC 值；酸度计法测量土壤 pH；半微量凯氏定氮法测量土壤速效氮；$NaHCO_3$ 浸提-钼锑抗吸光光度法测量土壤有效磷；NH_4AC 浸提-原子吸收法测量土壤速效钾。共测定 3 个平行样本，其中每个样本测量 3 次，结果取其平均值。所有数据均采用 SAS 软件进行显著性分析。

（一）不同用量的生物菌肥对土壤理化性质的影响

表 5-3　生物菌肥对土壤 pH、电导率、有机质及速效氮的影响

处理编号	pH	与CK的差值百分数/%	电导率/（mS/cm）	与CK的差值百分数/%	有机质/（g/kg）	与CK的差值百分数/%	速效氮/（mg/kg）	与CK的差值百分数/%
CK	7.83Aa	—	3.366Aa	—	33.2Bb	—	274Cc	—
T1	7.21Ba	7.92	2.917Bb	12.27	42.6Ba	28.31	408Bb	48.91
T2	7.09Bb	9.45	2.861Bb	13.80	45.9Aa	38.25	430Bb	56.93
T3	6.94Bb	11.37	2.637Bb	19.92	44.8Aa	34.94	484Aa	76.64
T4	7.17Ba	8.43	2.631Bb	20.08	35.4Bb	6.63	382Bb	39.42
T5	7.22Ba	7.79	2.637Bb	19.92	40.0Ba	20.48	452Ba	64.96
T6	7.02Bb	10.34	2.541 Bb	22.54	46.2Aa	39.16	478Aa	74.45

注：方差分析比较同一指标各数值的显著性，不同字母表示差异显著，大写代表 0.05 水平，小写 0.01 水平。

由表 5-3 可知，不同用量的生物菌肥处理的土壤 pH 和电导率均显著低于对照，用量最大的基施肥（T3）和发酵肥（T6）效果最佳，土壤 pH 分别下降了 11.37％和 10.34％，电导率下降了 19.92％和 22.54％。这种情况表明，使用生物菌肥可以有效减轻温室土壤由大量使用化肥所导致的次生盐渍化问题，其中发酵生物肥降低土壤电导率的效果更为显著。

近年肥料试验结果证明,施用生物菌肥对提高土壤有机质含量有很好的效果。本试验发现使用生物菌肥相对于使用化肥,最高可以增加土壤有机质含量 39.16%,其中未发酵的生物菌肥不同用量处理之间没有显著差异,发酵后的生物菌肥随用量的增加,有机质含量呈现梯度上升。据报道,土壤有机质与土壤微团聚体有显著的正相关关系,而土壤微团聚体的增加对改善土壤的物理性状有良好的效果。

大量试验资料表明,化肥和有机肥对土壤氮素贮量影响是很不一样的。本试验结果表明,使用生物菌肥可以显著提高土壤速效氮含量,土壤速效氮养分比使用化肥增加了 39.42%～76.64%。两种肥料相同用量处理对提高速效氮含量没有显著差异,不同用量则随使用量的增加土壤速效氮含量线性上升。

(二)不同用量生物菌肥对温室水果黄瓜生长发育的影响

由图 5-1 可以看出,T6 的黄瓜株高定植半个月后显著高于对照 28.31%,但在结果期后与对照一致,T3 在黄瓜生长后期株高赶上对照,说明在本试验设定施肥范围内,用量最高的的生物菌肥,发酵后肥效更佳,未发酵的生物菌肥,发挥肥效较为迟缓。其他 4 个处理的株高均显著低于对照。

由图 5-1 可以看出,在水果黄瓜结果初期(10 月 11 日),只有 T6 的叶面积高于对照 7.52%,其他处理间没有差异。到结果旺期(10 月 26 日—11 月 26 日),相同用量的发酵生物菌肥处理的黄瓜叶面积显著高于未发酵的施肥处理,不同用量的生物菌肥只有 T3 和 T6 与对照叶面积持平。

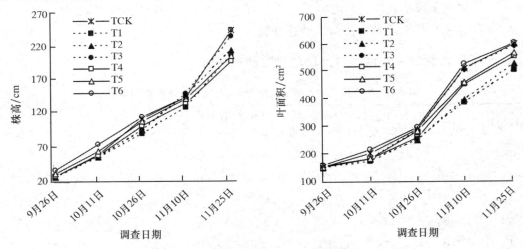

图 5-1　不同用量生物有机肥对温室水果黄瓜生长发育的影响

在本试验设定施肥范围内,只有用量最高的未发酵生物菌肥 T3 和发酵生物菌肥 T6 的生长指标略高或与对照持平,其他几个处理均低于对照。这种情况说明,适量生物菌肥也可以满足植株旺盛生长所需,同时还可以改良土壤理化性质。

(三)不同用量的生物菌肥对温室水果黄瓜产量及品质的影响

由表 5-4 可知,T3 和 T6 的水果黄瓜产量与对照没有显著差异,T1、T2、T4、T5 的水果黄瓜产量低于对照,这与生物菌肥对植株生长势的影响表现一致。黄瓜果实干物质对黄瓜果形、产量以及减少苦味产生有重要的作用。本试验发现,T3 和 T6 可以显著提高黄瓜干物质比例。这种情况说明适当增加生物有机肥的使用量,能够在不减产的前提下改良产品品质。

使用化肥的黄瓜产品亚硝酸盐含量严重超标,而生物菌肥则可以明显降低水果黄瓜果实中亚硝酸盐的含量。各生物菌肥处理的黄瓜亚硝酸盐含量大量下降了 $38.78\%\sim76.92\%$,显著低于对照,同时也低于无公害食品要求最高亚硝酸盐含量(亚硝酸盐≤4 mg/kg,《无公害农产品质量标准》)。

表 5-4 生物菌肥对温室水果黄瓜产量及品质的影响

施肥处理	产量			品质			
	单株产量/kg	与 CK 的差值/%	折合亩产/kg	黄瓜果实干物质/%	与 CK 的差值/%	果实亚硝酸盐含量/(mg/kg)	与 CK 的差值/%
CK	1.15Aa		3 450Aa	4.97Cc		9.13Aa	
T1	1.05Ba	−9.13	3 135Ba	5.05Cc	1.61	5.59Bb	−38.78
T2	1.10Ba	−4.35	3 300Ba	5.12Cb	3.02	1.43Cc	−84.32
T3	1.14Aa	−0.72	3 425Aa	5.66Ba	13.88	2.84Cc	−68.92
T4	1.05Ba	−8.55	3 155 Ba	5.09Cc	2.41	2.16Cc	−76.92
T5	1.12Ba	−2.90	3 350 Ba	5.38Bb	8.25	2.85Cc	−68.77
T6	1.17Aa	1.59	3 505Aa	6.10Aa	22.74	2.58Cc	−71.78

注:方差分析比较同一指标各数值的显著性,不同字母表示差异显著,大写代表 0.05 水平,小写 0.01 水平。

在农业生产中,施肥制度对土壤肥力状况、作物产量及品质有深刻的影响。在设施蔬菜生产中,普遍存在盲目大量施用化肥和农家肥的现象,设施蔬菜生产用地次生盐渍化逐步加重,蔬菜产量与品质下降,温室使用年限减少。过量施用氮肥还会导致蔬菜硝酸盐累积,消费者的健康受到影响。如何改良设施土壤,减少化肥使用成为研究热点,因此,有机栽培方式成为设施蔬菜发展的导向。蔡燕飞(2019)研究发现施用生态有机肥能调控土壤微生物群落结构,促进有益微生物的生长,增强土壤生态系统的稳定性和抑病性,从而提高土壤质量。司东霞(2004)报道,施用生态有机肥有利于提高土壤有机质含量,降低土壤 pH,防止土壤盐分积累,明显增加露地番茄植株叶片数,但减小植株开展度,对株高、茎粗的影响不大。本试验结果与其基本一致。相对于化肥,使用"易高活"生物菌肥能够显著降低土壤 pH、电导率,增加土壤有机质和速效氮的含量,其对改良设施土壤的理化性状有良好的效果。两种使用方法对土壤改良均有显著的效果。

经本试验结果发现,不施用化肥,足量使用生物菌肥(200 kg/亩),水果黄瓜生长发育并不减弱。发酵的生物菌肥发挥肥效较快,用量最多的 T6 的株高和叶面积在定植初期就显著高于其他 5 个处理,并在整个生育期肥效稳定,产量最高,品质也好。未发酵的生物菌肥肥效发挥较为滞后,其结果期(10 月 26 日),用量较多的 T3 的株高和叶面积就赶上 T6,其产量也与对照没有显著差异。

有研究认为,有机肥降低了土壤的 EC 和 pH,土壤的硝酸盐的含量减少,从而降低蔬菜体内的硝酸盐含量。本试验结果也表明,使用生物菌肥可以显著降低水果黄瓜产品亚硝酸盐的含量。因此施用有机肥可通过改善植物营养和生长条件对产品品质产生良好的影响。本研究结果表明,采用蔬菜有机化栽培方式,以生物菌肥代替化肥,能够显著降低土壤 pH、电导率,增加有机质和速效氮贮量,降低水果黄瓜产品亚硝酸盐含量,同时不会造成产量减少。不同生物菌肥处理肥效依次为:T6>CK>T3>T5>T2>T4>T1。随着生物菌肥使用量的逐步增加,生长指标以及产量均呈现线性增加趋势,用量最大的生物菌肥处理产量与施用化肥相当。相同用量的发酵生物肥肥效较快,其在整个生育期肥效稳定,可作为追肥施用。未发酵的生物肥肥效较为滞后,各项生长指标均在后期显著增加,因此,其可作为基肥施入为宜,两种方法的生物肥使用量以 150~200 kg/亩为宜。

二、不同类型有机肥对西瓜栽培及其土壤环境的影响

小弓棚西瓜生产具有设施简单,投资少、西瓜上市早、效益高等特点。近年来,宁夏的小弓棚西瓜发展迅速,已形成宁夏小弓棚西瓜品牌优势。由于宁夏独特的气候、土质条件,小弓棚西瓜品质优良,深受消费者喜爱。在人们追求生活质量的今天,安全、健康、质优的有机西瓜产业前景广阔,是宁夏小弓棚西瓜发展的导向。宁夏小弓棚西瓜的生产地区比较集中,西瓜生育期较短,生长时间避开了高温和病虫害高发时期,因此宁夏具有发展有机西瓜的条件。目前关于有机肥的使用效果和技术的研究,大部分研究结果是由有机肥与化肥配合使用所得,而有关不同类型的有机肥及单施有机肥对土壤养分和蔬菜生长发育的影响的研究较少,因此,本试验选择 3 种类型的有机肥[添加微生物的有机肥(生物有机肥)、饼肥(生态有机肥)、商品鸡粪有机肥],采用有机栽培方式,初步研究不同类型有机肥肥效特点及对西瓜不同生育时期土壤理化性质和西瓜生长发育的影响,为指导农户合理科学使用不同类型的有机肥料,建立有机小弓棚西瓜施肥制度提供科学依据。

在宁夏吴忠市马家湖乡西瓜生产地,试验土壤基本特性(2006 年 4 月 10 日取样):pH 为7.83,全盐 3.80 g/kg,有机质 19.9 g/kg,速效氮 58 mg/kg,速效磷 32.1 mg/kg,速效钾 224 mg/kg。有机肥处理为:T1(TR1)为易高活菌肥 25 kg/小区;T2 为汇仁有机肥 25 kg/小区;T3 为饼肥 25 kg/小区;CK 为(腐熟猪粪 200 kg,尿素 10 kg,二铵 10 kg)/小区;小区面积为110 cm²,每个小区定植 105~110 株,随机排列,3 次重复。有机肥均为开沟集中施用,对照为常规施肥,农家肥均匀撒施,化肥开沟施用。在西瓜膨大期统一追肥发酵有机肥(5 kg/小区)

供试有机肥料为含有有益微生物的有机肥-"易高活"活性生物有机肥,汇仁牌有机肥、油饼肥及化肥(CK),有机肥特性如表 5-5 所示。供试西瓜品种"金城",2007 年 3 月 25 日育苗,4 月 30 日定植,每亩定植 650 株。采用 1 主 2 副三蔓整枝,其余侧枝全部及时摘除。第 1 朵雌花全部摘除,选留第 2 朵或第 3 朵雌花坐果,每株留 1 个果。

表 5-5　供试有机肥料特性

提供厂家	有机质含量	NPK 含量	其他
河北正定县环发有机肥有限责任公司	30%	8%	主要原料为动物粪便,pH 中性,活性菌 0.2 亿个/g,钙镁硫总量 3%～5%,铁锰锌硼等微量元素 0.5%～1%
银川汇仁生物高效有机肥料有限公司	30%	6.5%	主要原料是鸡粪
宁夏吴忠市油坊收购	37.5%	10%	胡麻籽饼肥

(一)不同类型的有机肥在西瓜不同生长时期对土壤理化性质的影响

国内外学者的许多研究表明,施用有机肥是克服设施土壤障碍,改善土壤环境最经济有效的途径。大多数有机物料碳氮比(C/N)较大,当其进一步腐熟时,土壤微生物可吸取土壤溶液中的氮素,并暂时加以固定,从而降低了土壤溶液的盐分浓度和渗透压,缓解土壤盐害。本试验也验证了这一点。从图 5-2 可以看出,在西瓜整个生育期,土壤全盐含量整体呈现下降趋势,并到西瓜结果后趋于稳定。其中在西瓜伸蔓期,3 种肥料处理的土壤盐分含量较对照均显著降低,而且降低幅度基本一致,盐分含量从对照的 2.98 g/kg 降至 2.47 g/kg,显著下降了 20%左右;在西瓜结果初期,各处理的土壤盐分较对照均下降了 13%左右;在西瓜收获时,菌肥处理的土壤盐分含量较对照低 12.5%,而其他两种肥料与对照没有显著差异。

本试验发现,在西瓜整个生育期,土壤 pH 整体呈现先升后降的趋势,3 种肥料处理的土壤 pH 较对照均显著下降,但在西瓜不同生育期 3 种肥料存在差异,其中饼肥处理的土壤 pH 在伸蔓期显著低于对照和另两种有机肥处理。在西瓜结果后,3 种肥料降低土壤 pH 幅度没有显著差异。

试验结果说明,试验选用的 3 种有机肥在西瓜不同生育时期降低土壤 pH 和盐分含量效果不同。饼肥在伸蔓期效果最好,菌肥则在收获期略优。

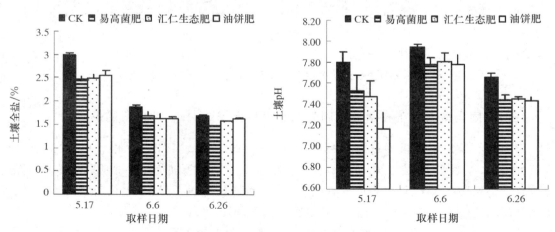

图 5-2　不同类型有机肥在西瓜不同时期对土壤 pH 和 EC 值的影响

(二)不同类型有机肥在西瓜不同生长时期对土壤有机质和速效氮影响

从图5-3可以看出,在西瓜整个生长期,各有机肥处理的土壤有机质的含量均较对照高20%左右,其中在西瓜伸蔓期,饼肥处理的土壤有机质含量最高,达到32.16 g/kg,显著高于CK 83.57%,其次为菌肥,比CK高53.7%。在结果初期时,3种肥料处理之间的土壤有机质含量没有差异,均比CK高25%左右。在收获时,汇仁有机肥处理显著高于CK和其他两种肥料。结果表明,大量施用农家肥和化肥,并不能保证土壤高肥力,而有机肥可以促进、活化和更新土壤有机质转化,改善土壤养分状况,提高土壤有机质含量,从而增加土壤肥力。其中饼肥在西瓜伸蔓期的有机质含量增加最多,菌肥和汇仁有机肥二者没有显著差异,而且其在整个生育期的含量也比较稳定,变化幅度不大。

由图5-3可知,汇仁有机肥处理的土壤速效氮含量在整个生育期保持稳定,保持在62 mg/kg左右,始终高于CK 10%以上;菌肥呈现抛物线型变化,在西瓜结果初期达到最大值,显著高于CK 22.18%,说明菌肥在西瓜结果初期释放速效氮效率最高;饼肥则在伸蔓期就达到最高值63.65 mg/kg,此后直线下降,在西瓜收获期,只有汇仁有机肥的土壤速效氮含量高于对照。

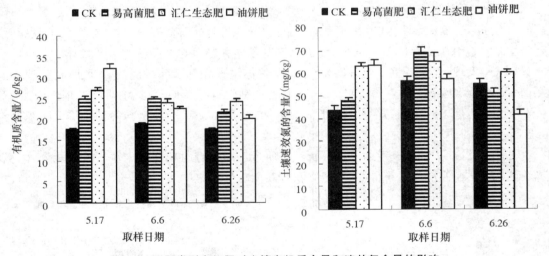

图5-3　不同类型有机肥对土壤有机质含量和速效氮含量的影响

(三)不同类型有机肥在西瓜不同生长时期对土壤速效磷、钾含量的影响

由图5-4可知,在西瓜伸蔓期,3种有机肥处理的土壤速效磷和速效钾的含量较对照都有显著的增加,以菌肥处理的土壤速效磷、钾含量最高。进入结果期,菌肥处理的土壤速效磷钾养分含量仍保持高水平,而其余两种有机肥则和对照没有显著差异,在收获期,菌肥和汇仁有机肥处理的速效钾含量显著高于对照和饼肥,速效磷则各处理均没有显著差异。

从土壤速效养分的总体变化来看,汇仁有机肥的肥效较为迅速持久。其在抽蔓期,各项速效养分含量就显著高于CK,并在西瓜整个生育期的含量保持稳定。菌肥利于土壤速效磷和钾的积累,它的含量始终高于各处理,而饼肥只能增加抽蔓期磷和氮的含量。

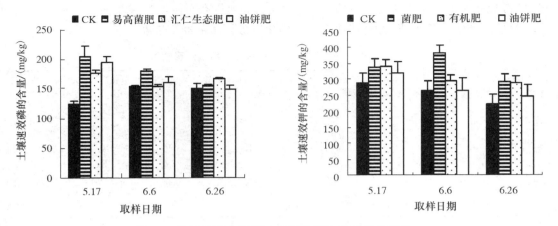

图 5-4　不同类型有机肥对土壤速效磷、钾含量的影响

（四）不同种类有机肥施用对西瓜形态生长指标的影响

由图 5-5 可以看出，从西瓜伸蔓期到结果初期，有机肥处理的西瓜主蔓与叶片数和对照都没有显著差异，但在收获时，农家肥和化肥混合使用的优势开始凸显，其主蔓和叶片数均大于各有机肥处理。在收获期，对照的西瓜主蔓和叶片数极显著高于各有机肥处理，达到 325.4 cm 和 111.4 个，有机肥之间没有显著差异，主蔓和叶片数为 270 cm 和 100 个左右。

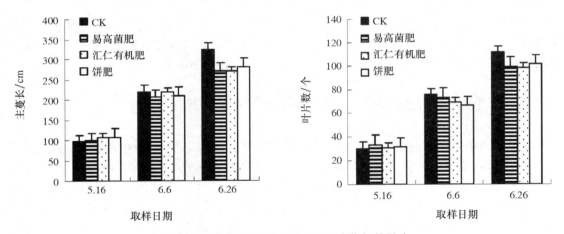

图 5-5　不同类型有机肥对西瓜形态指标的影响

（五）不同种类有机肥对西瓜品质和产量的影响

由表 5-6 可以看出，各有机肥均能够显著改善西瓜的品质，其中以菌肥处理的西瓜品质指标相对最佳，西瓜可溶性糖、维生素 C 含量、显著高于 CK 10.53%、23.15%，总酸和硝酸盐显著降低了 32.86% 和 39.08%，其次为汇仁有机肥，再次为饼肥。

对照西瓜单株产量和亩产都显著高于各有机肥处理。因为单施有机肥提升了西瓜品质，深受消费者喜爱，价格上涨至 2 元/kg，每亩毛收益为 8 000 元左右，而普通西瓜没有竞争优势,价格始终为 1 元/kg,每亩收益为 5 000 元左右。所以有机栽培方式改善了西瓜的品质,提升了西瓜产品的商品价值,其经济效益比使用化肥的西瓜的经济效益高。

表 5-6　不同种类有机肥对西瓜品质的影响

不同施肥水平	可溶性糖/(g/100 g)	与 CK差值/%	总酸/(g/100 g)	与 CK差值/%	维生素 C/(g/100 g)	与 CK差值/%	硝酸盐(mg/100 g)	与 CK差值/%	单株产量/kg	亩产量/kg	与 CK差值/%
CK	8.55Bb	—	0.14Aa	—	5.14Bb	—	568Aa	—	6.46Aa	4 199Aa	
易高菌肥	9.45Aa	10.53	0.094Bb	−32.86	6.33Aa	23.15	346Bb	−39.08	6.05Bb	3 932.5Bb	−6.35
汇仁有机肥	8.8Bb	2.92	0.072Cc	−48.57	6.08Ba	18.29	380Bb	−33.1	5.95Bb	3 867.5Bb	−7.89
饼肥	8.85Bb	3.51	0.086Cb	−38.57	6.24Aa	21.4	460Bb	−19.01	5.8Bb	3 770Bb	−10.22

研究结果表明,相对于常规施肥,有机肥、生态有机肥、生物有机肥均能够优化土壤肥力,改善西瓜品质,但对于西瓜生长和产量的影响来看,会导致西瓜的生长减弱,产量下降。3 种类型的有机肥对土壤肥力的影响在西瓜的不同生长时期各有不同。饼肥在西瓜抽蔓期,除速效氮含量最低外,其他土壤指标都比较高,但进入开花期速效养分含量较低。菌肥处理的土壤肥力指标在西瓜结果初期达到最高峰,有机质含量及速效养分均为最高,同时菌肥处理的西瓜产量相对另两种有机肥最高,说明添加微生物的有机肥在营养平衡方面效果最佳。而西瓜的需肥特点也是在开花结果后其营养吸收进入旺期。菌肥比较适合西瓜的生长特点。汇仁有机肥处理的土壤理化指标比较稳定,其在西瓜整个生育期变化幅度较小,但含量较高。汇仁有机肥处理的土壤养分比例不适宜西瓜生产,由其处理的土壤所种西瓜产量比由菌肥处理的土壤所种西瓜的产量小,品质也不如菌肥处理的西瓜的品质。比较 3 种有机肥使用效果,以微生物菌肥处理的西瓜产量最高,品质最优,其次为商品鸡粪,再次为饼肥。

三、不同有机肥用量对土壤理化性质及菜心产量的影响

通过田间小区试验,研究不同有机肥施用量对有机菜地土壤理化性质及菜心产量的影响,分析菜心产量对不同有机肥用量的响应规律,以期建立适宜于当地的有机栽培合理施肥技术体系,为有机菜田中有机肥的科学施用提供理论依据。在宁夏回族自治区吴忠市孙家滩农业综合示范园区(106°15′32″E,37°31′28″N),试验区为具有 3 年以上种植年限的有机蔬菜田。试验设 5 个有机肥用量(有机肥以含 N 量计)处理:0 kgN/hm²(M0)、300 kgN/hm²(M1)、600 kgN/hm²(M2)、900 kgN/hm²(M3)、1 200 kgN/hm²(M4),重复 3 次,共 15 个小区,小区面积为 1.4 m×15 m,小区与小区之间设宽为 0.5 m 的保护行。试验材料为菜心,于2016 年 5 月 6 日布置田间小区试验。有机肥为腐熟的羊粪,以基肥的形势一次性施入,各小区采用相同的滴灌方式,每次的灌溉量为 80 mm,每 7 天灌溉一次。

(一)不同有机肥用量对有机菜地土壤物理性质的影响

1. 土壤容重变化

土壤容重指能够反映土壤的紧实度,是土壤对水、肥、气、热等的交换能力,也是土壤结构

的重要物理指标之一。一般认为低容性土壤更有利于作物生长。从收获期土壤容重的变化规律来看,随着有机肥用量的增加,容重呈降低趋势(图5-6A),说明有机肥能够降低土壤容重。M1为当地有机肥习惯用量,与 M1 相比,M2、M3、M4 的容重分别降低了 31.2%、36.4%、44.7%,效果显著;M2、M3、M4 间无显著变化,表明 M2、M3、M4 对降低土壤容重的作用效果优于常规施肥处理。

2. 土壤田间持水量变化

图5-6b 是收获期的土壤田间持水量的变化,由其可以看出,随有机肥用量的增加田间持水量变化与容重相反,即随有机肥用量的增加呈降低趋势,各处理间差异显著。与常规有机肥用量 M1 相比,M2、M3、M4 田间持水量分别增加了 8.7%、13.7%、28.6%($P<0.05$)。可见,有机肥对水分的保持潜力随用量的增加呈增加趋势,M2、M3、M4 的效果比常规施肥(M1)的效果更佳。

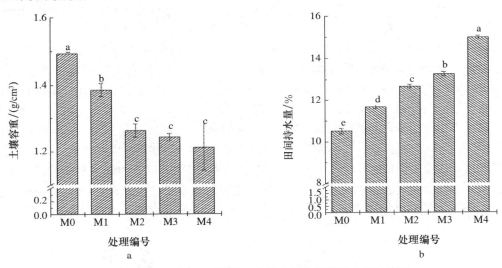

图 5-6　不同有机肥施用量下土壤容重和田间持水量的变化

(二)不同有机肥用量对有机菜地土壤化学性质的影响

1. 不同有机肥用量对有机菜地土壤有机碳和阳离子交换量(EC)

从表5-7可以看出,随有机肥输入时间的延长,有机碳含量呈降低趋势,第1茬的有机碳含量最高,第3茬的有机碳含量最低。在各茬中,有机碳含量均随有机肥用量的增加呈增加趋势。其中,M3、M4 的有机碳含量均较高,显著高于其他处理。与当地习惯施肥量(M1)相比,M3 的第1茬、第2茬有机碳含量分别增加了 23.2%、16.1%($P<0.05$),年平均增加了 19.6%($P<0.05$),M4 处理第1茬、第2茬、第3茬有机碳含量分别增加了 27.0%、20.8% 和 36.8%($P<0.05$),年平均增加了 28.2%($P<0.05$),而 M3 和 M4 无显著变化,说明 M3 和 M4 能够显著提高土壤有机碳含量。

土壤 EC 值与有机碳含量的变化规律相同,即随有机肥输入时间的延长,呈增加趋势。在各茬中,M0 与 M1 相比无显著变化,M2、M3、M4 无显著变化,但 M2、M3 和 M4 显著高于 M0 和 M1。与 M1 相比,M2、M3、M4 第1茬、第2茬、第3茬的 EC 值的增幅分别为 36.8%～

45.0%、3.5%～54.9%和24.2%～33.1%。年均EC值较M1,其增加幅度为25.7%～40.6%,平均增加了33.2%。可见,与习惯施肥量相比,增施有机肥增加了土壤EC值。当有机肥有用较高时,EC值增加并不明显。

表5-7 不同有机肥施用量对收获期有机碳和EC值的影响

处理编号	有机碳含量			EC值		
	第1茬	第2茬	第3茬	第1茬	第2茬	第3茬
M0	5.38±0.38b	3.28±0.24c	3.18±0.73c	185.30±44.24b	169.00±9.00b	146.60±18.20b
M1	7.79±0.43b	7.00±0.18b	5.75±0.48b	181.35±13.65b	177.55±11.15b	170.75±18.05b
M2	8.89±0.46b	7.39±0.22b	5.90±0.35b	248.00±11.79a	245.00±14.00a	212.00±5.00a
M3	9.59±0.25a	8.13±0.42a	7.56±0.78a	259.50±2.50a	258.00±7.00a	227.33±10.06a
M4	9.89±0.08a	8.46±0.79a	7.86±1.14a	263.00±19.00a	249.70±10.70a	219.00±12.00a

2. 不同有机肥用量对有机菜地土壤硝态氮的影响

植物吸收利用的氮素形态以硝态氮为主。随施肥时间的延长,三茬收获期各处理硝态氮含量呈降低趋势。施加有机肥各处理的硝态氮含量明显高于不施有机肥处理的硝态氮,且有明显的差异,如图5-7所示。其中,M3和M4硝态氮与常规有施肥(M1)相比,其均有不同程度的升高,且在2种施肥模式下,三茬硝态氮含量平均升高19.9%、45.9%。第1茬收获期硝态氮含量大小顺序为M4＞M3＞M2＞M1＞M0,第2茬硝态氮大小顺序为M4＞M3＞M1＞M2＞M0,第3茬硝态氮大小顺序为M1＞M3＞M4＞M2＞M0。与第1茬相比,第3茬M4硝态氮降低最明显,其次为M3,再次为M2。总体来看,增加有机肥的施用量能够提高年内土壤硝态氮的平均含量。但从收获期来看,增加有机肥的施用量对前茬(第1茬)作物在收获期的土壤硝态氮含量的增加具有明显效果,而后茬(第3茬)的土壤硝态氮含量反而降低。

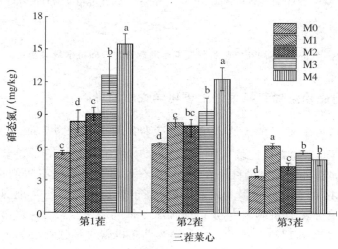

图5-7 不同有机肥施用量下土壤硝态氮的变化

3. 不同有机肥用量对有机菜地土壤微生物碳的影响

从收获期的土壤微生物碳含量的变化规律看(图5-8),随有机肥用量的增加,微生物碳含量呈先增加,后降低的趋势,其中,M3含量最高,其次为M4,再次为M2,其含量均显著高于

M1。与其他处理相比,M3 的微生物碳含量的增幅为 31.9%~221.6%,M4 的微生物碳含量的增幅为 6.8%~219.6%,M3、M4 无显著差异。可见,有机肥能够显著增加微生物碳。当有机肥用量达一定值时,M4 的微生物碳量不再增加。

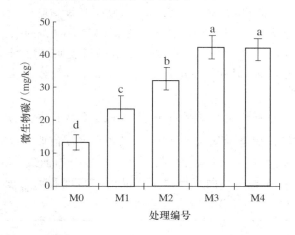

图 5-8　不同有机肥施用量下土壤微生物碳的变化

(三)不同有机肥用量对有机菜地土壤微生物多样性的影响

1. 不同有机肥用量对有机菜地氨氧化细菌 Alpha 多样性指数的影响

Alpha 多样性指特定生态系统内或区域的多样性。多样性指数是反映丰富度和均匀度的综合指标,具有高均匀度和低丰富度的群落和具有低均匀度与高丰富度的群落得到的多样性指数相同。多样性指数与种类中个体分配上的均匀性和种类数目(丰富度)有关。度量指标常用的有群落丰富度(Richness)的指数,主要包括 ACE 指数和 Chao 指数,数值越大,表明群落丰富度越高。Chao 指数和 ACE 指数是用不同的算法估算样品中 OTU 数目的指数,在生态学中常用来估算物种总数,其最早由 Chao 提出。群落多样性指数常用 Shannon 指数来表征。其数值越大表明群落多样性越高。种数越多,各种个体分配越均匀,香农指数越高,指示群落多样性越好(表 5-8)。

表 5-8　有机肥配施生物炭处理下土壤微生物多样性指数

样品	聚类到 OTU 的序列数	观察到的物种数	Chao 方法估计的丰富度	ACE 估计得到的丰富度	Good 覆盖率	香农指数	无参香农指数	辛普森指数
M0	13 527	51.29	58.23	61.89	0.999	2.33	2.34	0.16
M1	13 527	37.92	50.94	61.65	0.999	2.26	2.26	0.15
M2	13 527	57.91	68.47	67.78	0.999	2.31	2.31	0.16
M3	13 527	68.00	78.07	78.12	0.999	2.47	2.48	0.13
M4	13 527	64.64	78.37	81.11	0.999	2.11	2.12	0.21

注:Chao 为 Chao 方法估计的丰富度;香农指数为 Shannon index,越大多样性越高;无参香农指数为 Npshannon,越大多样性越高,基本不受样品影响;辛普森指数为 Simpson index,越小多样性越高。

从表 5-8 可以看出,随着有机肥施用量的升高,Chao 和 ACE 指标随有机肥施用成增加趋势,其他各指标均呈先升高后降低的变化趋势,其中,物种数从多到少的变化顺序为 M3、M4、M2、M0、M1,M3 为当地常规有机肥施用量,在此施用量下微生物的数量最多。用 Chao 指数或 ACE 指数表征群落丰富度可知,M4 丰富度最高,高于常规施肥处理,其他处理物种丰富度均低于常规施肥,ACE 指数和 Chao 指数为 M4>M3>M2>C0>M1,2 种算法得到同样的结论,两者相互验证。Shannon、Npshannon 和 Simpson 分析表明,M3 微生物多样性最高,各指标得出相同的结论,相互印证,其中 Shannon、Npshannon 指数显著大于其他处理,Simpson 指数明显小于其他处理。

2. 不同有机肥用量对有机菜地氨氧化细菌 Alpha 多样性丰度分布曲线的影响

对每个样品的 OTU 按照丰度从大到小排序,以各个丰度值取 log₂ 获得的值作为纵坐标,OTU 序数作为横坐标,采用 Origion 软件作折线图。丰度分布曲线(Rank abundance curve)可以反映样品中物种的分布规律。曲线反映了样品的丰富度和均匀度,即横轴越大,观测到的 OTU 丰富度越高;曲线越平,OTU 分布越均匀(图 5-9)。

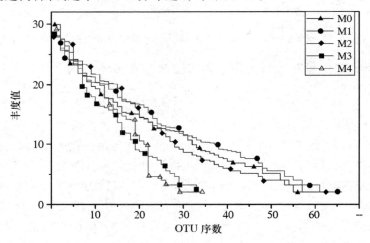

图 5-9 分度分布曲线

从图 5-9 可以看出,随着有机肥施用量的增加,微生物的丰富度和均匀度呈先升高后降低的变化趋势。当有机肥施用量超过 M3 时,微生物的丰富度和均匀度降低显著。

3. 不同有机肥用量对有机菜地微生物数量的影响

从图 5-10 可以看出,总体来讲,各处理 AOB 的基因拷贝数比 AOA 的高,各处理间均达显著水平。随着有机肥用量的增加,AOA 和 AOB 的数量的变化趋势相同,即随有机肥用量的升高,呈现先降低再升高后降低的变化趋势。其中,M3 的 AOA 和 AOB 的数量均达最大值,表明 M3 能够显著提高微生物数量

4. 不同有机肥用量对有机菜地微生物数量的影响

从图 5-11 可以看出,在不同的有机肥施用处理下,各处理 AOA 的 OTU 显著高于 AOB(M1 除外),且随着有机肥施用量的增加,AOA 的 OTU 数量呈增加趋势,而 AOB 的数量呈显著的降低趋势。表明随有机肥用量的增加,AOA 能够增加 AOA 的 OTU 数,降低 AOB 的 OTU。

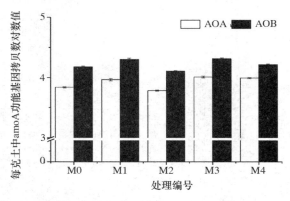

图 5-10 各处理氨氧化古菌和氨氧化细菌 amoA 功能基因拷贝数分布

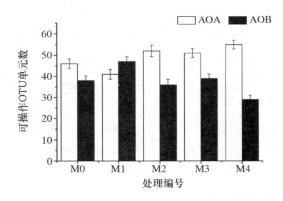

图 5-11 各处理氨氧化古菌和氨氧化细菌的操作单元数分布

5. 不同有机肥用量对菜心产量及影响因素分析

(1)不同有机肥用量对有机菜心产量的影响 有机肥用量对土壤物理、化学和生物性状影响最终结果将会作用于作物的产量效应,即表现为产量差异。在三茬试验期间,不同的有机肥用量,菜心产量差异显著。如图 5-12 所示,从各处理三茬的总体产量分析,即以 M3 处理产量最高,为 50 124.4 kg/hm²,其次为 M4,M2 为第 3 位,M1 为 4 位,M0 最差,其中 M3 产量较其他处理增幅为:3.3%～365.9%,且差异均达显著水平(M4 除外)。M1 为传统的施肥种植模式,M2、M4 施肥模式下作物产量较 M1 产量分别增加 73.5%、118.5%。由此可见,在西北旱区有机菜栽培中,M2、M3、M4 施肥方式优于 M1 传统施肥,其中以 M3 最佳,M4 模式次之,M2 为最后。

(2)相关分析 菜心产量受多种因素的共同影响,其中容重、田间持水量、有机碳含量、EC、硝态氮含量和土壤微生物 C 的相关性都超过了 90%。各影响因素之间的相关性也较高,具体相关系数见表 5-9 和表 5-10。

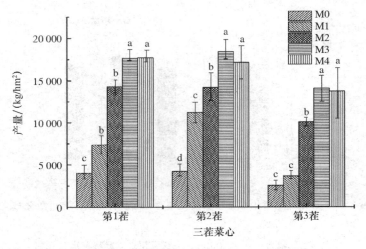

图 5-12　不同有机肥施用量下菜心产量的变化

表 5-9　产量与其影响因素的相关系数分析

项目	容重	田间持水量	有机碳含量	EC	硝态氮含量	微生物 C
田间持水量	-0.927^*	1				
有机碳	-0.950^*	0.875	1			
EC	-0.959^{**}	0.867	0.841	1		
硝态氮	-0.879^*	0.932^*	0.811	0.894^*	1	
微生物 C	-0.972^{**}	0.927^*	0.937^*	0.952^*	0.951^*	1
产量	-0.979^{**}	0.912^*	0.919^*	0.977^{**}	0.938^*	0.955^{**}

注：* 表示显著水平 $P<0.05$，** 表示显著水平 $P<0.01$。

表 5-10　主成分分析结构

主成分	特征值	方差贡献率/%	累计方差贡献率/%
1	5.561	92.68	72.68
2	0.219	3.64	96.32

由表 5-10 可以看出，前 2 个主成分的累计方差贡献率超过 96%，表明这两个包含了 6 个影响因子的所有变异信息。其中第 1 主成分方差贡献率达 92.68%，综合了最多的变异信息，集体表达式如下：

第 1 主成分表达式为 $P1 = 0.285x1 + 0.463x2 - 0.889x3 + 0.288x4 + 1.050x5 + 0.123x6$

其中，$x1$、$x2$、$x3$、$x4$、$x5$、$x6$ 分别表示土壤容重、田间持水量、有机碳含量、EC、硝态氮含量和微生物 C。$x2$、$x5$ 的系数最大，表明当第 1 主成分值大时，硝态氮的含量和有机碳的含量最大。第 1 主成分可以被称为肥分及持水因子，表明土壤中的肥力和持水量直接影响作物产量。

第 2 主成分表达式为 $P2=-0.553x1-0.234x2+1.170x3-0.053x4-0.849x5+0.130x6$

其中，$x3$ 系数最大，有机 C 含量最大，第 2 主成分可以被称为碳分因子，表明土壤有机碳含量将直接影响作物产量。

回归分析表明，施肥量和菜心产量呈二次函数关系（$P<0.01$）（图 5-13），说明在低的有机肥施用量下，菜心产量随肥料用量的增加呈急剧上升趋势。当有机肥用量达一定值时，菜心产量则急剧下降。由此可见，有机肥用量是影响当地菜心产量的重要因素。

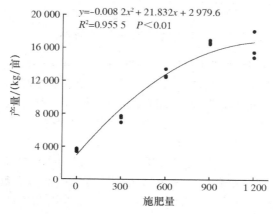

图 5-13　施肥量与菜心产量的关系

本研究发现，随有机肥用量的增加，土壤田间持水量以及土壤有机碳、硝态氮、微生物碳均增加，而土壤容重降低。这就说明有机肥可改良有机农田土壤，且其改良作用与有机肥用量有关，有机肥对农田土壤的改良作用，最终会影响作物的生长发育。

试验发现，随着有机肥用量的增加，作物产量呈先增加后降低的变化趋势。土壤中含有大量的微生物，它们之间能互相作用，保持一种平衡状态，适合农作物生长，但长时间过量使用肥料后，就会破坏它们之间的这种平衡，导致作物病虫害增多，产量也就随之下降。

在本试验中，当有机肥用量超过 M3 后，土壤有机碳、微生物碳以及 EC 值、不但没有显著性增加，反而有降低趋势。其原因可能是 M4 产量比 M3 的产量降低。当有机肥用量超过 M2 后，增加有机肥用量对容重的影响明显减小。一般认为容重较低、孔隙度较高的土壤有利于土壤根系的呼吸，促进作物的生长，因此，高量有机肥施用作物产量无明显增加还可能与高量生物炭对土壤孔隙度的增加作物不明显有关。

四、三叶草、葱套种处理对温室黄瓜根际土壤理化性质的影响

黄瓜是温室栽培的重要蔬菜作物，经济效益显著。随着人们生活水平的提高，黄瓜的需求量越来越大。然而在农业丰产措施上，人们大多采取以化肥、农药、生长调节剂为手段来保证目标产量的实现。化肥和农药的利用率很低，一般氮肥只有 20%～40%，农药在作物上的附着率不超过 10%～30%，其余大量流入环境造成污染，土地持续发展的能力下降，产品质量下降。作为农业可持续发展的模式，有机农业应运而生。对于降低生产成本、提高经济效益、保持蔬菜生产优质高效和可持续发展来说，它具有十分重要的意义。在有机农业中，土壤培

肥主要是通过施用经过堆沤的有机肥和种植豆科作物进行的。然而关于三叶草在设施蔬菜生产中的应用的报道很少。为此,本试验以温室栽培面积较大的黄瓜为材料,研究套种三叶草及葱对温室黄瓜产量及土壤环境的影响,为增加作物多样性栽培模式提供科学依据.

在宁夏吴忠国家农业科技园区种植核心区日光温室,供试黄瓜品种为博耐黄瓜,于2005年4月28日定植。高垄栽培,垄宽为80 cm,垄距为40 cm,株行距为20 cm×60 cm。三叶草为白花三叶草,2006年4月28日黄瓜定植时同时撒播于畦面(2 kg/亩),5月4日三叶草出苗。葱于2006年3月5日播种,2006年5月10日移至黄瓜根系周围(5株葱/每株黄瓜),小区面积均为42 m²,CK为未套种处理。

(一)三叶草、葱与温室黄瓜套种对土壤酶活性的影响

由图5-14可以看出,土壤脲酶在黄瓜生育期总体呈现抛物线型变化趋势,在黄瓜进入结果盛期后脲酶活性显著最高,并一直保持较高水平。三叶草与葱套种黄瓜处理在黄瓜生育后期(6月19日—7月19日)能够显著增加根际土壤脲酶活性。其中三叶草套种处理土壤脲酶活性最高,显著高于CK 10.2%～13.8%,葱套种处理的土壤脲酶活性在黄瓜生育后期介于CK和三叶草之间,显著高于CK 7%左右。

由图5-14可以看出,CK土壤脱氢酶活性在黄瓜生育期内没有显著的变化,其波动范围为0.715～0.848 μg/g。三叶草套种处理能够显著提高黄瓜根际土壤脱氢酶活性,在调查期间显著高于CK 24%～26%;而葱套种处理的土壤脲酶活性则在黄瓜进入结果盛期后较空白CK降低了11%～20%。

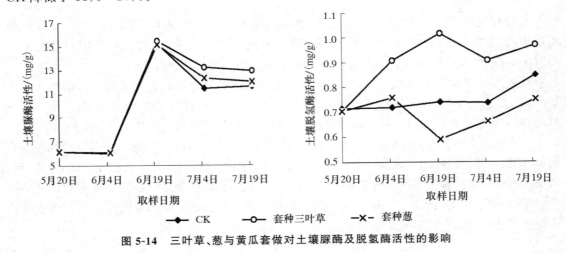

图5-14 三叶草、葱与黄瓜套做对土壤脲酶及脱氢酶活性的影响

(二)三叶草、葱与温室黄瓜套种对土壤理化性质的影响

1. 三叶草、葱与温室黄瓜套种对土壤pH和全盐含量的影响

由图5-15可知,三叶草套种处理的土壤pH和全盐含量略低于CK土壤2%左右,而葱套种处理的土壤pH和全盐含量均高于CK 7%左右。

2. 三叶草、葱与温室黄瓜套种对速效养分含量的影响

由图5-16可知,在黄瓜生育期内,未套种处理的土壤速效氮含量呈直线下降趋势。而套种三

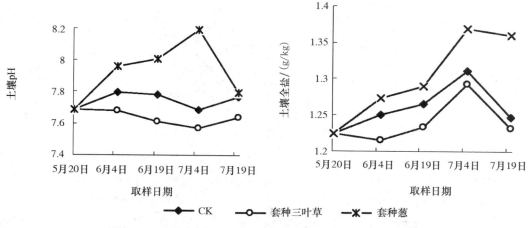

图 5-15 三叶草、葱与黄瓜套做对土壤 pH 和全盐含量的影响

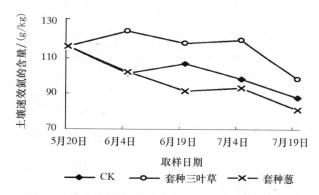

图 5-16 三叶草、葱与黄瓜套做对土壤速效氮含量的影响

叶草处理的土壤速效氮含量保持稳定,只有在黄瓜结果末期时下降,显著高于 CK 12%～20%,含量增加了 20 mg/kg 左右,套种葱在黄瓜结果期的土壤速效氮含量下降了 17 mg/kg 左右。

由图 5-17 可知,CK 土壤速效磷含量呈直线下降趋势,而套种三叶草和葱均可以增加土壤速效磷含量,其土壤速效磷含量呈现抛物线型变化趋势,套种三叶草处理的土壤速效磷含量在黄瓜结果初期(6 月 4 日)达到最高,显著高于 CK 24.94%,而葱套种处理在结果后期达到最高,显著高于 CK 35.9%。

试验用地速效钾含量富集,CK 土壤速效钾含量达到了 500 mg/kg 左右。CK 与三叶草套种处理的土壤速效钾含量缓逐渐增加,均在 7 月 4 日达到最高值后急剧下降,而葱套种处理的速效钾在黄瓜生长中期以前保持平稳,随后迅速下降。三叶草与葱套种处理均降低了速效钾的含量,其中套种三叶草土壤速效钾含量显著低于 CK 7%～12%,葱套种处理低于 CK 15%～22%。

由图 5-18 可以看出,CK 土壤有机质含量稳定,在黄瓜生长期间没有显著的变化。套种三叶草可以显著增加土壤有机质的含量,在黄瓜结果初期增幅达到最大,而套种葱则降低了土壤有机质含量。套种处理的土壤有机质均有剧烈的波动。

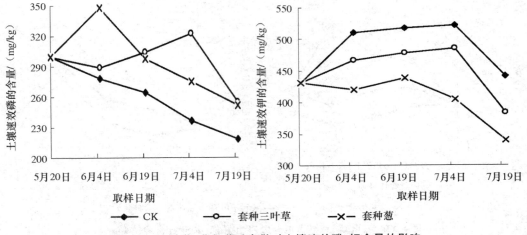

图 5-17　三叶草、葱与黄瓜套做对土壤速效磷、钾含量的影响

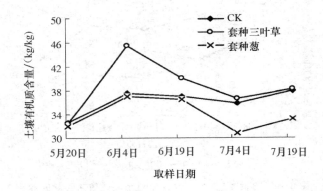

图 5-18　三叶草、葱与黄瓜套做对土壤有机质含量的影响

(三)三叶草、葱与温室黄瓜套种对黄瓜生长的影响

由图 5-19 可知,黄瓜从 5 月 20 日到 6 月 20 日是黄瓜营养生长速度最大的时期。进入结果旺期后,其营养生长速度放慢,各指标增长幅度平缓。套种三叶草可以促进黄瓜植株的生长,茎粗、株高、叶片数和叶面积均有小幅度的增加,尤其再营养生长缓慢的黄瓜结果后期各指标均有显著的增加。这就说明三叶草能够促进黄瓜后期生长,延长黄瓜生育期。套种葱处理只有黄瓜叶面积有显著的增加,其他指标与对照没有差异。

酶是土壤组分中最活跃的有机成分之一,土壤酶和土壤微生物一起共同推动土壤的代谢过程。土壤酶活性反映了土壤中各种生物化学过程的强度和方向,其活性是土壤肥力评价的重要指标之一,土壤酶的活性与土壤理化特性、肥力状况和农业措施有着显著的相关性。因此,研究土壤酶活性的影响因素,对提高土壤酶活性和土壤肥力,改善土壤生态环境有重要意义。

本试验结果发现,套种三叶草和葱对土壤脲酶和脱氢酶活性由显著的影响,套种三叶草和葱均能够增加土壤脲酶活性,促进了氮素的转化,同时发现套种三叶草处理的土壤速效氮含量也显著的增加。氮套种处理的土壤速效氮含量较 CK 低。其原因是黄瓜和葱同时消耗了土壤氮素。

套种三叶草和葱影响了土壤理化性质。试验结果表明,套种三叶草能够降低土壤 pH、EC、速效钾的含量,增加速效氮和速效磷的含量。这也进一步证明套种三叶草能够提高土壤肥力,改善土壤环境,是一种优异的土壤培肥作物。而套种葱处理的土壤 pH、EC 值均增加,速效养分含量下降,因此,套种葱不是合适的土壤培肥方式。

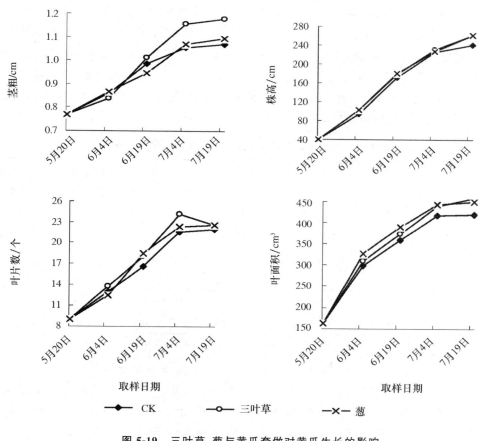

图 5-19　三叶草、葱与黄瓜套做对黄瓜生长的影响

五、套种三叶草对番茄生长与根际土壤理化性质的影响

当日光温室土壤处于半封闭环境条件时,其特殊的环境特点、周年密集多茬次的栽培,尤其是茄果类、瓜类蔬菜的长期连作导致水肥的过量投入,土壤得不到有效的休整和恢复,土壤养分失衡、结构被破坏、生物活性和多样性下降,质量退化严重,针对温室土壤健康保持和质量退化修复技术的研究比较活跃。研究者采取了不同的栽培制度、不同农艺措施、休闲季节种植填闲作物、秸秆还田等措施来修复多年种植的设施土壤,效果明显。多数研究为探析日光温室蔬菜茬口安排上的变化,以不同作物轮作倒茬来改善土壤环境,一个茬口种植的多为单一品种作物,生物多样性单一。在温室生产中,采用套作栽培制度对日光温室土壤环境影响的研究较少,本试验选用三叶草与鲜食为主的樱桃番茄套作栽培,同时种植,探索套种栽培对樱桃番茄生长、产品品质、樱桃番茄根际土壤环境(土壤酶、速效养分等)的影响,旨在增加

日光温室种植作物多样性,改善主栽蔬菜根际微生态环境,促进土壤养分平衡,为设施土壤健康发展提供科学利用方式。

试验地点在宁夏银川市永宁县纳家户乡,温室坐北朝南,东西延长,长度为 80 m,跨度为 8 m,脊高为 3.6 m,温室前屋面采用 PVC 长寿无滴膜,夜间前屋面覆盖棉被保温。供试樱桃番茄品种为千禧,三叶草为白花三叶草,2008 年 7 月 5 日播种,穴盘育苗,番茄和三叶草种子播在同一穴内,番茄播一粒种子,三叶草约 20 粒种子,8 月 25 日定植。定植前施底肥羊粪 4 000 kg/亩,磷酸二铵 40 kg/亩,番茄与三叶草定植于同一穴坑中,高垄栽培,垄宽为 80 cm,垄距为 60 cm,番茄株行距为 50 cm×60 cm。小区面积为 58.8 m²,设 3 次重复,设未套种三叶草为空白对照小区,水肥管理相同。在番茄第一穗果膨大时(10 月 25 日)追肥,尿素 15 kg/亩,硫酸钾 20 kg/亩,2 月底拉秧。研究结果表明如表 5-11 所示。

表 5-11　套种三叶草对番茄根际土壤理化性质的影响

取样日期	处理	土壤容重 /(g/cm³)	土壤全盐 /(g/kg)	土壤有机质 /(mg/kg)	土壤速效氮 /(mg/kg)	土壤速效钾 /(mg/kg)	土壤速效磷 /(mg/kg)
9.20	CK	7.57 aA	1.26 Cc	25.36 cdC	215.00 cB	375 aA	329.7 aA
	TR	7.54 aA	1.27 Cbc	26.46 cdC	215.33 cB	353 bB	325.8 aA
11.29	CK	7.52 aA	1.31 Bb	24.90 dC	220.00 bB	298 cC	298.6 bB
	TR	7.42 bA	1.22 Dd	27.43 cC	204.21 dC	276 dC	267.6 cC
2.27	CK	7.46 bA	1.37 Aa	31.10 bB	237.52 aA	285 cC	273.9 cC
	TR	7.26 cB	1.26 Cc	34.70 aA	218.00 bB	265 dD	229.2 dD

注:表中不同小写字母表示差异显著($a=0.05$),不同大写字母表示差异极显著($a=0.01$)。

由表 5-11 可以看出,在番茄生育初期,套种三叶草处理土壤理化性质与空白对照没有显著的变化;进入番茄坐果期,除土壤有机质含量高于 CK 外,套种三叶草处理的土壤全盐含量、土壤速效氮、磷、钾含量均低于 CK 土壤,随着三叶草生长量的增加;在番茄收获时,土壤有机质含量增加 10.37%,土壤全盐、速效氮、磷、钾分别下降了 8.73%、10.78%,19.5%、7.54%。

1. 套种三叶草对樱桃番茄根际土壤酶活性的影响

脱氢酶活性被认为是指示土壤微生物活性的最好指标之一,因为脱氢酶只存在于生活细胞体内,能很好地估量土壤中微生物的氧化能力。由图 5-20 可见,在番茄生育期内,未套种三叶草的根际土壤脱氢酶随番茄的生长呈现逐渐下降的趋势,而套种三叶草的土壤脱氢酶活性在番茄营养生长时期没有显著的变化\此时期也是三叶草生长初期,当三叶草进入旺盛生长时期(2008 年 10 月 20 日)后,土壤脱氢酶活性开始迅速上升,较定植初期时显著增加,较同时期的 CK 增加了 84%,2009 年 1 月 10 日达到最高,高于 CK 144%,此后开始下降,但仍高于 CK 70.85%。

在番茄生育期内,土壤脲酶活性呈现"抛物线"发展趋势,套种三叶草栽培的樱桃番茄根际土壤脲酶在番茄整个生育期平均高于 CK 17.94%以上,其中在番茄定植后,套种三叶草栽培的土壤脲酶活性即开始升高,而对照土壤的脲酶活性在番茄定植 1 个月后才开始上升,处理与对照的脲酶活性均在番茄坐果旺期达到最高,随后开始下降。

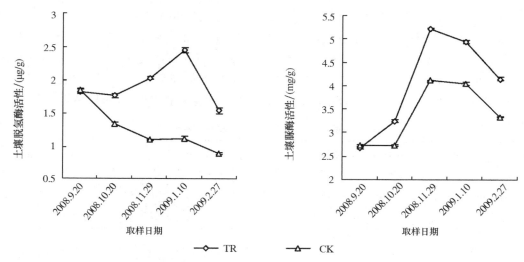

图 5-20　套种三叶草对番茄根际土壤脱氢酶活性和土壤脱氢酶活性的影响

2. 套作三叶草的生长量及对樱桃番茄的生长的影响

三叶草(Trifolium repens L.)为多年生豆科植物,宿根类植物,主根短、侧根须根发达,具有一定的抗寒、耐阴和耐瘠薄能力,无直立茎,匍匐于地面,植株幅度小,经过近 7 个月的生长。在番茄拉秧时(图 5-21),三叶草平均株高为 47.2 cm,单株鲜重 43.66 g,叶片数达到 103.6 个。虽然三叶草仅在定植穴内种植,也几乎布满畦面,最后收获以三叶草每穴平均 15 株计算,每个小区产鲜草 47.152 kg,折合每亩鲜草为 1 059.07 kg,干物质为 106.24 kg。从图 5-22 可以看出,套种三叶草处理的樱桃番茄在定植后两月内,株高、叶片数与 CK 没有显著差异。随着三叶草生长量的增加,12 月左右,套种三叶草的樱桃番茄株高与叶片数开始高于 CK。以 2010 年 1 月 10 日的数据分析表明,与未套种处理相对,樱桃番茄植株株高显著增加 11.88%,叶片数与茎粗也增加 9% 以上,说明樱桃番茄套种三叶草栽培,即能获得大量的三叶草绿肥,也能够促进樱桃番茄的生长。

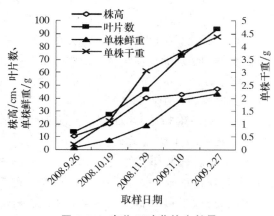

图 5-21　套作三叶草的生长量

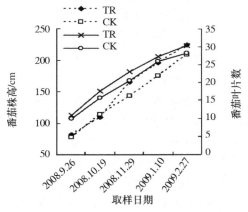

图 5-22　套种三叶草处理对樱桃番茄生长的影响

3．套种三叶草对樱桃番茄产量和品质的影响

由表 5-12 可以看出，套作三叶草栽培对樱桃番茄产量及品质产生了显著的影响。从樱桃番茄产量构成因素来看，与 CK 相比，套种三叶草栽培能够增加单果重 11.49%，单株结果数增加 6.48%，单株产量增加 18.71%，小区产量增加 18.18%，折合亩产达到 5 574.44 kg；在产品品质方面，可滴定酸减少 16.9%，亚硝酸盐减少 26.67%，糖含量增加 45.86%，维生素 C 含量增加 26.35%，说明与三叶草套作栽培，能够显著增加樱桃番茄的产量，改善樱桃番茄品质。

表 5-12　套种三叶草对樱桃番茄产量和品质的影响

处理	单果重 /g	单株结果数/个	单株产量 /g	小区产量 /kg	可滴定酸 /(g/100 g)	可溶性糖 /(g/100 g)	维生素 C/ (mg/100 g)	亚硝酸盐 /(mg/kg)
套种三叶草	18.53	115	2 130.95	491.42	0.59	7.76	32.60	0.011
CK	16.62	108	1 794.96	415.79	0.71	5.32	25.80	0.015

在日光温室土壤处于半封闭环境条件下，其特殊的环境特点、周年密集多茬次的栽培，水肥的过量投入，尤其是茄果类、瓜类蔬菜的长期连作，使得土壤得不到有效的休整和恢复，常常会出现土壤养分失衡、结构被破坏、生物活性和多样性下降，质量退化严重，因此，近年来针对温室土壤健康保持和质量退化修复技术的研究比较活跃。由于土壤的物理调控、病虫害的防治和养分的供给能力越来越多地依赖人类的投入而不是自然的生态系统过程，在高投入设施农业生态系统中，土壤生物的多样性重要性常被忽视。

据报道，玉米与空心菜间作能够降低空心菜中和土壤剖面中的 NO_3-N 的含量，在设施栽培中，向可持续农业的转变过程中，通过合理增加生物多样性，促进形成土壤生态系统的自然调节系统。项目组采取了不同的栽培制度、不同农艺措施、休闲季节种植填闲作物、秸秆还田、间套作栽培制度等措施来修复多年种植的设施土壤，效果明显。本研究选用三叶草与鲜食为主的樱桃番茄套作栽培，同时种植，探索套种栽培对樱桃番茄生长、产品品质以及樱桃番茄根际土壤环境（土壤酶、速效养分等）的影响，旨在增加日光温室种植作物多样性，改善主栽蔬菜根际微生态环境，为设施土壤健康发展提供科学利用方式。生物多样性是维持生态系统稳定性和可持续性的前提条件。

土壤生物学的应用是改善设施土壤生态环境新的研究方向，通过种植绿肥改变设施土壤的微生态条件，清除土壤盐害，从而为作物生长创造最适的土壤生态环境，是一种比较理想的生物除盐措施，绿肥种植和翻压后还能够提升了土壤酶活性水平，培肥土壤。本研究发现套种三叶草的土壤理化性质相对于 CK 的差异是随着三叶草生长量的增加而逐渐呈现。当樱桃番茄拉秧时，土壤 pH、盐分含量、速效氮磷钾养分含量显著下降，一方面是由三叶草与樱桃番茄生长共同生长的养分需求大于单一樱桃番茄所致，另一方面是在樱桃番茄根际种植三叶草后，改变了樱桃番茄根际生态环境，利用作物之间的相互作用，增加土壤微生物活性，促进了土壤脲酶和脱氢酶的活性的增加，增加了土壤有机质含量养，降低番茄根际土壤的速效氮磷钾的富集。豆科与禾本科作物间作具有明显的促进氮营养的作用，禾本科作物吸氮量显著增加，豆科作物的固氮能力也大幅度提高，樱桃番茄和三叶草套种后表现出明显的产量优势，说明樱桃番茄与三叶草套种后增加了各自的氮素养分生态位的宽度，提高了樱桃番茄的氮素利用效率，减少了土壤氮的淋失。本研究还发现三叶草和樱桃番茄的生长不但没有互相抑制，反而促进了

樱桃番茄的生长,提高了樱桃番茄的产量,改善了樱桃番茄的品质,收获了大量的三叶草绿肥。试验结果表明,通过绿肥与蔬菜间套种,能够提高土壤养分的利用效率,减低蔬菜产品中硝酸盐的含量,樱桃番茄间作套种三叶草是一项合理可行的增加生物多样性的栽培方式。在设施栽培中,豆科与茄科作物间套种作也可能有促进互作系统中根系对氮营养的高效利用的作用,我们将在后续的研究中继续分析三叶草与樱桃番茄间作对根层养分高效利用机理及根层养分调控技术。

六、自然农法技术宁夏旱作区域露地西瓜套作栽培适应性初步探究

自然农法(Natural Farming)又叫自然农耕,是国际上有机农业体系之一,由日本人冈田茂吉(Mokich Okada)于1935年开始提倡。自然农法的主题是以尊重和顺应大生态,充分发挥土壤作用的哲学思想,保护自然生态环境,稳定提高农民收入和培育生态农业产品。利用生态平衡原理来防治病虫害能保持田间生物种群的多样性。混作是指在同一块地上同时栽种两种以上的作物,以亩或株为混作单位,或将种子混合后播种,作物混合将促进彼此的生长,病害也不容易产生,即被称为"共荣作物"。

试验时间为2011年4月—2011年10月,地点位于宁夏同心县旱作节水高效农业科技园内,地处宁夏中部干旱带,位于东经105°59′,北纬36°51′,海拔1 363 m。地处黄土高原西北部,属黄河中游黄土丘陵沟壑区。属大陆性季风气候明显,其特点是春暖迟、夏热短、秋凉早、冬寒长。年均气温为7 ℃,1月均温为-6.7 ℃,7月均温为19.7 ℃,积温为2 398 ℃,无霜期为149~171 d。年降水量平均为286 mm,最多为706 mm,最少为325 mm。年草面蒸发量为878 mm。年干燥度为2.17。年平均太阳总辐射量为$5 642×10^9 J/m^2$,年日照时数为2 710 h。试验材料为西瓜(黑牡丹)、辣椒(亨椒龙亢)、洋葱(红玉)、三叶草。

试验地施肥、耕翻等各种操作要求一致。先将腐熟农家肥(羊粪、鸡粪)按8 m^3/亩均匀施入试验地,耕翻后再将磷酸二铵和复合肥开沟混合施入地下(磷酸二铵为50 kg/亩,复合肥为20 kg/亩。沟深为20 cm,两沟间隔为2 m),沟正中间铺滴灌袋,正上方铺地膜定植作物。单作西瓜定植株距(延滴灌带方向)为0.4 m,均匀地定植在滴灌袋两旁。其他作物和西瓜用相同方式定植。与西瓜套作的各种作物分别套作在两棵西瓜苗(延滴灌带方向)的正中间。研究结果表明如下。

(一)西瓜和辣椒套作对西瓜生物特性和产量的影响

从表5-13可以看出,西瓜套作辣椒的发病率比单作西瓜的发病率降低24%,套作西瓜的单瓜重和亩产量均略低于单作西瓜的单瓜重和亩产量,在中心含糖量和边缘含糖量及口感方面,套作西瓜和单作西瓜几乎无差别。

表5-13　西瓜和辣椒套作对西瓜生物特性和产量的影响

处理	发病率/%	单瓜质量/kg	产量/(kg/亩)	中心含糖量/%	边缘含糖量/%	口感
单作西瓜	32.4A	6.15a	4 920a	11.2a	9.8a	沙甜
套作西瓜	24.6B	6.10a	4 880a	11.2a	9.7a	沙甜

(二)西瓜和辣椒对辣椒生物学特性和产量的影响

在株高方面,套作辣椒比单作辣椒高 12.97%;在叶片空间分布宽幅和茎粗方面,套作辣椒比单作辣椒少 38.6%,套作辣椒比单作辣椒叶片空间分布高度少 26.78%,套作辣椒比单作辣椒茎粗低 3.93%;在果肉厚度、果皮颜色、果肉颜色、耐贮性、抗旱性、抗病性方面,套作辣椒比单作辣椒差别不明显;在产量方面,套作辣椒比单作辣椒低 38.67%。套作辣椒的叶片空间分布宽和高度都小于单作辣椒,说明作物地上部分的叶片对光资源的争夺是影响产量的一个重要因素(表 5-14)。

表 5-14 西瓜和辣椒对辣椒生物学特性和产量的影响

处理	株高 /cm	叶片分布宽幅 /cm	叶片分布高度 /cm	径粗 /cm	肉厚 /cm	果皮颜色	果肉颜色	耐贮性	抗旱性	抗病性	产量/ (kg/亩)
单作辣椒	31.6a	27.2a	35.1a	1.78a	0.48a	深绿	翠绿	一般	中等	中等	2 650A
套作辣椒	35.7b	16.7b	25.7b	1.71a	0.50a	深绿	翠绿	一般	中等	较强	1 625B

(三)西瓜和洋葱套作对西瓜生物特性和产量的影响

从表 5-15 中可以发现,西瓜套作洋葱可以明显降低西瓜的发病率.套作西瓜比单作西瓜发病率下降 67.28%;套作西瓜单瓜重和亩产量略低于单作西瓜的单瓜重和亩产量,但两者在中心含糖量和边缘含糖量及口感上无差别。

表 5-15 西瓜和洋葱套作对西瓜生物特性和产量的影响

处理	发病率 /%	单瓜质量 /kg	产量/ (kg/亩)	中心含糖量 /%	边缘含糖量 /%	口感
单作西瓜	32.4A	6.15a	4 920a	11.2a	9.8a	沙甜
套作西瓜	10.6B	6.10a	4 880a	11.2a	9.8a	沙甜

(四)西瓜和洋葱套作对洋葱生物学特性和产量的影响

套作洋葱在果实纵径和横径上均略高于单作洋葱,在果皮颜色、果肉颜色、裂果性、耐贮性、抗病性方面均有差别,套作洋葱的亩产量明显少于单作洋葱的亩产量,其主要原因是单作洋葱数量远远大于套作洋葱数量(表 5-16)。

表 5-16 西瓜和洋葱套作对洋葱生物学特性和产量的影响

处理	纵径 /cm	横径 /cm	果皮颜色	果肉颜色	裂果性	耐贮性	抗病性	抗旱性	定植株数 株/亩	产量 kg/亩
单作洋葱	7.1a	8.2a	紫色	紫色	不易	较强	较强	较强	15 000	3 200A
套作洋葱	8.1b	9.8b	紫色	紫色	不易	较强	较强	较强	4 000	1 560B

(五)西瓜和三叶草套作对西瓜生物特性和产量的影响

表 5-17 数据显示,与三叶草套作中在西瓜含糖量没有下降的情况下,西瓜的产量有所增长,说明了这次试验中的氮肥施用量偏低,同时也表明在有机肥施同样多的情况下少施氮肥的施用量不会影响西瓜的品质,套作西瓜的发病率比单作西瓜的发病率下降 51.85%,产量高出 165 kg/亩,但差异不显著。

表 5-17　西瓜和三叶草套作对西瓜生物特性和产量的影响

处理	发病率/%	单瓜质量/kg	产量/(kg/亩)	中心含糖量/%	边缘含糖量/%	口感
单作西瓜	32.4A	6.15a	4 920a	11.2a	9.8a	沙甜
套作西瓜	15.6B	6.35b	5 085a	11.2a	9.9a	沙甜

西瓜套作辣椒发病率比单作西瓜的发病率降低 24%,西瓜套作洋葱的发病率比单作西瓜的发病率下降 67.28%,西瓜套作三叶草的发病率比单作西瓜的发病率下降 51.85%。总体来看,套作其他作物均能不同程度地降低西瓜的发病率,对西瓜产量和品质无显著影响,同时套作作物具有一定的产量(辣椒 1 625 kg/亩、洋葱 1 560 kg/亩)和经济效益,因此,露地西瓜套作栽培在宁夏旱作区域极具推广价值和发展前景。

第二节　蔬菜有机化生产微生物肥料的使用

一、微生物菌剂对设施土壤质量及哈密瓜生长发育的影响

所谓微生物菌剂是指一类含有活微生物的特定制品被应用于农业生产中,能够获得特定的肥料效应。在这种效应的产生中,制品中的活微生物起关键作用,符合上述定义的制品均应归入微生物菌剂。微生物肥料在提高作物生物固氮能力,发挥土壤潜在肥力,改良土壤质量,刺激和调控植物生长,增强植物抗病、抗逆能力,改善农作物品质,降低环境污染和提高作物产量等方面具有重要作用。微生物菌剂在对土壤的生态效应及植株的抗病性方面已在山药和甜瓜栽培中有所验证。在促进作物生长,提高产品质量和产量方面,其已有在小白菜、苦瓜、茄子、黄瓜、豌豆、小麦等作物上应用并获得较好效果的报告。

近年来,设施农业迅速发展,在设施蔬菜生产中,普遍存在着农药用量大、化肥利用率下降、环境污染加剧等问题,设施土壤质量快速下降。微生物菌剂具有良好的应用和发展前景,使微生物肥料更多的替代化肥,更稳定地发挥其生态作用,促进生态农业持续发展是未来研究的主要内容之一。为此,开展了微生物菌剂促进设施蔬菜健康生长以及提高土壤质量等研究,旨在为设施土壤改良和微生物菌剂在生态农业中的广泛应用提供技术技术支持和理论依据。

在宁夏回族自治区贺兰园艺产业园内的日光温室内,供试土壤为沙质壤土,前茬为大蒜。

土壤肥力中等,土壤养分状况见表5-18。

表 5-18　土壤养分状况

时期	pH	全盐/(g/kg)	有机质/(g/kg)	速效氮/(mg/kg)	速效磷/(mg/kg)	速效钾/(mg/kg)	每克干土含微生物总量/(×10⁴ cfu)
前茬采收后	8.7	1.55	20.7	93	18.4	562	—
施入底肥后	8	5.78	35.6	256	39.5	1 138	$487.7×10^4$

供试哈密瓜品种为金蜜六号,供试微生物菌剂为 EM 益生菌:EM 原液(润康源)、微生物菌剂 1 号(启明生物)、N、P、K'A50'(华微生物)、激抗菌'968'(福田生物)。试验设置 7 个处理,3 次重复,采用随机区组设计,小区面积为 8 m×1.2 m。哈密瓜定植后分别于苗期、果实膨大期、果实成熟期进行 EM 益生菌及其他微生物菌剂处理,具体处理见表 5-19,其他管理措施均相同。

表 5-19　试验设计

处理编号	具体方法
T1	叶面喷施润康源 EM 原液(叶面专用)100 倍液(即稀释 100 倍),根部灌施清水(1 L/株)
T2	叶面喷施(叶面专用)+根部灌施润康源 EM 原液(冲施专用,1 L/株)(各 100 倍液)
T3	根部灌施润康源 EM 原液(冲施专用,1 L/株)100 倍液,植株喷清水
T4	冲施微生物菌剂 1 号 250 倍液(1 L/株),植株喷清水
T5	冲施激抗菌'968'200 倍液(1 L/株),植株喷清水
T6	冲施华微 N、P、K'A50'70 倍液(1 L/株),植株喷清水
CK	根部灌施清水(1 L/株),植株喷清水

(一)不同微生物菌剂处理对土壤质量的影响

由表 5-20 可以看出,土壤 pH 在 3 个时期 T2、T3、T4 均显著低于 CK 及其他处理。其中,T4 又显著低于 T2、T3,T2、T3 无显著差别或差别不大,T1、T5、T6 与对照无显著差别或差别不大,说明微生物菌剂 1 号对缓解碱性土壤在植物生长的 pH 升高起重要作用,冲施 EM 原液起次要作用,其他处理对于土壤 pH 的影响不大。

微生物菌剂处理的土壤全盐含量均显著低于 CK,T6 表现极显著,其次是 T2、T3,然后是 T4,最后是 T5 和 T1,说明施用微生物菌剂都能有效降低土壤全盐含量,尤以华微 N、P、K'A50'表现突出,其次是冲施 EM 原液,然后是冲施微生物菌剂 1 号,而单独叶面喷施 EM 原液和冲施激抗菌'968'对降低土壤全盐的效果稍差。

在 3 个生长时期,T2 和 T6 土壤有机质均显著高于其他处理,其次是 T3、T4,且二者无显著差别或差别不大,T1、T5 和 CK 无显著差别或差别不大,说明冲施+喷施 EM 原液和华微 N、P、K'A50'在提高土壤有机质方面发挥重要作用,其次是单独冲施 EM 原液和冲施微生物菌剂 1 号处理,单独叶面喷施 EM 原液和冲施激抗菌'968'在提高土壤有机质方面的效果不是很显著。

T1 和 T6 较其他处理显著提高了土壤速效 N 含量,T2、T3、T4 效果其次,T5 与 CK 差别

不显著或者相差不大，即叶面喷施 EM 原液和冲施华微 N、P、K'A50'可以显著提高土壤速效
N 含量，冲施＋喷施 EM 原液、冲施 EM 原液和冲施微生物菌剂 1 号的效果次之，冲施激抗菌
'968'对提高土壤速效 N 方面效果不明显；土壤速效 P 含量测定结果中，T6 显著高于其他处
理和 CK，即冲施华微 N、P、K'A50'可以显著提高土壤中速效 P 含量；T4 即冲施微生物菌剂
1 号对提高土壤中速效 P 含量效果次之，其他处理之间差异不显著或不大，但所有试验处理
的土壤速效 P 含量均高于 CK；速效 K 含量测定中，T2 和 T6 显著高于其他处理，且二者之间
差异不显著或不大，T1、T3、T4、T5 在 3 个时期表现不一致，但都显著高于 CK，即冲施＋喷施
EM 原液和冲施华微 N、P、K'A50'对提高土壤速效 K 含量起重要作用。微生物菌剂处理的
土壤微生物总量都明显高于 CK，说明供试微生物菌剂都对土壤中微生物的增加有促进作用，
但 3 个时期的表现略有不同。总体而言，T1、T2、T3、T6 表现较突出，即 EM 和华微 N、P、K
'A50'处理。

表 5-20　哈密瓜不同生长期各处理土壤的质量状况

取样时期	处理编号	pH	全盐/（g/kg）	有机质/（g/kg）	速效氮/（mg/kg）	速效磷/（mg/kg）	速效钾/（mg/kg）	每克干土含微生物总量/（×10⁴ cfu）
苗期	T1	8.33 a	2.86 c	30.4 e	152 b	38.7 e	936 d	423.4 b
	T2	8.15 b	2.58 d	46.8 a	135 c	42.8 d	1 083 b	435.8 a
	T3	8.2 b	2.3 e	38.9 c	130 c	43.2 d	985 c	395.1 c
	T4	8.07 c	2.64 d	35.2 d	141 c	50.5 b	872 e	369.5 d
	T5	8.29 a	3.12 b	29.3 ef	117 d	46.1 c	926 d	381.2 c
	T6	8.32 a	2.15 f	44.7 b	198 a	53.6 a	1 134 a	424.3 b
	CK	8.34 a	3.4 a	28.7 f	109 e	31.9 f	754 f	342.2 e
膨瓜期	T1	8.62 b	2.28 b	20.9 de	156 a	23.1 d	862 b	407.8 a
	T2	8.38 d	1.82 e	45.4 a	104 c	23.3 d	1 062 a	388.1 b
	T3	8.53 c	1.68 e	24.3 c	107 c	24.3 c	775 c	368.1 c
	T4	8.16 e	2.15 c	23.8 c	119 b	30.5 b	675 d	285.4 e
	T5	8.59 b	2.32 b	21.8 d	97 d	26.8 c	750 c	322.6 d
	T6	8.62 b	1.62 f	41.2 b	160 a	51.4 a	1 025 a	366.8 c
	CK	8.68 a	3.2 a	20.2 e	95 d	22.2 d	612 e	224.7 f
成熟期	T1	8.83 b	2.03 b	20.4 e	129 b	20.6 e	875 b	346.2 a
	T2	8.44 f	1.6 c	27.8 b	118 c	22.7 c	1 150 a	326.7 b
	T3	8.53 e	1.65 c	22.0 d	101 e	24.7 b	788 c	278.9 c
	T4	8.7 d	1.67 c	23.8 c	109 d	28.3 a	612 e	147.9 d
	T5	8.78 c	2.08 b	21.2 d	95 f	16.1 d	712 d	168.6 d
	T6	8.88 a	1.51 d	33.2 a	146 a	37.2 a	1 150 a	269.6 c
	CK	8.88 a	2.14 a	19.6 f	92 f	14.1 e	588 f	142.3 f

注：数据后不同字母表示同一时期不同处理差异显著（$P < 0.05$）。

（二）不同微生物菌剂处理对哈密瓜叶片叶绿素 SPAD 值和叶绿素荧光诱导动力学曲线参数影响

从表 5-21 可以看出，在叶片叶绿素含量方面，T1、T2、T3、T5、T6 均显著高于 CK；在荧光诱导曲线的初始斜率和单位反应中心吸收的光能上，各处理均低于 CK；初始最大光化学效率和用于电子传递的量子产额方面各处理均显著高于 CK；在用于热耗散的量子比率方面，各处理均低于 CK；各处理叶片的性能指数均显著高于 CK，其中 T2、T3 和 T6 分别高出 CK 76.21%、73.76% 和 58.42%。性能指数（PI_{ABS}）包含了 3 个参数（RC/ABS、ϕ_{Po} 和 ϕ_o），这 3 个相互独立的参数可以准确反映植物光合机构的状态，反映微生物菌剂处理对植株光合性能的影响，这种情况说明冲施 EM 及华微 N、P、K'A50'处理对增强哈密瓜植株光合性能影响较大。

表 5-21　不同处理对哈密瓜叶片叶绿素 SPAD 值和叶绿素荧光诱导动力学曲线参数

处理编号	叶绿素 SPAD 值	荧光诱导曲线的初始斜率（M_0）	单位反应中心吸收的光能（ABS/RC）	初始最大光化学效率（ϕ_{Po}）	用于电子传递的量子产额（ϕ_{Eo}）	用于热耗散的量子比率（ϕ_{Do}）	性能指数（PI_{ABS}）
T1	53.181c	0.826 1b	1.024 6b	0.806 2b	0.308 9bc	0.193 8b	2.521d
T2	54.433ab	0.652 7d	0.810 4d	0.805 3b	0.329 1a	0.194 7b	3.526a
T3	54.567a	0.676 2d	0.831 9d	0.812 8a	0.324 9a	0.187 2c	3.477a
T4	52.967cd	0.816 5b	1.012 1b	0.806 7b	0.314 2b	0.193 3b	2.631c
T5	54.633a	0.782 3c	0.960 6c	0.814 5a	0.308 3bc	0.185 5c	2.786c
T6	53.933b	0.721 6c	0.890 5cd	0.810 4a	0.322 6a	0.189 6c	3.170b
CK	52.367d	1.151 2a	1.497 0a	0.768 9c	0.238 6d	0.231 1a	2.001e

（三）不同微生物菌剂处理对哈密瓜品质及产量的影响

由表 5-22 可以看出，不同处理的哈密瓜总糖含量方在，各处理的大小顺序为 T6＞T2＞T5＞T1＞T4＞T3＞CK，即华微 N、P、K'A50'处理的哈密瓜含糖量最高，其次是喷施＋冲施 EM 菌液处理，所有试验处理的总糖含量均明显高于对照；在哈密瓜总酸含量方面，T1、T2、T5、T6 均为 0.07 g/100 g，T3、T4 和 CK 均为 0.09 g/100 g；在维生素 C 含量方面，T2 和 T6 最高，其次是 T2、T3、T5，CK 最低；在平均单瓜重方面，各处理的大小顺序为 T6＞T2＞T1＞T4，但数值相差不大，然后是 T3，T5 和 CK 最低。

表 5-22　不同处理的哈密瓜品质及产量

处理编号	总糖 /(g/100 g)	总酸 /(g/100 g)	维生素 C /(mg/100 g)	平均单瓜重 /(kg)	产量 /(kg/亩)
T1	8.04 b	0.07 b	7.95 c	1.8 ab	3 204ab
T2	9.20 a	0.07 b	8.72 a	1.81 ab	3 222a
T3	7.53 c	0.09 a	7.95 c	1.71 c	3 044c
T4	7.59 c	0.09 a	6.73 e	1.79 b	3 186bc
T5	8.06 b	0.07 b	7.80 d	1.57 d	2 795d
T6	9.29 a	0.07 b	8.56 b	1.825 a	3 249a
CK	6.87 d	0.09 a	5.50 f	1.56 d	2 777d

注：数据后不同字母表示同一时期不同处理差异显著（$P < 0.05$）。

微生物菌剂处理的哈密瓜总糖、维生素 C 含量及品均单瓜重均明显高于对照;尤以 T2 和 T6 即喷施＋冲施 EM 菌液处理和冲施华微 N、P、K'A50'处理的哈密瓜品质和产量均占优势;其次是 T1 即单独喷施 EM 菌液处理,总糖、维生素 C 和单瓜重方面稍低于 T2 和 T6;其他处理中:T5 总糖较高,总酸较低;T4 单瓜重较高,T3 维生素 C 含量较高。

微生物菌剂 1 号对缓解碱性土壤在植物生长过程中的 pH 升高具有重要作用,还可提高土壤有机质、速效 P;华微 N、P、K'A50'能有效降低土壤全盐含量,提高土壤有机质,显著提高土壤速效 N、P、K 及微生物总量,增强植株光合性能,提高哈密瓜品质和产量;EM 不同处理方式,其表现不一致:冲施可有效降低土壤全盐,提高光合性能;冲施＋喷施显著提高土壤有机质、速效 K 以及提高哈密瓜品质和产量;叶面喷施可提高土壤速效 N。3 种方式对增加土壤中的微生物总量效果都很显著,冲施激抗菌'968'在所有检测指标中与其他菌剂处理相比虽不占优势,但或多或少优于 CK。总之,供试微生物菌剂均能不同程度地改善土壤质量,增强光合性能,促进植株健康生长,提高哈密瓜的品质和产量,尤其以华微 N、P、K'A50'及润康源 EM 原液表现突出,从而进一步证实了微生物肥料具有有机肥的生态效应和经济效应,是生态农业的基石。

二、微生物菌剂施入对日光温室土壤微生物及酶活性的影响

近年来,设施农业迅速发展。在设施蔬菜生产中,由于化肥的大量施用而带来的化肥利用率下降,环境污染加剧,设施土壤质量恶化等负效应已不容忽视。土壤微生物与酶一起推动着土壤的物质转化和能量流动,其活性可以代表土壤中物质代谢的旺盛程度。土壤微生物及酶活性作为评价土壤肥力的重要指标之一,越来越受到人们的重视。而微生物菌肥应用于农业生产,在改善土壤质量,提高作物生物固氮能力,发挥土壤潜在肥力,增强植物抗病、抗逆能力,改善农作物品质和提高作物产量等方面具有重要作用。微生物菌肥具有良好的应用和发展前景,但微生物菌肥对土壤微生态环境的影响效果方面的详细研究还远远不足,为此,开展了微生物菌肥对设施土壤的土壤活性质量的影响研究,旨在为微生物菌肥在生态农业中的广泛利用提供依据。于宁夏回族自治区贺兰园艺产业园内的日光温室内,灌排水方便,供试土壤为沙质壤土,前茬为大蒜。土壤肥力中等,土壤养分状况见表 5-23。

表 5-23　土壤养分状况

时期	pH	全盐/(g/kg)	有机质/(g/kg)	速效氮/(mg/kg)	速效磷/(mg/kg)	速效钾/(mg/kg)	每克干土含微生物总量/($\times 10^4$ cfu)
前茬采收后	8.7	1.55	20.7	93	18.4	562	—
施入底肥后	8	5.78	35.6	256	39.5	1 138	487.7×10^4

供试哈密瓜品种为金蜜六号。供试微生物肥为:润康源 EM 原液(叶面专用和冲施专用,中外合资临沂益康有机农业科技园有限公司)、微生物菌剂 1 号(湖北启明生物工程有限公司)、华微氮磷钾'A50'(广州佰仕路生物科技有限公司)、激抗菌'968'(山东省聊城福田生物科技开发有限公司)。试验设置 7 个处理,3 次重复,随机区组设计,小区面积为 8 m×1.2 m。哈密瓜 2011 年 4 月 8 日定植,定植后分别于苗期、果实膨大期、果实成熟期进行润康源 EM 原液及其他微生物肥处理(表 5-24),其他管理措施均相同。

表 5-24　试验设计

处理编号	具体方法
T1	叶面喷施润康源 EM 原液(叶面专用)100 倍液(即稀释 100 倍),根部灌施清水(1 L/株)
T2	叶面喷施(叶面专用)+根部冲施润康源 EM 原液(冲施专用,1 L/株)(各 100 倍液)
T3	根部冲施润康源 EM 原液(冲施专用,1 L/株)100 倍液,植株喷清水
T4	冲施微生物菌剂 1 号 250 倍液(1 L/株),植株喷清水
T5	冲施激抗菌'968'200 倍液(1 L/株),植株喷清水
T6	冲施华微氮磷钾'A50' 70 倍液(1 L/株),植株喷清水
T7(CK)	根部灌施清水(1 L/株),植株喷清水

(一)不同微生物菌肥处理对土壤微生物变化的影响

1. 不同微生物菌剂处理对土壤细菌变化的影响

在不同微生物菌剂处理的土壤中,细菌数量在哈密瓜不同生育期内有较大的变化,见图 5-23。在苗期,各处理相差不大;在膨瓜期时,各处理细菌数量均较苗期大幅度增加,增加较多的依次为 T2、T3、T5,增加较少的为 T1 和 CK;在采收期,除 T2 较膨瓜期增加外(达 62.5× 10^3 个/g,是膨瓜期的 1.55 倍),其他处理均较膨瓜期下降,此时,土壤中细菌数量最少的为 CK、T5、T4 和 T1。由图 5-23 还可以看出,同一时期的不同微生物菌剂处理的哈密瓜土壤中细菌数量均比对照多,尤以 T2 最多,在整个生育期内,细菌数量先增加后减少(T2 除外)。

2. 不同微生物菌剂处理对土壤芽孢杆菌变化的影响

细菌中的重要菌群-芽孢杆菌在苗期数量各处理依然相差不大,大致为(170～340)× 10^3 个/g;在膨瓜期各处理芽孢杆菌数量较苗期均显著增加,尤以 T6 和 T2 增加幅度较大,分别为苗期的 5.49 倍和 5.76 倍,数量最少的依然是 CK;采收期各个处理的芽孢杆菌数量均大幅度下降,极显著的少于苗期和采收期,甚至可忽略不计,见图 5-24。

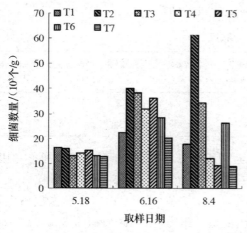

图 5-23　不同微生物菌剂处理对土壤细菌变化的影响

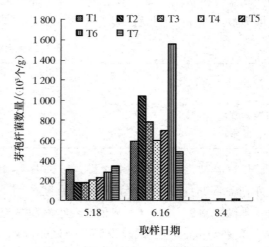

图 5-24　不同微生物菌剂处理对土壤芽孢杆菌变化的影响

3.不同微生物菌剂处理对土壤真菌变化的影响

在土壤真菌的变化方面(图5-25),在苗期和膨瓜期,各处理真菌数量大小关系一致,T1、T3、T5和CK真菌数量较多,T2、T4、T6数量较少,各处理膨瓜期较苗期真菌数量少有增加;在采收期,各处理真菌数量较苗期和膨瓜期大幅度增加,数量最多的为CK,最少的为T2,具体大小顺序为CK＞T6＞T3＞T5＞T4＞T1＞T2。

4.不同微生物菌剂处理对土壤放线菌变化的影响

土壤放线菌数量的变化(图5-26),在哈密瓜整个生长期内,各处理放线菌数量先增加后减少,不同时期各处理的数量大小基本一致,均是处理6和处理2最多,CK最少。

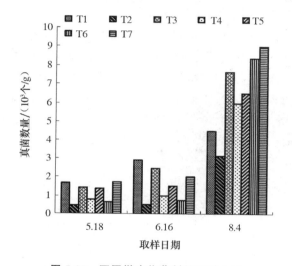

图5-25　不同微生物菌剂处理对土壤
真菌变化的影响

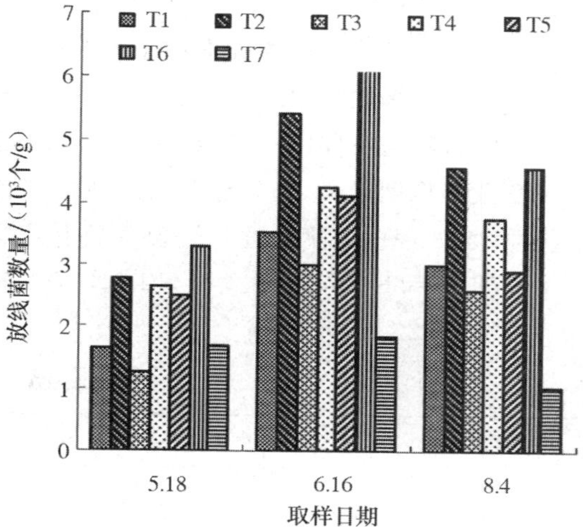

图5-26　不同微生物菌剂处理对
土壤放线菌变化的影响

(二)不同微生物菌剂处理对土壤酶活性变化的影响

1.不同微生物菌剂处理对土壤脲酶活性变化的影响

土壤脲酶属于水解酶类,其主要作用是能够水解$CO(NH_2)_2$,$CO(NH_2)_2$分解为氨和碳酸,脲酶活性增强可提高肥料的N素利用率,通常以脲酶活性来表征土壤的N素状况。作为唯一作用于肥料(尿素)的土壤酶类,土壤脲酶在土壤营养物质转化、环境保护与监测等方面具有重要的环境意义。由表5-25可知,在本试验中的哈密瓜苗期,各处理土壤脲酶活性之间差异显著,且T4、T5和T1的活性均大于CK;在哈密瓜整个生长时期内,各处理土壤脲酶活性呈下降趋势,且部分处理(T4)较CK土壤脲酶活性差异显著;在采收期各处理土壤脲酶活性大小顺序为:T3＞T2＝T1＞T4＞T5＞T6＞T7(CK)。

表5-25　不同微生物菌剂处理对土壤脲酶活性的影响 　　　　　　　　mg/g

处理编号	2011.5.18(苗期)	2011.6.16(膨瓜期)	2011.8.4(采收期)
T1	0.51bc	0.46b	0.40a
T2	0.45e	0.42b	0.40a

续表 5-25

处理编号	2011.5.18（苗期）	2011.6.16（膨瓜期）	2011.8.4（采收期）
T3	0.46de	0.43b	0.41a
T4	0.68a	0.53a	0.36bc
T5	0.53b	0.45b	0.33c
T6	0.47cde	0.33c	0.32c
T7（CK）	0.5bcd	0.37c	0.26d

注：数据后不同字母表示同一时期不同处理差异显著（$P < 0.05$），下同。

2. 不同微生物菌剂处理对土壤蔗糖酶活性变化的影响

土壤蔗糖酶活性的增强有利于土壤中有机质的转化以及土壤肥力水平的改善和提高，可以作为评价土壤肥力水平的指标。从表 5-26 可以看出，不同种类的微生物菌剂处理对土壤蔗糖酶的影响是不同的。在苗期，各微生物菌剂处理（除 T6 外）土壤蔗糖酶活性均大于 CK；在苗期至膨瓜期阶段，各处理蔗糖酶活性均有所下降，且 T6 下降速率较大，在此之后至采收期阶段，各处理蔗糖酶活性均呈现明显上升趋势，而且 T1、T2、T3 和 T4 酶活性均上升较大；在采收期，与 CK（T7）相比，T1～T6 土壤蔗糖酶活性分别增加 113.32%、65.35%、82.35%、30.71%、10.23%、−10.67%。

表 5-26　不同微生物菌剂处理对土壤蔗糖酶活性的影响 　　　　　　　　　　mg/g

处理编号	2011.5.18（苗期）	2011.6.16（膨瓜期）	2011.8.4（采收期）
T1	5.32a	4.75a	9.79a
T2	5.24b	4.36c	7.59c
T3	5.15c	4.64b	8.37b
T4	4.86e	3.38e	6.00d
T5	5.01d	4.15d	5.06e
T6	4.05g	1.67g	4.10g
T7（CK）	4.37f	2.05f	4.59f

3. 不同微生物菌剂处理对土壤多酚氧化酶活性变化的影响

在土壤中芳香族化合物转化为腐殖质组分过程中，多酚氧化酶起重要作用，多酚氧化酶活性与土壤腐殖化程度呈负相关。通过测定土壤多酚氧化酶活性，能在一定程度上了解土壤腐殖化进程。

由表 5-27 可以发现，在整个生长期内，EM 处理（T1～T3）和 CK 的土壤多酚氧化酶活性先降低，后上升，T2 和 T3 在采收期的土壤多酚氧化酶活性低于苗期的土壤多酚氧化酶活性，T1 和 CK 在采收期的土壤多酚氧化酶活性高于苗期的土壤多酚氧化酶活性；在采收期，T4～T6 的土壤多酚氧化酶活性持续降低，T6 最低。可见，根部冲施微生物菌剂均能降低土壤多酚氧化酶活性，尤以 T2 和 T6 效果显著。

表 5-27 不同微生物菌剂处理对土壤多酚氧化酶活性的影响 mg/g

处理编号	2011.5.18(苗期)	2011.6.16(膨瓜期)	2011.8.4(采收期)
T1	0.38d	0.27e	0.45b
T2	0.46c	0.38c	0.39c
T3	0.43c	0.32d	0.40c
T4	0.52b	0.47b	0.43b
T5	0.58a	0.53a	0.47b
T6	0.53b	0.52a	0.34d
T7(CK)	0.62a	0.55a	0.67a

4. 不同微生物菌剂处理对土壤过氧化物酶活性变化的影响

由于土壤微生物生命活动而在土壤中积累一定过氧化物和其他还原型有机物质,促使酶促反应进行。在整个生育期内,土壤过氧化物酶活性 T1~T3 呈现持续升高趋势,T4~T7 呈现先上升后下降的变化趋势(表 5-28);尤其是 T2 在采收期的土壤过氧化物酶活性较苗期增加了 313%,比同时期 CK 高出 331%。

表 5-28 不同微生物菌剂处理对土壤过氧化物酶活性的影响 mg/g

处理编号	2011.5.18(苗期)	2011.6.16(膨瓜期)	2011.8.4(采收期)
T1	0.11e	0.13f	0.33c
T2	0.23c	0.39d	0.95a
T3	0.16d	0.29e	0.33c
T4	0.21c	0.40d	0.29d
T5	0.30b	0.64b	0.14f
T6	0.24c	0.59c	0.37b
T7(CK)	0.35a	0.76a	0.22e

土壤微生物不仅受作物根系分泌物的影响,而且受外界环境、施肥种类等因素的影响。土壤中细菌可能是对土壤生态系统贡献最大的类群,在土壤微生物组成占绝对优势。土壤真菌的变化则是土壤地力衰竭的标志之一。随着烟草、花生、大豆连作年限的增加,细菌和放线菌数量显著减少,真菌数量增加,表明连作促使土壤微生物区系从高肥的"细菌型"土壤向低肥的"真菌型"土壤转化。

在试验中,微生物的数量变化与哈密瓜生长发育呈正相关的发展趋势。随着哈密瓜根系不断生长,微生物数量也随之增加。膨瓜期的植株生长旺盛,微生物数量也较多,进入采收期的微生物数量又明显减少。这种根际微生物数量与植株生长发育呈正相关的现象在其他文献中也有相似报道。

设施土壤在施用微生物菌剂后的整个生育期内,土壤有益菌(细菌、放线菌)数量增加的幅度均比 CK 增加的幅度大,减少的幅度均比 CK 减少的幅度小;真菌数量则是 CK 增加的幅度最大,数量最多。说明微生物菌剂有助于增加土壤中的有益微生物,减少有害微生物,其中表现突出的为 T2 和 T6,即叶面喷施+根部冲施润康源 EM 原液(各 100 倍液)和冲施华微氮磷钾'A50'70 倍液,植株喷清水。

土壤酶主要来源于植物根系分泌物、动植物残体腐解过程和土壤微生物代谢过程。Garcia C 等(2001)研究认为,土壤酶参与土壤的发生和发育以及土壤有效肥力形成有关过程的主要环节。还有不少研究表明,土壤酶活性与施肥措施和土壤养分含量高低有直接关系。张春兰等(2008)在研究生物有机肥减轻设施栽培黄瓜连作障碍的效果时看出,施肥后的土壤微生物数量增多,土壤酶活性提高,作物抗逆性增强。连作大蒜施入 EM 有利于改善根际土壤的微生物结构,增强根际土壤多酚氧化酶、脲酶、磷酸酶和过氧化氢酶活性,提高土壤肥力,从而达到缓解大蒜连作障碍的效果。

在哈密瓜整个生长时期内,各处理土壤脲酶活性呈下降趋势,蔗糖酶活性先降低后升高,这可能是土壤微生物与施肥共同作用的结果。根部冲施微生物菌剂均能降低土壤多酚氧化酶活性,增强过氧化物酶活性,同样以 T2 和 T6 效果显著。

综上所述,施入微生物菌剂有利于改善设施哈密瓜土壤的微生物结构,促进有益微生物正常活动和繁殖,抑制有害病菌的生长,增加有益酶活性,增强土壤生产力的可持续性,从而达到保护和改善土壤环境的效果。随着世界有机农业的发展,微生物菌剂将具有更加广阔的应用前景。

三、三叶草及微生物菌剂对设施番茄及土壤的影响

在宁夏回族自治区贺兰园艺产业园内的日光温室内,供试土壤为沙质壤土,肥力中等,土壤养分状况如表 5-29 所示。

表 5-29 土壤养分状况

pH	电导率/(mS/cm)	有机质/(g/kg)	速效氮/(mg/kg)	速效磷/(mg/kg)	速效钾/(mg/kg)
8.85	2.11	30.6	179	31.5	1 027

供试番茄品种为倍盈。供试微生物菌剂为 EM 益生菌:EM 原液(润康源)、微生物菌剂 1 号(启明生物)、N、P、K'A50'(华微生物)、激抗菌'968'(福田生物)。试验设置 6 个处理,3 次重复,采用随机区组设计,小区面积为 8 m×1.4 m。番茄于 2011 年 9 月初定植,在定植后套作,三叶草处理在番茄定植穴内播三叶草种子,其他处理于缓苗后进行微生物菌剂灌根,具体处理如表 5-30 所示,其他管理措施均相同。

表 5-30 试验设计

处理编号	具体方法
T1	根部灌施润康源 EM 原液(冲施专用,500 mL/株)100 倍液
T2	套作三叶草
T3	灌施微生物菌剂 1 号 250 倍液(500 mL/株)
T4	灌施华微 N、P、K'A50'70 倍液(500 mL/株)
T5	灌施激抗菌'968'200 倍液(500 mL/株)
T6(CK)	空白对照

（一）不同处理对土壤质量的影响

由表 5-31 可以看出，土壤 pH 在结果中期 T2 最小，然后是 T4、T3 和 T1，CK 的 pH 为最大。在采收盛期的 pH 方面，T1、T2、T3、T5 和 CK 差异不显著，只有 T4 显著低于其他处理，两个时期相比，只有 T2 的 pH 升高，其他处理 pH 均有所降低。在全盐方面，2 次取样都是 T2 最低，T1、T3、T5、CK 的全盐含量最高，且采收盛期的各个处理的全盐含量均显著高于结果前期的全盐含量。2 个时期的有机质含量均是 CK 最低，结果前期的有机质含量以 T2 为最高，其次是 T5；采收盛期的有机质含量以 T4 为最高，其次是 T2 和 T5。两个时期进行对比，只有 T4 的有机质增加，其他处理均减少。两个时期的速效氮含量均以 T2 为最高，其次是 T4 和 T3，T1、T5 和 CK 较低。结果中期与采收盛期相比，T2 和 T4 的速效氮含量增加，其他处理均有所降低。2 个时期的速效磷含量均以 T2 为最高，其次是 T4 和 T3，T1、T5 和 CK 较低。结果中期与采收盛期相比，T2 和 T4 的速效磷含量增加，其他处理均有所降低。2 个时期的速效钾含量均以 T4 为最高，其次是 T5 和 T2，以 CK 的速效钾含量为最少，2 个时期相比只有 T4 速效钾含量增加，其他处理均减少。

以上结果说明，与 CK 相比，各处理均不同程度地改善了土壤质量，尤以 T2 和 T4 即套作三叶草和增施华微 N、P、K‘A50’效果显著，其中增施华微 N、P、K‘A50’可显著降低土壤 pH，提高有机质、速效氮、磷、钾含量，套作三叶草能明显降低土壤全盐含量，增加土壤的速效氮和速效磷。

表 5-31　番茄不同生长期各处理土壤的质量状况

取样时期	处理编号	pH	全盐/(g/kg)	有机质/(g/kg)	速效氮/(mg/kg)	速效磷/(mg/kg)	速效钾/(mg/kg)
结果中期	T1	8.06c	2.02c	21.9e	98c	28.9e	312d
	T2	7.95d	1.6d	36.2a	140a	77.3b	462c
	T3	8.02cd	2.09c	26.2c	121b	37.4c	325d
	T4	7.98cd	2.28b	23.3d	113b	82.3a	588a
	T5	8.22b	2.12bc	31.8b	103c	31d	550b
	T6(CK)	8.39a	2.5a	17.1f	96c	22.1f	270e
采收盛期	T1	8.02a	3.08c	15.4c	103d	18.6bc	305c
	T2	8.03a	2.18e	25.6b	186a	22.6b	400b
	T3	8.01a	2.42d	18.6bc	116c	13.6cd	235d
	T4	7.75b	4.18b	51.6a	124b	113.8a	600a
	T5	8.03a	2.48d	23b	102d	16.3c	400b
	T6(CK)	8.05a	4.66a	12.2d	82e	11.6d	205d

注：数据后不同字母表示同一时期不同处理差异显著（$P < 0.05$）。

（二）不同处理对土壤酶活性的影响

1. 不同微生物菌剂处理对土壤脲酶活性变化的影响

土壤脲酶作为唯一作用于肥料（尿素）的土壤酶类，其活性与土壤微生物数量、有机质含量、全氮和速效氮含量呈正相关,常用土壤的脲酶活性表征土壤氮素状况。由图 5-27 可知,在番茄结果中期,T3 的脲酶活性最高;在采收盛期,T4 的土壤脲酶活性最高,且 T1、T2、T4、T5 的脲酶活性增加,尤其是处理 4 增加幅度达 106%。说明增施华微 N、P、K 'A50'显著增加土壤脲酶活性,提高土壤氮素水平,EM 灌根、套作三叶草和灌施激抗菌'968'也不同程度地提高土壤脲酶活性。

2. 不同微生物菌剂处理对土壤蔗糖酶活性变化的影响

蔗糖酶能酶促蔗糖水解成还原糖,其活性与土壤中的腐殖质、水溶性有机质和黏粒的含量以及微生物数量及其活动呈正相关。随土壤熟化程度的提高,蔗糖酶的活性增强。常用土壤蔗糖酶活性来表征土壤的熟化程度和肥力水平。从图 5-28 可以看出,不同处理对土壤蔗糖酶的影响不同。在结果中期,T2、T3、T4、T5 的蔗糖酶活性均较高;在采收盛期,只有 T2 的蔗糖酶活性有所增加,其他处理均降低,其中 T4 和 T1 降低后的量还相对较高,而 CK 的蔗糖酶活性已微乎其微。表明套作三叶草显著增加土壤蔗糖酶活性,EM 灌根和增施华微 N、P、K 'A50'较其他处理更好地保持了土壤蔗糖酶活性。

3. 不同微生物菌剂处理对土壤多酚氧化酶活性变化的影响

在土壤中芳香族化合物转化成腐殖质的过程中,多酚氧化酶起重要作用。多酚氧化酶促进土壤有机碳的累积,改善土壤物理性状,其活性与土壤腐殖化程度呈负相关。测定土壤多酚氧化酶活性能在一定程度上了解土壤腐殖化进程。由图 5-29 可以发现,各处理的土壤多酚氧化酶活性均降低,降低的幅度以 T1 为最高,其次是 T5,分别为 71% 和 66%。说明在番茄生长过程中,土壤腐殖化程度均有所提高,其中 EM 灌根和灌施激抗菌'968'的效果显著。

4. 不同微生物菌剂处理对土壤过氧化物酶活性变化的影响

由于土壤微生物的活动在土壤中积累了一定的过氧化物和其他还原型有机物质,促使酶促反应进行。从图 5-30 可知,T1 和 T2 的土壤过氧化物酶活性明显增加,增加幅度分别为 142% 和 25%,其他处理在采收盛期的土壤过氧化物酶活性比结果中期的土壤过氧化物酶活性比均有所降低,表明 EM 灌根和套作三叶草可显著提高土壤过氧化物酶活性。

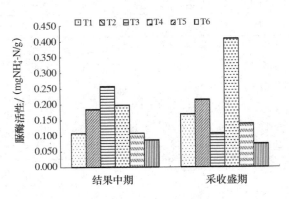

图 5-27　不同处理的脲酶活性变化

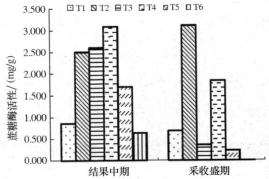

图 5-28　不同处理的蔗糖酶活性变化

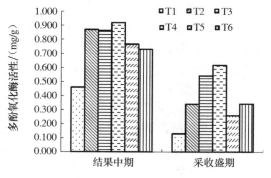

图 5-29　不同处理的多酚氧化酶活性变化

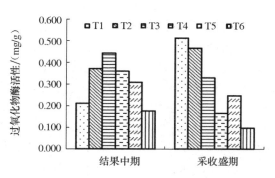

图 5-30　不同处理的过氧化物酶活性变化

5. 不同处理对番茄单株产量的影响

由图 5-31 可以看出,不同处理的番茄平均单株产量不同,其中 T4 产量最高,达 5.06 kg,其次是 T1 和 T2,再次是 T3、T5 和 T6,表明增施华微 N、P、K 'A50' 可以显著提高番茄产量,其次是冲施 EM 菌剂和套作三叶草

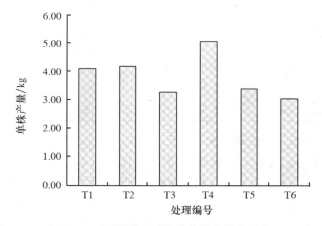

图 5-31　不同处理对番茄单株产量的影响

本试验的研究结果显示,各处理较 CK 均不同程度地改善了土壤质量,尤以 T2 和 T4 即套作三叶草和增施华微 N、P、K 'A50'效果显著,其中增施华微 N、P、K 'A50'可显著降低土壤 pH、提高有机质、速效氮、磷、钾含量,增加土壤脲酶活性,提高土壤氮素水平,保持土壤蔗糖酶活性,并显著提高番茄产量;套作三叶草明显降低了土壤全盐含量,增加了土壤中速效氮和速效磷,提高土壤脲酶、蔗糖酶、过氧化物酶活性和番茄产量;EM 灌根显著降低土壤多酚氧化酶活性,提高土壤腐殖化程度、土壤过氧化物酶活性,也较大程度地提高了土壤脲酶活性,保持土壤蔗糖酶活性,并提高番茄产量;灌施激抗菌'968'显著降低了土壤多酚氧化酶活性,同时较大程度地提高了土壤脲酶活性。

四、EM 对生菜生长发育及产量品质的影响

近年来,宁夏设施农业发展迅速。然而设施蔬菜栽培普遍存在着病虫害发生严重、农药

用量大、化肥及各类激素失衡、土壤肥力下降、产品质量和产量降低等问题。这些问题成为制约设施蔬菜可持续发展的主要因素。EM 是一种新型复合微生物菌剂,由日本硫球大学的比嘉照夫教授研制。其主要由光合细菌、放线菌、酵母菌、乳酸菌等 10 个属 80 多种微生物按适当的比例和独特的发酵工艺研制而成的有效微生物群(Effective Micro-organism,EM)。通过自身各种微生物生命活动过程中的多种作用,EM 外援微生物菌剂发挥多种功能,它对土壤及植物产生有益的影响。

在日本,EM 的试验研究和示范推广已成为日本自然农法国际研究开发中心的一项重要工作。我国于 1992 年由中国农业大学、江苏国际文化交流中心等科研单位与日本自然农法国际研究中心合作。我国引进 EM 技术已取得了明显的社会效益、经济效益、生态效益。

本研究通过在设施土壤栽培条件下应用 EM 外援微生物菌剂,以结球生菜为材料,分析叶面喷施不同浓度 EM 益生菌原液对生菜生长发育、产量及品质的有益影响,为温室生菜安全、优质、高产、高效栽培和 EM 益生菌在生态农业中的进一步推广和应用提供依据。研究人员于宁夏回族自治区贺兰园艺产业园的日光温室内,供试土壤为沙质壤土,前茬为大蒜进行测试。土壤肥力中等,灌排水方便。温室的长为 50 m,净跨 6.5 m,脊高为 3.5 m,墙体基部厚度为 1.4 m,冬季加盖草帘保温(表 5-32)。

表 5-32　土壤养分状况

时期	pH	全盐/(g/kg)	有机质/(g/kg)	速效氮/(mg/kg)	速效磷/(mg/kg)	速效钾/(mg/kg)	每克干土含微生物总量/($\times 10^4$ cfu)
茬采收后	8.7	1.55	20.7	93	18.4	562	—
施入底肥后	8	5.78	35.6	256	39.5	1 138	487.7×10^4

供试生菜品种为飞翔 100 结球生菜。供试 EM 益生菌:润康源 EM 原液(叶面专用)。试验设置 4 个处理,3 次重复,采用随机区组设计,小区面积为 8 m×1.2 m。生菜于 2011 年 4 月 8 日定植,在定植前施足底肥,在定植后的每半个月(15 d)进行叶面喷施润康源 EM 原液(叶面专用)。4 个处理分别为:(1:100)倍液、(1:200)倍液、(1:300)倍液,喷施清水做对照,其他管理措施均相同,6 月 8 日采收。在生长期,随时监测病虫害发生情况;在采收时,每处理随机取 5 株调查生菜生长发育指标,每小区单独测产。采收后,随机取样测定不同处理生菜的品质指标:可溶性糖、有机酸、维生素 C。其中蒽酮法测定可溶性糖,碱溶液滴定法测定有机酸,钼蓝比色法测定维生素 C 含量。

(一)不同浓度 EM 处理对生菜生长发育及抗性的影响

由表 5-33 可以看出,EM 200 倍液喷施的生菜叶长及叶宽均最大,其次是 EM 300 倍液,喷施清水的生菜叶片最小;EM 200 倍液、EM 300 倍液的生菜结球以下的叶片数为 8,喷施清水及 EM 100 倍液的生菜结球以下的叶片数为 7;结球直径以 200 倍液最大,其次是 300 倍液,然后是 100 倍液,喷施清水的生菜,结球最小。

生菜生长后期发生的病害主要为茎腐病。其发病程度以 EM 200 倍液为最轻,EM 100 倍液及 EM 300 倍液较轻,对照清水较重;其虫害主要为蚜虫,EM 200 倍液及清水处理的蚜虫很少,EM 100 倍液及 EM 300 倍液处理的蚜虫相对较多。由此可见,喷施不同浓度的 EM 均可增加叶长、叶宽和结球直径,即叶片喷施不同浓度的 EM 可以提高生菜的生长势,提高抗病性。其中 EM 200 倍液喷施的生菜无论从叶片大小、结球直径，还是抗病虫害的能力方面效果，都明显优于其他处理。

表 5-33　不同浓度 EM 处理对生菜生长发育及抗性的影响

处理编号	叶长/cm	叶宽/cm	叶片数/片	结球直径/cm	病害(茎腐病)	虫害(蚜虫)
T1	20.7	15.2	7	15.8	较轻	较多
T2	25.3	19.4	8	17.4	很轻	较少
T3	22.5	18.7	8	16.9	较轻	较多
T4(CK)	19.8	14.9	7	15.1	较重	较少

注：叶长、叶宽、叶片数均指生菜结球以下的叶片。

(二)不同浓度 EM 处理对生菜产量及品质的影响

从表 5-34 可以看出，EM 对生菜产量的提高具有显著的促进作用。喷施不同浓度的 EM后，生菜的产量均有增加，对照喷施清水的单株产量最低。其中 T2 的增产幅度达到22.25%，其他依次为 T3 和 T1。说明叶面喷施 EM 对生菜的生长具有良好的促进作用，达到了增产的效果，尤以 T2 更突出。

喷施 EM 后生菜叶片中含水量均低于 CK，高低顺序为 CK＞T2＞T3＞T1；总糖含量均高于 CK，且 T2 最高，其次是 T1；总酸含量除 T3 为 0.07 g/100 g 外，其他均为 0.06 g/100 g；维生素 C 含量均高于 CK，其中 T2 高出 CK 4.25 倍。说明喷施 EM 可以增加生菜中的总糖、维生素 C 的含量，但对总酸含量的影响不大，从而能提高蔬菜品质和口感，尤其以喷施 200 倍液 EM 的处理提高品质的效果更明显。

表 5-34　不同浓度 EM 处理对生菜产量及品质的影响

处理编号	平均单株重/g	干重/g	含水量/%	总糖/(g/100 g)	总酸/(g/100 g)	维生素 C/(mg/100 g)
T1	465.57	24.37	94.84	2.28	0.06	1.96
T2	557.62	26.43	95.33	2.72	0.06	4.17
T3	472.83	23.58	95.13	1.95	0.07	1.72
T4(CK)	456.14	17.05	96.32	1.82	0.06	0.98

注：总酸含量以草酸计。

EM 益生菌的基本功能就是创造良性生态，恰当施用就会产生抗氧化物质，消除腐败，清除氧化物质，抑制病原菌，增强或形成有利于植物生长的良好环境，并产生大量易为植物利用的有益物质，提高植物的免疫功能，促进其健康生长，形成无公害、无污染的绿色产品。

本项目试验结果表明，在栽培生菜过程中喷施 EM 可以明显地促进生菜的生长，对防病增产具有的良好作用，并且能改善生菜的品质，特别对维生素 C 和总糖含量的提高具有明显的促进作用。EM 本身无污染、无毒副作用，它的应用符合目前绿色食品的发展方向，有利于大面积推广。EM 益生菌可以在生菜生长的全生长期施用，其以 200 倍液 EM 喷施的浓度的效果最佳。

五、EM 施入方式对设施土壤环境及黄瓜的影响

对 EM 在黄河上游地区日光温室土壤及黄瓜上应用效果进行研究,旨在为设施黄瓜有机栽培和安全生产提供理论依据和技术支撑。于 2012 年 3—9 月在宁夏旱作节水高效农业示范园日光温室内进行,黄瓜品种为德尔 99。供试黄瓜于 2012 年 3 月 18 日定植,定植株行距为 25 cm×40 cm,栽培方式为高畦覆膜栽培,灌溉采用膜下滴灌。试验设置 4 个处理,3 次重复,采用随机区组设计,小区面积为 6 m×2.2 m,在黄瓜定植前期(生长前期)、生长中期、生长中后期,分 3 次进行 EM 处理,试验处理方见表 5-35。

表 5-35　试验处理方式

处理编号	处理方式
T1	叶面喷施清水(CK)
T2	EM100 倍液叶面喷施
T3	EM100 倍液喷施+灌根
T4	EM100 倍液灌根

(一)EM 不同使用方式对土壤化学性状的影响

从表 5-36 可以看出,在定植前、中后期各处理的 pH 无明显变化,差异不显著;在全盐方面,由于 EM 的不同使用方式,在生长中后期,各处理较定植前期均有较大变化,且各处理之间差异显著,尤其是 T3 和 T4;在生长后期,各处理的全盐含量均有所下降,且 T3 和 T4 下降较为明显,T3 从定植前的 4.78 g/kg 下降至生长后期的 1.78 g/kg,下降了 62.76%,T4 从定植前的 4.78 g/kg 下降为 1.9 g/kg,下降了 60.25%;有机质方面,在生长中后期,T3 和 T4 显著高于 T2 和 T1;在速效养分变化方面,速效氮、速效磷、速效钾的变化趋势与全盐变化基本一致,T3 的速效氮从定植前的 256 mg/kg 下降至生长后期的 107 mg/kg,下降了 58.2%,T4 的速效氮从定植前的 256 mg/kg 下降至生长后期的 131 mg/kg,下降了 48.82%,而 T1 则从定植前的 256 mg/kg 下降至生长后期的 173 mg/kg,下降了 32.42%,T3 的下降百分比为 T1 的 1.79 倍。说明 EM 的施用有助于提高黄瓜对速效氮的吸收利用效率,且顺序大小为 T3>T4>T2>T1(CK)。各处理的速效磷和速效钾利用效率高低关系与速效氮相一致。

表 5-36　EM 不同使用方式对土壤养分状况的影响

生长时期	处理编号	pH	全盐/(g/kg)	有机质/(g/kg)	速效氮/(mg/kg)	速效磷/(mg/kg)	速效钾/(mg/kg)
定植前期	T1	8.04a	4.78a	35.6a	256a	39.5a	1 135a
	T2	8.01a	4.79a	35.6a	255a	39.7a	1 137a
	T3	7.99a	4.77a	35.7a	258a	39.9a	1 138a
	T4	8.02a	4.78a	35.7a	256a	39.7a	1 138a

续表 5-36

生长时期	处理编号	pH	全盐/(g/kg)	有机质/(g/kg)	速效氮/(mg/kg)	速效磷/(mg/kg)	速效钾/(mg/kg)
生长中期	T1	8.08a	3.22a	29.6c	132bc	29.5bc	888bc
	T2	8.07a	2.5b	33.4b	146b	33.1b	938b
	T3	8.03a	2.04c	37.4a	195a	81.2a	1 025a
	T4	8.04a	2.40b	34.6ab	141b	32.6b	950b
生长后期	T1	8.10a	2.85a	25.9b	107c	24.0c	612c
	T2	8.06a	2.07b	24.5b	131b	26.6b	762b
	T3	8.05a	1.78c	31.4a	173a	80.0a	875a
	T4	8.05a	1.90c	30.8a	132b	31.3b	775b

注:数据后不同字母表示同一时期不同处理差异显著($P < 0.05$),下同。

(二)EM 不同使用方式对土壤酶活性的影响

1. EM 不同使用方式对土壤脲酶活性的影响

土壤脲酶作为唯一作用于肥料(尿素)的土壤酶类,能促进有机质分子中肽键的水解,在土壤营养物质转化、环境保护与监测等方面具有重要的环境意义。土壤脲酶活性与土壤微生物数量、有机质含量、全氮和速效氮含量呈正相关。常用土壤的脲酶活性表征土壤氮素状况。由图 5-32 可知,在黄瓜的整个生长期,土壤脲酶活性持续下降,但下降的程度差异显著。各处理土壤脲酶活性大小关系为 T3>T4>T2>T1(CK)。

2. EM 不同使用方式对土壤蔗糖酶活性的影响

蔗糖酶能酶促蔗糖水解成还原糖,其活性与土壤中腐殖质、水溶性有机质和黏粒的含量以及微生物数量及其活动呈正相关。随土壤熟化程度的提高,蔗糖酶的活性增强。常用土壤蔗糖酶活性来表征土壤的熟化程度和肥力水平。从图 5-33 可以看出,不同处理的土壤蔗糖酶活性均在降低,只有 T3 在生长后期显著升高,说明 EM100 倍液喷施+灌根处理能显著提高后期土壤蔗糖酶活性,其他处理土壤蔗糖酶活性降低的程度为 EM100 倍液灌根>EM100 倍液叶面喷施>CK。

3. EM 不同使用方式对土壤多酚氧化酶活性的影响

在土壤中芳香族化合物转化成腐殖质的过程中,多酚氧化酶起重要作用,促进土壤有机碳的累积,改善土壤物理性状,其活性与土壤腐殖化程度呈负相关。其通过测定土壤多酚氧化酶活性,能在一定程度上了解土壤腐殖化进程。由图 5-34 可以看出,在黄瓜生长期内,不同方式的 EM 处理的土壤多酚氧化酶活性的变化趋势均持续下降,只有 CK 在后期显著升高。说明 EM 处理的土壤腐殖化程度高,且效果为 EM100 倍液喷施+灌根>EM100 倍液灌根>EM100 倍液喷施。

4. EM 不同使用方式对过氧化物酶活性的影响

由于土壤微生物活动在土壤中积累了一定过氧化物和其他还原型有机物质,促使酶促反应进行。从图 5-35 可以看出,在整个生育期内,过氧化物酶活性呈先增加后减少的变化规律,而所有 EM 处理在各时期均比 CK(清水喷液)的过氧化物酶活性高。说明 EM 的使用有助于土壤中过氧化物酶活性的提高,且各处理之间差异显著。在整个生长期均是 EM100 倍液喷施+灌根为最高,其次是 EM100 倍液灌根,最后是 EM100 倍液叶面喷施。

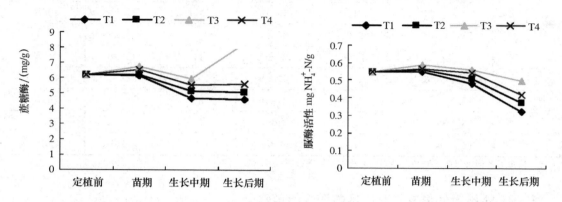

图 5-32　EM 不同使用方式对土壤脲酶活性的影响　　图 5-33　EM 不同使用方式对土壤蔗糖酶活性的影响

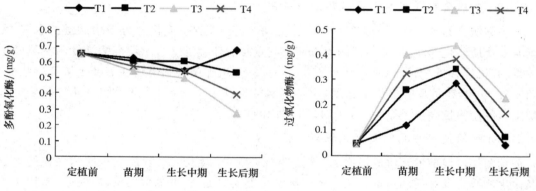

图 5-34　EM 不同使用方式对土壤多酚氧化酶
活性的影响

图 5-35　EM 不同使用方式对土壤过氧化物
酶活性的影响

(三)EM 不同使用方式对土壤微生物变化的影响

EM 不同使用方式处理黄瓜的土壤中细菌数量的变化,如图 5-36 所示。在苗期和生长中期,各处理的细菌数量差异不大;到生长后期,T2 和 T3 的细菌数量急速增加,分别比生长中期增加了 392.8% 和 172.1%,T4 稍有增加,CK 有所减少。

细菌中的重要菌群-芽孢杆菌在苗期和生长中期都是 T2 和 T4 数量较多,而且这两个处理的中期比苗期均有较大幅度增加;在生长后期,各处理的芽孢杆菌数量均极明显少于苗期和生长中期,甚至可忽略不计,如图 5-37 所示。

在土壤真菌的变化方面(图 5-38),在苗期和生长中期,T4 的真菌数量均最多且有所增加,其他处理真菌数量均在减少且相差不大;到生长后期,T1 和 T2 真菌数量明显增加,其他处理减少。

土壤放线菌数量的变化(图 5-39)在整体上随黄瓜的生长,各处理放线菌数量都在明显减少,且每个时期的放线菌数量均是以 T2 为最多,其次是 T1,然后是 T3、T4,且两者差异不大。

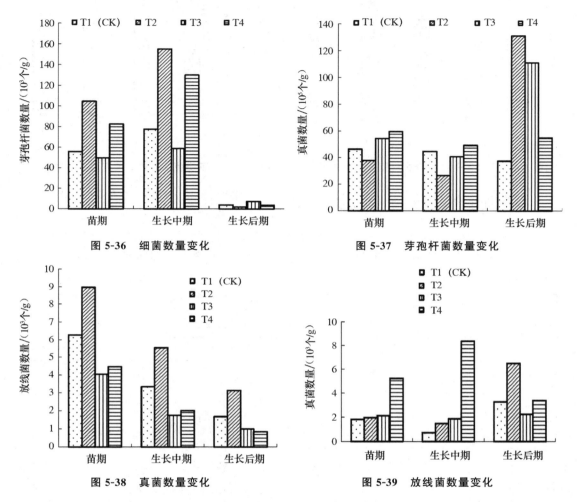

图 5-36　细菌数量变化

图 5-37　芽孢杆菌数量变化

图 5-38　真菌数量变化

图 5-39　放线菌数量变化

土壤微生物数量以细菌为最多,远多于放线菌和真菌。一般认为,土壤微生物数量表现为细菌＞放线菌＞真菌,但也有真菌比放线菌稍多的报道。土壤中细菌可能是对土壤生态系统贡献最大的类群,它们比整个微生物群体更容易遭受土壤生态系统变化的影响,土壤真菌的变化是土壤地力衰竭的标志之一。随着黄瓜的生长,T2、T3、T4 的细菌数量均有所增加,T3、T4 的真菌数量减少,表明增施 EM 对增加土壤细菌数量,减少真菌数量有显著作用,有效抑制了土壤微生物区系从高肥的"细菌型"土壤向低肥的"真菌型"土壤转化。尤以叶面喷施 EM 对增加细菌、放线菌数量效果明显,冲施 EM 对降低真菌数量效果明显。

(四)EM 不同使用方式对黄瓜产量的影响

从图 5-40 可知,各处理黄瓜产量大小关系为 T3＞T2＞T4＞T1(CK),且 T3 为 T1 的 1.29 倍,达到极显著水平;在单瓜质量方面(图 5-41),其单瓜平均质量大小关系与亩产量大小关系相一致,且达到极显著水平。

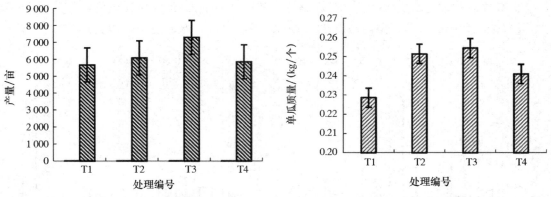

图 5-40　EM 不同使用方式对黄瓜产量的影响　　　图 5-41　EM 不同使用方式对黄瓜单瓜质量的影响

(五)EM 不同使用方式对黄瓜品质的影响

在品质方面(表 5-37),T2 和 T3 的可溶性糖均高于 T1(CK),且达到差异显著水平,而 T4 却差异不显著;各处理可滴定酸含量差异不显著;在维生素 C 含量方面,T2 和 T3 均明显高于 CK,且分别高出 20.18% 和 19.72%,达到显著水平,T4 略低于 T2 和 T3,但却高于 CK。说明 EM 的使用能提高黄瓜的品质,且叶面喷施比灌根施用更加有助于黄瓜品质的提升。

表 5-37　EM 不同使用方式对黄瓜品质的影响

处理编号	可溶性糖/(g/100 g)	可滴定酸/(g/100 g)	维生素 C/(mg/100 g)
T1	2.37a	0.06a	8.82a
T2	2.48b	0.06a	10.6c
T3	2.48b	0.06a	10.56c
T4	2.41ab	0.06a	9.42b

本研究表明,在日光温室中施用 EM 有助于改善土壤理化性状,提高黄瓜对速效养分的吸收利用效率;能够增加土壤脲酶、蔗糖酶、过氧化物酶活性,降低土壤多酚氧化酶活性,以 EM100 倍液喷施＋灌根处理效果最好;增施 EM 对增加土壤细菌数量,减少真菌数量有显著作用,有效抑制了土壤微生物区系从高肥的"细菌型"土壤向低肥的"真菌型"土壤转化。尤以叶面喷施 EM 对增加细菌、放线菌数量效果明显,冲施 EM 对降低真菌数量效果明显,同时 EM100 倍液喷施＋灌根处理能明显提高产量,对黄瓜品质也会有一定的影响,叶面喷施比灌根施用更加有助于提高黄瓜可溶性糖和维生素 C 的含量。

第三节　蔬菜有机化生产基地土壤改良

在蔬菜有机化生产过程中,常以腐熟的牛粪、羊粪等作为肥源。有机肥料施用种类单一,施用量大。氮素是作物生长必需的大量营养元素。由于有机肥中的大部分氮为有机氮,不能被作物直接吸收和利用。因此,对于长期耕作的有机蔬菜田而言,氮素是制约蔬菜有机化优质高产栽培的重要因素。生物炭是由农林废弃物在缺氧或无氧的条件下经过高温裂解产生的一种土壤调节剂。因其具有丰富的孔隙结构、大的比表面积、小的比重、稳定的理化性质和丰富的表面官能团等特性，将其添加到土壤中势必改变土壤理化性质，进而影响土壤氮素的转化与变化，对蔬菜有机化地土壤改良也具有显著的作用。

一、生物炭改良土壤的研究进展

（一）生物炭影响土壤物理性质

生物炭的连接性、丰富的孔隙结构、大的比表面积、颗粒机械强度和颗粒大小等性质均影响到土壤孔隙结构。其对土壤孔隙的影响研究者主要持两种观点：①生物炭能够增加土壤孔隙度，且孔隙度改变能力与其用量呈正相关。如 Githinji 等（2011）通过设置生物炭和土壤的不同配比培养试验，研究了生物炭用量对土壤孔隙度的影响，发现当生物炭用量分别为25.0%、50.0%、75.0%和100.0%时，土壤孔隙度比对照（不施生物炭）分别增加了10.0%、22.0%、38.0%和56.0%。②适量施用生物炭降低了土壤孔隙度，而高量施用生物炭却增加了土壤孔隙度。田丹等（2013）用花生壳生物炭为试验对象，通过室内水平土柱培养发现，当粉沙土中的生物炭用量为 0.1 g/g 时，土壤孔隙度减小；当生物炭用量增大到 0.15 g/g 时，土壤孔隙度却从48.0%增加至49.9%。Devereux 等（2012）通过 X-ray 计算机扫描土壤孔隙时发现，当生物炭和土壤的质量比为1.5%时，土壤孔隙度低于对照；当比例增加到5%时，土壤孔隙度则高于对照处理。其原因是当生物炭用量较少时，生物炭具有的细粒子结构阻塞了土壤原有的大孔隙，大孔隙减少。

一般认为，不同质地土壤的不同孔隙度和孔隙结构是含水量变化的重要原因。沙质土粒径较大，保水能力较差，添加生物炭后土壤颗粒间的接触程度增加，大孔隙减少，却增加了小孔隙，形成微孔结构，从而提高了保水能力；黏土质地较黏重，施用生物炭可降低土壤含水量。除了土壤质地，生物炭对土壤水分的影响还受制作工艺、用量及生物炭类型的影响。Novak 等（2009）研究了不同裂解温度（200～700 ℃）、不同原料（花生壳、核桃壳、家禽粪便和柳枝稷）制备的生物炭对土壤性质的影响，发现当生物炭用量相同时，400 ℃制备的花生壳生物炭和200 ℃、500 ℃制备的柳枝稷生物炭可以显著增加土壤含水量，而其他原料制备的生物炭对土壤含水量的影响不显著。Shafie 等（2012）的研究同样表明，在相同生物炭用量下，油棕榈空果串在 300 ℃和 350 ℃热解制备的生物炭保水能力没有 400 ℃制备的生物炭保水能力强。Devereux 等（2012）以生物炭和沙壤土为试验对象，基于培养试验研究了不同质量配比（0.0%、1.5%、2.5%、5.0%）的土壤含水量变化。其结果表明，土壤含水量随生物炭用量的增加而增加。

生物炭因其比重远低于土壤，施入土壤，势必会降低土壤容重。Eastman（2011）研究发现，当粉沙土中生物炭的用量为 25 g/kg 时，土壤容重从 1.52 g/cm³ 降低到 1.33 g/cm³，降幅达 14.3%。陈红霞等（2011）以秸秆生物炭为材料，基于 3 年定位试验研究了生物炭和矿质肥料配施对砂姜黑土影响。其结果表明，施用生物炭后表层（0～7.5 cm）土壤容重降幅为 4.5%～6.0%。房彬等（2014）将玉米和油菜秸秆生物炭添加到石灰土中发现，土壤容重随生物炭用量的增加呈显著降低趋势，当用量为 50 t/hm² 和 100 t/hm² 时，土壤容重的降低幅度分别为

14.6%和32.5%。生物炭改变土壤容重不仅是生物炭物理机械性能的作用,还与土壤真菌相互作用有关(生物炭的输入增加了真菌土壤的紧实度,而菌丝和根系的发展又反过来影响土壤容重)。

生物炭为黑色颗粒状物质,将其施入土壤势必加深土壤颜色,增强土壤的吸热能力,提高土温等,从而最终影响土壤热量传递、储存及地表能量平衡。目前关于生物炭添加对土壤热量变化和能量平衡的研究报道较少。Ventura 等(2012)发现,经生物炭处理的土壤 0～7.5 cm 土层平均温度增加显著,7.5 cm 以下土层温度变化不明显。Zhang 等(2013)基于华中地区长期定位试验发现,生物炭对调节 5 cm 以上土层温度有显著的作用,与对照相比,施加生物炭的土壤夏季高温时土壤温度降低 0.8 ℃,冬季低温时升高 0.6 ℃,具有削峰填谷的作用,并且土壤昼夜温度的变化也具有这一趋势。

(二)生物炭影响土壤化学性质

pH 降低是农业土壤肥力质量退化的一重要指标。据统计,由于化肥的大量使用和酸雨的沉降作用,1980—2008 年,全国 6 大类农业的土壤 pH 降幅为 0.13～0.80。土壤中长期存在大量的 H^+ 将提高金属元素的水溶性、作物有效性和迁移性。Yuan 等(2011)认为,生物炭能降低比自身 pH 低的土壤的酸性及比它的 pH 高的土壤的碱性,且不受制作材料的限制。如 Chintala 等(2013)将 3 种原料(玉米秸秆、柳枝稷、松木)制成的生物炭分别施入酸性和碱性这两种土壤中发现,在酸性土壤中施入生物炭,其土壤 pH 呈增大趋势,且随着施入量的增加而增大,碱性土壤的 pH 呈降低趋势。Novak 等(2009)将核桃壳生物炭(pH 为 7.3)施入 pH 为 4.8 的酸性土壤发现,其 pH 提升到 6.3。其原因可能是生物炭含有的 K、Ca、Mg 和 CO_3^{2-} 等盐基离子都能溶解在水中,且生物炭表面含有大量的含氧官能团,进入土壤将以交换吸附的方式交换土壤中的 H^+ 和 Al^{3+},导致土壤 pH 升高。

在研究土壤调节剂中,阳离子交换量(CEC)能够用来估计土壤保留/吸收和交换阳离子的能力,是衡量土壤肥力的一项重要指标,一直受到研究者们强烈关注。Hossain(2010)将生物炭和肥料混合施入澳大利亚悉尼西南地区土壤发现,土壤的 CEC 提高了 40%。陈心想(2013)等通过盆栽试验将不等量生物炭施入陕西塿土和新积土中发现,施用生物炭的土壤与 CK 相比,土壤的 CEC 提高了 1.5%～58.2%。生物炭因具有羧基官能团。其在氧化过程中形成的芳香族炭是提高土壤的 CEC 的主要原因。关于生物炭对土壤电导率影响的研究较少,作为土壤添加剂的生物炭的电导性一般为 0.4～3.2,生物炭的添加将改变土壤电导率。

(三)生物炭影响土壤中氮素转化

在有机蔬菜中,有机肥矿化产生的无机氮是植物的主要氮素来源。首先有机氮经过氨化作用转化为铵态氮;然后,铵态氮参与硝化作用产生硝态氮。铵态氮和硝态氮为植物可利用氮素的主要来源。其中,硝化作用($NH_3 \rightarrow NO_2^- \rightarrow NO_3^-$)决定着作物对氮素的有效利用程度,其被视为氮转化过程的关键环节。硝化作用又分 2 个阶段进行:首先,将氨态氮氧化为亚硝态氮的氨氧化过程(也称亚硝化作用),其次是将亚硝态氮氧化为硝态氮的亚硝酸盐氧化作用。而氨氧化过程是硝化作用的第一步,其被认为是植物可利用氮素供应的限速步骤。在有机蔬菜中,添加的生物炭通过改变土壤水分、热量、容重和酸碱度等而引起土壤微生物的变化,继而影响蔬菜有机化的土壤固氮作用、氨化作用、硝化作用和反硝化作用等生物进程。

1. 生物炭对固氮作用的影响

固氮是在特定的条件下将 N_2 还原成铵的过程。生物固氮是固氮微生物特有的一种功能。其由含有 $nifD$、$nifK$、$nifH$ 基因编码的拜叶林克氏菌属($Beijerinckia$)、固氮菌属($Azotobacter$)、类芽孢杆菌属($Paenibacillus$)、着色菌属($Chromotium$)、假单胞菌属($Pseudomonas$)等微生物类群催化完成反应。由于 $nifD$ 和 $nifK$ 基因序列较短,因此,本研究主要基于对 $nifH$ 序列的系统分析。

一般认为电导率的变化将影响微生物的丰度,尤其是固氮微生物的丰度。如顿圆圆等(2015)以黑土为试验对象发现,电导率增加的同时好氧固氮菌显著增加,硝化细菌和亚硝化细菌数量虽有增加,但不显著。宋延静等(2010)将生物炭添加到滨海盐碱土中发现,生物炭的施用增加了盐碱土 $nifH$ 基因拷贝数,提高了土壤的固氮能力,增加土壤氮素含量。孟颖等(2014)通过盆栽试验发现,施用生物炭能够有效提高玉米苗期生物固氮能力,促进固氮菌的生长。Rondon 等(2007)利用同位素标记技术发现,生物炭对土壤固氮菌活性有显著影响,当在退化的土壤中添加 30 kg 和 60 kg 生物炭后,大豆中氮素主要来自生物固氮,大豆中氮素含量与 CK 相比增加了 49% 和 78%。Quilliam 等(2013)研究发现,生物炭虽然不能改变固氮菌数量,但是固氮酶的活性却显著提高。综上所述,施用生物炭可改变土壤电导率,从而影响固氮微生物丰度和固氮酶的活性,最终影响生物固氮作用。

2. 生物炭对氨化作用的影响

植物能够从土壤中摄取的氮素主要来自土壤氨化作用,氨化量反应土壤实际释放氮素的能力。关于生物炭施用到土壤中对氨化作用的影响,研究者持不同的观点。一些学者认为,黑色生物炭能提高土壤温度,有利于土壤微生物活性、数量和种类的增加,促进氨化作用的发生,提高土壤中无机氮的汇集。例如,当土壤温度为 $0\sim35\ ℃$,应用长期间歇淋洗的试验方法探究温度和微生物活性关系,随着温度的升高微生物活性明显增加,土温和氨化量两者呈显著的正相关。而 DeLuca 等(2006)研究发现,生物炭对两种土壤的氨化并无显著的影响。有研究却发现,土壤中添加生物炭能明显减少土壤微生物量氮,降低有机氮氨化。目前,研究者对生物炭引起的土温上升与氨化作用之间的关系尚未得出一致结论,还须进一步深入分析在不同温度条件下的氨化速率变化及内在机理。

有机氮素转化、无机氮素转化除了受温度的影响外,其土壤水分也是影响氨化合物和有机质迁移转化的另一重要因素。姜翠玲等(2003)用蒸渗仪进行灌溉试验发现,灌水或降雨后加快有机质的分解,合成大量的氨。据 Oguntunde(2011)和 Glaser 等(2002)研究,生物炭发达的孔隙结构能增加土壤的保水能力,如提高降雨渗入量和土壤含水量等。究其原因可能是生物炭具有较低的比重,降低了土壤紧实度,改变了灌溉水分停留时间、水分渗滤模式和流动路径。土壤中水分含量的变化将会影响土壤中铵含量。其原因一是溶解在水中的铵以地表径流的形式流失,生物炭的保水作用有效地减少了地表径流量,从而减小氮素损失量。二是生物炭中含有丰富的有机碳对土壤有机碳、有机质和腐殖质含量有显著提高作用,从而直接提高了土壤可吸持水分含量和养分含量。另外,Ding 等(2010)在浙江嘉兴市观察竹碳基生物炭对土壤氮素持留作用的影响中却发现,生物炭通过阳离子交换作用对 NH_4^+-N 有强烈的吸附作用,是增加土壤中氨态氮的重要原因,20 cm 土层 NH_4^+-N 含量因此降低了 15.2%。

土壤中铵盐含量受土壤温度、水分含量和阳离子交换作用的共同影响,适宜的温度、水分含量及阳离子交换能力是保持土壤生产潜力的重要保证。因此,应加强添加生物炭的土壤理化性质及微生物响应机制研究,为明晰生物炭是否能够提高被植物吸收利用的氨态氮含量提供科学的理论依据。

3. 生物炭对硝化作用的影响

硝化作用的第一阶段(限速反应)由含氨单加氧酶基因 *amoA* 的氨氧化细菌(*ammoia-oxidizing bacteria*,AOB)和氨氧化古菌(*ammoia-oxidizing archaea*,AOA)来驱动 NH_3 转化为 NH_2^+-OH。这两种细菌在全球土壤、海洋和湿地等生态系统中广泛存在,其在氮素循环中起重要的作用。硝化作用的第二阶段 NH_2^+-OH 的氧化作用由催化反应的 *nxr* 基因主导完成,与氨氧化微生物(几乎仅限于单源种属)相比亚硝化细菌分布十分广泛.其包含硝化菌门(硝化球菌、硝化杆菌、硝化螺菌和硝化刺菌)以及变形菌门的 α 纲类、β 纲类、γ 纲类 和 δ 纲类,受氨氧化反应的地位和硝化作用的活性等的影响,亚硝化作用一直未受到研究者的重视。

在土壤微环境中,酸碱度、含水量、养分含量等微小的变化均会对 AOB 和 AOA 群落结构造成重大影响。王晓辉等(2013)将稻秆生物炭施入酸性土壤中,土壤中的 AOB 的丰度和 pH 均增加,进而增加了土壤的硝化潜势。Ball 等(2010)的研究发现,生物炭通过增加酸性森林土壤氨氧化细菌的丰度来提高土壤的硝化速率。其原因可能是生物炭的添加使土壤 pH 变化,引起氨氧化细菌的丰度的增加,最终增加了硝态氮含量。Taketani 等(2010)比较含碳量极高的亚马孙黑土(Terra Preta)和普通土壤的 *amoA* 基因拷贝数时发现,亚马孙黑土(农耕条件下)的基因拷贝数显著高于普通土壤,但当人为输入生物质炭时却发现对硝化过程有抑制作用。其原因可能是生物炭添加土壤中能够释放 α-松萜(一种硝化抑制剂)抑制硝化反应的进程。Kookanan 等(2011)则提出,硝态氮含量增加的原因可能是施用生物炭后降低了土壤酚类化合物浓度,促进硝化细菌的增长,从而间接地促进硝化作用的发生。武玉(2014)和 Steinbeiss 等(2009)却认为,生物炭加速硝化作用,抑制反硝化作用主要是通过改善土壤孔隙结构和通气状况,增加溶氧量改变 AOA 和 AOB 活性来实现。对施入生物炭的土壤中影响氮素转化关键过程的因素缺乏系统的研究,应运用统计分析和试验验证相结合的方法进行系统的分析。

生物炭不仅能影响 NO_3^--N 的合成,而且通过阳离子交换作用对其迁移也有影响,且与生物炭裂解温度有关。Kameyama 等(2012)等发现,裂解温度对氮素的吸附能力有显著的影响,在 700～800 ℃裂解的蔗渣木炭对 NO_3^--N 有吸附作用,尤以 800 ℃制备的生物炭对 NO_3^--N 的吸附作用明显。Singh 等(2010)以稻壳、家禽粪便和树木基生物炭为试验材料发现,生物炭制作工艺对氮素的固持能力有着重要的影响,550 ℃和 400 ℃制成的生物炭对 NH_4^+-N 和 NO_3^--N 有较强的吸附性能。

土壤中的氮素是一个动态转化的平衡体系,生物炭通过改变微生物群落结构影响矿质态氮素的存在形态和比重。尽管大量的文献证明生物炭通过改变微生物群落结构和阳离子交换能力能够有效地控制氮素的流向,提高氮素的利用效率,但在不同的裂解温度下制得的生物炭对氮素迁移的影响尚不明确。关于生物炭的制备工艺目前尚无统一标准,亟待弥补。

4. 生物炭对反硝化作用的影响

有些学者发现,生物炭施入土壤中能够增加土壤通气性,促进好氧微生物生长,抑制厌氧微生物繁殖。而反硝化作用是在缺氧的条件下发生的,施加生物炭增加溶氧量将抑制反硝化作用的发生,减小 NO_x、CH_4 等温室气体的形成和排放。近年来,关于生物炭对减少 N_2O 排放受到各国研究者的高度关注。在农业生产中,农田和牧场是主要的排放源。相关研究证实,将生物炭施入农田中 N_2O 排放量显著降低。Singh 等(2010)发现,生物炭通过降低土壤的紧实度(容重)抑制反硝化细菌的增长,当生物炭适用量为 $10 \ t/hm^2$ 时 N_2O 的排放量降低了 73%。生物炭适用不仅能够降低 NO_x 的排放,且对减缓 CH_4 等的排放也有很好作用。在明尼苏达州的室内试验中也发现锯末炭($500 \ ℃$)添加到土壤中 N_2O、CH_4 和 CO_2 排放量较对照均有所降低。由此可见,生物炭的应用对降低温室气体的排放有重要的价值,生物炭是温室效应的大功率“减压泵”。也有研究报道称施入生物炭,N_2O 的排放量反而增加。此外,将不同施用量和不同种类的生物炭施用到不同类型农业土壤中,N_2O 的排放量也不同。目前,关于生物炭施用对 NO_x、CH_4 和 CO_2 等温室气体研究的排放还停留在排放特征阶段,对其内在的机理缺乏验证,对反硝化细菌的功能标记基因运用分子生物学的手段开展研究,将对揭示生物炭引起的功能微生物多样性和功能性转变机理有着重要的参考价值。

简言之,生物炭通过改变土壤水分状况直接或间接地影响土壤微生物,微生物又是氮素循环的“发动机”,两者相辅相成,相互作用。此后应加强生物炭对农业土壤中功能微生物群落结构及某一类或某一种微生物丰度的变化引起的固氮作用、氨化作用、硝化作用、反硝化作用强度和氮素流失途径的研究,对于合理评估氮素地球循环有着重要的意义。

二、生物炭对有机菜地土壤理化性质的影响研究

为探讨生物炭作为土壤改良剂和有机肥配施对有机菜地土壤理化性质的影响,以明确生物炭对蔬菜有机化地土壤的改良作用与效果,开展了有机肥配施生物炭下有机菜心的田间定位试验,为建立有机菜田合理的土壤培肥措施提供科学理论依据。

试验设 6 个处理:施用少量生物炭(C1)、施用大量生物炭(C2)、单施有机肥(MC0)、有机肥配施少量生物炭(MC1)、有机肥配施大量生物炭(MC2),以不施有机肥和生物炭为对照(CK)。各处理中有机肥和生物炭施用量如表 5-38 所示。每处理 4 次重复,完全随机区组排列,共计 24 各小区。试验小区面积 $5.9 \ m^2$($4.2 \ m \times 1.4 \ m$),小区与小区间隔 $0.3 \ m$ 作为缓冲带。种植作物为菜心,品种为油绿 702。2016 年共种植 3 茬菜心,第 1 茬 5 月 13 日—6 月 22日,第 2 茬 7 月 8 日—8 月 18 日,第 3 茬 9 月 1 日—10 月 21 日。用播种机播种,播种行距为15 cm,3 叶 1 心时间苗,间苗后平均株距为 10 cm,采收时在基部 3 片绿叶处切割,切口要平。在试验期间监测试验地的气候条件变化,其包括蒸发量,温度和辐射参数。当年最后一茬试验结束时用换刀法测量 0~20 cm 土壤的田间持水量和土壤容重;每茬试验结束后用土钻取0~20 cm 土壤测定土壤有机质、电导率。

表 5-38　试验各处理有机肥和生物炭的施用量

处理编号	有机肥/(kg/hm²)	生物炭/(kg/hm²)
CK	0	0
C1	0	8 500
C2	0	17 000
MC0	110 000	0
MC1	110 000	8 500
MC2	110 000	17 000

（一）田间气象因子变化

平均风速气温和太阳辐射的变化由网棚内中部的气象站（HOBO U30 station）监测。由图 5-42 可知，随着菜心生长季的延长，日辐射量和气温呈波动式升高后降低的趋势，日辐射

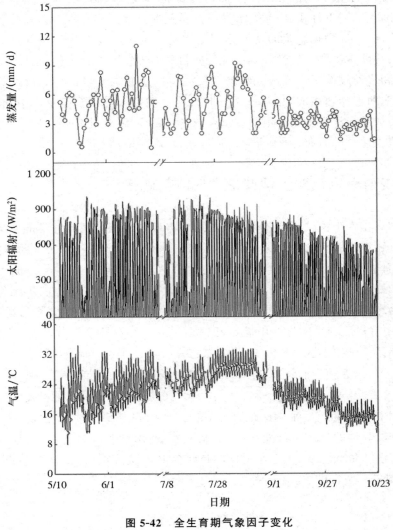

图 5-42　全生育期气象因子变化

量其最大值为 1 008.1 W/m²，全生育期平均太阳辐射为 198.2 W/m²。气温变化幅度较大（3.0～37.5 ℃），全生育期内平均气温为 20.3 ℃。整体而言，较为适宜温度和光照为菜心的正常生长发育提供了保证。

水面蒸散是灌水损失的重要途径，因此，实时监测网棚蒸发量变化能为灌溉频率提供参考。每日蒸散量呈先升高后降低变化趋势，变化幅度大（0.50～11.00 mm）。从年内规律看，随时间推移蒸散量变化幅度呈降低趋势，每日蒸散量在第 1 茬波动幅度最大（0.50～11.00 mm），第 2 茬次之（1.50～10.3 mm），第 3 茬最小（1.20～5.50 mm）。各茬累积蒸散量分别为 214.42 mm、227.50 mm 和 162.00 mm。

（二）生物炭对有机菜地土壤物理性质的影响

1. 生物炭对土壤容重的影响

一般认为，有机质含量高的低容性土壤更有利于作物生长发育，从图 5-43 可以看出，各处理的土壤容重均低于 CK，其中有有机肥添加的处理容重明显低于无无机肥添加处理。单施生物炭处理与 CK 相比土壤容重虽无显著性差异，但呈明显降低趋势，其中 C1、C2 较 CK 分别降低了 5.4%、7.4%。有机肥添加处理的土壤容重更低，MC0、MC1、MC2 较 CK 分别降低了 15.0%、13.3%、15.9%，降低作用显著。有机肥配施生物炭处理较单施有机肥，其土壤容重变化不明显。综上所述，有机肥和生物单施均能降低土壤容重，与单施有机肥相比，有机肥配施生物炭对土壤容重变化无显著影响。

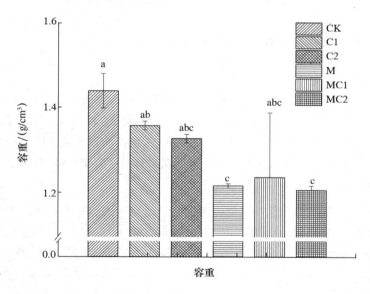

图 5-43　有机肥配施生物炭对土壤容重的影响

2. 生物炭对土壤田间持水量的影响

田间持水量是有效水分的上限，是反应土壤保水供水性能的一重要指标。从图 5-44 可以看出，不管是生物炭、有机肥单施或两者配施，处理土壤田间持水量均大于对照处理。当生物炭单施时，田间持水量随生物炭用量的增加而增加，其中与 CK 相比，C1 的田间持水量增加了 15.1%,C2 较 CK 增加了 39.6%,增加作用显著。有机肥和生物炭配施对田间持水量的增加作用与生物炭的用量有关,少量生物炭与有机肥配施具有较好的保水效果。与单施有机肥(MC0)相比,MC1 土壤水分含量增加作用显著($P<0.05$),而 MC2 未达到显著水平。

由此分析,生物炭单独添加对当地土壤保水能力的提高有一定的作用,且随着生物炭用量的增加呈增加趋势;但有机肥和生物炭配施时对土壤的保水能力与生物炭的用量有关,其中有机肥配施少量生物炭表现出更佳的效果。

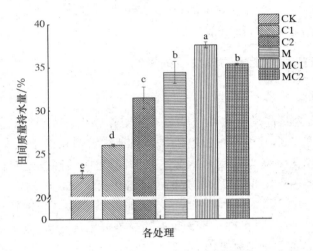

图 5-44 有机肥配施生物炭处理对土壤田间持水能力的影响

(三)生物炭对有机菜地土壤化学性质的影响

1. 生物炭对土壤 EC 影响

从图 5-45 可以看出,与 CK 相比,单施生物炭处理(C1、C2)3 茬 EC 均有所增加,C1、C2 处理 3 茬平均 EC 较 CK 分别增加 34.1%、21.1%,增加作用显著($P<0.05$)。与常规施肥处理(M)相比,配施生物炭处理 3 茬 EC 均较高,其中 MC1、MC2 较 M 处理 3 茬 EC 平均增加了 24.4%、33.9%,增加作用显著($P<0.05$),表明生物炭单施或与有机肥配施均能增加土壤 EC。

2. 生物炭对土壤有机质含量影响

从图 5-46 可以看出,与 CK 相比,单施生物炭处理(C1、C2)3 茬有机质含量均有所增加,C1、C2 处理 3 茬平均有机质含量较 CK 分别增加 132.5%、141.3%,增加作用显著($P<0.05$)。与常规施肥处理(M)相比,生物炭配施处理 3 茬有机质含量均较高,其中 MC1、MC2 平均增加了 98.4%、144.9%,增加作用显著($P<0.05$),表明生物炭单施或与有机肥配施均能增加土壤有机质含量。

与 CK 相比,有机肥和生物炭处理下的土壤容重均有降低趋势。但生物炭与有机肥配施处理较单施有机肥相比,其土壤容重无显著变化。水分是土壤肥力诸因素中最活跃、最重要的因素之一,西北旱区土壤的保水性能对其生产力有很大的影响。在试验中,单施生物炭处理的小区田间持水量均显著大于 CK,且随生物炭用量的增加呈增加趋势。当生物炭与有机肥配施时,配施少量生物炭处理的田间持水量显著大于配施大量生物炭处理。这可能是有机

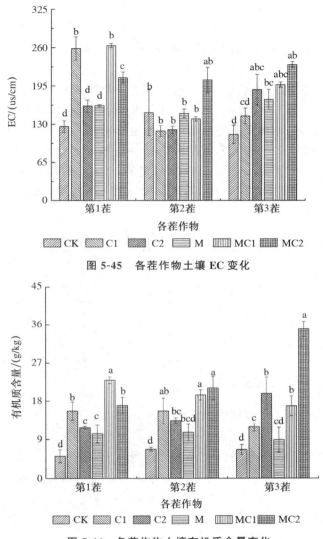

图 5-45　各茬作物土壤 EC 变化

图 5-46　各茬作物土壤有机质含量变化

肥颗粒较大,添加到土壤改变了土壤原有的孔隙结构,增加大孔隙,减小小孔隙。当生物炭大量添加时(MC2),生物炭具有的细粒子结构阻塞有机肥形成的大孔隙结构,单位体积内能够储存的水含量减小所致。

　　一般认为,有机质和 EC 含量较高的低容性土壤更有利于维持较高的作物产量。在 3 茬的菜心栽培中,单施生物炭处理各茬收获期有机质和 EC 含量均高于 CK,与当地习惯施肥量相比(M),配施生物炭处理各小区有机质和 EC 含量均显著增加。生物炭特殊的理化性质将其施入土壤势必改变氮素的含量和存在状态。在试验中,MC2 全生育期内硝态氮含量较常规施肥处理(M)平均增加了 22.9%,变化幅度(3.5~13.7 mg/kg)降低了 22.9%。一些研究者认为,生物炭入土壤中能够增加土壤通气性,促进好氧微生物生长,抑制厌氧反硝化菌繁殖降低氮素损失。另一些人认为生物炭施加改变了土壤微环境,如酸碱度、含水量、养分含量等,从而对氨氧化细菌和氨氧化古菌群落结构产生影响,进而改变氮化合物的含量和状态,其具体的原因需待相关研究验证。

三、生物炭对有机菜心生长的影响研究

2016年,在防虫网棚内开展了有机肥配施生物炭条件下有机菜心田间试验,以验证有机肥配施生物炭对有机蔬菜生长的影响,为有机菜田建立合理的土壤培肥措施提供科学理论依据。该试验共设4个处理:不施肥处理(CK),单施生物炭(C)、单施有机肥(M)、生物炭配施有机肥(MC)各处理中有机肥和生物炭施用量如表5-39所示。每处理3次重复,完全随机排列。试验小区面积4.2 m×1.4 m,小区与小区间隔0.3 m。种植作物为菜心,品种为油绿702。菜心种植日期为2016年5月13日,播种行距为15 cm,间苗后的株距为10 cm,当年的6月22日统一收获。

表 5-39 试验处理设计及有机肥、生物炭施用量

处理编号	有机肥/(kg/hm²)	生物炭/(kg/hm²)
CK	0	0
C	0	8 500
M	110 000	0
MC	110 000	8 500

(一)生育期内主要环境因子变化

从图5-47看出,菜心全生育期内气温和10 cm地温变化趋于一致,地温随着气温的升降而变化,呈显著相关($R^2=0.949$),气温的变化则与白天平均光合光量子通量密度变化显著相关($R^2=0.231$)。其中气温和地温的变化幅度分别为7.9～29.8 ℃和11.0～27.9 ℃;可见网棚内气温变化幅度比地温大,而10 cm地温相对稳定。昼夜平均气温的温差最大为16.2 ℃,地温则为9.2 ℃。在5月17日—5月20日,气温和地温突然升高,与白天平均光合光量子通量密度的增加有关,5月17当日气温升高7.2 ℃,地温升高5.3 ℃,5月21骤然下降后气温和地温呈稳步上升趋势。

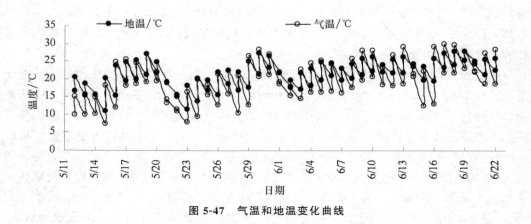

图 5-47 气温和地温变化曲线

全生育期内光合光量子通量密度和 RH 变化如图 5-48 所示。从 5 月 11 日到 6 月 22 日,网棚内白天平均光合光合光量子通量密度呈现上升趋势,5 月 23 日达最高,为 843.9 $\mu mol/m^2 \cdot s$,5 月 22 日最低,为 130.1 $\mu mol/m^2 \cdot s$,RH 最大 96.7%,最小 22.7%。生育期内的白天平均光合光量子通量密度和 RH 分别为 617.4 $\mu mol/(m^2 \cdot s)$ 和 48.8%。

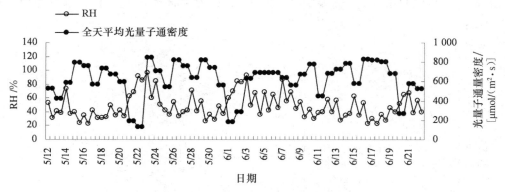

图 5-48　光合光量子通量密度和 RH 变化曲线

由此可见,试验期间网棚内的平均风速和阵风小,昼夜温差大,白天平均光合光量子通量密度高,RH 适宜,无极端天气出现,较为适宜的环境条件为菜心的正常生长提供了保障。

(二)有机肥配施生物炭对菜心生长的影响

生物炭和有机肥处理下防虫网棚内菜心株高的变化如图 5-49 所示,可以看出,生物炭配施有机肥处理(MC)的菜心株高明显大于单施生物炭(C)和有机肥(M)处理,其收获期株高分别增加了 31.1%、182.9%($P<0.05$);与对照(CK)相比,C 处理株高呈降低趋势,但无显著差异。

由此分析,单施生物炭不能提高防虫网棚内菜心株高,但与有机肥配施时,对菜心株高有显著促进作用。菜心叶片数的变化如图 5-50 所示,可以看出,收获期 MC 处理的菜心叶片数达最大值,与 M 处理相比,其提高了 23.2%($P<0.05$)。与 CK 相比,C 处理收获期的菜心叶片数无显著变化。由此分析,单施生物炭对菜心叶片数无显著影响,有机肥与生物炭配施更有利于提高菜心的叶片数。

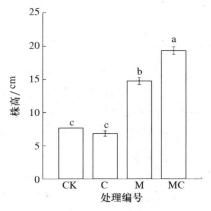

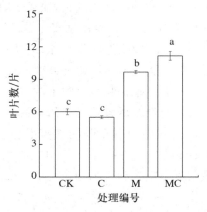

图 5-49　有机肥配施生物炭处理下菜心株高变化　　图 5-50　有机肥配施生物炭处理下菜心叶片数变化

从图 5-51 可以看出,与 M 处理相比,MC 处理下菜心薹重增加作用明显(30.4%)。单施生物炭处理(C)较 CK 相比薹重无显著变化。表明单施生物炭不能提高菜心薹重,但与有机肥配施对菜心薹重有明显的促进作用。

菜心薹粗的变化如图 5-52 所示。与薹重的变化规律相似,生物炭单施对薹粗无明显促进作用,而与有机肥配施薹粗增加显著,其中 MC 处理收获期薹粗与 M 和 C 处理相比分别增加 15.9% 和 228.6%($P<0.05$)。

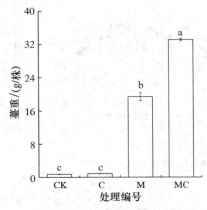
图 5-51 有机肥配施生物炭处理下薹重变化

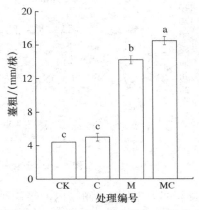
图 5-52 有机肥配施生物炭处理下薹粗变化

单施生物炭或生物炭与有机肥配施处理均能增加菜心薹长(图 5-53)。其中 MC 处理与常规单施有机肥 M 相比,收获期薹长可提高 77.3%($P<0.05$);与 CK 相比,C 处理收获期的薹长提高了 28.2%($P<0.05$)。

关于生物炭配施有机肥对作物生长发育的作用获得较多的积极反馈。如在澳大利亚施氮 100 t/hm² 条件下,以 50 和 100 t/hm² 标准施用生物炭,萝卜产量分别提高了 95% 和 120%。在中国,研究者将生物炭与化肥混合,发明了专用碳基肥料。试验结果表明,碳基花生专用肥有利于花生叶片功能期的延长,饱果率增加了 14.2%,百仁重增加了 10.1%,产量增加了 13.5%。碳基玉米专用肥有效地提高了穗粒数与粒重,产量提高了 7.6%~

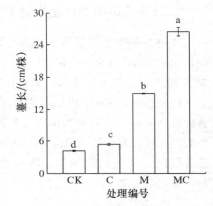
图 5-53 有机肥配施生物炭
处理下薹长变化

11.6%。碳基大豆专用肥使分枝数增加了 16.4%,单株二粒荚数、单株三粒荚数分别增加了 16.4%、27.9%,单株粒数增加了 12.1%,百粒重增加了 4.7%,产量增加了 7.2%。Lehmann 等(1999)在总结全球各地开展的相关研究时发现,当生物炭施用量(按纯碳计算)为 50 t/hm² 以下时,其对作物产量的作用基本都是正向的。在本试验中,当西北旱区有机菜田配施生物炭 8.5 t/hm² 时,菜心株高、叶片数、薹长、薹粗和薹重均显著增加,这与 Yamato 等(2006)将生物炭与肥料配施到玉米和花生田中得到相似的结果。

生物炭对作物生长发育产生正向效应的主要原因来自以下几个方面:①生物炭具有丰富的多微孔结构,比表面积较大。在施入土壤后,有利于微生物的生存繁衍,增加土壤中有益菌群数量,增强土壤生态系统功能,为作物根系提供良好的生长环境。②施用生物炭有助于改善土壤理化性状,如pH、容重、孔隙度、持水性等,特别是有利于提高土壤有效养分含量。这些条件的改变对于促进作物生长发育有重要作用。③生物炭本身含有一定数量的对作物生长发育有益的元素,如N、P、K等和一些微量元素;可增加土壤中可交换性阳离子,如K^+、Na^+、Ca^{2+}、Mg^{2+}等的数量。这些均能在一定程度上减少活性铝等有毒元素的影响,为作物生长发育提供良好的元素供应。④当生物炭与其他肥料配合使用时,可减少肥料养分淋失,提高利用效率,促进增产。

在大多数研究中,生物炭对作物生长发育和产量的影响都表现出正向效应,但也有一些负效应的报道。Kishimoto等(1985)的研究结果显示,当土壤中施入$5\ t/hm^2$和$15\ t/hm^2$生物炭时,大豆的产量分别下降了37%和71%。张晗芝等(2010)发现,生物炭对玉米苗期的生长有显著的抑制作用。邓万刚等(2010)的研究则表明,当炭/土比为0.1%、0.5%和1.0%时,在一定程度上降低了种植在花岗岩砖红壤上的王草第2次刈割产草量和柱花草第1次刈割产草量,同时其品质也有所下降。本试验中,单施生物炭菜心各生长指标均未增加,一方面可能是当单施生物炭时,土壤碱性增加明显,对pH敏感的作物极易表现出抑制效应。另一方面单施生物对作物生长发育和产量影响的差异性与土壤类型有关。Jeffery等(2011)的研究结果表明,在酸性土壤、中性土壤、粗质地与中等质地土壤中施用生物炭,增产幅度分别为14%、13%、10%和13%。

换而言之,生物炭对作物生长发育的影响决定于生物炭的施用方式也取决于特定土壤的理化性质和作物生物学属性等诸多方面,复杂的交互作用及其过程也会使试验结果不尽一致。因此,生物炭应用于作物生产,应该因地、因作物、因具体条件而异。尽管截至目前尚无法确定通用的最佳配施炭量范围,但大量的研究结果已经明,生物炭与有机肥配施改土增产的作用已是不争的事实。只要应用适当,其正向效应是完全可以利用的。

四、生物炭对有机菜心产量、品质及水分利用的影响

宁夏为“冬菜北上,夏菜南下”和内陆出口蔬菜的重点生产区域,也为供港有机蔬菜的重要生产基地。当地水资源量少,蒸发强度大,地下水位深,蔬菜生产用水以引黄灌溉为主。由于地势起伏大,引水工程造价高,山区用水成本高昂,水资源显得尤为珍贵。但在蔬菜生产中,大引大排的现象依旧存在。这种状况不仅造成大量水资源浪费,而且产生次生盐渍化等一系列问题。近年来,随着当地工业园区、化工基地、城市生态水利等的建设,宁夏全区生活、生产、生态用水之间的矛盾将更加尖锐,土壤缺水干旱为限制当地农业发展的重要因素。因此,通过合理的措施提高土壤贮水性能及作物水分利用效率,为当地有机农业可持续发展的重要保证。

当地有机蔬菜以菜心(*Brassica campestris* L. ssp. *chinensis* var. *utilis* Tsen et Lee)、芥蓝等叶菜为主。在生产过程中常以腐熟的牛、羊粪等作为肥源,施肥种类单一,长期施用单一的有机肥同样易造成次生盐渍化、养分不平衡等一系列生态环境问题。生物炭为在农林废弃物缺氧条件下高温裂解成的稳定的富碳产物。相关研究表明,将生物炭施入土壤中能够降低

长期施用单一肥料产生的危害,且具有增加水分库容作用。Amymarie 研究发现,生物炭对水分的吸持能力比有机质高 1～2 个数量级,土壤含水量相比不施生物炭可增加 18％。齐瑞鹏等研究表明,生物炭可增加风沙土水分入渗量,提高土壤水分含量,增加作物产量,进而提高水分利用效率;勾芒芒等用室内盆栽方法定量分析沙壤土中添加生物炭后对水分利用效率的影响,结果表明,生物炭添加可显著增加土壤含水量。目前有关生物炭在农业中的应用研究多集中在室内模拟、短期大田和盆栽试验上,而关于有机蔬菜地施用生物炭的研究报道较少,尤其在西北旱区水资源短缺条件下,生物炭施用对有机菜地作物水分利用影响的研究更为少见。本研究基于田间小区定位试验,研究有机肥配施生物炭对有机蔬菜地土壤水分动态变化及作物水分利用效率的影响,以明确有机蔬菜地合理培肥模式及其在提高西北旱区土壤贮水性能方面的作用与效果。

在宁夏回族自治区吴忠市孙家滩吴忠国家农业科技园区(37°32′23″N,106°14′30″E),该园区为供港有机蔬菜(主要为叶菜)的重要生产基地,菜心有较大栽培面积。当地属温带半干旱半湿润地区,降水量为 166.9～647.3 mm,主要集中在 6—9 月,蒸发量为 1 312.0～2 204.0 mm,无霜期为 105～163 d,日照时数为 2 250～3 100 h,平均气温为 5.3～9.9 ℃。试验当年 5—6 月的气温变化幅度大,为 8.0～47.1 ℃,7—8 月为 20.4～33.6 ℃,9—11 月变化幅度最小为 10.9～25.6 ℃。供试土壤为沙壤土,播前 0～20 cm 土壤有机质为 1.57 g/kg,全氮为 0.20 g/kg,速效钾(K_2O)为 130.2 mg/kg,有效磷(P_2O_5)为 12.9 mg/kg。有机肥为腐熟牛粪,全氮为 12.9 g/kg,有机质含量为 194.9/kg,速效钾为 10.1 g/kg,有效磷为 1.18 g/kg。生物炭为玉米芯在 550 ℃条件下热解制备,全碳含量为 289.0 g/kg,全氮含量为 40.0 g/kg,有效磷为 0.97 g/kg,速效钾为 4.27 g/kg。

试验于 2016 年进行,当年布置 3 茬试验,第 1、第 2 和第 3 茬分别于 5 月 13 日、7 月 15 日、9 月 10 日进行播种机播种,种植作物为菜心,品种为油绿 702(当地主栽品种),播种行距为 15 cm,两叶一心时间苗,间苗后的平均株距为 10 cm,分别于当年 6 月 23 日、8 月 18 日、10 月 22 日统一收获。试验设单施有机肥(MC0)、有机肥配施低量生物炭(MC1)、有机肥配施高量生物炭(MC2)和不施肥(CK)4 个处理,3 次重复,完全随机排列。其中有机肥施用量为当地菜农习惯用量(110 t/hm²);生物炭用量依据文献中平均用量的较低和较高量施加,MC1 和 MC2 用量分别为 8.5 t/hm² 和 17 t/hm²;生物炭和有机肥在每年种植第一茬作物前一次性均匀翻入 0～20 cm 土层,试验小区面积为 4.2 m×1.4 m,小区与小区间隔为 0.3 m 作为缓冲带。每个小区内均匀的铺设 4 条滴灌带,滴头间距为 10 cm,流量为 2.8 L/h,同时小区中间安装一根深度 1 m 的探管,用 TDR(PICO-BT,由 Andres Industries AG 公司制造)每 2～3 天测定 0～20 cm 土层的含水率,当灌水或降雨后增加测量频率。为保证各小区灌水量一致,当某小区实测含水量低于田间持水量(文中未标明土壤含水率均为体积含水率)的 80％时灌溉,灌溉到该小区田间持水量的 100％,灌水量计算公式为:

$$I = 100 \times (\theta_f - \theta_i) \times \curlyvee \times H \times p$$

式中:I 为灌水量,mm;θ_f 为田间最大质量持水量的 100％,CK、MC0、MC1 和 MC2 分别为 19.5％、22.5％、18.8％和 26.3％;θ_i 为各处理实测含水量/％;$\curlyvee$ 为土壤容重,CK、MC0、MC1

和 MC2 分别为 1.48 g/cm³、1.35 g/cm³、1.36 g/cm³ 和 1.21 g/cm³；H 为土层深度，本试验 H 为 0.2 m；p 为滴灌水分利用效率取 0.95。

(一)0～20 cm 土层水分动态变化特征

由图 5-54 可知，各处理 0～20 cm 土层含水率在不同茬口内的变化趋势相同，土壤水分随着菜心生长时间的延长均有较大波动，其峰值出现次数与试验期间灌水次数一致，说明灌水为不同茬口 0～20 cm 土壤水分变化的重要因素。

土壤含水率的变化幅度随茬口的推进呈降低趋势，与温度波动呈显著正相关（$P<0.05$，数据未显示），其中第 1 茬土壤含水率波动幅度为 10.5%～31.2%，而第 3 茬变化幅度仅在 20.9%～30.5% 之间浮动。说明随茬口的推进含水率变化幅度降低可能是气温变化引起的。添加生物炭的处理（MC1 和 MC2）土壤水分具有较低波动幅度，其中 MC0 变化幅度分别为 12.4%～29.0%、18.1%～28.9% 和 19.6%～28.8%，而 MC1 第 1 茬、第 2 茬和第 3 茬变化幅度为 15.4%～30.4%、21.0%～30.3% 和 21.4%～30.4%。从周年平均含水量分析，MC2 条件下含水量最高，为 26.2%，其次为 MC1 的 25.2%，均显著高于 MC0 的 24.1% 和 CK 的 22.7%。由此可见，有机肥配施生物炭不仅可降低 0～20 cm 土层水分变化幅度，而且可增加土壤含水率，分析原因主要是生物炭具有高表面积，当加入土壤时，土壤表面积增加，对土壤整体的吸附能力有益，随后提高土壤保水性。

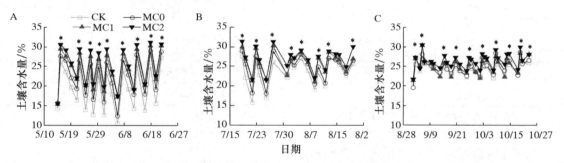

A、B 和 C 分别表示第 1 茬、第 2 茬和第 3 茬 0～20 cm 土层水分动态变化；* 表示当天进行灌水。

图 5-54　0～20 cm 土层含水量动态变化

(二)生物炭对菜心耗水量的影响

由表 5-40 可知，MC1 在种植前的 0～70 cm 土层贮水量相比其他处理无显著性差异，但其在收获时的土壤贮水量则显著增加。与 MC0、MC2 和 CK 相比，MC1 收获后的土壤贮水量分别增加 5.4%～12.9%、15.7%～31.9% 和 3.9%～16.9%（$P<0.05$）。而 MC2 与 MC0 相比，第 1 茬、第 2 茬和第 3 茬收获时的土壤贮水量无显著差异，说明有机肥配施低量生物炭可提高 0～70 cm 土层贮水量，而配施高量生物炭 0～70 cm 土层贮水量反而降低。由于高量生物炭处理的 0～20 cm 土层含水率较 MC0 显著升高（$P<0.05$），因此，加入高量生物炭可抑制水分下渗，降低 20～70 cm 土层的贮水。

从耗水量看，不同处理在各茬中的耗水量均表现为 CK>MC0>MC2>MC1，配施生物炭处理耗水量均小于单施有机肥及 CK。其中 MC1 周年耗水量较 MC2、MC0 和 CK 降幅为 3.6%～13.7%（$P<0.05$），MC2 与 MC0 相比周年耗水量增加 3.4%（$P<0.05$）。

表 5-40　有机肥配施生物炭对菜心耗水量的影响　　　　　　　　　mm

茬数	处理编号	种植前贮水量	收获后贮水量	生育期灌水量	耗水量
第 1 茬	CK	119.99±2.59a	139.19±2.80c	280.50	261.30±0.69a
	MC0	123.66±1.84a	149.11±3.49b	280.50	255.06±1.85b
	MC1	121.85±2.75a	157.16±1.06a	280.50	245.19±1.70c
	MC2	120.40±1.08a	146.95±0.79b	280.50	253.95±0.43b
第 2 茬	CK	174.53±5.85a	128.99±3.05c	244.80	290.34±2.80a
	MC0	158.33±8.64ab	131.78±4.59b	244.80	271.35±5.08b
	MC1	172.88±6.81ab	170.13±1.70a	244.80	247.56±5.12c
	MC2	154.60±8.29b	147.00±7.71b	244.80	252.41±7.60c
第 3 茬	CK	162.05±2.24a	148.01±0.91c	121.20	135.24±1.33a
	MC0	153.07±4.93a	164.61±2.34b	121.20	109.66±2.62b
	MC1	151.93±4.56a	172.96±5.06a	121.20	100.17±1.95c
	MC2	154.34±2.57a	166.54±5.01b	121.20	109.00±2.48b
周年	CK	—	—	646.50	686.89±4.44a
	MC0	—	—	646.50	636.07±6.03b
	MC1	—	—	646.50	592.92±7.14d
	MC2	—	—	646.50	615.36±5.63c

注：同茬中，同一列数据后不同小写字母表示在 0.05 水平上差异显著。下同。

（三）生物质炭对菜心生长发育的影响

本研究是将有机肥和生物炭在第一茬菜心种植前一次性加入土壤中来探索有机菜心的周年变化，发现各处理随茬口的推进生长指标和产量呈下降趋势。如图 5-55 所示，可能是随着茬口的推移，土壤养分持续降低造成的。在不同处理下，各生长指标具有相似的变化规律，以处理 MC1 最高，显著大于其他各处理（除第 3 茬株高外）。其中在第一茬，处理 MC1 与常规施肥 MC0 相比，株高、叶片数和叶围面积分别提高 32.2%、21.1% 和 17.9%（$P<0.05$）；而处理 MC2 与 MC0 相比，菜心叶围面积和叶片数虽呈降低变化，但株高却显著增加（$P<0.05$）。这表明有机菜田中配施生物炭对菜心生长有明显促进作用，但生物炭用量与菜心生长并不呈正相关，以配施低量生物炭的效果更佳。

（四）生物质炭菜心产量及水分利用效率的影响

不同处理下菜心产量和生物量变化规律相似（数据未显示），其中 MC1 最高，显著高于 MC0 和 CK。与 MC0 和 CK 相比，MC1 的菜心周年产量分别增加 59.1% 和 2 182.7%，生物量分别增

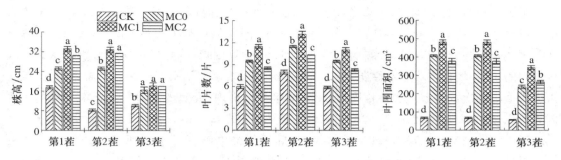

图 5-55 有机肥配施生物炭对菜心生长的影响

加 36.7% 和 608.7%。MC2 与 MC0 相比,菜心的周年产量显著增加,但与 MC1 相比反而降低。由此分析,配施生物炭可显著提高菜心产量,且低量生物炭处理的效果更优,更稳定。

从水分利用效率角度分析,各处理产量水分利用效率表现为 MC1>MC2>MC0>CK。与 CK 相比,MC1 的周年水分利用效率提高了 2 264.8%,与 MC0 相比,MC1 的周年水分利用效率也提高了 75.7%。MC1 还具有提高菜心生物量水分利用效率的作用,与处理 MC0 和 CK 相比,MC1 分别提高了 46.6% 和 720.1%。MC2 下产量水分利用效率较 MC0 高,但低于 MC1。总体而言,有机肥配施生物炭不仅增加菜心产量,而且提高水分利用效率,以低量生物炭处理的作用更大。

试验区土壤类型为沙壤土。基础土壤全氮含量仅为 0.291 kg,有机质也只有 1.591 kg,属于极低土壤肥力。与不施肥相比(CK),MC1 的产量和水分利用效率增幅很大是正常现象。

(五)生物质炭对菜心营养品质的影响

硝酸盐含量为评价蔬菜安全的指标,本试验中各处理菜心的硝酸盐含量为 1.0~1.5 mg/g(表 5-41),远低于国家对无公害蔬菜安全要求的标准。生物炭配施的培肥模式菜心硝酸盐含量低于单施有机肥培肥模式,与 MC0 相比,MC1 的第 1 茬、第 2 茬和第 3 茬菜心硝酸盐含量降低 44.3%、20.0% 和 27.0%,MC2 的分别降低 27.5%、16.1% 和 9.3%。维生素 C 为评价菜心营养品质的重要指标。MC2 和 MC1 与 MC0 相比,菜心维生素 C 无显著性差异。总体而言,配施生物炭培肥模式降低硝态氮含量,保持菜心中的还原糖和维生素 C 含量,具有较佳的菜心品质。

表 5-41 配施不同量生物炭对菜心品质的影响

茬数	硝酸盐/(mg/g)				ADI	维生素 C/%			
	CK	MC0	MC1	MC2		CK	MC0	MC1	MC2
第 1 茬	0.98± 0.01c	1.53± 0.06a	1.06± 0.05c	1.20± 0.06b	432.00	26.35± 0.31a	25.80± 0.49a	23.35± 2.10a	25.42± 0.90a
第 2 茬	0.87± 0.02b	1.08± 0.03a	0.90± 0.03b	0.93± 0.02b	432.00	62.35± 1.52a	65.51± 1.68a	69.65± 3.86a	61.51± 3.76a
第 3 茬	0.24± 0.01d	0.47± 0.01a	0.37± 0.01c	0.43± 0.02b	432.00	63.49± 3.59a	60.95± 2.35a	53.8± 4.14a	69.05± 5.51a

注:表中 ADI 表示我国蔬菜的硝酸盐允许量(mg/kg)。

水为维持植物生命活动的重要物质,它是植物制造有机物质不可或缺的基础。文献表明,持续稳定的适宜水分供给具有显著的增产提效作用,但在有机蔬菜生产中,表层土壤水分变化剧烈,严重制约着有机蔬菜产业的发展。Haider 等发现,生物炭可协调作物需水和土壤供水间的矛盾,增加土壤保水性能,提高作物水分利用效率。从本试验结果来看,各茬土壤含水率峰值出现次数与灌水次数相同,且均在灌水当天出现,说明灌水为影响土壤水分的重要因素。在试验期间,各小区灌水相同,MC1 和 MC2 的 $0\sim20$ cm 土层周年含水率分别为 $15.4\%\sim30.4\%$ 和 $15.6\%\sim31.4\%$ 的变化,低于传统单施有机肥处理(MC0)的变化幅度($12.4\%\sim29.0\%$),而平均含水率分别高出 MC0 处理 4.7% 和 8.6%($P<0.05$)。表明生物炭可提高有机菜地表层含水率、降低水分变化幅度的作用。

　　有研究认为,生物炭保水作用是持水性与斥水性相互作用的结果。持水性为吸附和固定水分的能力,增加土壤含水率;斥水性指生物炭添加的土壤无法被水湿润的现象。灌水在斥水的土壤表面时,水珠停留在地表数小时不能入渗以蒸发的形式损失,降低土壤含水率。在大多数生物炭中,95% 的孔隙直径小于 0.02 μm,而有机菜地以施用有机肥为主,耕层土壤容重低,孔径大,当生物炭用量高时,将阻塞土壤的原有孔隙,阻止灌水下渗,表现为强斥水性。在本试验中,MC2 与 MC1 相比,$0\sim20$ cm 土层周年含水率增加 3.8%,而收获后($0\sim70$ cm)土壤贮水量平均降低 8.6%($P<0.05$)。试验用地平整,地下水位高,无地下水补给,说明高量生物炭强的持水性提高 $0\sim20$ cm 土层含水率,斥水作用和细粒子结构阻塞灌溉水下渗,增强土壤表面蒸发,因此降低下层水分含量,从而降低收获期贮水量。

　　适宜的较高水分供应是促进植株生长,提高产量的关键所在。本试验条件下,MC1 和 MC2 的株高和周年产量较 MC0 显著增加($P<0.05$)。可见,与常规施肥相比,配施生物炭可显著促进菜心生长,增加其产量。研究表明,生物炭实际可供作物利用的养分含量并不多,可促进作物生长原因可能为其表面积高。当其被加入土壤时,土壤表面积增加,对土壤整体的吸附力有益,随后提高土壤保水性。李绍等发现,较高的土壤水分供应可提高植株叶片中 RuBP 羧化酶活性,继而提高植株光合潜力和生产潜能。MC1 和 MC2 菜心硝酸盐含量较 MC0 相比均显著降低。由此可见,相对于传统单施有机肥培肥模式,生物炭培肥能为提高有机菜心产量提供新的技术途径。

　　生物炭用量与菜心生长及产量间并不呈正相关。MC1 生长指标、生物量和产量均达最大值,显著高于 CK、MC0 和 MC2;而 MC2 与 MC1 相比各生长指标、生物量和产量均显著降低($P<0.05$)。关于适量生物炭可更有效地促进作物生长,提高作物产量也有一些报道,如 Uzoma 等将生物炭应用于沙质土壤中发现,当生物炭用量为 15 t/hm^2 和 20 t/hm^2 时,玉米产量分别提高 150% 和 98%($P<0.05$)。Kishiomoto 等认为在土壤中添加生物炭 0.5 t/hm^2 时,大豆产量可以提高 50%,然而随着生物炭用量增加,产量反而呈减小趋势。究其原因是高量生物炭处理强的吸附性降低水分的生物有效性,大量的细粒子结构增加 $0.000\,3\sim0.03$ μm 的孔隙数量,而大多数植物不能从小于 0.2 μm 的孔隙中提取土壤水。同时其斥水性降低深层土壤水分含量,导致深层土壤可补给的水分量低,抑制作物生长,降低作物产量。另外,生物炭具有较高的 C/N 比(本试验生物炭 C/N 为 72.3),施用高量生物炭(MC2 的 C/N 为 35.5)使得微生物对氮产生强烈的生物固定,导致氮的生物利用率降低,进而对作物生长产生

负效应。

在试验中，菜心耗水量随生物炭用量的增加呈先增加后降低的变化趋势（表5-42），其中以MC1最高，显著高于MC0，而MC2与MC0相比无显著性差异，这与Haider等研究结果一致。MC1的0～20 cm土层水分含量较高，菜心生长旺盛，地表裸露率降低，因此，土壤表层蒸发减少，贮水量增加。另外，生物炭可改善耕层土壤结构，改变灌水入渗过程，增加水分入渗量，最终增加土壤贮水量。种植前，各处理土壤贮水量无显著差异，收获后MC1的平均贮水量分别比MC0、MC2和CK增加12.3%、8.6%和20.2%（$P<0.05$），因此，能够降低菜心周年耗水，并可显著提高菜心水分利用效率，其中MC1与MC0相比，生物量水分利用效率可提高46.6%（$P<0.05$），产量水分利用效率可提高75.7%（$P<0.05$）。可见，相对于单施有机肥培肥模式，配施低量生物炭不仅降低有机菜心耗水量，并显著提高水分利用效率。

结果表明，配施8.5 t/hm²和17.0 t/hm²生物炭与单施有机肥相比，其生育期内0～20 cm土层水分波动小，而平均含水率分别提高4.7%和8.6%（$P<0.05$），0～70 cm土壤贮水量分别提高了12.3%与3.4%，说明有机菜田中配施生物炭的培肥模式可提高0～20 cm土层含水率，降低水分变化幅度，最终增加0～70 cm土壤贮水。当生物炭配施量为8.5 t/hm²时，菜心株高、叶片数、叶围面积均为各处理最高，生物量比常规施肥分别提高36.7个百分点，且为各处理最高。而配施17.0 t/hm²生物炭的生物量显著低于配施8.5 t/hm²生物炭，说明有机菜田配施低量生物炭为促进作物生长的最优模式。配施8.5 t/hm²生物炭产量及产量水分利用率比常规施肥分别提高59.1%和75.7%的同时，硝酸盐含量显著降低。而虽然配施17.0 t/hm²生物炭周年产量有增加，但显著低于配施8.5 t/hm²生物炭。配施低量生物炭的配施模式不仅能确保有机菜心高产，而且可显著提高水分利用效率，保证菜心品质。

五、豆科绿肥种植及翻压对日光温室土壤环境的影响

宁夏日光温室生产到夏季有2个月的（6月中旬到8月中旬）休闲季节，农户在6月中、下旬拉秧后，将棚膜收起，一般不采取任何改良土壤的措施，大部分将土地闲置2个月。而由于长期进行周年密集多茬次的栽培，尤其是茄果类、瓜类蔬菜的长期连作，化肥和农家肥的大量施入，设施土壤得不到有效的休整和恢复，导致土壤板结和次生盐渍化的情况日趋严重，研究利用夏季休闲季节，科学合理的土壤改良措施有重要意义。绿肥植物作为一种优良的土壤改良材料已为全世界各地所采用，它是一种优质有机肥料，其适应性广，生长周期短，鲜草产量高，含养分丰富齐全，分解迅速，有效性好，具有共生固氮和富集土中磷钾等多种矿质养分的特殊功能，能调整有机肥与化肥之间的结构，促进氮磷钾养分的平衡。绿肥养地目前多应用于果园、大田作物，而在设施栽培中由于时间和空间的限制应用较少，只有少量的报道。因此，本试验着重于研究不同豆科绿肥作物（大豆、三叶草）在日光温室休闲季节种植并翻压后对土壤改良的效果，比较其种植后产生的生物产量及翻压前后土壤肥力和土壤酶活性的变化，探讨在设施中选用绿肥植物改良土壤的可行性，以期为温室土壤健康、可持续利用提供科学理论依据。

试验在吴忠国家农业科技园区的日光温室中（560 m²）进行。土壤pH为8.11，全盐含量

1.323 g/kg,有机质含量 20.35 g/ks,速效氮含量 55.97 mg/kg,速效磷含量 243.96 mg/kg,速效钾含量 206 mg/kg。供试绿肥作物为白花三叶草、大豆(黄大豆和黑大豆),均在 2006 年 6 月 8 日撒播,设空白对照,小区面积为 140 m²,管理相同,三叶草播种量为 350 g/小区,黄豆 5 kg/小区,黑豆 5 kg/小区。2006 年 8 月 1 日整地翻压到土壤中,同时施入农家肥 3 200 kg/亩,复合肥料 20 kg/亩,生态肥 50 kg/亩。两周后定植辣椒。

(一)不同绿肥生长特性及生物量

从表 5-42 可以看出,在 52 d 的生长中,黑豆和黄豆株高可长至 96.4 cm 和 85.8 cm,三叶草无直立茎,匍匐于地面,采收时最长叶有 32.5 cm,黑豆单株鲜重可达 41.27 g,显著高于黄豆和三叶草,折合亩产量为 1 808.77 kg/亩,其次为黄豆。三叶草虽然单株鲜重较小,但由于植株株幅小,种植密度较大,因此每亩也能收获 863.05 kg,可见,利用日光温室夏季休闲季节种植绿肥可以在较短的时间内得到较多的生物产量,翻压后也能够提供较多的干物质。

表 5-42   不同绿肥在休闲季节的生长特性及产生的生物量

绿肥种类	株高/cm	单株鲜重/g	单位面积株数/(个/m²)	翻入土壤中生物量/(g/m²)	每亩翻入土壤中的生物量/kg
三叶草	32.5	2.875 4	450	1 293.93	863.05
黄豆	85.8	35.79	65	2 326.35	1 551.67
黑豆	96.4	41.27	65	2 711.8	1 808.77

注:2006 年 8 月 1 日测量(各绿肥生长 52 d)。三叶草株行距约:5 cm×5 cm,黄豆和黑豆株行距为 10 cm×15 cm。

(二)不同绿肥种植及翻压对设施土壤理化性质的影响

1. 不同绿肥种植及翻压对设施土壤 pH、全盐含量的影响

由表 5-43 可知,种植三叶草、黄豆和黑豆均能显著降低土壤 pH,但翻压绿肥对土壤的 pH 都没有显著的影响;3 种绿肥生长 52 d 后(8 月 1 日),相对于未种植绿肥土壤,土壤全盐含量均显著降低,其中以种植黑豆和三叶草除盐效果较好。绿肥翻压 2 个月后,土壤全盐绝对含量极显著高于翻压前。相对于 CK,3 种绿肥土壤全盐含量极显著下降,绿肥间降低含盐量效果没有显著差异,说明将新鲜的绿肥翻压的土壤中,能够显著减轻由施用农家肥和化肥而导致的土壤次生盐渍化的程度。

表 5-43   不同绿肥对设施土壤 pH、全盐含量的影响

取样时间	绿肥种类	pH	与 CK 的差异/%	全盐	与 CK 的差异/%
8 月 1 日	CK	8.29aA		1.323dD	
	三叶草	7.6cBC	−3.62	1.118fF	−9.911
	黄豆	8.12cdC	−5.31	1.146eE	−7.655
	黑豆	7.99bB	−5.51	1.108fF	−10.717

续表5-43

取样时间	绿肥种类	pH	与CK的差异/%	全盐	与CK的差异/%
9月28日	CK	7.780cdC		1.715aA	
	三叶草	7.833cC	0.64	1.516bB	−13.42
	黄豆	7.760cdC	−0.26	1.530bB	−12.62
	黑豆	7.703dC	−1.03	1.445cC	−17.47

注:不同小写字母表示差异显著($a=0.05$),不同大写字母表示差异极显著($a=0.01$)。

2. 种植不同绿肥对设施土壤养分含量的影响

虽然本试验种植的绿肥只是生长了近2个月,但是对于设施土壤的养分含量仍产生了显著影响。由表5-44可见,三叶草生长52 d后,土壤有机质含量、速效氮、磷、钾含量都有显著增加,同时显著高于其他两种绿肥;种植黄豆和黑豆的土壤有机质、速效氮含量也显著增加,且增加幅度一致。种植黄豆土壤的速效磷含量没有显著变化,种植黑豆的土壤速效钾含量则显著下降了16.5%,说明黑豆在播种后52 d的生长过程中,固氮能力较差,而且需要土壤速效钾含量较多。

待到绿肥翻压2个月后土壤分析表明,3种绿肥的土壤有机质均有显著的增加,翻压三叶草的土壤速效氮和速效磷增加最多,但速效钾则没有显著的变化。黄豆和黑豆的土壤速效磷、钾均有显著增加,但速效氮含量没有显著变化。

表5-44　不同绿肥种植及翻压对设施土壤养分含量的影响

取样时间	绿肥种类	有机质含量	与CK的差异/%	速效氮含量	与CK的差异/%	速效磷含量	与CK的差异/%	速效钾含量	与CK的差异/%
8月1日	CK	20.35eD		64.07aA	0.00	243.96cC		206fF	
	三叶草	30.6aA	50.369	88.03dD	37.40	394.28aA	61.62	231eE	12.14
	黄豆	25.54bcB	25.504	71.66eE	11.85	255.20cC	4.61	218efEF	5.83
	黑豆	24.15cBC	18.673	67.11eE	4.74	345.20bB	41.50	172gG	−16.50
9月28日	CK	22dCD		188cC	0.00	174.20eE	0.00	374cC	0.00
	三叶草	30.2aA	37.273	227aA	20.74	264.20cC	51.66	394bB	5.35
	黄豆	26.2bB	19.091	198bB	5.32	201.30dDE	15.56	443aA	18.45
	黑豆	24.9bcB	13.182	190cC	1.06	208.07dD	19.44	480aA	28.34

注:不同小写字母表示差异显著($a=0.05$),不同大写字母表示差异极显著($a=0.01$)。

(三)不同绿肥种植和翻压对设施土壤酶活性的影响

由表5-45可见,种植和翻压绿肥均能提高土壤脲酶和脱氢酶的活性,并达到了显著水平。三种绿肥生长52 d后,土壤脲酶的活性极显著上升了55%～91.31%,其中以三叶草增加幅度最大。土壤脱氢酶活性上升了189%～275%,以种植黑豆效果最佳。

表 5-45   不同绿肥种植和翻压对设施土壤酶活性的影响

取样时间	绿肥种类	土壤脲酶/(mg/g)	与CK差异的百分比/%	土壤脱氢酶/(μg/g)	与CK差异的百分比/%
8月1日	CK	4.740dC		3.80cB	
	三叶草	9.068aA	91.31	6.03bA	58.88
	黄豆	8.293abAB	74.96	7.67aA	101.90
	黑豆	7.390bB	55.91	6.64abA	74.76
9月28日	CK	3.554eD	0.00	1.98dB	0.00
	三叶草	8.383aAB	135.88	2.48cdB	24.72
	黄豆	5.684cdC	59.93	3.06cdB	54.40
	黑豆	5.770cC	62.35	2.26cdB	14.11

注:不同小写字母表示差异显著($a=0.05$),不同大写字母表示差异极显著($a=0.01$)。

绿肥翻压后,三叶草处理的土壤脲酶活性最高。其不仅显著高于 CK 和大豆处理,而且与种植时期持平。而翻压黄豆和黑豆的土壤脲酶虽然比 CK 高 60% 左右,但都低于种植时期土壤脲酶活性。翻压 3 种绿肥的土壤脱氢酶活性均高于 CK,但同时也显著低于种植时期,可见种植绿肥对于土壤酶活性的增加效果要显著优与翻压绿肥的效果。

目前,土壤生物学的应用是改善设施土壤生态环境新的研究方向,通过种植绿肥改变设施土壤的微生态条件,清除土壤盐害,从而为作物生长创造最适的土壤生态环境,它是一种比较理想的生物除盐措施。本试验结果也验证了这一点,即种植三叶草和黑豆可有效降低土壤盐分。本试验还发现,3 种绿肥收割后就地翻压到土壤中可以显著减轻由于化肥和农家肥施入所导致的土壤盐分增加;种植和翻压 3 种绿肥均能提高土壤有机质、速效氮、磷、钾的含量,其中三叶草各项指标增加的幅度均最大。黄豆和黑豆生长量虽然比三叶草高,但其固氮效果以及翻压后为土壤提供的速效氮和有机质显著低于三叶草,其中黑豆的固氮能力最差且在生长期间会消耗较多的速效钾养分,表明试验选用的绿肥中三叶草的固氮效果最佳,而且其根系对磷钾养分有较强的富集作用,种植和翻压均可明显提高土壤肥力。

土壤脲酶的作用是极为专性的,它仅能水解尿素生成氨。因此,土壤有效氮水平必然与脲酶活性有关,脲酶活性低,会造成尿素淋失,但脲酶活性太高,尿素分解太快,则会引起氨的挥发损失。试验发现,绿肥种植和翻压都能提高土壤脲酶的活性,且脲酶和土壤速效氮呈显著正相关($r=0.874\,87$)。脱氢酶活性被认为是指示微生物活性的最好指标之一,因为脱氢酶只存在于生活细胞体内,能很好地估量土壤中微生物的氧化能力。试验结果发现,种植和翻压绿肥均能显著提高土壤脱氢酶活性,这就说明三叶草和大豆均能显著改善土壤微生物环境,对改善土壤微生物环境有明显作用。

综上所述,在夏季休闲季节种植三叶草和大豆,生产量为 863~1 800 kg/亩的鲜草,并在下茬作物种植之前翻压到土壤中,能够有效降低土壤盐分,提高肥力和改善土壤微生物环境,因此这是一种改善设施土壤生态环境可行的措施,其中以三叶草效果最佳,黄豆和黑豆之间差异不大。在具体实施时尽量延长绿肥生长时间,但应在下茬作物种植之前一周翻压到土壤中,因绿肥分解释放养分一般为 20~60 d,因此,可以为下茬作物营养生长提供速效氮,后期应注意增加磷钾肥的施入。

六、不同绿肥种植及翻压绿肥对设施土壤养分及微生物区系的影响

随着日光温室农业的快速发展和利益的驱动，生产过多地依赖化肥施用给农业生态系统带来了严重的负面影响，农田生态环境面临沉重的压力。创造一个良好的土壤环境是日光温室农业可持续发展的根本保证。绿肥是改善土壤环境的有效方式，也是实现我国农业可持续发展的重要途径之一。绿肥作为一种重要的有机肥料，其在提高作物产量、培肥土壤地力、改善土壤环境及减少农业生产对化肥的依赖等方面起到了积极的作用。为此，试验以夏季空闲地(不种绿肥)为 CK，研究了种植不同绿肥(高丹草、甜玉米、苏丹草、大豆及地豆)及翻压对日光温室土壤养分含量和微生物的响应变化，探讨在设施土壤选用绿肥植物改良土培肥壤的可行性和生物机制，以期为设施土壤健康、可持续利用提供科学理论依据。

于 2012 年 6 月至 2013 年 1 月在宁夏中部干旱带旱作园区槽式日光温室内进行。实验地点位于宁夏海原县高涯乡槽式日光温室内进行(105°09′E，37°02′N)，海拔为 1 336 m，地处宁夏中部干旱带。年平均降水量为 286.0 mm，且降水分布不均衡，集中于 5—9 月，年均蒸发量为 2 180 mm，年均气温为 7.0 ℃，年平均太阳总辐射量为 135.44 kJ/cm²，昼夜温差为 12～16 ℃，无霜期为 149～171 d。

(一)不同绿肥生长特性、生物量及养分特性

由表 5-46 可以看出，不同种类的绿肥在 50 d 的生长中，T1、T2、T3、T4 和 T5 株高分别可长至 156.7 cm、166.3 cm、170.0 cm、95.8 cm 和 51.6 cm；生物量鲜重和干重均达到较高水平，分别为 16～62 t/hm² 和 2.42～8.49 t/hm²，以 T2 生物量最高，显著高于其他处理，其次为 T1，再次是 T3，以 T5 生物学产量最低；不同绿肥养分含量也存在显著差异，T4 和 T5 相对富含氮素(含氮量分别为 1.92 g/kg 和 1.75 g/kg)，显著高于其他绿肥作物，T3 含氮量最低，为 1.10，T2 相对富含磷素和钾素(含磷量为 1.58 g/kg，含钾量为 4.10 g/kg)，显著高于其他绿肥作物；5 种绿肥作物的 C/N 比为 22.5～45.1，以 T2 最高，T5 最低，这主要与植株的氮含量有很大关系。可见，在夏季休闲季节利用槽式日光温室种植绿肥可以在较短时间(50 d)内得到较多的生物量，翻压后可为土壤增加大量有机物质。

表 5-46　不同绿肥在休闲季节的生长特性、生物量及养分含量

绿肥类型	株高/cm	生物量鲜重/(t/hm²)	生物量干重/(t/hm²)	N/(g/kg)	P/(g/kg)	K/(g/kg)	C/N
T1	156.7	38.4 b	5.22	1.5	0.19	3.00	33.2
T2	166.3	62.0 a	8.49	1.40	1.58	4.10	34.1
T3	170.0	37.0 b	5.55	1.10	0.18	2.40	45.1
T4	95.8	16.0 c	2.42	1.92	0.33	2.80	24.1
T5	51.6	16.5 c	2.46	1.75	0.20	2.31	22.5

(二)绿肥翻压对设施土壤 pH 的影响

pH 是土壤的一项基本性质指标，它直接影响着土壤中各种元素的存在形态及有效性。

试验表明(图 5-56),在翻压不同种类绿肥后,土壤 pH 均呈现先降后平稳变化的趋势,以翻压后 30 d 降幅最大,降幅为 0.30～0.47,以翻压 T2 后土壤 pH 降幅最大,降幅为 0.47,其次是大豆,降幅为 0.44,T3 降幅最小,降幅为 0.30。可见,绿肥翻压在一定程度上降低了土壤的 pH。

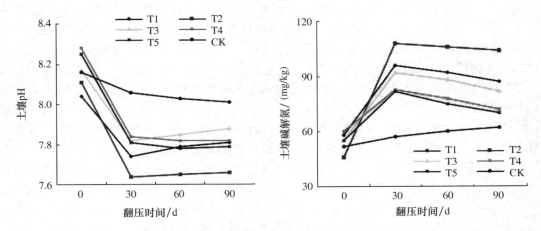

图 5-56　绿肥翻压对设施土壤 pH 和碱解氮的影响

(三)绿肥翻压对设施生土土壤碱解氮、速效磷和速效钾的影响

从试验(图 5-57)可以看出,种植及翻压不同种类绿肥后土壤碱解氮、速效磷和速效钾均呈现先升后平稳变化的趋势。其中以翻压 T2 后土壤碱解氮、速效磷和速效钾的提高为最多,其次是 T1,再次是 T3,以种植及翻压 T5 后碱解氮、速效磷和速效钾的增幅为最小。研究表明,种植及翻压绿肥均可以增加土壤碱解氮、速效磷和速效钾,特别是禾本科类的绿肥,其翻压后对作物生长中后期保持土壤肥力和维护耕地土壤质量具有重要功效。

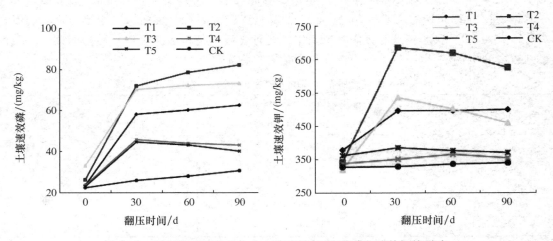

图 5-57　绿肥翻压对设施生土土壤碱解氮、速效磷和速效钾的影响

(四)绿肥翻压对设施生土土壤微生物区系和种群组成结构的影响

从表 5-47 可以看出,种植及翻压绿肥处理的土壤总菌数、细菌和放线菌含量呈现增加趋势,与 CK 相比,均达到显著水平;种植翻压 T4 及 T5 处理的耕层土壤真菌数量表现出增加的趋势,但与 CK 无显著差异,而种植翻压 T1、T2 和 T3 处理的耕层土壤真菌数量表现出减少趋势,与 CK 相比,均达到显著水平。与 CK 相比,种植翻压不同种类绿肥耕层土壤的 B/F 值都有所增加,说明种植翻压绿肥对于提升土壤环境和均衡土壤微生物类群及数量有一定作用。

对种植不同类型绿肥及翻压土壤微生物种群结构分析(表 5-47)表明,土壤微生物总数均以细菌为最多(62.03%～69.79%),放线菌次之(30.21%～37.97%),真菌所占比例最小(0.04%～0.10%)。细菌所占总菌数的比例大小依次为 T1>T4>T5>CK>T3>T2;放线菌所占的比例与细菌所占比例的大小顺序相反,其中 T2 放线菌占总菌数比例最大,其次是 T3,T1 放线菌占总菌数比例最小,仅为 30.21%;5 种类型绿肥的真菌数所占比例(0.04%～0.07%)均小于 CK(0.10%),其中 T1 菌数比例最小(0.03%),说明种植 T1 绿肥翻压后对土壤真菌数量具有抑制和调节作用。

绿肥作物翻压期生物量和养分含量是评价其能否作为绿肥的重要评价指标。焦彬提出以每公顷产鲜草达到 22.5 t 作为适合绿肥作物的标准。本研究表明,甜玉米、高丹草、苏丹草 3 种绿肥作物可以在夏季休闲季节利用槽式日光温室在较短时间(50 d)内产生较多的生物量。而大豆和地豆作物没有达到适合绿肥作物的标准可能有 2 个原因:其一是生长期短;其二是这两种作物生长发育对设施日光温室的夏季环境比较敏感。不同绿肥养分含量存在显著差异,大豆和地豆相对富含氮素,含氮量显著高于其他绿肥作物,这与豆科作物自身特性(具有较强的是共生固氮能力)有关。相对于富含磷素和钾素,甜玉米显著高于其他绿肥作物,这可能是因为种植甜玉米能有效活化土壤中的磷素和钾素,从而增加了植株的磷和钾的含量。

表 5-47 绿肥翻压对设施生土土壤微生物区系和种群组成结构的影响

绿肥类型	总菌数/(×10⁶ cfu/g)	细菌		真菌		放线菌		细菌/真菌/(×10³ cfu/g)
		数量/(×10⁶ cfu/g)	比例/%	数量/(×10⁶ cfu/g)	比例/%	数量/(×10⁶ cfu/g)	比例/%	
高丹草	14.53±1.41a	10.14±0.94a	69.79	5.75±0.43e	0.04	4.39±0.36b	30.21	1.76±0.12a
甜玉米	12.14±1.02b	7.53±0.73c	62.03	6.86±0.59d	0.06	4.61±0.374a	37.97	1.10±0.09c
苏丹草	13.94±1.14a	9.48±0.89c	63.45	6.95±0.62c	0.05	4.46±0.414b	36.55	1.36±0.08b
大豆	10.53±0.97c	7.14±0.83d	67.81	7.07±0.81b	0.07	3.39±0.25c	32.19	1.01±0.08f d
地豆	9.97±0.84c	6.85±0.75e	68.71	7.26±0.65a	0.07	3.12±0.21d	31.29	0.94±0.07f d
CK	7.14±0.64d	4.81±0.45f	67.23	7.03±0.59b	0.10	2.34±0.24e	32.77	0.68±0.06e

土壤矿质养分的提高特别是速效养分的提高对作物生长具有重要意义。然而随着设施农业的发展新垦区的增加及食品安全等问题的出现,绿肥还田对土壤的培肥作用越来越得到重视。研究表明,种植绿肥及翻压在一定程度上降低了土壤的 pH,提高了土壤速效氮、磷、钾的含量,其中以禾本科的甜玉米、高丹草和苏丹草较为明显,这可能与这 3 种绿肥地上部分产

生的生物量大有关。其翻压后对作物生长中后期保持土壤肥力和维护耕地土壤质量具有重要功效。总体来说,就提高土壤养分而言,种植及翻压禾本科的甜玉米、高丹草和苏丹草效果优于大豆和地豆。

土壤微生物区系结构是土壤重要组成部分,是评价土壤生态环境质量的重要指标之一。土壤微生物数量多、区系复杂表明土壤微生态系统平衡,更有利于作物的健康生长。研究表明,种植及翻压绿肥(甜玉米、高丹草和苏丹草)改变了槽式日光温室生黏土土壤微生物区系结构,增加了土壤总菌数、细菌和放线菌的数量以及细菌数量与真菌数量比值(B/F),减少了真菌的数量和比例,改善了土壤微生态环境。这些优势对于提升土壤环境和均衡土壤微生物类群及数量有积极作用。

综上所述,种植绿肥及翻压在一定程度上降低了土壤的pH,提高土壤速效氮、磷、钾的含量,改善了土壤微生态环境,其中以禾本科的甜玉米、高丹草和苏丹草较为明显;种植及绿肥翻压还田可以作为设施日光温室生黏土生产中土壤培肥和提升土壤环境的一项有效措施来实施。

第四节　蔬菜有机化栽培方式

一、栽培模式对柠条复合基质栽培有机番茄生长发育影响研究

农业环境污染和生态恶化已成为阻碍农业持续发展和影响人体健康的重要因素。发展无污染、安全、优质、营养的蔬菜有机化生产是社会和经济发展的需要,也是维护人类健康,保护环境,发展持续农业的当务之急。无土栽培是世界设施农业中广泛采用的先进技术,具有避免土传病虫害及连作障碍、肥料利用率高、节约用水以及生产的可控性等诸多优点,已成为发展绿色和蔬菜有机化生产的可靠途径。蔬菜有机化和无土栽培的结合促进了蔬菜有机化和无土栽培的同时发展。而随着蔬菜无土栽培在全国的兴起,蔬菜栽培基质的研究也越来越受到重视,栽培基质质量的好坏会直接影响蔬菜的生长和发育。作为当前最主要有机栽培基质的泥炭已濒临枯竭,故而国内外均相继制定相关的法律法规限制泥炭过度开发和利用。因此,根据区情,利用宁夏当地可再生的生物质资源——柠条粉开发一种应用性质与泥炭相当,能替代的基质显得十分迫切和必要。从经济、资源、环境可持续发展的角度考虑,柠条粉现在越来越广泛地被进一步加以利用。针对这些资源的特点开发生产栽培基质是一种环保简便且生态、经济价值都非常高的途径。为此,本试验以这几年开发的柠条粉复配基质作为栽培介质,研究探讨在同一柠条复合基质栽培介质下不同栽培模式对有机番茄生长发育、产量及水分利用的影响,以筛选出最适宜柠条基质的栽培模式。

本试验在宁夏中卫沙漠日光温室内进行,栽培基质采用柠条粉、鸡粪和珍珠岩的复合有机基质,供试蔬菜为番茄,品种为倍盈。试验采取对比试验,共设有5个处理,TA 为深畦双行栽培(长为7.2 m,宽为0.5 m,高为0.25 m),TB 为深畦单行高密度栽培(长为7.2 m,宽为0.25 m,高为0.5 m),TC 为地面黑膜包双行栽培(长为7.2 m,宽为0.5 m,深为0.12 m),T4 为10 cm陶瓷管槽栽(长为7.2 m,宽为0.4 m,高为0.15 m),T5 为沙培双行栽培(长为7.2 m,宽为0.5 m,深为

0.25 m)作为 CK,3 次重复,每个处理面积为 22.4 m²。番茄于 2009 年 12 月 14 日移栽定植,生育期间统一管理,2010 年 4 月 2 日开始定期采收计产,至拉秧结束。

1.不同栽培模式对番茄柠条基质生育时期的比较

不同栽培模式间番茄各层花序开花时间差异不太明显(表 5-48),但总体的规律是深畦双行栽培、深畦单行栽培和黑膜包双行栽培模式处理不同花序,其开花时间、成熟期均早于沙培双行栽培 2~4 d,10 cm 陶瓷管槽栽迟于 2 d。

表 5-48　不同栽培模式对番茄生育时期的比较

处理方式	生育时期(月/日)					
	定植期	第一花序开花期	第二花序开花期	第三花序开花期	第四花序开花期	成熟期
深畦双行栽培	12.14	12.28	1.15	2.3	2.20	4.14
深畦单行栽培	12.14	12.29	1.15	2.3	2.20	4.12
沙培双行栽培	12.14	12.29	1.17	2.5	2.23	4.16
黑膜包双行栽	12.14	12.28	1.15	2.3	2.19	4.14
10 cm 陶瓷管槽栽	12.14	1.2	1.18	2.5	2.24	4.18

2.不同栽培模式对番茄柠条基质生物学性状的比较

番茄生物学性状在不同栽培模式处理间存在一定的差异,由图 5-58 和图 5-59 可以看出,定植初期番茄植株处理之间的株高、茎粗差异都不显著;自开花以后不同处理番茄的生长状况发生了变化,不同阶段株高以黑膜包双行栽培模式最高,除深畦双行栽培外与其他处理都出现显著差异,10 cm 陶瓷管槽栽最低;茎粗以深畦双行栽培最粗,除黑膜包双行栽培模式外与其他处理都出现显著差异,仍以陶瓷管槽栽最低。综合番茄在生育期的各项形态指标,说明植株长势以深畦双行栽培和黑膜包双行栽培模式较好,两者间差异不明显。

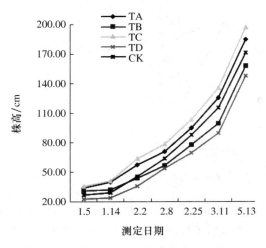

图 5-58　不同栽培模式对番茄株高的影响

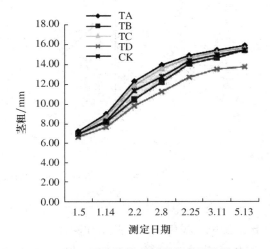

图 5-59　不同栽培模式对番茄茎粗的影响

3. 不同栽培模式对番茄柠条基质产量的影响

番茄产量是非常重要的经济性状,由表 5-49 可以看出,基质栽培番茄产量及产量性状在不同栽培方式处理间差异较大,平均单果重以番茄单果重为最重,其次为 CK,再次是为 TA,且三处理间差异不显著,但与 TB 和 TD 差异显著或极显著;平均单株产量以 TC 为最重,其次为 TA,且两处理间的差异不明显,但与 CK、TB 和 TD 差异极显著;产量以 TC 为最高,为 4 738.08 kg/亩,较 CK 增产 21.32%,且与其他处理达到极显著差异,其次是 TA,为 4 550.34 kg/亩,较 CK 增产 16.52%,也与其他处理差异达显著或极显著,以 TD 产量为最低,为 3 406.85 kg/亩,较对照减产 12.76%。

表 5-49 不同栽培模式对番茄产量及产量性状的比较

处理编号	单果重 /g	单株产量 /kg	产量 /(kg/亩)	增产 /%
TA	152.32ABab	2.46Aa	4 550.34Bb	16.52
TB	144.43ABbc	2.12Bb	3 927.54Cc	0.57
TC	165.84Aa	2.55Aa	4 738.08Aa	21.32
TD	131.59Bc	1.82Cc	3 406.85Dd	−12.76
CK	157.55Aab	2.12Bb	3 905.30Cc	—

4. 不同栽培模式对番茄柠条基质水分利用情况的比较

根据各处理在全生育期每天实际滴水的多少,统计出全生育期 5 个处理的灌水量,从图 5-60 可以看出,全生育期内 TC 灌水量为 218 m³/亩,CK 灌水量为 480 m³/亩。综合考虑,黑膜包双行栽培灌水的利用率最高,且较沙培双行栽培处理总体节水率,其节水率近 55%。其次是深畦双行栽培,以沙培双行栽培最低。

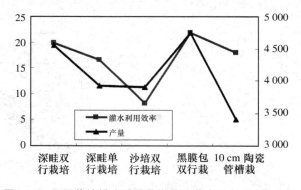

图 5-60 不同栽培模式对番茄产量及灌水利用效率的影响

研究表明,不同栽培模式对有机番茄基质栽培生育时期、生物学性状、产量及水分利用存在一定的影响。黑膜包双行栽培和深畦双行栽培模式处理较 CK 提早上市 2~4 d,其生长势和产量都优于其他栽培模式,与 CK 相比,不同生育时期的株高分别高 9.20~26.00 cm,7.17~14.00 cm,茎粗分别增加为 0.29~0.82 mm,0.28~1.17 mm,产量分别提高了 21.32% 和 16.52%,且差异达显著或极显著水平。与 CK 相比,其提高了灌水利用率,即在番茄整个生长期总体节水率达 35%～55%。综合各项指标,黑膜包双行栽培和深畦双行栽培 2 个处理为适宜的有机番茄柠条复合基质栽培模式,且是比较值得推广的 2 种栽培方式。这种栽培方式可以用于解决设施蔬菜生产体系中由于连作引起的设施土壤质量退化问题。

二、不同营养液对辣椒柠条基质栽培产量和品质的影响

目前,无土栽培已成为设施蔬菜的重要内容,也是农业作物工厂化生产的重要形式,是发展高效农业的新途径。世界上普遍应用的基质是草炭和岩棉,但这两种基质成本昂贵。草炭属不可再生自然资源,岩棉不可降解,长期应用会造成地貌和生态环境的破坏及严重的环境污染。为此,世界各国都在研究草炭/岩棉的替代物,如加拿大用锯末;以色列用牛粪和葡萄渣;英国用椰子壳纤维等均获得良好效果。在国内,低成本、环保型亦是无土栽培基质研究的重点。在基质原材料的选择及营养液等方面都进行了深入的研究。关于基质原材料的选择报道很多,营养液对无土栽培蔬菜产量和品质影响的报道也较多,但基于柠条粉作为栽培基质的报道较少。本试验选用宁夏盐池当地的可再生资源柠条粉作为栽培基质,采用基质培的方法,研究探讨营养液对辣椒基质栽培生物学性状、产量及品质的影响,对完善柠条粉作为基质栽培的技术体系提供理论依据。

试验在宁夏盐池城西滩日光温室内进行,栽培基质采用发酵柠条、鸡粪和珍珠岩的复合基质,栽培方式均为箱式(长×宽×高＝0.40 m×0.20 m×0.19 m)栽培,试验设 4 个处理(表 5-50),每个处理面积为 7.5 m²。辣椒于 2008 年 11 月 5 日移栽定植,缓苗期间统一管理,缓苗期后用不同营养液(处理)浇灌。营养液浓度及灌溉量根据天气及辣椒生长状况而定,浓度为 0.3～1.2 个剂量,灌溉量为 0.2～0.8 L/d,定期采收计产,2009 年 6 月中、下旬拉秧结束。

表 5-50　营养液试验设计

处理编号	营养液配方	养分含量/(g/L)		
		N	P	K
TA(CK)	尿素＋复合肥	0.78	0.21	0.21
TB	宁大果蔬营养液	0.24	0.08	0.20
TC	有机磷肥＋有机钾肥＋绿营高	0.02	0.74	1.12
TD	日本园式配方营养液	0.22	0.05	0.31

(一)不同营养液对基质栽培辣椒生物学性状的影响

基质栽培辣椒生物学性状在不同营养液处理间存在一定的差异,由图 5-61、图 5-62 可看出,在定植初期,辣椒植株处理之间的株高、茎粗差异都不显著;在开花期,不同处理辣椒的生长状况发生了变化,植株的株高 TB 高于其他处理,并存在显著的差异,TC 最低;植株茎粗 TB 与其他处理都出现显著差异,仍以 TC 为最低,低于 CK。综合辣椒在生育期的各项形态指标说明,植株长势以 TB 较好,TC 较差。

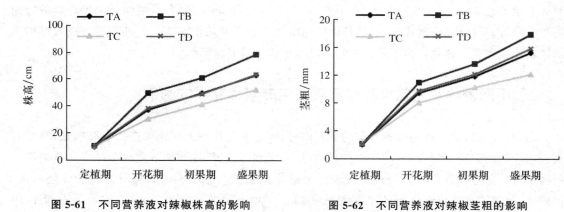

图 5-61　不同营养液对辣椒株高的影响　　　　图 5-62　不同营养液对辣椒茎粗的影响

(二)不同营养液对基质栽培辣椒产量及产量性状的影响

从表 5-51 可以看出,基质栽培辣椒产量及产量性状在不同营养液处理间差异较大,以 TB 辣椒果长为最长,与 TC 差异显著,以 TD 果肉为最厚,其次为 TB,但处理间差异不明显。单果重以 TB 为最重,其次为 TD,且两者处理间差异不明显,但与 TA 和 TC 差异极显著。单株产量和亩产量均以 TB 为最高,分别为 2.27 kg/亩和 4 362 kg/亩,较 CK 增产 14.88%,且与其他处理差异达显著或极显著,以 TC 产量为最低,为 3 688 kg/亩,较 CK 减产 2.87%,但两者没有显著差异。

表 5-51　不同营养营养液处理辣椒产量及产量性状的影响

处理编号	单果长 /cm	果肉厚 /mm	单果重 /g	单株产量 /kg	亩总产量 /kg	增产 /%
TA	19.25ab	2.95a	45.32B	1.98Bc	3 797Bc	—
TB	20.69a	3.03a	54.08A	2.27Aa	4 362Aa	14.88
TC	18.62b	2.86a	45.13B	1.92Bc	3 688Bc	−2.87
TD	19.53ab	3.09a	48.45AB	2.14Ab	4 115Ab	8.38

(三)不同营养液对基质栽培辣椒品质的影响

辣椒素有"维生素 C 之王"之称,维生素 C 含量是评价辣椒品质的一个重要指标。由表 5-52 可看出,不同营养液处理基质栽培辣椒维生素 C 含量以 TC 为最高,为 189 g/100 g,且与其他处理差异达显著或极显著,其次是 TB,为 173 g/100 g,与 TA 差异不明显,但与 TD 差异达极显著水平。

可溶性糖是衡量蔬菜营养品质的重要指标,其含量越高表明蔬菜营养品质越好。表 5-52 的数据表明,可溶性糖含量均以 TC 为最高,为 2.01 g/100 g,其次是 TB,为 1.93 g/100 g,且两处理间差异不明显,但与 TA 和 TD 差异达显著或极显著。

可滴定酸、粗蛋白含量也是蔬菜营养品质的重要指标,但从该试验结果可看出,采用的 4 种营养供应方式对辣椒的可滴定酸影响不大,但对粗蛋白质含量处理间存在差异,仍以处理 C 为最高,且与其他处理差异达极显著水平,而其余 3 个处理间差异不明显。

果品的风味是甜酸口味,主要取决于其所含糖、酸含量及其比例。表征果品中糖类酸类含量相对高低的指标一般用糖酸比来表示。它能够较明确地说明成分与口感之间的关系,在同一生产条件及栽培管理水平下,糖酸比大则品质较好。由表 5-52 可看出,糖酸比以 TC 为最高,为22.33,即口感最好,TB 次之,且两个处理间差异不明显,但与 TA 和 TD 差异达显著或极显著。

表 5-52　不同营养液管理辣椒品质影响

处理编号	维生素 C /(mg/100 g)	可溶性糖 /(g/100 g)	可滴定酸 /(g/100 g)	粗蛋白质 /(g/100 g)	糖酸比
TA	169 Ab	1.71 Bb	0.09a	0.82 Bbc	19.00 Bb
TB	173Ab	1.94 Aa	0.09a	0.84 Bb	21.56 Aa
TC	189 Aa	2.01 Aa	0.09a	1.06 Aa	22.33 Aa
TD	145 Bc	1.69 Bb	0.09a	0.78 Bc	18.78 Bb

该研究表明,不同营养液对基质栽培辣椒产量和品质有较大的影响。在辣椒生长势和产量方面,以果蔬营养液供养方式(TB)的辣椒优于其他营养液处理,且差异达显著或极显著,其中产量比 CK 提高 14.88%。在果实维生素 C 含量方面,以有机营养液(TC)为最高,且与其他处理差异达显著或极显著,其次是果蔬营养液供养方式(TB),表明有机营养液作柠条基质栽培的营养供应有利于提高辣椒果实的维生素 C 含量。在可溶性糖含量及糖酸比品质方面,以有机营养液(TC)为最好,其次是果蔬营养液供养方式(TB),且两处理间无显著差异。综合评价,在辣椒同一基质栽培和 4 种不同的营养供应方式下,以宁大果蔬配方(TB)效果为最好。这种营养供应方式不仅产量高,而且品质也较好。

该试验采用当地丰富可再生的柠条资源开发作为设施辣椒栽培基质,以充分利用地方资源,同时研究了在此种基质栽培条件下的营养液供应配方在探索新的无土栽培模式的同时,也为西北地区沙产业循环开发利用探索了新的发展模式。

三、柠条发酵粉复配鸡粪基质对黄瓜光合指标和产量的影响

以西北内陆地区贮量极为丰富的柠条作为栽培基质,以柠条发酵粉复配鸡粪进行黄瓜栽培,通过测定基质的性状及黄瓜生长发育指标,讨论将柠条粉作为栽培基质的可行性,以期为柠条资源后续产业的开发提供理论基础。

研究区盐池县位于宁夏回族自治区东部、毛乌素沙漠南缘,地处陕西、甘肃、宁夏、内蒙古四省(区)交界地带,境内地势南高北低,平均海拔为 1 600 m,常年干旱少雨,风大沙多,属典型的温带大陆性季风气候。地处宁夏中部干旱带,年平均降水量为 280 mm,年蒸发量为2 100 mm,年平均气温为 7.7 ℃,年均日照时数为 2 872.5 h,太阳辐射总量 5.928 5×109 J/m²。虽然气候干旱少雨,风大沙多,但光照时间长,昼夜温差大,光热资源充足,昼夜温差大,十分

有利于作物光合作用和干物质积累,完全满足喜温瓜菜、设施栽培对光热条件的需求,是发展设施特色作物的优势区域。2010 年 3 月 4 日至 2010 年 7 月 2 日在宁夏盐池县花马池镇城西滩村设施农业科技核心示范园区内进行。设施结构是 NKWS-Ⅱ型日光温室,供试黄瓜品种"好运"购自上海惠和种业有限公司。

(一)柠条发酵粉复配鸡粪基质在黄瓜盛果期的物理性状变化规律

由表 5-53 可以看出,柠条发酵粉与鸡粪混合后,其随着鸡粪混合比例的增加,干容重不断增加,通气孔隙不断减少。而持水孔隙则呈先增大,后减小的趋势,总孔隙度在通气孔隙与持水孔隙的综合影响下变化不明显,大小孔隙比显著降低,其中以 T2 和 T3 的干体积质量、总孔隙度、通气孔隙、持水孔隙与 CK 相近,据蒋卫杰等提出的大小孔隙比以 1∶(2～4)为宜的标准,T2 和 T3 优于 CK,以上结果表明,T2 和 T3 基质的基本物理性状与 CK 相似。

表 5-53　5 种柠条发酵粉复配鸡粪基质的物理性状

处理编号	干体积质量/ (g/cm³)	总孔隙度 /%	通气孔隙 /%	持水孔隙 /%	大小孔隙比
T1	0.307±0.012	64.27±2.23	11.80±1.15	52.47±2.93	0.22±2.95
T2	0.280±0.012	73.30 ±2.02	19.79±1.34	53.51±2.51	0.37±2.86
T3	0.247±0.017	73.66±1.84	21.13±0.95	52.33±2.24	0.40±2.75
T4	0.197±0.019	70.41±2.16	24.16± 1.16	46.25±2.82	0.52±3.13
T5(CK)	0.258±0.013	75.19 ±1.71	19.05 ±1.08	56.14±2.12	0.34±2.98

(二)柠条发酵粉复配鸡粪基质对黄瓜盛果期功能叶光合性能指标的影响

由表 5-54 可以看出,黄瓜盛果期功能叶叶绿素含量随着柠条发酵粉中添加鸡粪比例的增加,其呈现先升高,后降低的总趋势。经方差分析表明,柠条发酵粉复配鸡粪基质对黄瓜盛果期功能叶叶绿素含量有显著影响。多重比较分析表明,T3 基质黄瓜的叶绿素含量极显著高于 CK 及其他处理,T2 与 CK 无显著差异,但与 T1 和 T4 存在极显著差异,T1 和 T4 极显著低于 CK,说明柠条粉中添加 20%～30% 的鸡粪更有利于提高黄瓜叶片的叶绿素含量。

各个处理黄瓜盛果期功能光合速率(Pn)的变化趋势与叶绿素含量相似,仍以 T3 黄瓜的 Pn 为最高,且极显著高于 CK 及其他处理,其次是 T2,与 CK 光合速率相近,无显著差异,说明柠条粉中添加 20%～30% 的鸡粪更有利于提高黄瓜叶片的光合效率。最大光化学量子产量(Fv/Fm)反映了叶绿体中的捕光色素蛋白复合体捕获光能传递给反应中心,并转化为生物化学能的能力。从表 5-54 可以看出,各个处理黄瓜盛果期功能叶绿素荧光参数(Fv/Fo、Fv/Fm)的变化趋势与光合速率相似。经方差分析表明,T3 的 Fv/Fo 及 Fv/Fm 极显著高于其他处理,T2 与 CK 无显著差异,T1 和 T4 极显著低于 CK。由此可见,柠条发酵粉中添加 20%～30% 的鸡粪更有利于提高光能转化能力,从而提高了光合效率。

表 5-54　柠条发酵粉复配鸡粪基质对黄瓜盛果期功能叶光合性能指标的影响

处理编号	叶绿素 SPAD 值			光合速率/[μmol/(m²·s)]			叶绿素荧光参数	
	2010-05-01	2010-05-16	2010-05-31	2010-05-01	2010-05-16	2010-05-31	F_v/F_o	F_v/F_m
T1	51.75±1.21cC	53.03±1.19cC	52.49±1.18cC	16.35±0.015dC	18.60±0.019cC	17.36±0.012cC	0.835±0.005cC	4.986±0.105cC
T2	55.38±1.18bB	58.73±1.11bB	56.59±1.15bB	19.56±0.011bA	21.14±0.010bB	20.34±0.008bB	0.843±0.06bB	5.312±0.106bB
T3	57.10±1.15aA	61.87±1.06aA	58.11±1.10aA	20.35±0.009aA	23.40±0.009aA	21.98±0.009aA	0.846±0.007aA	5.649±0.103aA
T4	49.67±1.09cC	52.47±1.23cC	50.28±1.19cC	17.56±0.016cB	19.46±0.015cC	18.45±0.012cC	0.837±0.009cC	5.039±0.107cC
T5CK	54.97±1.31bB	58.84±1.21bB	55.14±1.17bB	19.37±0.017bA	21.26±0.013bB	20.12±0.013bB	0.841±0.008bB	5.430±0.108bB

注：多重比较采用 Duncan 新复极差法，小写字母表示在 0.05 水平上显著，大写字母表示在 0.01 水平上显著。

（三）柠条发酵粉复配鸡粪基质对黄瓜果实形态指标及产量的影响

由表 5-55 可以看出，各处理黄瓜的瓜长和瓜直径均以 T2 为最高，分别为 36.23 cm 和 3.23 cm，均显著高于 T1 和 T4，但与 T3 与 CK 间无显著差异；瓜数以 T3 为最高，为 15.12 个，极显著高于 T1 和 T4，而与 T2 和 CK 间无显著差异；单果质量以 T2 为最高，为 189.32 g，显著或极显著高于其他处理。

在柠条发酵粉中添加鸡粪比例为 10%～30%。随着鸡粪比例的增加，黄瓜产量呈上升趋势。方差及多重比较分析（表 5-55）表明，T2（添加鸡粪比例为 30%）和 T3（添加鸡粪比例为 20%）黄瓜产量极显著高于其他处理，且两处理与 CK 间无显著差异，但与 T1 和 T4 存在极显著差异。由此可见，在柠条发酵粉中添加鸡粪并不是越多越好，过多的鸡粪会抑制黄瓜的生长，并直接影响作物的产量，柠条发酵粉中添加 20%～30% 的鸡粪更有利于黄瓜产量的提高。

表 5-55　柠条发酵粉复配鸡粪基质对黄瓜果实形态指标及产量的影响

处理编号	长度/cm	直径/cm	瓜数/个	单果质量/g	产量/(kg/hm²)
T1	30.12±1.29 bB	2.98 ±0.12 bB	13.38±0.65 cC	173.56±9.56 bcB	60 531.75±20.95 bB
T2	36.23±1.18 aA	3.23 ±0.16 A	14.92±0.59 aA	189.32±9.84 aA	67 854.75±22.36 aA
T3	35.46a±1.13 AB	3.11 ±0.11 aAB	15.12 ±0.51 aA	188.95±10.26 Aa	67 959.30±21.95 aA
T4	30.53±1.32 bAB	3.01 ±0.13 bB	14.61±0.61 bB	172.23±10.02 cB	60 393.75±20.59 bB
T5(CK)	35.21±1.24 aAB	3.14±0.15 aAB	15.04±0.66 aA	180.35±9.95 bAB	66 391.85±21.65 aA

注：多重比较采用 Duncan 新复极差法，小写字母表示在 0.05 水平上显著，大写字母表示在 0.01 水平上显著。

蒋卫杰等认为，栽培基质的体积质量应为 0.1～0.8 g/cm³，总孔隙度为 55%～95%，而通气孔隙应为 20% 左右，大小孔隙比以 1:2～1:4 为宜。本研究表明，柠条发酵粉中添加 20% 或 30% 鸡粪的复配基质的基本物理性能均在适宜栽培基质的范围内，各项指标均接近或优于 CK 基质。

叶绿素是将光能转化为化学能的重要组分,其含量及其消长与光合强度密切相关。叶绿素含量的高低在很大程度上反映了植株生长状况和叶片的光合能力。可快速测定的 SPAD 值能够有效反映叶绿素含量的相对值。本研究结果表明,黄瓜盛果期功能叶的叶绿素含量和光合速率(Pn)均随着柠条发酵粉中添加鸡粪比例的增加,其呈现先升高,后降低的总趋势,且以柠条发酵粉中添加 20% 或 30% 的鸡粪更有利。

植物体内发出的叶绿素荧光信号包含着丰富的光合作用信息,且极易随外界环境变化而变化,利用叶绿素荧光能够有效探测有关植物生长发育与营养状况的许多信息,可快速、灵敏和非破坏性地分析环境因子对光合作用的影响。本研究结果表明,柠条发酵粉中添加鸡粪后对黄瓜盛果期功能叶片的 Fo、Fv、Fm、Fv/Fm 和 Fv/Fo 影响显著,且以柠条发酵粉中添加 20% 或 30% 的鸡粪效果较好,表明柠条发酵粉中添加 20% 或 30% 的鸡粪能够促进黄瓜盛果期功能叶片的电子传递能力和 PSⅡ潜在活性及光能转化效率显著提高。

鸡粪中可能含有芳香族有机酸等化学类物质,它们对植物的生长发育具有抑制作用。当柠条发酵粉中添加 10%~30% 鸡粪时,柠条发酵粉中含有的大量有机质抑制了鸡粪中有机酸的作用,从而使柠条发酵粉复配鸡粪基质栽培效果得以充分发挥;当柠条发酵粉中添加 40% 的鸡粪时,柠条发酵粉中的有机质不能抑制鸡粪中有机酸的作用,从而使柠条发酵粉复配鸡粪基质的栽培效果反而下降。本研究结果表明,在柠条发酵粉中以添加 20% 或 30% 鸡粪,其栽培黄瓜的长度、直径、单果质量及产量等方面都表现出良好效果。

综上所述,在柠条发酵粉中添加 20% 或 30% 的鸡粪,其栽培黄瓜为最适基质配比,说明将柠条发酵粉作为栽培基质是可行的,但这一配比是否在栽培番茄、辣椒等茄果类中的表现还有待进一步研究。

四、不同栽培方式的樱桃番茄基质栽培试验及效益分析

将柠条粉碎腐熟作为主栽培基质,研究探讨在相同基质栽培条件下,不同栽培方式对樱桃番茄产量及经济效益的影响,以选出较适合无土栽培方式。

试验于 2008 年 11 月至 2009 年 6 月在宁夏盐池城西滩日光温室内进行。基质均以发酵柠条、消毒鸡粪和珍珠岩以 5.5∶1.5∶3 混合而成,供试樱桃番茄为台湾千禧。试验采取对比试验,共设有 6 个处理,T1 为砖砌槽式栽培(长为 5.5 m,宽为 0.84 m,高为 0.27 m),T2 为箱式栽培(长为 5.5 m,宽为 0.9 m,高为 0.19 m),T3 为半地下式栽培(长为 5.5 m,宽为 0.8 m,深为 0.3 m),T4 为地下式栽培(长为 5.5 m,宽为 0.8 m,深为 0.3 m),T5 为袋装栽培(长为 5.5 m,宽为 0.8 m,高为 0.3 m),T6 为土壤起垄覆膜栽培(长为 5.5 m,宽为 0.8 m,高为 0.3 m)作为 CK,每个处理面积为 7.5 m²。番茄于 2008 年 11 月 5 日移栽定植,生育期间统一管理,2009 年 3 月 12 日采收。自 2009 年 3 月 12 日开始定期采收计产,至拉秧结束。

(一)不同栽培方式的樱桃番茄生育时期的比较

不同栽培方式对樱桃番茄各层花序开花时间差异不是很明显(表 5-56)。但其总体的规

律是箱式栽培、地下式和半地下式栽培方式处理与 CK 相比,不同花序开花时间、坐果时间、成熟期均早于 CK 2～4 d。砖槽式栽培与 CK 近似一致,而袋装栽培迟于 CK,较 CK 延长 2 d。

表 5-56　不同栽培方式对番茄生育时期的比较

处理方式	生育时期(月/日)					
	定植期	第一花序开花期	第二花序开花期	第一穗结果期	第三花序开花期	成熟期
砖槽式栽培	11.5	12.12	12.30	12.29	1.14	3.15
箱式栽培	11.5	12.7	12.27	12.27	1.10	3.12
半地下式栽培	11.5	12.10	12.28	12.29	1.13	3.14
地下式栽培	11.5	12.10	12.28	12.29	1.13	3.14
袋装栽培	11.5	12.14	1.1	12.30	1.17	3.18
土壤栽培(CK)	11.5	12.12	12.31	12.30	1.14	3.16

(二)不同栽培方式的樱桃番茄产量的比较

番茄产量是非常重要的经济性状,由表 5-57 可以看出,平均单果重以土壤栽培为最重,其次是箱式栽培,袋式栽培的平均单果重最轻,为 14.89 g;平均单株产量以箱式栽培为最重,为 2.51 kg,其次是地下式栽培;袋式栽培的平均单果重最轻,为 1.86 kg;箱式栽培的番茄产量优于其他栽培方式种植的番茄,较传统土壤栽培增产 20.35%。尽管箱式栽培平均单果重比 CK 植株略低,但坐果数比 CK 多,因此,平均单株产量比 CK 稍高 0.33 g,每亩产量也相应高 906.67 kg。较土壤栽培减产,以袋式栽培幅度最大为 10.31%。

(三)不同栽培方式的经济效益的比较

在以上 5 种栽培方式中,不包括肥料、水电、人工、农药费用情况下,将 5 种栽培方式的产投效益进行比较分析,表 5-57 可以看出,半地下式和地下式投入成本最低,为 1.03 万元/亩,其次是袋装栽培,以箱式投入为最高,为 1.74 万元/亩;番茄产值以箱式栽培为最高,为 2.68 万元/亩,其次是地下式栽培,为 2.24 万元/亩,袋装栽培的产值最低,为 2.00 万元/亩;而最终的经济效益以地下式栽培为最高,其次是半地下式栽培,再次是箱式栽培,砖槽式栽培最低,为 0.44 万元/亩。

通过对试验结果数据分析得出,箱式栽培、半地下式栽培和地下式栽培的樱桃番茄产量表现较好,特别是箱式栽培。由于箱式栽培和砖槽式栽培前期投资较大,所以对最终经济效益产生一定的影响。而半地下式栽培和地下式栽培与土壤栽培相比,这两种栽培方式对基质栽培对樱桃番茄的物候期、产量等影响不大,比较接近土壤栽培,可以用于解决番茄设施栽培中的重茬问题。综合得出,半地下式栽培和地下式栽培是比较值得推广的 2 种栽培方式。

表 5-57　不同栽培方式的樱桃番茄产量及经济效益的比较

处理方式	平均单果重/g	平均单株产量/kg	产量/(kg/亩)	增产/%	产值/(万元/亩)	投入成本/(万元/年)	利润/(元/亩)
砖槽栽培	15.41	1.95	4 144.44	−6.98	2.07	1.63	0.44
箱式栽培	17.40	2.51	5 362.22	20.35	2.68	1.74	0.94
半地下式栽培	15.36	2.08	4 424.00	−0.71	2.21	1.03	1.18
地下式栽培	16.95	2.09	4 480.89	0.57	2.24	1.03	1.21
袋式栽培	14.89	1.86	3 996.00	−10.31	2.00	1.13	0.87
土壤栽培(CK)	17.56	2.08	4 455.55	—	—	—	—

注:番茄以每千克 5 元平均价计算。

五、不同栽培方式对番茄柠条基质栽培节水效率的影响

试验于 2009 年 12 月至 2010 年 6 月在宁夏中卫沙漠日光温室内进行,基质均以发酵柠条、消毒鸡粪和珍珠岩按一定比例混合而成,供试番茄为倍盈。试验采取对比试验的形式,共设有 5 个处理,T1 为深畦双行栽培(长为 7.2 m,宽为 0.5 m,高为 0.25 m),T2 为深畦单行栽培(长为 7.2 m,宽为 0.25 m,高为 0.5 m),T3 为沙培双行栽培(长为 7.2 m,宽为 0.5 m,深为 0.25 m),T4 为地面黑膜包双行栽培(长为 7.2 m,宽为 0.5 m,深为 0.12 m),T5 为 10 cm 陶瓷管槽栽(长为 7.2 m,宽为 0.4 m,高为 0.15 m),番茄于 2009 年 12 月 14 日移栽定植,生育期间统一按照有机栽培方式进行管理,2010 年 4 月 12 日采收。自 2010 年 4 月 12 日开始定期采收计产,至拉秧结束。

(一)不同栽培方式的番茄柠条基质生育时期的比较

不同栽培方式的番茄各层花序开花时间差异不太明显(表 5-58)。但其总体的规律是深畦双行栽培、深畦单行栽培和黑膜包双行栽培方式处理不同,花序开花时间、成熟期均早于沙培双行栽培 2~4 d,10 cm 陶瓷管槽栽迟于 2 d。

表 5-58　不同栽培方式的番茄生育时期的比较

处理方式	生育时期/(月/日)					
	定植期	第一花序开花期	第二花序开花期	第三花序开花期	第四花序开花期	成熟期
深畦双行栽培	12.14	12.28	1.15	2.3	2.20	4.14
深畦单行栽培	12.14	12.29	1.15	2.3	2.20	4.12
沙培双行栽培	12.14	12.29	1.17	2.5	2.23	4.16
黑膜包双行栽	12.14	12.28	1.15	2.3	2.19	4.14
10 cm 陶瓷管槽栽	12.14	1.2	1.18	2.5	2.24	4.18

（二）不同栽培方式的番茄柠条基质生物学性状的比较

番茄生物学性状在不同栽培方式处理间存在一定的差异。由图 5-63 和图 5-64 可看出，在定植初期，番茄植株处理之间的株高、茎粗差异都不显著。自开花以后不同处理番茄的生长状况发生了变化，不同阶段的株高以黑膜包双行栽培方式为最高，除深畦双行栽培外其与其他处理都出现显著差异，10 cm 的陶瓷管槽栽最低；茎粗以深畦双行栽培为最粗。除黑膜包双行栽培方式外其与其他处理都出现显著差异，仍以陶瓷管槽栽为最低。综合辣椒在生育期的各项形态指标可以看出，植株长势以深畦双行栽培和黑膜包双行栽培模式较好，两者间差异不明显。

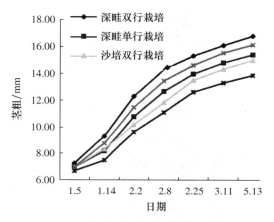

图 5-63　不同栽培方式对番茄株高的影响　　　　图 5-64　不同栽培方式对番茄茎粗的影响

（三）不同栽培方式对番茄柠条基质产量的影响

番茄产量是非常重要的经济性状，由表 5-59 可以看出，平均单果重以黑膜包双行栽培为最重，其次是沙培双行栽培，10 cm 陶瓷管槽栽培的平均单果重最轻，为 130 g；单株产量以黑膜包双行栽培为最重，为 2.56 kg，其次是深畦双行栽培，10 cm 陶瓷管槽栽培的平均单果重为最轻，为 1.84 kg；黑膜包双行栽培的番茄产量优于其他栽培方式种植的番茄，并较沙培栽培增产 21.33％。

表 5-59　不同栽培方式的番茄产量及产量性状的比较

处理方式	单果重/g	单株产量/kg	产量/(kg/亩)	增产/％
深畦双行栽培	152	2.46	4 551	16.59
深畦单行栽培	145	2.12	3 922	0.47
沙培双行栽培	158	2.11	3 903.5	—
黑膜包双行栽培	165	2.56	4 736	21.33
10 cm 陶瓷管槽栽培	130	1.84	3 404	−12.80

（四）不同栽培方式的番茄柠条基质水分利用情况的比较

根据各处理在全生育期每天实际滴水的多少，统计出全生育期 5 个处理的灌水量，图 5-65 可以看出，黑膜包双行栽培处理的灌水利用率最高，为 21.72 kg/m³，较沙培双行栽培处理提高 13.59 kg/m³，其次是深畦双行栽培处理的灌水利用率，为 19.79 kg/m³，以沙培双行栽培处理的灌水利用率为最低，仅为 8.13 kg/m³。

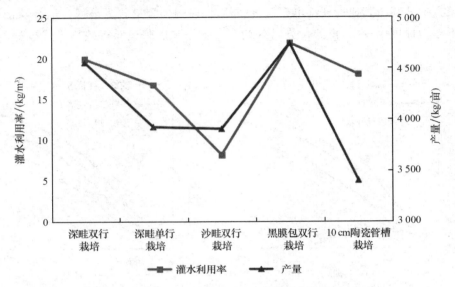

图 5-65　不同栽培模式对番茄产量及灌水利用效率的影响

不同栽培模式对有机番茄基质栽培生育时期、生物学性状、产量及水分利用存在一定的影响。黑膜包双行栽培和深畦双行栽培方式处理较 CK 提早上市 2～4 d，不仅生长势和产量都优于其他栽培模式，与 CK 相比，不同生育时期株高分别高 9.20～26.00 cm，7.17～14.00 cm，茎粗分别增加 0.29～0.82 mm，0.28～1.17 mm，产量分别提高 21.32% 和 16.52%，且差异达显著或极显著水平；与 CK 相比，灌水利用率提高了 11.66～13.59 kg/m³。综合各项指标，黑膜包双行栽培和深畦双行栽培 2 个处理为适宜的有机番茄柠条复合基质栽培方式，且是两种比较值得推广的栽培方式，可以用于解决设施蔬菜生产体系中由于连作引起的设施土壤质量退化问题。

六、不同栽培基质对辣椒产量及品质的研究

试验于 2010 年 1 月至 2010 年 7 月在宁夏中卫沙漠日光温室内进行，供试辣椒为长剑。试验采取对比试验，共设有 3 个处理。T1 为柠条基质栽培（课题自配基质），T2 为树皮和碎木屑基质栽培（树皮和碎木屑是美利纸业集团造纸后的下脚料），T3 为沙培栽培，辣椒于 2010 年 1 月 16 日移栽定植，生育期间按照有机栽培方式进行统一管理，自 2010 年 4 月 8 日开始定期采收计产，至拉秧结束。

(一)不同栽培基质对辣椒株高、茎粗的影响

基质栽培辣椒的生物学性状在不同栽培基质间存在一定的差异。由图 5-66 和图 5-67 可以看出,定植时的辣椒植株处理间的苗高、苗茎粗为一致。自缓苗以后,不同处理的辣椒株高、茎粗存在差异,其中以柠条基质栽培和沙培栽培处理的辣椒植株的株高、茎粗明显高于树皮和碎木屑基质栽培的辣椒的株高、茎粗,但两处理间株高、茎粗却差异不明显。综合辣椒在生育期的这两项形态指标可以说明,植株长势以柠条基质栽培和沙培栽培处理较好,树皮和碎木屑基质栽培的处理较差。

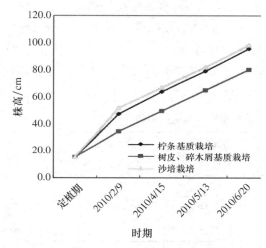

图 5-66　不同栽培基质对辣椒株高的影响

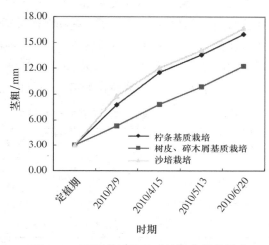

图 5-67　不同栽培基质对辣椒茎粗的影响

(二)不同栽培基质对辣椒产量及产量性状的影响

辣椒产量是非常重要的经济性状。由表 5-60 可以看出,平均单果重、辣椒长和产量均以沙培为最重,其次是柠条基质培,树皮和碎木屑基质培的平均单果重最轻,分别为 34.15 g、17.50 cm 和 1 868.57 kg/亩;平均单株产量以沙培和柠条基质培为最重,为 1.15 kg,树皮和碎木屑基质培的平均单果重最轻,为 0.79 kg;果肉厚以沙培为最厚,其次是沙培,树皮和碎木屑基质培的果肉最薄,为 2.62 mm。综合以上产量和产量性状分析可知,柠条基质培,沙培有机栽培辣椒产量明显优于树皮和碎木屑基质培的辣椒,柠条基质培和沙培几乎没有差异。

表 5-60　不同栽培基质对辣椒产量及产量性状的影响

处理方式	平均单果重 /g	平均单株产量/kg	辣椒长 /cm	果肉厚 /mm	产量 /(kg/亩)
柠条基质培	41.23	1.15	23.2	3.41	2 732.65
树皮和碎木屑基质培	34.15	0.79	17.5	2.62	1 868.57
沙培	41.59	1.15	24.4	3.40	2 743.26

（三）不同栽培基质对有机栽培辣椒营养品质的影响

维生素 C、总糖是蔬菜营养品质的重要指标,其含量越高表明品质越好。从测定结果表 5-61 来看,柠条基质培处理的辣椒的维生素 C 含量和总糖含量均为最高,分别为 95.4 g/100 g 和 2.82 g/100 g;沙培处理的次之,分别为 91.9 g/100 g 和 2.62 g/100 g;树皮和碎木屑基质培处理最低,分别 71.9 g/100 g 和 2.32 g/100 g。总酸、粗蛋白质含量也是蔬菜营养品质的重要指标。表 5-61 测试结果表明,试验采用的 3 种栽培基质辣椒的总酸含量差异不大,在粗蛋白质含量方面,树皮和碎木屑基质培处理稍高于柠条基质培和沙培处理。

众所周知,果品的风味是甜酸口味,其主要取决于其所含糖、酸含量及其比例。表征果品中糖类酸类含量相对高低的指标一般用糖酸比来表示。它能够较明确地说明成分与口感的关系。在同一生产条件及栽培管理水平下,糖酸比高,则品质较好。由表 5-61 可以看出,糖酸比以柠条基质培处理为最高,为 28.20,即口感最好,说明以柠条为主的栽培基质对辣椒营养品质维生素 C、总糖和糖酸比均起着一定的增加作用。

表 5-61　不同栽培基质对有机栽培辣椒营养品质的影响

处理方式	总酸 /(g/100 g)	总糖 /(g/100 g)	维生素 C /(mg/100 g)	粗蛋白质 /(g/100 g)	糖酸比
柠条基质培	0.10	2.82	95.4	1.27	28.20
树皮和碎木屑基质培	0.14	2.32	71.9	1.40	16.57
沙培	0.11	2.62	91.9	1.22	26.2

在中卫沙漠日光温室基质栽培滴灌条件下,采用 3 种栽培介质进行有机栽培辣椒生长发育、产量及品质研究,通过株高、茎粗、产量及品质等方面综合分析得出,柠条基质培和沙培辣椒产量和品质较佳,品质方面特别是柠条基质培的辣椒,其中柠条培辣椒基质维生素 C 含量为 95.4 mg/100 g,糖酸比为 28.20。

七、不同栽培基质方式对番茄生长发育的影响

自主开发的柠条发酵粉复配基质作为栽培介质,研究探讨在同一柠条复合栽培基质介质下不同栽培方式对有机番茄生长发育、产量及水分利用的影响,以筛选出最适宜柠条基质的栽培方式。

试验在宁夏中卫沙漠日光温室内进行,栽培基质采用柠条发酵粉、鸡粪和珍珠岩的复合有机基质,供试蔬菜为番茄,品种为倍盈。试验采取对比试验的形式,共设有 5 个处理,TA 为深畦双行栽培(长为 7.2 m,宽为 0.5 m,高为 0.25 m),TB 为深畦单行高密度栽培(长为 7.2 m,宽为 0.25 m,高为 0.5 m),TC 为地面黑膜包双行栽培(长为 7.2 m,宽为 0.5 m,深为 0.12 m),TD 为 10 cm 陶瓷管槽栽(长为 7.2 m,宽为 0.4 m,高为 0.15 m),TE 为沙培双行栽培(长为 7.2 m,宽为 0.5 m,深为 0.25 m)作为 CK,3 次重复,每个处理面积为 22.4 m²。番茄于 2009 年 12 月 14 日移栽定植,生育期间统一管理,2010 年 4 月 2 日开始定期采收计产,至拉秧结束。

（一）不同栽培方式的番茄柠条基质生育时期的比较

不同栽培方式的番茄各层花序开花时间差异不太明显（表5-62）。但其总体的规律是深畦双行栽培、深畦单行栽培和黑膜包双行栽培方式处理不同，花序开花时间、成熟期均早于沙培双行栽培2～4 d，10 cm陶瓷管槽栽培迟于2 d。

表 5-62　不同栽培方式的番茄生育时期的比较

处理方式	生育时期/（月/日）					
	定植期	第一花序开花期	第二花序开花期	第三花序开花期	第四花序开花期	成熟期
深畦双行栽培	12.14	12.28	1.15	2.3	2.20	4.14
深畦单行栽培	12.14	12.29	1.15	2.3	2.20	4.12
黑膜包双行栽培	12.14	12.28	1.15	2.3	2.19	4.14
10 cm陶瓷管槽栽培	12.14	1.2	1.18	2.5	2.24	4.18
沙培双行栽培	12.14	12.29	1.17	2.5	2.23	4.16

（二）不同栽培方式的番茄柠条基质生物学性状的比较

番茄生物学性状在不同栽培方式处理间存在一定的差异。由图5-68和图5-69可以看出，在定植初期，番茄植株处理之间的株高、茎粗差异都不显著。自开花以后不同处理番茄的生长状况发生了变化，不同阶段株高以黑膜包双行栽培模式最高，除深畦双行栽培外其与其他处理都出现显著差异，10 cm陶瓷管槽栽最低；茎粗以深畦双行栽培为最粗，除黑膜包双行栽培模式外，其与其他处理都出现显著差异，仍以陶瓷管槽栽为最低。综合番茄在生育期的各项形态指标，可以说明，植株长势以深畦双行栽培和黑膜包双行栽培模式较好，两者间差异不明显。

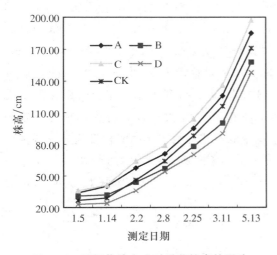

图 5-68　不同栽培方式对番茄株高的影响

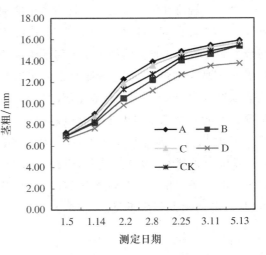

图 5-69　不同栽培方式对番茄茎粗的影响

（三）不同栽培方式对番茄柠条基质产量的影响

番茄产量是非常重要的经济性状，由表5-63可以看出，基质栽培番茄产量及产量性状在不同栽培方式处理间差异较大。平均单果重以番茄单果重为最重，其次为CK，再次是为TA，且三处理间差异不显著，但与TB和TD差异显著或极显著；平均单株产量以TC为最重，其次为TA，且两处理间差异不明显，但与CK、TB和TD差异极显著；产量以TC为最高，4 738.08 kg/亩，较CK增产21.32%，且与其他处理达到极显著差异，其次是TA，为4 550.34 kg/亩，较CK增产16.52%，也与其他处理差异达显著或极显著，以TD产量为最低，为3 406.85 kg/亩，较对照减产12.76%。

表5-63　不同栽培方式的番茄产量及产量性状的比较

处理编号	单果重/g	单株产量/kg	产量/(kg/亩)	增产/%
TA	152.32ABab	2.46Aa	4 550.34Bb	16.52
TB	144.43ABbc	2.12Bb	3 927.54Cc	0.57
TC	165.84Aa	2.55Aa	4 738.08Aa	21.32
TD	131.59Bc	1.82Cc	3 406.85Dd	−12.76
CK	157.55Aab	2.12Bb	3 905.30Cc	—

八、柠条发酵粉复配鸡粪基质对黄瓜光合指标和产量的影响

以西北内陆地区贮量极为丰富的柠条作为栽培基质，以柠条发酵粉复配鸡粪进行黄瓜栽培，通过测定基质的性状及黄瓜生长发育指标，讨论将柠条粉作为栽培基质的可行性，以期为柠条资源后续产业的开发提供理论基础。

研究区盐池县位于宁夏回族自治区东部、毛乌素沙漠南缘，地处陕西、甘肃、宁夏、内蒙古四省(区)交界地带，境内地势南高北低，平均海拔为1 600 m，常年干旱少雨，风大沙多，属典型的温带大陆性季风气候。地处宁夏中部干旱带，年平均降水量为280 mm，年蒸发量为2 100 mm，年平均气温为7.7 ℃，年均日照时数为2 872.5 h，太阳辐射总量为5.928 5×10⁹ J/m²。虽然气候干旱少雨，风大沙多，但是光照时间长，昼夜温差大，十分有利于作物光合作用和干物质积累。其能完全满足喜温瓜菜、设施栽培对光热条件的需求，是发展设施特色作物的优势区域。于2010年3月4日至2010年7月2日在宁夏盐池县花马池镇城西滩村设施农业科技核心示范园区内进行，设施结构是NKWS-Ⅱ型日光温室，供试黄瓜品种"好运"购自上海惠和种业有限公司。试验采用随机区组设计，共设5个处理，如表5-64所列，其中T5为CK，均为体积比，各处理设3次重复。

表 5-64　柠条发酵粉复配鸡粪基质的试验处理

处理编号	处理名称	鸡粪/%	柠条粉发酵物/%	珍珠岩/%
T1	40%鸡粪＋30%柠条发酵粉＋30%珍珠岩	40	30	30
T2	30%鸡粪＋40%柠条粉发酵物＋30%珍珠岩	30	40	30
T3	20%鸡粪＋50%柠条粉发酵物＋30%珍珠岩	20	50	30
T4	10%鸡粪＋60%柠条粉发酵物＋30%珍珠岩	10	60	30
T5	草炭∶珍珠岩＝2∶1	—	—	—

　　试验所用柠条发酵粉是指平茬后的柠条枝条经粉碎至 2～3 mm 后，每立方米原料中加入尿素 3 kg，保持相对含水量在 60%～65%，并配合专用锯末发酵助剂高温发酵 3 个月而得。鸡粪为烘干消毒鸡粪，其购自宁夏中卫丰盛生物有机肥公司，在使用前将烘干消毒鸡粪加水，使其含量控制为 40%～50%，用塑料布包裹，高温密闭发酵 15 d 即可。不同处理栽培期间田间管理统一。其中在黄瓜定植后每天滴灌 0.3～0.5 L/株的水；在结果期，每天滴灌 0.8～1.5 L/株的水；追肥从定植后的 20 d 开始，每 5 天随水追施全营养液肥 120～144 kg/hm²，直到黄瓜拉秧前 15 d 停止追肥。4 月初进入采收期，平均 2 d 采收一次并测产，直至拉秧。

（一）柠条发酵粉复配鸡粪基质在黄瓜盛果期的物理性状

　　由表 5-65 可以看出，柠条粉基质与鸡粪混合后，随着鸡粪混合比例的增加，干容重不断增加，通气孔隙不断减少，而持水孔隙则呈先增大后减小的趋势，总孔隙度在通气孔隙与持水孔隙的综合影响下变化不明显，大小孔隙比显著降低，其中以 T2 和 T3 的干体积质量、总孔隙度、通气孔隙、持水孔隙与 CK 相近。据蒋卫杰等提出的大小孔隙比以 1∶（2～4）为宜的标准，T2 和 T3 优于 CK。以上结果表明，T2 和 T3 基质的基本物理性能与 CK 相似。

表 5-65　5 种柠条发酵粉复配鸡粪基质的物理性状

处理编号	干体积质量/（g/cm³）	总孔隙度/%	通气孔隙/%	持水孔隙/%	大小孔隙比
T1	0.307±0.012	64.27±2.23	11.80±1.15	52.47±2.93	0.22±2.95
T2	0.280±0.012	73.30±2.02	19.79±1.34	53.51±2.51	0.37±2.86
T3	0.247±0.017	73.66±1.84	21.13±0.95	52.33±2.24	0.40±2.75
T4	0.197±0.019	70.41±2.16	24.16±1.16	46.25±2.82	0.52±3.13
T5(CK)	0.258±0.013	75.19±1.71	19.05±1.08	56.14±2.12	0.34±2.98

（二）柠条发酵粉复配鸡粪基质对黄瓜盛果期光合性能指标的影响

　　由表 5-66 可以看出，黄瓜盛果期功能叶叶绿素含量随着柠条基质粉中添加鸡粪比例的增加呈现先升高后降低的总趋势。方差分析表明，柠条粉复配基质对黄瓜盛果期功能叶叶绿素含量有显著影响。多重比较分析表明，T3 基质黄瓜的叶绿素含量极显著高于 CK 及其他处理，T2 与 CK 无显著差异，但与 T1 和 T4 存在极显著差异，T1 和 T4 极显著低于 CK，说明柠条粉中添加 20%～30% 的鸡粪更有利于提高黄瓜叶片的叶绿素含量。

　　各个处理黄瓜盛果期功能光合速率（Pn）的变化趋势与叶绿素含量相似，仍以 T3 黄瓜的

Pn 为最高,且极显著高于 CK 及其他处理,其次是 T2,与 CK 光合速率相近,无显著差异。说明柠条粉中添加 20%～30% 的鸡粪更有利于提高黄瓜叶片的光合效率。

最大光化学量子产量(Fv/Fm)反映了叶绿体中捕光色素蛋白复合体捕获光能传递给反应中心,并转化为生物化学能的能力。从表 5-66 可以看出,各个处理在黄瓜盛果期功能叶绿素荧光参数(Fv/Fo、Fv/Fm)的变化趋势与光合速率相似。方差分析表明,T3 的 Fv/Fo 及 Fv/Fm 极显著高于其他处理,T2 与 CK 无显著差异,T1 和 T4 极显著低于 CK。由此可见,柠条发酵粉中添加 20%～30% 的鸡粪更有利于提高光能转化能力,从而提高了光合效率。

表 5-66　柠条发酵粉复配鸡粪基质的光合性能指标

处理编号	叶绿素 SPAD 值			光合速率/[μmol/(m²·s)]			叶绿素荧光参数	
	2010-05-01	2010-05-16	2010-05-31	2010-05-01	2010-05-16	2010-05-31	Fv/Fo	Fv/Fm
T1	51.75±1.21cC	53.03±1.19cC	52.49±1.18cC	16.35±0.015dC	18.60±0.019cC	17.36±0.012cC	0.835±0.005cC	4.986±0.105cC
T2	55.38±1.18bB	58.73±1.11bB	56.59±1.15bB	19.56±0.011bA	21.14±0.010bB	20.34±0.008bB	0.843±0.06bB	5.312±0.106bB
T3	57.10±1.15aA	61.87±1.06aA	58.11±1.10aA	20.35±0.009aA	23.40±0.009aA	21.98±0.009aA	0.846±0.007aA	5.649±0.103aA
T4	49.67±1.09cC	52.47±1.23cC	50.28±1.19cC	17.56±0.016cB	19.46±0.015cC	18.45±0.012cC	0.837±0.009cC	5.039±0.107cC
T5CK	54.97±1.31bB	58.84±1.21bB	55.14±1.17bB	19.37±0.017bA	21.26±0.013bB	20.12±0.013bB	0.841±0.008bB	5.430±0.108bB

注:多重比较采用 Duncan 新复极差法,小写字母表示在 0.05 水平上显著,大写字母表示在 0.01 水平上显著。

(三)柠条发酵粉复配鸡粪基质对黄瓜果实形态指标及产量的影响

由表 5-67 可以看出,各处理黄瓜的瓜长和瓜直径均以 T2 为最高,分别为 36.23 cm 和 3.23 cm,均显著高于 T1 和 T4,但与 T3 与 CK 间无显著差异;瓜数以 T3 为最高,为 15.12 个,极显著高于 T1 和 T4,而与 T2 和 CK 间无显著差异;单果质量以 T2 最高,为 189.32 g,显著或极显著高于其他处理。柠条基质中添加鸡粪比例为 10%～30%。随着鸡粪比例的增加黄瓜产量呈上升趋势。方差及多重比较分析表明,T2(添加鸡粪比例为 30%)和 T3(添加鸡粪比例为 20%)黄瓜产量极显著高于其他处理,且两处理与 CK 间无显著差异,但与 T1 和 T4 存在极显著差异。由此可见,在柠条发酵粉中添加鸡粪并不是越多越好,过多的鸡粪会抑制黄瓜的生长,并直接影响作物的产量,柠条发酵粉中添加20%～30% 的鸡粪更有利于黄瓜产量的提高。

表 5-67　柠条发酵粉复配鸡粪基质对黄瓜果实形态指标及产量的影响

处理编号	长度/cm	直径/cm	瓜数/个	单果质量/g	产量/(kg/hm²)
T1	30.12±1.29bB	2.98±0.12bB	13.38±0.65cC	173.56±9.56bcB	60 531.75±20.95bB
T2	36.23±1.18aA	3.23±0.16A	14.92±0.59aA	189.32±9.84aA	67 854.75±22.36aA
T3	35.46a±1.13AB	3.11±0.11aA	15.12±0.51aA	188.95±10.26Aa	67 959.30±21.95aA
T4	30.53±1.32bAB	3.01±0.13bB	14.61±0.61bB	172.23±10.02cB	60 393.75±20.59bB
T5CK	35.21±1.24aAB	3.14±0.15aAB	15.04±0.66aA	180.35±9.95bAB	66 391.85±21.65aA

注:多重比较采用 Duncan 新复极差法,小写字母表示在 0.05 水平上显著,大写字母表示在 0.01 水平上显著。

叶绿素是将光能转化为化学能的重要组分,其含量及其消长与光合强度密切相关,叶绿素含量的高低在很大程度上反映了植株生长状况和叶片的光合能力,可快速测定的 SPAD 值能够有效反映叶绿素含量的相对值。本研究结果表明,黄瓜盛果期功能叶的叶绿素含量和光合速率(Pn)均随着柠条发酵粉中添加鸡粪比例的增加呈现先升高后降低的总趋势,且以柠条发酵粉中添加 20％或 30％的鸡粪更有利。

　　植物体内发出的叶绿素荧光信号包含着丰富的光合作用信息,且极易随外界环境变化而变化,利用叶绿素荧光能够有效探测有关植物生长发育与营养状况的许多信息,可快速、灵敏和非破坏性地分析环境因子对光合作用的影响。本研究结果表明,柠条发酵粉中添加鸡粪后对黄瓜盛果期功能叶片的 Fo、Fv、Fm、Fv/Fm 和 Fv/Fo 影响显著,且以柠条发酵粉中添加 20％或 30％的鸡粪效果较好,表明柠条发酵粉中添加 20％或 30％的鸡粪能够促进黄瓜盛果期功能叶片电子传递能力和 PSII 潜在活性及光能转化效率显著提高。鸡粪中可能含有芳香族有机酸等化学类物质,它们对植物的生长发育具有抑制作用。柠条发酵粉中添加 10％～30％鸡粪时,柠条发酵粉中含有大量的有机质,抑制了鸡粪中有机酸的作用,使柠条发酵粉复配鸡粪基质栽培效果得以充分发挥。而当柠条基质粉中添加 40％的鸡粪时,柠条发酵粉中的有机质不能抑制鸡粪中有机酸的作用,使得柠条发酵粉复配鸡粪基质栽培效果下降。本研究结果表明,柠条发酵粉中以添加 20％或 30％鸡粪的黄瓜的长度、直径、单果质量及产量等方面都表现出良好效果。

　　综上所述,柠条发酵粉中添加 20％或 30％的鸡粪所栽培的黄瓜为最适基质配比,说明将柠条发酵粉作为栽培基质是可行的。但是这一配比是否在栽培番茄、辣椒等茄果类中的表现还有待进一步研究。

第五节　蔬菜有机化生产光环境调控

一、蔬菜有机化生产的光环境调控

　　园艺作物的产量和品质形成一般由物种遗传因素和环境因素共同决定。其中,遗传因素的表现一定程度上也受到环境因素的影响和限制。光作为重要的环境因素之一,是植物光合作用的能量来源,也是调节植物生理和代谢活动的重要信号。光环境要素主要包括光质、光强、光期、光分布。其中,光质对植物生长的影响最为复杂。自然光的光谱波段可以分为紫外光(＜400 nm)、可见光(400～700 nm)、红外光(＞700 nm)。光作为能量被植物光合色素吸收和传递,而作为信号则是被不同的光受体感知和反应。常见的 3 类光受体分别为光敏色素(红光、远红光受体)、隐花色素和向光素(蓝光、紫外光-a 受体)以及紫外光-b 受体。光对植物的调控作用于植物生长发育的诸多方面,如光合器官发育、气孔运动、叶绿体结构、光合色素、光系统活性、种子萌发、茎伸长、叶面积增加、次生物质代谢等。同时,光对微环境小气候以及病虫害发生也有一定的调控作用。

　　蔬菜有机化生产多为露地栽培,经常遇到强光、高温干旱或高温多雨等逆境条件,病虫害严重,单产低,品质差,甚至无法正常生产。光环境调节手段是蔬菜有机化生产光环境调控的关键技术环节。光质调控主要通过两种途径,即覆盖材料和人工光源。对于以露地栽培为主的蔬菜有机生产来说，由于场所的限制以及人工光源运行成本等问题，覆盖材料是更为简单易行、经济实惠的方式。常用的覆盖材料为有色膜。有色膜是通过向母料中加入色母粒而制成，颜色因色母粒的颜色而不同。生产上常用的有红色、蓝色、紫色、绿色、黄色等。其原理是选择性透过某一颜色的光，使其相对透过率增加，从而改变透过光的光谱组成。不同颜色和厚度的有色膜对光谱的吸收透射特点不同导致透过有色膜的光谱成分有所差异。不同颜色的有色膜对作物生长发育、病虫害和地温的影响各不相同，此外，有色膜对作物的影响也与植物器官种类及代谢物种类有关。前人研究表明，不同光质的光对蔬菜种子萌发、花芽分化、植株生长等都有不同程度的促进或抑制作用，叶片的衰老速度也与光质密切相关。因此，明确各种有色膜的光谱特性以及具体的生产目的定位是充分利用有色薄膜实现蔬菜高效有机生产栽培的关键。

近年来，随着人们生活水平的提高，春夏季大白菜的需求量日益加大，北方早春设施大白菜栽培面积逐渐增加。然而春季温差大且变化快，设施大白菜经常遭受低温胁迫，导致其生长不良，光合受抑，还可能出现先期抽薹，产量和品质大幅度降低。

孙晨晨（2017）等以春季大白菜菊锦为试材，研究了不同颜色塑料薄膜覆盖对植株生长、光合特性、产量和品质的影响。拱棚分别用红色膜、蓝色膜、紫色膜、绿色膜和无色膜（对照）覆盖。研究表明，紫色膜和红色膜可提高大白菜叶片的光能利用效率，增强光合碳同化能力，从而促进植株生长，产量明显提高；绿色膜处理的结果相反。

原程（2014）等采用不同颜色聚乙烯薄膜（无色膜、紫色膜、蓝色膜和红色膜）覆盖拱棚，分析探讨不同光环境对4个品种（白茄、台湾绿长茄、樱桃野茄、小红袍）的茄子幼苗品质的影响。研究发现，红色膜处理下茄子幼苗茎粗、全株干物质量及根系活力均较高，可作为茄子育苗专用膜。

靳志勇（2015）等以翠翠青花菜为试材，利用薄膜改变透射光的各光谱比例，以自然光为对照，研究了不同颜色（蓝膜、紫膜、红膜、无色膜）的薄膜对青花菜生长和品质的影响。其结果表明，紫膜覆盖虽然植株较小，但是花球较大，表现出最高的球/植株重量比，表明紫膜覆盖最有利于光合产物向花球的运输。红膜覆盖的花球生长与紫膜覆盖类似，但其植株较大，光合产物向花球分配的比率较低，不过用其覆盖显著增加了青花菜叶绿素、可溶性糖以及维生素C的含量。

刘张垒（2015）等以津优35黄瓜为试材，以无色膜覆盖为CK，研究不同颜色塑料薄膜（红色膜、蓝色膜、紫色膜、绿色膜）覆盖对植株生长、发病率与病情指数、光合作用、产量和品质的影响。结果表明，黄瓜产量以无色膜和紫色膜处理的最高。红色膜处理可促进黄瓜糖的合成与积累，而蓝膜处理可提高其蛋白质和维生素C的含量。

田发明（2013）等研究了不同颜色塑料薄膜（紫色膜、蓝色膜、红色膜和无色膜）覆盖对拱棚内小气候和甜椒生长发育及产量品质的影响，以期为甜椒高效高质生产专用膜的研制奠定基础。结果说明，红色膜促进甜椒茎的增粗，降低了甜椒植株根冠比，控制了株高增长，提高了甜椒植株干重，显著提高了甜椒植株的氮、磷、钾吸收总量，蓝膜则降低了根系、叶片和果实中氮、磷、钾吸收总量以及果实的分配率，但增加了叶片的分配率。

付卫民（2012）等采用不同颜色的聚乙烯薄膜（紫PF、蓝BF、黄YF、红RF）及白色膜CK拱棚覆盖栽培心里美萝卜，探求不同光质对心里美萝卜生理特性及品质的影响。结果表明，有色膜处理的光合速率均显著提高，产量水平由高到低依次为RF＞YF＞CK＞BF＞PF，主要营养品质差异显著。蓝色膜处理下的抗坏血酸含量、游离氨基酸含量、可溶性蛋白含量均最高;红色膜处理下可溶性糖含量最高,黄色膜、紫色膜和白色膜的品质指标均介于蓝色膜和红色膜之间。

由此可见,光环境调控是一种对植物生长发育进行干预,通过调节植物的营养元素吸收、光合特性、生理代谢等从而达到改善植物的生长和品质的绿色、高效的栽培手段。对于有机蔬菜生产而言,光环境调控是一种健康、无污染的栽培干预方式,符合有机生产的理念,而是蔬菜有机化栽培必不可少的途径。

二、有色膜对药用蔬菜紫苏生长及矿质品质的影响

紫苏(*Perilla frutescens* L. Britt)是唇形科一年生草本植物,作为我国第一批规定的既是药品,又是食品的 60 种作物之一。其在医药及食品领域有着重要的开发价值,近年来受到国内外的广泛关注。作为药材,紫苏具有抗过敏、抗氧化、抗肿瘤、降血脂等作用;作为食品,紫苏叶口感独特,营养丰富,含有多种蛋白质、维生素及矿物质等。紫苏叶也是重要的出口蔬菜品种之一。据统计,紫苏叶仅在日本的年需求量约为 20 亿片,而中国供货量无法达到其需求量的 10%,因此,栽培紫苏具有较大的市场前景。

无机元素不仅是人体中维生素、酶、激素等活性物质的核心成分,也是影响中药材药效成分活性的重要因素。研究表明,改变栽培光质条件对植物无机元素的积累有重要影响。陈晓丽(2018)等运用搭建有色膜棚架的方式人工栽培紫苏,以自然光为 CK,以电感耦合等离子发射光谱法(ICP-OES)分析了不同光谱成分下的紫苏对 K、P、Ca、Mg、Na、S、Fe、Mn、Zn、Cu 等 10 种无机元素的吸收和积累,以探究露地栽培中光谱成分对药用蔬菜紫苏矿质品质的影响,以期为紫苏的有机栽培技术提供理论依据。

试验于 2015 年在宁夏吴忠国家农业科技园区进行,供试紫苏种子购自河北安国中药材市场。5 月 28 日穴播,株行距为 20 cm×50 cm,行间铺设滴灌带,小区面积为 4 m²,小区间隔为 50 cm,每小区上方有拱棚棚架,拱棚四周通风,6 月 30 日,在各小区棚架上安装聚乙烯材料的有色膜(图 5-70)。以无拱棚自然光为 CK,共设置 6 个处理,膜的颜色分别为紫色(PF)、

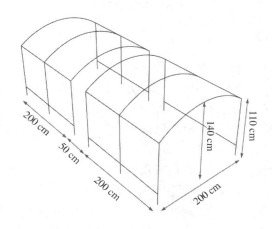

图 5-70　有色膜拱棚

蓝色(BF)、绿色(GF)、黄色(YF)、红色(RF)以及白色(WF),随机区组排列,重复3次。各处理栽培管理措施一致。

通过计算各波段光质光合有效辐射在总光合有效辐射中所占的比例,得到各有色膜处理下的光谱组成。首先,利用USB650型光谱仪(OceanOptics,model-SD650,USA)进行光合有效辐射测量,光谱仪测量范围为350~1 000 nm。7月10日起,每周日10:00在每个小区随机选取5株紫苏植株,重复3次,记录叶片数并用直尺测定紫苏株高;8月30日收获全株(用铁锹和锄头深挖,确保全株完整取出,取样方法同上),用0/000的电子天平称量紫苏根、茎、叶等各部位的生物量鲜重。之后,将植株各部位在60 ℃烘箱中烘至恒重,并测量根、茎、叶等各部位的干重。最后,将干样磨碎,过40目筛备用,同时,在未挖出的植株中以相同取样方式选取植株样品,并摘取每株相同部位的3片叶片测定相对叶绿素含量(SPAD-502 Chlorophyll Meter Model)。上述过筛备用的紫苏叶片粉末采用HNO_3-H_2O_2微波消解法进行处理,测定各元素含量,测试仪器为电感耦合等离子体发射光谱仪ICAP6300(USA)。其具体方法为:称取0.30 g紫苏叶片粉末置于微波消解罐中,加入6 mL硝酸,放置过夜。翌日加2 mL H_2O_2静置30 min,然后旋紧盖后置于微波炉内,采取程序升温控压模式进行消解。消解完毕后,取出消解罐,冷却,定容至50 mL,摇匀后上机待测。HNO_3和H_2O_2均为优级纯,购自北京某化工厂,元素标准液源自国家标准物质中心。数据采用Excel、SPSS18.0软件进行统计分析。

(一)有色薄膜对紫苏生长光环境的影响

如图5-71和表5-68所示,在覆盖有色膜后,棚内400~700 nm可见光的光谱的比例均比自然光有显著提高($P<0.05$),其中紫色膜和蓝色膜下,可见光光谱的比例提高幅度最大。但有色膜覆盖下350~400 nm紫外光以及700~900 nm红外光波段的光谱所占比例比无膜覆盖的自然光有所降低,且除白色膜之外,降低幅度均达到显著水平($P<0.05$);蓝色膜下蓝光波段的比例显著高于其他任何处理,红光波段比例、红光/红外光以及红光/蓝光比例均显著低于其他处理;绿色膜下500~550 nm绿光以及550~600 nm黄光波段的比例显著大于CK,且黄绿光波段的比例总和大于其他任一处理;黄色膜下500~550 nm绿光波段的比例显著大于红色膜,其他波段的光谱的比例在这两种膜之间,且无显著性差异。白色膜下的光谱与无膜覆盖的自然光相比,其可见光波段的光谱比例提高了10.6%,两者差异显著($P<0.05$)。

(二)有色薄膜对紫苏生长动态的影响

由图5-72a可见,在整个试验期间,蓝色膜、紫色膜下的紫苏株高增长速率低于CK,但与CK无显著差异。当试验结束时,蓝色膜、紫色膜以及CK处理下的紫苏株高为55.77~59.93 cm,平均增长速率为1.12~1.20 cm/d;绿色膜、白色膜、红色膜、黄色膜之间的紫苏株高增长速率无显著差异,但均显著高于CK和蓝色膜、紫色膜处理。试验结束时,绿色膜、白色膜、红色膜、黄色膜处理下的紫苏株高为72.73~79.97 cm,平均增长速率为1.45~1.60 cm/d,说明蓝色膜、紫色膜对株高的影响不显著,但其他几种颜色的膜覆盖能够显著促进紫苏植株伸长。由图5-72b可见,紫苏叶片数表现为CK最多,为116片,黄色膜下次之。除黄色膜外,其他膜处理下的叶片数均较CK显著减少($P<0.05$),减幅为26.44%~53.45%,叶片数以蓝色膜下为最少。说明有色膜尤其是蓝色膜覆盖抑制紫苏叶片的抽出。

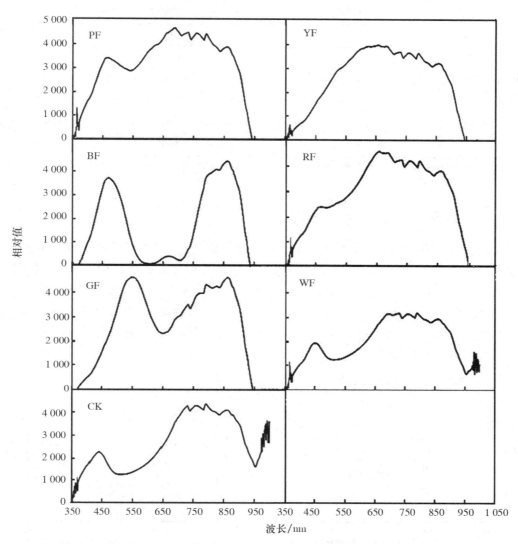

PF. 紫色膜；BF. 蓝色膜；GF. 绿色膜；YF. 黄色膜；RF. 红色膜；WF. 白色膜；CK. 无膜，自然光。

图 5-71　不同有色薄膜覆盖下的光环境光谱

表 5-68　不同有色膜下的光谱组成（％）（平均值均方差，％）

波段/nm	处理						
	PF	BF	GF	YF	RF	WF	CK
紫外光（350～400）	3±0b	0±0c	0±0c	2±0b	3±0b	5±0a	6±0a
蓝光（400～500）	21±2b	39±3a	14±1b	13±2b	16±1b	19±2b	18±2b
绿光（500～550）	10±1ab	13±2a	16±1a	12±1a	9±0b	7±0b	6±0b
黄光（550～600）	10±0ab	2±0c	15±1a	13±1a	10±1ab	7±0b	6±0b
红光（600～700）	22±1a	2±0c	16±1b	25±2a	25±2a	21±1ab	18±1b
远红光（700～900）	34±2b	44±3a	39±1b	35±1b	37±1b	41±1ab	46±2a

续表 5-68

波段/nm	处理						
	PF	BF	GF	YF	RF	WF	CK
可见光(400～700)	84±4ab	95±3a	75±3b	76±3b	76±4b	73±3b	66±2c
总光量(350～900)	100	100	100	100	100	100	100
红光/红外光	0.64a	0.05c	0.42b	0.72a	0.67a	0.51ab	0.39b
红光/蓝光	1.06b	0.06c	1.19b	1.88a	1.51a	1.10b	0.97b

注:小写字母表示处理间在 0.05 水平上的差异显著性。(PF:紫色膜;BF:蓝色膜;GF:绿色膜;YF:黄色膜;RF:红色膜;WF:白色膜;CK:无膜,自然光)。

(三)有色薄膜对紫苏同化物积累的影响

由表 5-69 可见,除绿色膜外,其他有色膜均显著提高了紫苏的叶片鲜重($P<0.05$),黄色膜下的叶片鲜重最高,较 CK 增长了 108.5%,红色膜次之,较 CK 增长 68.14%;黄色膜、红色膜下的紫苏全株生物量显著高于其他膜处理;红色膜下紫苏地上部分与地下部分的 S/R 比值比 CK 有所降低,而其他膜处理的 S/R 比值比 CK 均显著提高,说明红色膜有利于同化物向根的分配,而其他膜有利于同化物向紫苏地上部分的积累。此外,各有色膜下的相对叶绿素含量 SPAD 值均显著低于 CK($P<0.05$)。

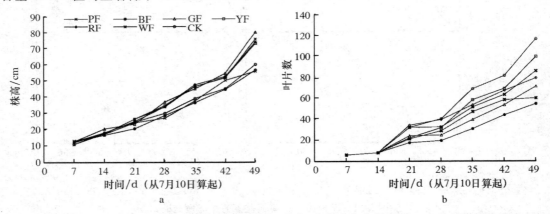

PF、BF、GF、YF、RF 和 WF 分别为紫色、蓝色、绿色、黄色、红色和白色膜处理,CK 为无拱棚自然光(对照)处理。下同。

图 5-72　不同处理下紫苏株高及叶片数的变化动态

表 5-69　不同处理下紫苏各部位生物量、S/R(地上与地下生物量比值)以及 SPAD(相对叶绿素含量)(平均值±均方差)

处理编号	鲜重/(g/株)				干重/(g/株)				S/R(DW)	SPAD
	根	茎	叶	全株	根	茎	叶	全株		
PF	29.69±1.2b	57.58±2.3b	100.85±6.2ab	188.12±11.2b	22.07±1.9b	24.45±3.3a	36.70±5.6b	83.22±5.6b	5.34±0.1b	29.70±2.1b
BF	23.16±1.1b	46.98±2.1c	89.72±4.2b	159.86±12.1c	18.86±2.1b	22.24±2.1b	32.07±2.7ab	73.17±4.9c	5.90±0.3a	34.12±2.7b

续表 5-69

处理编号	鲜重/(g/株)				干重/(g/株)				S/R(DW)	SPAD
	根	茎	叶	全株	根	茎	叶	全株		
GF	20.00±1.1b	53.00±2.4b	66.77±3.1c	139.77±13.1c	17.52±2.3b	23.03±2.2b	25.55±1.9ab	66.1±4.2c	5.99±0.4a	33.33±2.1b
YF	44.33±2.1a	100.36±4.4a	142.62±8.3a	287.31±20.1a	31.13±4.2a	37.36±2.4a	43.79±4.6a	112.28±8.1a	5.48±0.9b	33.03±2.4b
RF	48.35±1.9a	78.23±3.6ab	115.00±9.1ab	241.58±19.5a	33.89±2.2a	28.90±2.0ab	39.26±2.3a	102.05±7.7a	4.00±0.8c	29.87±2.1b
WF	23.62±1.1b	56.30±2.9b	90.75±5.2b	170.67±14.3bc	19.32±1.2b	24.22±1.9b	32.80±1.9ab	76.34±5.1c	6.22±1.2a	30.40±2.9b
CK	24.48±1.3b	42.29±2.5c	68.41±3.8c	135.18±11.2c	19.17±1.4b	21.41±1.8b	29.05±2.2b	69.63±4.9c	4.52±0.6c	42.27±3.5a

(四)有色薄膜对紫苏叶片矿物质含量及积累量的影响

由表 5-70 和表 5-71 可见,不同有色膜覆盖下的紫苏叶片中常量、微量元素的含量存在差异。在常量元素方面,K、P 元素的含量均以绿色膜为最高,比自然光下(CK)分别增长了 69.2%、53.1%。紫色膜和红色膜降低了 Ca、Mg 元素含量,相反,其他各色膜均提高了 Ca、Mg 元素含量,且提高幅度均以蓝色膜为最大。各有色膜处理均提高了紫苏叶片中 K、Na、S 元素的含量,其中 Na 以白色膜下含量最高,比 CK 增长了 110.5%,S 以绿色膜为最高,比 CK 增长了 63%;在自然光方面,紫苏叶片中的常量矿质元素含量比值约为 K:Ca:Mg:P:S:Na=107:93:27:15:7:1;在微量元素方面,各有色膜下的 Fe 元素含量均低于 CK,降幅为 46.53%～74.27%;Mn、Zn、Cu 元素分别在蓝色膜、紫色膜、绿色膜下的含量最高,比 CK 分别提高了 14.7%、31% 以及 86.7%;在自然光方面,紫苏叶片中的微量矿质元素含量比值约为 Fe:Mn:Zn:Cu=524:21:7:1。

由表 5-72 可见,就单株紫苏叶片中的矿物质累积量而言,常量元素 K、P、Ca、Na、S 的累积量均在自然光(CK)下最低,即除 Mg 元素外,有色膜提高了其他所有常量元素在紫苏叶片中的累积量;Mg 元素累积量在黄色膜下最高,较 CK 提高 56%,在绿色膜下最低,较 CK 降低 9.3%。微量元素中,Fe 的累积量在 CK 下最高,有色膜下 Fe 的累积量呈不同幅度的降低,其中紫色膜下 Fe 的累积量最低,较 CK 降低了 67.5%;相反,Zn 和 Cu 元素均在自然光下积累量最低,有色膜的覆盖不同程度提高了微量元素 Zn、Cu 在紫苏叶片中的积累量;Mn 元素累积量在蓝色膜下最高,较 CK 提高 26.6%,在紫色膜下最低,较 CK 降低 13.0%。

表 5-70 不同处理下紫苏叶片中常量元素含量(平均值±均方差)

处理	PF	BF	GF	YF	RF	WF	CK
K	25.50±1.3b	22.22±1.7b	34.28±1.9a	22.73±1.6b	26.42±1.7b	25.05±2.2b	20.26±2.3b
P	2.63±0.2c	2.89±0.4c	4.47±0.4a	3.21±0.5b	3.44±0.4b	3.83±0.6b	2.92±0.5c
Ca	14.74±1.1b	26.72±1.5a	20.80±1.2ab	20.36±1.4ab	15.07±1.1b	21.33±1.7ab	17.65±1.2b

续表 5-70

处理	PF	BF	GF	YF	RF	WF	CK
Mg	4.51±0.5c	6.18±0.6a	5.26±0.3b	5.28±0.2b	4.18±0.2c	5.28±0.7b	5.09±0.6b
Na	0.27±0.01b	0.25±0.02b	0.38±0.04a	0.23±0.02b	0.26±0.01b	0.40±0.04a	0.19±0.01bc
S	1.47±0.1bc	1.84±0.2a	2.08±0.1a	1.92±0.2a	1.68±0.3b	1.73±0.2b	1.28±0.3c

表 5-71　不同处理下紫苏叶片中微量元素含量(平均值±均方差)

处理	PF	BF	GF	YF	RF	WF	CK
Fe	800.02±12c	1 497.55±32b	1 606.49±46b	989.28±22c	1 017.68±23bc	1 534.84±41b	3 108.74±52a
Mn	85.63±3c	142.58±6a	130.57±4ab	101.76±3b	101.36±3b	122.02±2ab	124.30±3ab
Zn	57.67±1a	53.62±3a	55.08±2a	38.27±1c	37.64±1c	48.28±2b	44.00±2b
Cu	5.82±0.2b	6.88±0.3b	11.07±0.4a	6.09±0.2b	9.72±0.4ab	8.48±0.4ab	5.93±0.3b

表 5-72　不同处理下紫苏叶片中矿质元素的积累(平均值±均方差)

处理	PF	BF	GF	YF	RF	WF	CK
K	935.80±112a	712.63±197c	875.90±113b	995.22±125a	1 037.39±152a	821.86±101b	588.63±66d
P	96.49±3.1b	92.70±3.5b	114.16±4.2a	140.57±5.3a	135.12±3.3a	125.56±2.9a	84.77±1.6b
Ca	540.98±21b	856.87±56a	531.35±23b	891.63±67a	591.71±21b	699.69±20ab	512.88±15b
Mg	165.68±3.1b	198.17±4.2a	134.28±3.2b	231.18±4.8a	164.05±1.8b	173.35±1.6b	147.98±1.3b
Na	9.79±1.2b	8.09±0.9b	9.64±1.3b	9.93±2.1b	10.11±0.8ab	13.10±0.9a	5.47±0.2c
S	54.01±2.3b	59.02±3.1b	53.17±2.1b	84.10±4.1a	65.84±2.8a	56.85±1.9b	37.20±0.9c
Fe	29.36±1.1c	48.02±2.1b	41.05±1.9b	43.32±1.8b	39.96±2.1c	50.35±3.1b	90.32±3.7a
Mn	3.14±0.1b	4.57±0.3a	3.34±0.4ab	4.46±0.4a	3.98±0.3ab	4.00±0.2a	3.61±0.3ab
Zn	2.12±0.1a	1.72±0.1ab	1.41±0.1b	1.68±0.2ab	1.48±0.3b	1.58±0.2b	1.28±0.4b
Cu	0.21±0.01b	0.22±0.03b	0.28±0.02b	0.27±0.03b	0.38±0.03a	0.28±0.02b	0.17±0.01c

经研究表明,矿质元素是人体、动物的重要营养功能成分,对于植物而言其含量和种类直接影响植物的生长代谢,如 P 作用于磷酸、磷酸化合物的生成等,Fe 是光合电子传递链中细胞色素、Fe-S 蛋白以及 Fe 氧还蛋白的组成成分,Mg、Cu 元素分别是叶绿素和抗坏血酸氧化酶的重要成分等。植物对矿质元素的吸收、积累以及利用与植物基因型以及生长环境条件如水分、盐分、温度、光照等密切相关。大量研究表明,光谱成分的改变对作物生长和品质会产生不同程度、不同方面的影响。在露地栽培中,人工光源不便于安装且成本较高,而有色薄膜成本较低,可创造较好的温光环境减轻作物光合午休,因此更具实用性。

本研究结果表明,绿色膜显著促进了紫苏的伸长生长,这与徐凯等报道的绿膜下草莓植株的叶柄长度较自然光下显著增加类似,说明绿色膜有促进组织伸长生长的作用;付卫民等报道不同有色膜覆盖下心里美萝卜产量水平表现为 RF>YF>CK>BF>PF,彭晓丹等用不同有色棚膜处理甜椒的研究中也发现,红膜处理有利于甜椒果实干物质积累,而蓝膜、紫膜对产量形成呈现明显的抑制作用。本研究中红色膜(RF)和黄色膜(YF)下紫苏全株生物量显著高于其他所有处理,说明红色、黄色膜有促进产量形成的作用,但蓝膜、紫膜下紫苏生物量较自然光对照也有不同程度的提高,并未出现蓝、紫膜抑制产量形成的现象;此外,田发明等发现红色膜覆盖甜椒株高小于蓝色膜,单株产量则为红色膜覆盖下高于蓝色膜,据原程等报道,蓝色膜下小红袍品种的茄子幼苗株高高于红色膜下,而其他品种的茄子幼苗株高均表现为蓝色膜下低于红色膜下,本研究中,紫苏株高和单株产量均表现为红色膜下高于蓝色膜下,这说明有色膜覆盖对植物的影响存在品种间差异。

此外,矿质元素的累积量综合了矿质元素吸收量和作物同化物累积两个因素,本研究表明,紫苏叶片中 K、Cu 元素的含量以绿色膜下最高,而累积量在红色膜下最高;Ca、Mg 元素含量以蓝色膜下最高,而累积量在黄色膜下达到最高,因此光合同化物的合成与矿质元素吸收是相互联系又相互独立的两个过程,累积量更能反映当季作物总体的矿物质积累水平。作物由地下部分从土壤中吸收矿物质,再部分运往叶片中,光谱成分有可能通过影响矿物质吸收或运输过程中的某些相关酶基因的表达或酶活性等对作物的矿质品质产生影响,然而,光谱成分对作物矿质品质的作用机理需要通过进一步试验研究以阐明。

本研究结论如下:①有色膜覆盖下,400~700 nm 可见光的光谱占比均较自然光下有显著提高,其中蓝膜、紫膜的提高幅度最大,相反,350~400 nm 紫外光以及 700~900 nm 红外光波段的光谱占比均较自然光下有所降低。②黄色膜下紫苏叶片鲜重最高,红色膜次之,且黄色、红色膜下紫苏全株生物量显著高于其他膜处理。③K、P、S、Cu 元素在紫苏叶片中的含量以绿色膜下最高,Ca、Mg、Mn 元素含量以蓝色膜下最高,所有有色膜处理均较自然光下提高了紫苏叶片中 K、Na、S 元素的含量而降低了 Fe 元素含量。④K、Cu 元素在紫苏叶片中累积量以红色膜下最高,P、Ca、Mg 累积量以黄色膜下达到最高,各有色膜处理均较自然光下提高了紫苏叶片中 K、P、Ca、Na、S、Zn、Cu 等 7 种元素的累积量而降低了 Fe 元素累积量。⑤自然光下紫苏叶片中常量无机元素含量比值约为 K:Ca:Mg:P:S:Na=107:93:27:15:7:1,微量无机元素含量比值约为 Fe:Mn:Zn:Cu=524:21:7:1。

第 六 章

蔬菜有机化病虫害防治方法和措施

有时人类对食物的需求不可避免地会打破生态环境的平衡,可以说农业的发展史也是人类和病虫害的斗争史。在这场斗争中,人们总结出多种防治的方法。随着科技的进步,各种病虫害的防治技术逐步应用于生产中。然而病虫害也在适应和演化中寻求新的生态平衡。在集成前人的研究和应用基础上,本书总结了病虫害有机化防治的通则以及针对项目的实施开展了部分的研究工作。

第一节　蔬菜有机化生产的病虫害防治通则

一、蔬菜有机化生产病虫害防治的农艺措施

农艺防治就是结合耕作、栽培、管理等环节,创造不利于病菌生存的环境条件;消灭或减少有利于病菌生存的环境条件,以达到防治病害的目的。

(一)抗逆抗病品种引选应用创造良好的先天条件

在蔬菜作物育种过程中,由于种质资源和育种目标的差异,培育的品种在针对不同病虫害感病、抗病和耐病方面有不同程度的差异。不同作物品种的感病、抗病和耐病特性与某种病菌的为害习性、特点、形态结构等发生矛盾,使其不受、少受某种对应病菌的为害。在栽培过程中,要针对当地主要病虫害的发生情况选择对应的品种。不同品种在田间合理组合都是很好的解决办法。在众多蔬菜中,具有特殊气味的蔬菜,病虫害一般不为害或为害轻。如韭菜、大蒜、洋葱、莴笋、茼蒿、芹菜、苦瓜、蛇瓜、佛手瓜、胡萝卜等在蔬菜有机化生产中选择较多。在栽培过程中可以和这些蔬菜作物进行间作、套作等农艺措施有很好的防治病虫害的效果。也可以选择一些有特殊气味或特征的杂草,在栽培的蔬菜进行混种或间作,也有很好的保护效果。

(二)合理轮作和间作创造良好的基础条件

蔬菜有机化种植的茬口要和作物的最佳生育季节相匹配,以减少因茬口或季节选择不当

引起生育不良诱发病虫害的发生率。在栽培过程中,蔬菜作物的合理轮作和土壤的休耕保育紧密结合,创造良好的土壤环境和地力。在有条件休闲的地块种玉米、蚕豆等绿肥,这些绿肥被粉碎后翻入土中可以培肥地力,减少病虫害残留。蔬菜生产区多年连作会产生连作障碍,重茬连作往往会加剧病虫害的发生,因此,必须轮作或休耕,特别是不同物种之间的轮作。合理轮作也是利用寄主和外寄主植物的交替,切断专性寄主性病虫的食物链及其赖以生存的环境,从而达到防治病虫害的目的。在蔬菜有机化生产中,最重要也是最佳的轮作方式是水旱轮作。这样的制作方式会在生态环境上改变和打乱病虫发生的小气候规律,抑制病虫害的发生和为害。作物的高矮秆间作改善了通风透光条件,能限制病原物的浸染为害。品种安排要做到多物种、多品种、早熟种、小批量、避免长季节栽培或作物生育的中后期栽培。合理轮作和土地的轮作休闲可以使土地肥力和土壤环境逐渐改善。

宁夏地区主要以菜心、芥蓝为主,且只需进行夏季露地生产,就可达一年四茬的种植模式。甘蓝、西兰花、娃娃菜、西芹等面积适中,果菜类面积较少,这是一种发展有机蔬菜比较好的生产模式。

(三)壮苗培育是有机化生产的必然条件

壮苗三分收,采用良好的育苗设施和优质营养土育苗,加强育苗期间的环境调控,严控病虫害的发生。同时在出苗时采用低温炼苗,防止徒长,使幼苗健壮,增强对低温、弱光的适应性,提高抗病力。

(四)合理田间管理,创造良好的田间生长环境

采用作畦,深沟高畦利于排灌,能保持适当的土壤湿度。一般病害孢子萌发首先取决于水分条件。在宁夏吴忠市孙家滩农业核心区,气候干燥少雨,年降水量不足 200 mm,年蒸发量为 2 000 mm 以上,病虫害发生小而轻,极利于蔬菜有机化种植。有机蔬菜种植施用大量优质有机肥料,不管植物肥、动物肥都要通过高温发酵彻底腐熟将肥料中的病菌杀死,均匀或按行集中施用都有很好的效果。在生长期有机发酵液的补充既可改善土壤环境,又可满足蔬菜作物对养分的需求。合理灌溉能改善土壤和作物群体空间的干湿度,控制病菌的蔓延为害,这就宜采用渗灌或膜下滴灌。根据不同蔬菜的品种特性和土壤肥力状况,合理确定株行距,适当稀植,改善田间通风透光状况,提高植株的综合抗病能力,减少病害的发生。另外,及时清除田间栽培作物的落蕾、落花、落果、落叶、残株及杂草,清洁田园,有利于提高栽培蔬菜的抗病力,减少病虫害的发生率。针对性消除病虫害的中间寄主和侵染源等也很重要,但不可清除有利于田间环境改善和对病虫有驱避作用的植株。中耕可疏松土壤,增加了土壤的透气度,促进了根系发育,协调了植株健康生长,增强了作物的抗病能力。

二、蔬菜有机化生产病虫害防治的物理措施

有机化栽培的蔬菜主要采用人工、防虫器具、抗病砧木等物理方法防治病害。目前常用的物理防治方法如下。

(一)种子处理

常用的方法有日光晒种,即在播种前,选择晴天将包装的蔬菜种子取出在日光下晒2～3 d,可利用阳光杀灭附在种子表面的病菌以减少发病。同时用10%的盐水浸蔬菜种子10 min,可以将种子里混入的菌核病菌漂除和杀灭,防止菌核病。另外,根据病菌的致死原理高温,进行温汤浸种杀死种子表皮的病菌。根据蔬菜种子对温度的耐受能力,选择的温度范围既能杀死病菌,又不妨碍种子正常发芽生长。不同的种子对温度的耐受力不同,如瓜类种子的表层较厚,将该种子放置55 ℃的温水中,将水搅凉至30 ℃泡种8 h,可将种皮带菌全部杀死。

(二)嫁接育苗

利用抗病性强的砧木嫁接相应的瓜类、茄果类蔬菜,可有效地防治枯萎病、黄萎病的发生。如用黑籽南瓜嫁接黄瓜,葫芦嫁接西瓜,野毛茄嫁接茄子等,都能起到抗病增产的效果,这在生产上是常用的方法。

(三)诱集害虫

昆虫大多具有趋光、趣色、喜食特殊物种的特性,可以充分利用害虫的趋光性,设置黑光灯诱捕害虫,可大大降低成虫的产卵量。利用害虫的趋色性,诱粘害虫。设置650 nm的黄或蓝粘板,板面涂上食物油粘蚜虫、潜叶蝇效果很好。利用害虫的好食性诱捕害虫,在田间5～10 m² 放置一堆野生薇菜或炒香的麸皮,可诱捕地老虎。在地表层埋豆片,可诱捕金针虫。另外,利用性诱剂对雄蛾强烈的引诱作用捕杀雄蛾是有机蔬菜栽培重要的病虫害防治方法,也可以利用性信息素挥发的气体弥漫于菜田来迷惑雄蛾,使它不能正确地找到雌蛾的位置,雄蛾的死亡或迷向,会减少雌蛾交配率,抑制下代种群的数量。目前用于捕杀甜菜夜蛾及斜纹夜蛾的捕虫器已得到日本有机农业标准(JAS)的认可。在捕虫器内放入捕杀甜菜夜蛾的药丸或放入捕杀斜纹夜蛾的药线,每3亩设置2个捕虫器即可达到很好的效果。

(四)人工捉虫

在发生虫害的初期,个体比较大的虫子可利用人工、器械或者耕作方式进行捕杀。如人工捉拿黏虫、菜青虫等,耕地时随犁杀蛴螬、蝼蛄等,灭鼠板或电子猫捕杀老鼠。

(五)阻隔保护或灭虫

采用防虫网或者高秆作物套作保护,如套袋、覆盖、挂网、涂胶、刷白涂剂等都可有效阻止害虫的产卵、传播、浸染为害。实践证明,蔬菜有机化基地采取挂网防虫效果最佳。在中国台湾地区的有机蔬菜生产过程中,普遍采用防虫网大棚,这是目前进行有机蔬菜生产必备的基础设施。

三、蔬菜有机化栽培病虫害防治的生物措施

（一）蔬菜有机化栽培病害的生物防治

1.物种拮抗效应的利用

在地球漫长的演化岁月中，生物界物种丰富且多样化是大趋势，不同物种的相生相克，维护了自然界的生态平衡，这就是物种拮抗效应。在蔬菜的有机化生产过程中，田间的生态平衡是基本原则。经过长期的经验总结和发现，利用物种的相生相克，互相促进生长，可以防控一些病虫害的发生。微生物之间的这种现象更明显，微生物之间的关系错综复杂，其普遍存在着一种微生物对另一种微生物不利或者促进的现象。土壤中的放线菌许多都是抗生菌，真菌也有不少是抗生菌。利用这种拮抗性微生物维护生态平衡，防控病虫害，促进作物生长是非常好的技术措施。在实际应用的过程中，可以采用人工培育繁殖这些有益的活菌，一次性或分批施到蔬菜的根部环境，以抑制病原菌的侵入。施用菌肥、"垦易"生物活性肥对瓜类黄萎、枯萎等通过土壤传播病害的病原菌有较强的抑制作用。施用木霉菌可防茄果类蔬菜的黄萎病，施用枯草杆菌B1菌株可防十字花科蔬菜的软腐病。另外，土壤中一些腐生的真菌、细菌可缩小病原物的生存空间，并夺取病原菌的养料，从而达到控制病害的目的。在有机蔬菜生产中多施用秸秆肥、饼肥、绿肥、腐殖酸肥、厩肥等优质有机肥。这些优质有机肥都可以通过促进土壤中微生物的生长来抑制病原菌的活动。有些微生物的代谢产物可以刺激某些抑制病原物的微生物繁殖，以间接达到防病作用。在有机肥选用上，一定要避免污染或者施入含盐量偏高的有机肥，如奶牛粪及其发酵处理品。

2.病原物的天敌的利用

每一种物种都有他的天敌或者生存对手，病原物也是如此，所以可以采用病原物的天敌或者生存对手作为防治病虫害的生物措施，如寄生于细菌使其解体的噬菌体，寄生于线虫的真菌等，都有很好的防治效果。

3.交互保护作用或者免疫保护作用的利用

在自然界，普遍存在着一种病毒的某一株系侵染后能抑制同一病毒另外株系的侵染。尽管最初侵染的弱毒株系也同样能抑制强毒株系的侵染。这就是交互保护作用或者免疫保护作用。人类就是采取这种方法治疗了很多病毒性疾病。在蔬菜生产中，如N14就是弱化处理得到的烟草花叶病毒弱毒株系。在番茄幼苗或生长前期用N14 100倍液人工接种（喷枪接种、摩控接种、浸根接种等），在10～15 d后弱毒病毒便可扩散到种苗的全株，从而产生很好的保护作用。一些真菌、细菌病害也不同程度地存在这种现象。

4.抗生素的利用

抗生素是采用一些微生物分泌的某种特殊物质，抑制、杀伤其他有害微生物的生长或者存活。用于蔬菜病害防治的井冈霉毒、多抗霉毒、庆丰霉素、农抗120（抗霉菌素）、BO-10（阿

司米星)等都是通过培养能分泌这些抗生素的微生物,微生物发酵,并从中提取出来的物质。

(二)蔬菜有机化栽培病虫害的生物防治

1.捕食性天敌的利用

在蔬菜有机化生产的田间,释放以蔬菜虫害为食物的昆虫或者鸟类捕食来减少或控制害虫为害。如采用七星瓢虫捕食蚜虫、介壳虫类害虫,采用草蛉、食蚜虻幼虫捕食蚜虫,采用步行虫捕食鳞翅目幼虫,采用六点蓟马捕食红蜘蛛。目前已有专业厂家在生产上利用捕食性天敌控制害虫为害。

2.寄生性天敌的利用

在自然界,一种生物生活在另一种生物的体内或体外,从中获取养分,维持生活。通过长期的研究和发现,找到了可以寄生在蔬菜虫害上的寄生物种,如常见的有姬蜂,小蜂总科的金小蜂、日光蜂、大腿蜂、卵寄生蜂和细蜂总科的黑蜂等。这些寄生物种都可以用来有针对性地进行蔬菜病虫害的防治。

3.致病天敌的利用

利用可以使害虫致病的微生物来防治田间害虫。目前在生产上可以引起害虫疾病的致病微生物有真菌、细菌、病毒、立克次体、线虫和原生动物等多种类群。这些致病微生物可以通过简单、价廉的方式人工扩大培养,制成生物制剂喷洒于田间以使害虫染病而死,从而达到良好的防治效果。目前,应用最多的是苏云金杆菌,它可以防治多种鳞翅目害虫,鞘翅目的跳甲、象甲,对膜翅目的叶蜂以及螨类。虫霉属中的蚜霉菌是蚜虫的重要致病真菌。白僵菌属中常见的是白僵菌,它广泛寄生于鳞翅目、鞘翅目、同翅目等200多种昆虫。在菜田,它用于防治甘蓝夜蛾、马铃薯甲虫、菜粉蝶等多种害虫。核型多角体病毒感染斜纹夜蛾、烟草夜蛾、棉铃虫。质型多角体病毒感染棉铃虫、粉斑夜蛾、烟青虫。颗粒体病毒侵入感染黄地老虎、菜青虫。

总之,保持田间生物多样性,多种类种植,建立平衡的生产体系模拟自然生态系统,增加栽种植物多样性是有机蔬菜病虫生物防治的基本原理。在长期的农事操作过程中,人们发现和总结了各种方法,限于篇幅,在此不一一列举。综合运用各种防治或调控手段,保障有机蔬菜产业健康发展。坚持"预防为主,防治为辅"的基本原则,将病虫害消灭在扩散和为害前。蔬菜有机化病虫害防治关系到蔬菜有机化生产的产量和效益,其更是蔬菜有机化种植成败的关键。对蔬菜有机化病虫害发生规律的研究、对病虫害无害化的防治和对蔬菜有机化生长规律的研究都将有助于提高蔬菜的生产水平,使蔬菜产业获得良性健康发展。

第二节　孙家滩蔬菜有机化防治的技术实践

一、防虫网设施的构建和应用效果

防虫网设施的构建和应用效果如图 6-1 所示。

图 6-1　防虫网

(一)利用 30 目防虫网在种植有机菜心上的应用效果

防虫网是蔬菜生产有机化的理想覆盖材料。通过其在蔬菜生长期的全程覆盖,达到阻隔害虫侵入的目的。一般 30 目以上(小于 60 目)的防虫网,孔径小于 1 mm,完全能够阻止斑潜蝇(翅展 1.3～1.7 mm)、豆荚螟(翅展 20～26 mm)、蚜虫、夜蛾等害虫的进入。在菜心上使用 30 目防虫网对前两种害虫的防治效果分别达到了 95% 和 100%,对甜菜夜蛾、斜纹夜蛾的相对防治效果为 80.9%～100%。

(二)利用 60 目防虫网在种植有机芥蓝上的应用效果

供试小菜蛾采自宁夏回族自治区银川市宁夏农林科学院园林场日光温室。小菜蛾放置于室内糖果瓶中用新鲜菜豆饲养,饲养条件为温度(25±5)℃,相对湿度为 60%～70%,光照周期为 10～12 h,1 周后,选取健壮雌成虫作为供试虫源。供试防虫网为 60 目,购自台州新大筛网厂。

通过试验结果得出,孔径为 60 目的防虫网小菜蛾雌成虫通过率仅为为 4.73%,60 目防虫网对小菜蛾具有极好的阻隔效果。使用防虫网可有效防止病虫害的侵染,减少害虫的抗药性,防止突然性、暴发性害虫的发生,所以应用防虫网是一项有效措施。防虫网规格对设施蔬菜发生病虫害起着关键性作用。在生产上应根据菜地的情况和不同作物、季节的需要及防治对象,选择相应规格的网目。防虫网目数越少,网眼越大,防虫效果越差;目数越多,网眼越小,但遮光率高,影响通风降温。网目过密反而对作物生长发育不利。因此,考虑到设施蔬菜对降温、通风和光照的要求,建议在西北扬黄灌区蔬菜有机化生产上采用60目防虫网。

二、生物农药的筛选

(一)5 种生物制剂在有机辣椒蚜虫防治中的应用研究

试验在宁夏吴忠市孙家滩设施农业核心区进行。土质为壤土,pH 8.1,有机质含量丰富,肥力均匀、条件一致。定植前每亩施有机肥 3 000 kg。供试材料为羊角辣椒"陇椒 5 号",定植密度为 1 800 株/亩。

供试生物制剂为苏云金杆菌制剂(粉剂,500 倍液)、苏云金杆菌制剂(悬浮液,500 倍液)、苦参碱(乳油,500 倍液)、鱼藤酮(浮油,500 倍液)、除虫菊素(水乳剂,500 倍液),对照(CK)以清水处理。

虫口减退率(%)=(处理前活虫数−处理后活虫数)/处理前活虫数×100。

从表 6-1 中可以发现,鱼藤酮(浮油,500 倍液)药后 2 d 虫口减退率最高,达到 88.5%,除虫菊素(水乳剂,500 倍液)和苦参碱(乳油,500 倍液)次之,分别为 84.5%和 83.5%,苏云金杆菌制剂(悬浮液,500 倍液)和苏云金杆菌制剂(粉剂,500 倍液)药后 2 d 虫口减退率较低,CK 处理为−6.5%,说明各处理对蚜虫具有显著抑制作用。在药后 5 d 各药剂处理虫口减退率值与药后 2 d 虫口减退率值间大小关系一致。在药后 10 d 后,各药剂处理虫口减退率均显著下降,除虫菊素(水乳剂,500 倍液)值最高,为 33.3%外,其余各处理均低于 30%,CK 为−28%。在药后 15 d 时,各药剂处理的虫口减退率显著下降,除虫菊素(水乳剂,500 倍液)虫口减退率仅为 3.2%,鱼藤酮(浮油,500 倍液)为 3.6%,说明 15 d 后生物药剂有效性显著下降。

表 6-1 5 种生物药剂对有机辣椒蚜虫的田间防治效果

药剂处理	药前活虫数量/头	药后 2 d 虫口减退率/%	药后 5 d 虫口减退率/%	药后 10 d 虫口减退率/%	药后 15 d 虫口减退率/%
清水(CK)	100	−6.5	−13.5	−28	−56.5
苏云金杆菌制剂(粉剂)	100	78.5	52	21.3	14.3
苏云金杆菌制剂(悬浮液)	100	72.5	48	22.5	13.5
苦参碱(乳油)	100	83.5	62.5	29.5	8.7
除虫菊素(水乳剂)	100	84.5	67.5	33.3	3.2
鱼藤酮(浮油)	100	88.5	69.5	21.5	3.6

(二)6 种生物农药对扬黄新灌区菜青虫的防治试验

供试药剂为绿亨阿维乳油、塞德醇乳油、塞福丁乳油、强敌 312 可湿性粉剂、印楝素乳油、苦参一号水剂。供试虫源菜青虫采自宁夏回族自治区银川市宁夏农林科学院园林场日光温室。放置在菜用辣椒植株上饲养,饲养条件为温度(25±5)℃,相对湿度 60%～70%,光照周期为 14～10 h。供试作物为结球甘蓝。

试验共设 7 个处理,分别是清水对照(CK),绿亨阿维乳油 3 000 倍液,塞德醇乳油 1 500 倍液,塞福丁乳油 1 500 倍液,强敌 312 可湿性粉剂 1 000 倍液,印楝素乳油 1 000 倍液,苦参一号水剂 1 500 倍液。

在施药后第 1 d,6 种药剂对菜青虫的防治效果差异显著的,但总体上防控效果不理想,其中药效最高的强敌 312 可湿性粉剂 1 000 倍液仅为 9.85%。在施药后第 3 d 和第 5 d,强敌 312 可湿性粉剂 1 000 倍液对菜青虫的防效最高,虫口减退率分别为 79.6% 和 88.2%。施药后第 3 d 强敌 312 可湿性粉剂 1 000 倍液对菜青虫的防效极显著高于其他药剂,苦参一号水剂 1 500 倍液的防效最差,绿亨阿维乳油 3 000 倍液和塞福丁乳油 1 500 倍液之间差异显著。在施药后 5 d 防效最好的是强敌 312 可湿性粉剂 1 000 倍液,为 92.4%,其次分别是绿亨阿维乳油 3 000 倍液,达到 90.3%,塞福丁乳油 1 500 倍液为 86.7%,印楝素乳油 1 000 倍液为 84.3%,塞德醇乳油溶液 1 500 倍液为 77.4%。从速效性、持效期长等考虑,以强敌 312 可湿性粉剂对菜青虫的防效为最佳。

第 七 章

蔬菜有机化生产有机水肥一体化系统与控制方法

第一节 有机液肥的国内外研究进展

我国是一个农业大国,随着社会经济的快速发展,农村的生产和生活水平不断提高,农业废弃物堆积也越来越多。农业废弃物是农业生产过程中被丢弃的有机类物质,这是一种可再生的能源。农业废弃物数量大,分布广,如果不对其合理处理、利用,不仅是资源浪费,还会对环境造成严重污染。因此,农业废弃物的资源化利用和无害化处理,其农业污染、改善农村环境、发展循环经济、实现农业可持续发展的有效途径之一。

农业废弃物作为一种可再生资源,主要利用途径不仅有作为燃料和秸秆还田的植物纤维农业废弃物得利用,还有制作肥料等畜禽类农业废弃物的利用。利用农业废弃物制备的有机肥,不仅含有大量的有益微生物,在营养上更全面,为农作物提供养分要求,加快农作物成长,改善作物品质,增强抗病抗虫能力,还能改善土壤活力,保持地力,减少化肥投入,降低化肥成本。目前,为提高对农业废弃物的利用率,在我国各级政府的大力倡导和推动下,各地相继也开展农业废弃物资源化处理与利用的探索与尝试,例如建立堆肥设施等将农作物秸秆转化为农业应用的有机肥,或用厌氧发酵获得沼气、沼渣、和沼液用作农业肥,或者是利用好氧发酵获得发酵有机液肥。

有机液肥是以有机物料为原料经过好氧发酵形成,是一种高浓缩、高肥效、多功能、全营养增效型的液体肥料。对其深入研究与开发是对农业废弃物资源化再利用的重要方式。与堆肥相比,有机液肥的养分更易被植物利用,且它有制作方法简单、便于结合滴、微灌和渗灌技术施肥等优点。有机液肥与水肥一体化装备相结合可以通过管道、喷枪或喷头形成喷灌、均匀、定时、定量,喷洒在作物发育生长区域,同时根据不同的作物的需肥特点,土壤环境和养分含量状况,需肥规律情况进行不同生育期的需求设计,把水分、养分定时定量,按比例直接提供给作物。因此,积极对农作物秸秆等农业废弃物进行发酵,制成有机液肥在作物种植上大力推广使用,是高效综合利用废弃农作物,解决农业废弃物利用率低、转化率低、经济效益低、污染严重这"三低一重"问题的重要举措。

农业废弃物可含有大量的 N、P、K 等营养元素,可以作为肥料被再利用。例如,油饼类物料的 N 含量达到了 3.41%～7%,P 含量在 1.12%～3%,K 含量一般在 0.97%～2.13%;高粱秸秆中的 N 含量在 0.6%。另外,骨粉中 P(P_2O_5)含量较高,达到了 10%～14.5%,草木灰中 K(K_2O)含量达到了 4.61%～8.09%。可以通过添加这些特定元素含量高的物料来提高预想目标元素的肥料。肥源的利用方式多种多样,包括直接还田、利用过腹还田、好氧发酵及厌氧发酵等。有机液肥就是利用好氧发酵的方式进行,其养分齐全,可以促进作物增产增收。由于含有丰富的有机质,可以全面提供作物所需 N、P、K 及多种中微量元素,大幅度提高农产品的品质,而且可以有效地改善土壤理化性状,疏松土壤增强土壤透气性,大幅度提高地力。

继 20 世纪 20 年代,欧洲园丁通过液态肥浸种和喷灌的方式来增加土壤肥力,防治猝倒病,一些美国科学家于 20 世纪 80 年代中期也对液态肥进行了深入研究。目前已经形成了成熟的产品制备和应用技术,并且被广泛应用于水果、蔬菜、花卉等作物,具有显著的增产和防生作用。

对于发酵的影响参数,Islam 等(2016)研究了有机液肥发酵影响参数对有机液肥的影响,通过对物料与水的比值、提取时间、存储时间、存储温度进行了不同组合,分析发现获得有机液肥的最佳组合为物料:水为 1:2.5,提取时间为 2 d,并且发酵液提取后应尽快被使用,发酵液的养分含量会随着存储时间的延长而下降。对于抗病性问题,据 Weltzien 等(1990)研究报道,有机液肥能抑制多种病原菌,对马铃薯、西红柿疫病以及蔬菜苗期瓜类猝倒病均有较好的抑制效果,比对照降低 10 倍左右。同时有机液肥对于一些植物病害都有一定的抑制作用,如青豆、草莓、葡萄和天竺葵上的灰霉病,苹果上的白粉病等。T. Matsi 通过研究牛粪液体肥料,发现浇灌液肥对冬小麦的增产有很大的影响。

除存在有益方面外,当其他环境没有满足有机液肥发酵时,有机液肥也具有有害的一面,例如,毒性。Carballo 等研究的在不同的通气和温度条件下,不同物料制成的有机液肥的发酵过程,从而确定提取温度、通气条件和原料来源对有机发酵液植物毒性的影响,得出连续供气和适当提高环境温度对生产更优质量的发酵液是可行的。

我国对有机液肥的研究已有很多。最早有机液肥研究是对沼液的研究。沼液是中国古老的有机液肥,也是我国主要的液态肥形式。近年来,由于化肥使用问题以及环境问题的突出,我国加快了对有机液肥研究的步伐。

我国有机液体肥的主要施用方式有叶面喷施、滴灌、冲施等。与化肥效果相比,有机液肥的营养更全面,更易被吸收且可增加抗逆抗病性,提高产量及作物的品质,改善土壤理化性状等。目前看来,我国对于液体有机肥的研究主要集中在肥效上,在水稻、果树、蔬菜等作物栽培中的肥效研究,这些研究结果均表明有机液肥可以提高产量、改善果实品质。除此之外,也有研究表明有机液肥的应用对增强作物抗性、改善土壤理化性状有较大的影响。

有机液体肥的研究符合肥料产业发展方向,随着规模化生产、土地自由流转和水肥一体化建设,有机液体肥的发展空间很大。为了有机液肥有更好的发展前途,加强智能技术的研发则是很重要的措施。长春市农业机械研究院对堆肥的设备进行了研究,初步剖析了堆肥茶连续生产线设备的结构和工作原理,从而得到生产简便、灵活的堆肥茶并筛选较好的设备。

北京农业智能装备中心研发了有机水肥一体化装备与系统。该系统能对有机物料的好氧发酵过程、原液过滤阶段、配比与稀释过程、决策灌溉与执行阶段进行控制,实现了有机栽培的营养液制备与管理一体化以及水肥管理的高效化和精细化。通过检验发现该中心的有机栽培水肥一体化系统运行稳定,较好地实现了有机液肥制备与灌溉的装备化与自动化,有效提高了有机栽培作物产量和生产效率,并且运用在菜心、紫薯、番茄等作物的土壤有机栽培和有机无土黄瓜栽培中。

物料不同所含有的养分浓度也不同,物料比例不同产生的养分浓度也不同。油饼类物料的 N 含量为 3.41%～7%,而牛粪、羊粪、猪粪等畜牧粪的 N 含量为 0.3%～0.8%;油饼类物料的 P 含量为 1.12%～3%,禽粪中的 P 含量 1%～2%,牛粪、羊粪、猪粪等畜牧粪的 P 含量在 0.15%～1.47%;油饼类物料的 K 含量一般在 0.97%～2.13%,而鸡粪、牛粪、羊粪等禽畜粪中的 K 含量则低于 1%。不同原料的理化性质不同,对原料的物质分解和养分元素释放也有关键影响,进而会影响发酵产物的养分含量。因此,基于发酵产物中的目标元素,选择富含目标元素的发酵物料,根据其理化性质设置调配比例,在微生物作用下进行发酵,可获得目标元素含量(特别是速效养分)相对较高的有机液肥。目前关于有机液肥配方的研究报道比较少。徐静等通过盆栽基质培养,研究 4 种不同有机物料(菇渣、药渣、菇渣和药渣混合、牛粪)所制作堆肥茶的生物化学性质及对番茄苗期生长的影响。结果表明,牛粪堆肥茶的电导率、矿质养分含量(除 K 以外)及细菌数量均显著高于其他堆肥茶。范蓓蓓通过研究黄豆粉、米糠、鱼粉、虾壳、红糖、海藻精、牛奶、骨粉等,发现加入 5 种混合菌剂且比例根瘤菌∶光合菌∶乳酸菌∶酵母菌∶放线菌 ＝24∶2∶1∶1∶5进行处理的发酵结果最好,发酵升温最快,灌根处理的莲雾植株长势、产量和品质最佳。发酵升温最快,灌根处理的莲雾植株长势、产量和品质最佳。李祎雯等通过研究了 8 种发酵原料(牛粪、猪粪、餐厨垃圾、牛粪＋醋糟、秸秆、青草、青草＋秸秆、醋糟等)产生的发酵沼液,测定其 TN、TP、TK 等含量,据此筛选获得养分含量较高的发酵液。

早在 20 世纪初,欧洲就已研究好氧发酵处理技术。该技术开始只应用于城市垃圾处理,后来被应用到堆肥化处理及有机液肥好氧发酵中。好氧发酵是有机液肥发酵的重要形式。它主要是通过好氧微生物自身生命活动(氧化、还原与合成),实现对有机物的降解。好氧微生物可以将有机物分解成 CO_2、腐殖质以及热量等形式,或者对小分子有机物直接吸收和利用,或者通过大分子有机物分泌体外酶进行降解,再次吸收来维持繁殖等生命活动。好氧发酵过程如图 7-1 所示。

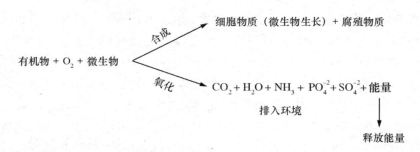

图 7-1　好氧发酵过程

氧气难溶于水。在常温常压条件（25 ℃，1×10^5 Pa）下，纯氧在水中的溶解度为 1.26 mmol/L。当温度上升到 28 ℃时，氧在发酵液中的溶解度低于在 25 ℃条件下的溶氧量，而发酵液中的大量微生物好氧迅速，其耗氧速率相当于纯氧在水中溶解度的 100～400 倍，故供氧是影响好氧微生物的一个关键性因素。当氧气浓度较低时，其因为较慢的分解速度、局部厌氧发酵以及产生臭味气体来延长发酵时间。但是当供氧量过多时，温度在好氧发酵过程中会随着氧气的流通而偏低，进而使有机物转化过程不够充分，故氧气的供应量要把控适当。

氧气主要是通过微生物自身活动以及发酵产物的变化来影响发酵过程。首先，对微生物自身的影响。根据微生物对氧气的需求不同，分为专性好氧微生物、兼性好氧微生物以及专性厌氧微生物。氧气对微生物自身生长有多个体现。Xiao 等对谷氨酸发酵中两个关键酶（谷氨酸脱氢酶 GDH 和乳酸脱氢酶 LDH）在不同溶氧下的代谢进行了初步了解，发现谷氨酸在低氧浓度和高氧浓度下均不利于生成。另外，在啤酒发酵工艺中，酵母菌的滋生需要有足够的氧气。虽然氧气的存在使得酵母因选择了有氧呼吸而破坏了乙醇的厌氧发酵过程。但是有研究表明，无氧条件下发酵生成的乙醇低于溶氧控制在 1%～4%条件下生成的乙醇。其次，作为营养及环境因素，溶氧的改变会影响发酵过程中菌株培养体系的氧化还原电位，而且也会对细胞生长和产物生成产生影响。据研究发现，氧气的浓度对菌体浓度达到最大后的菌体稳定期的长短以及发酵产品质量有明显的影响。

国外关于氧气的研究比较早。例如，通过 S. M. Tiquia 等进行堆肥发酵过程中 2 种不同通风方式对比的试验发现，按两组处理的发酵物料在物理、化学和微生物变化等方面类似，认为强制通风堆肥可以较好地替代条垛翻堆堆肥。Michel 等研究发现，杂草树叶堆肥的最适氧气速率是 2.1 mL/min，以此速率进行供氧，40 d 后可以得到性质稳定的堆肥产物。在沼液发酵中也有研究表明，通气可显著提高木质纤维素的降解效率，合适的通气在加速底物分解的同时增加了有机酸产量，减少有毒气体。1956 年，McCauley 和 Shell 的研究提出过将氧气的吸收速率作为好氧发酵过程中微生物活性强弱的指标。

相比国外，我国对氧气的研究也不在少数，但比较集中在堆肥工艺上。20 世纪 70 年代至 20 世纪 80 年代，国内众多研究机构对就堆肥技术工艺中氧气浓度大小进行了深入研究。杨国义等研究了不同的供氧方式对堆肥过程中的一些指标随时间的变化规律。结果发现，最佳的供氧方式是强制通风与机械翻堆相结合，它不仅可以加快堆肥温度升高，而且能促进养分含量的转化，加快堆肥的腐熟。随着发酵工艺技术的提高，液体发酵引起了关注。李省等研究了有机肥好氧发酵的原理及工艺，明确有机肥好氧发酵的主要参数，筛选了参数的最优范围和相应的控制方法。郭徽对高效液体肥进行了研究，通过对生产牛粪堆肥茶的发酵时间、肥水比和曝气量的测定，确定牛粪的最佳发酵条件，得出牛粪发酵的最优条件是肥水比为 1：5，曝气量为 0.175 L/h，发酵时间为 2 d。

有机肥液的实际应用主要针对土壤栽培作物。朱恩等对蚯蚓有机液肥在蔬菜栽培中应用效果的研究发现，此有机液肥对上海市蔬菜的产量、品质和效益的影响。实验结果表明，在叶菜类、果菜类上施用蚯蚓有机液肥具有增产、增收的效果，改善了产品商品性，显著提高了果菜的单果重、可溶性固形物含量、维生素 C 含量、总蛋白含量。此外，施用蚯蚓有机液肥还可以明显改善土壤的微生物状况。施启荣等在青菜上进行了对蚯蚓有机液肥应用试验，通过设置空白对照清水、处理一（喷施蚯蚓有机液肥 7.5 kg/亩）、处理二（喷施蚯蚓有机液肥 0.5 kg/亩）3 个处理，通过测定株高、开展度、最大叶片长、最大叶片宽、最大叶柄长、叶片数等指标，结果得出，处理一（喷施蚯蚓有机液肥 7.5 kg/亩）表现最好，处理二（喷施蚯蚓有机液肥 0.5 kg/亩）处理次之，清水对照最差。徐建生等研究也表明柚树被喷施有机液肥后，多种病虫害会明显减轻。与施用鸡粪、鸭粪、复合肥处理相比，喷施有机肥后增强了柚树的抗冻、抗旱性，增加蜜柚产量。但是在基质栽培上，对有机液肥的应用很少，基本是对无机营养液的应用。张钰等研究了不同营养液浓度和用量对醋糟基质栽培的番茄植株生长和果实产量及品质的影响，筛选出最佳水肥管理方式。何诗行等研究了营养液电导率值及灌溉频率对番茄植株形态和果实品质的影响，为实现设施番茄短程栽培中营养液的高效供给及标准化管理，寻求最优的营养液供给方式。

第二节　蔬菜有机化生产区有机水肥一体化系统构建

一、有机液肥发酵装备与系统研制

（一）立式自循环有机液肥发酵装置

有机液肥是一种绿色环保的有机生物液体肥料，在农业有机栽培领域中具有广阔的应用前景。有机液肥一般是利用废弃的有机物料、禽兽尸体等在微生物的作用下发酵而成，既可变废为宝，提高肥效，又可实现有机栽培作物高产、优质。在制备合格有机液肥的过程中，既要保证发酵过程中氧气的供应，又要实现物料的充分搅拌。否则，氧气供应不足会产生恶臭气味。搅拌不充分，有机物料分解缓慢会影响发酵效果。为了保证氧气的充分供应，一般都是采用人工进行物料的搅拌，存在费工、费时、效率低的问题。

立式自循环有机液肥发酵装置如图 7-2 所示，由有机液肥发酵的罐体、罐体内设置的过滤系统及搅拌系统和液体循环系统组成，过滤部件与罐体连接并将罐体的内部空间分隔成为物料腔和液肥腔，于罐体上开设有与物料腔相连通的加料口和出料口以及与液肥腔连通的出液口，出液口上设置有出液控制管路；用于有机物物料搅拌的搅拌器，搅拌器设置于物料腔内。提供的立式自循环有机液肥发酵装置采用搅拌器实现物料的机械搅拌，相对传统技术中利用人工搅拌作业而言，机械搅拌物料能够实现拌料的自动化控制，另外，在整个发酵过程中，减少了物料搅拌的人工参与，这不仅降低了工作强度，还提高了工作效率。

（二）内胆式有机液肥发酵装置

有机液肥发酵过程中微生物活动频繁，耗氧量较大，单靠气体的自由流通，难以满足大体量的物料发酵。有机物料的添加、清水的自动注入以及有机物料在罐体内发酵完成后，清理废料废渣等工作仍靠人工完成，大大降低了工作效率。在发酵完成后，有机液肥的再过滤及

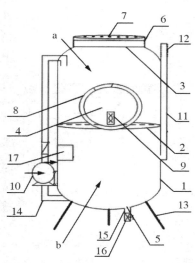

1.过滤部件；2.加料口；3.出料口；4.出液口；5.端盖；6.通气孔；7.密封盖；8.搅拌器；9.循环泵；10.通气管；11.进气孔；12.支脚架；13.支撑架；14.出液管；15.阀门；16.智控系统；17.物料腔 a、液肥腔 b、罐体。

图 7-2　立式自循环有机液肥发酵装置

储存也未能得到很好解决。鉴于此,对现有的有机液肥发酵系统进行改进很有必要,研制了内胆式有机液肥发酵装置。内胆式有机液肥发酵系统如图 7-3 所示,其包括顶端开口的用于盛放发酵液体的发酵罐以及可拆卸式设于发酵罐内的至少一个顶端开口的内胆,其内胆内设有用于盛放发酵物料的可取出式网笼,内胆的胆壁上设有多个供发酵液体流通的过滤孔,它还包括用于向所述发酵罐内注水的注水装置、用于向所述发酵罐内曝气的曝气装置、用于储存有机液肥的发酵液储存装置。该发酵装置通过位于发酵罐内的清水浸泡网笼内的发酵物料,从而实现有氧发酵。发酵产生的有机液肥先通过网笼,然后经过胆壁上的过滤孔,最终进入发酵罐内,网笼与过滤孔分别能够起到过滤的作用,即发酵液肥在进入发酵罐之前经过两次过滤,从而确保了发酵液肥与固体物料的分离,保证了发酵液肥的质量。同时,在发酵结束后,位于网笼内的发酵废渣可以连同网笼直接废弃。与发酵物料直接放置在内胆内发酵相比,其避免了人工清理发酵废渣的麻烦。由于有机液肥首先经过了网笼上网孔的一次过滤,因此在通过内胆时,不容易造成内胆胆壁上过滤孔的堵塞,极大地减轻了清洗过滤孔堵塞的工作量,有效提高了发酵效率。

该发酵系统实现了有机物料发酵过程中的主动曝气,发酵液自循环,内胆式反复过滤以及有机液肥的自动存储,还实现了清水的自动注入,方便了有机物料的添加及发酵结束后的废料清除。该发酵系统有效提升了发酵效果,提高了有机液肥生产效率,降低了发酵过程中的人工参与强度。

二、有机栽培水肥一体化系统设计

有机作物生产体系是现代农业可持续发展的模式之一。有机液肥是一种纯天然、多功能、高肥效、环保型的有机液体肥料。与传统化肥相比,其具有易被作物吸收利用、无残留和

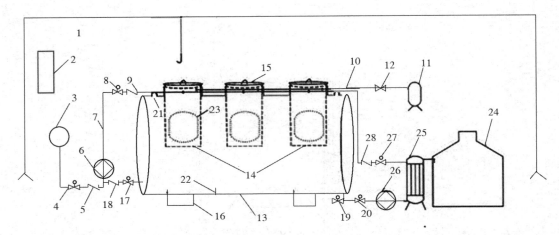

1.龙门架；2.控制装置；3.水源；4.注水阀；5.第一逆止阀；6.水泵；7.上液管道；8.进水阀；9.第二逆止
阀；10.曝气管道；11.气泵；12.气阀；13.发酵罐；14.内胆；15.罐盖；16.支脚；17.出液阀；18.第三逆止
阀；19.第一阀门；20.第二阀门；21.通气口；22.液位传感器；23.网笼；24.储液罐；25.过滤器；26.排液
泵；27.第三阀门；28.第四逆止阀。

图 7-3　内胆式有机液肥发酵系统

污染、施用简单等特点。目前,有机液肥是将有机物料合理配比,然后由在微生物菌剂作用下发酵而成的。其在活化土壤、保持地力、抑制病害及提高作物产量和品质等方面的效果显著。已有研究表明,通过将海产品浆液、豆饼、糖、骨粉、母液以及清水按比例混合发酵,可获得有机质含量在 28% 以上,纯 N、P、K 在 8% 以上以及微量元素在 2% 以上的有机液肥。在番茄、辣椒生产上,有机液肥根施＋叶面喷施可显著提高产量,增幅在 10% 以上。目前,有机栽培作物的水肥管理一般是定植前施足固态有机肥,生长期大水灌溉的简单模式。其中,固态有机肥肥效慢,养分含量不稳定;体积大,制造费工费力;施用机械化程度低,劳动强度大。在长季节栽培后期或随着种植年限的延长,土壤速效养分(尤其 N、P、K 等需求量较大的养分)逐渐被消耗殆尽,养分供应不足,作物生长受抑制以及病虫害加重,有机栽培效益的提高受到限制,这些问题也是制约有机农业发展的瓶颈。

水肥一体化技术可根据土壤性状、作物生长及水肥需求规律精确调控土壤水分和养分,具有节水、节能、省工、增产、增收以及便于规模化管理和标准化生产等优点。在现有研究中,水肥一体化所用肥料主要为可溶性的化学矿物质肥,其仅限于常规栽培,并不适用于有机栽培体系。基于上述问题,设计了一种有机水肥一体化装备系统用于有机栽培作物的水肥一体化管理,以推动有机栽培水肥管理高效化和有机生产轻简化发展。

(一)系统设计及流程

设计的有机栽培水肥一体化系统主要包括有机液肥发酵系统、配液施肥系统、控制系统和灌溉系统。系统工作流程如图 7-4 所示。

有机液肥发酵系统包括发酵罐、循环系统和曝气供氧系统,实现有机物料有氧发酵、肥液自循环均匀发酵和初级过滤。配液施肥系统包括混液罐、施肥水泵、吸肥器和储液箱,将储存的有机液肥原液配置成适宜浓度的有机营养液。控制系统可以实现所述有机水肥一体化系统中所有电磁阀、水泵的开启、关闭和各种传感器采集数据的检测、记录。灌溉系统包括水源、灌溉水泵、第一过滤器、施肥泵、施肥电磁阀和田间控制阀,能够实现在有机栽培区域的灌溉管理。

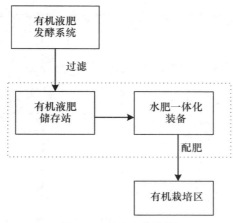

图 7-4 系统工作流程

(二)系统实现

1.系统结构

图 7-5 为有机水肥一体化系统。有机水肥一体化系统主要包括水源、有机液发酵系统、配液施肥系统、灌溉系统和控制系统。

有机液发酵系统包括发酵罐、循环泵和曝气装置。发酵罐可分别发酵不同的有机液肥。发酵罐内有过滤层,可实现发酵液的初级过滤。循环泵安装在发酵罐外,其进水口与出水口分别与发酵罐的底端与顶端连接,可实现发酵液由下至上的循环,发酵液充分均匀。发酵罐内的液位传感器用于辅助控制循环系统,即液位传感器实测数据小于等于系统设置的液位下限或大于等于液位上限时,本次循环不启动。置于过滤层上的曝气装置用于氧气供应,为有机物料发酵提供良好的有氧条件。发酵罐侧面有通气管,以保持发酵罐下层空间与外界环境的气体畅通。在发酵罐中发酵好的有机液肥经第三过滤器抽至对应储液箱中待用,更换发酵罐中的物料等,继续进行新一轮发酵制备有机液肥。

配液施肥系统包括混液罐、施肥水泵、吸肥器以及储液箱。混液罐用于混合配比肥液,其内安装有液位传感器,以实时监测所述混液罐内的液位,辅助配液。混液罐上口还有封盖,防止杂物进入混液罐。施肥水泵后连接有施肥管道和配液管道,施肥管道串联有施肥电磁阀和施肥逆止阀并与灌溉管道连接。配液管道还连接有肥液检测装置和配液电磁阀。配液电磁阀后连接多个文丘里吸肥器(可根据实际需求增减吸肥器),文丘里吸肥器吸液端连接有吸液电磁阀、浮子流量计、吸液止回阀以及第三过滤器,最后与储液箱连接。肥液检测装置与文丘里吸肥器平行安装,用于检测肥液浓度和酸碱度。

灌溉系统包括灌溉水泵、第一过滤器、灌溉电磁阀和灌溉逆止阀以及施肥水泵、施肥管道、施肥电磁阀和施肥逆止阀。灌溉水泵后连接第一过滤器,第一过滤器后依次连接灌溉电

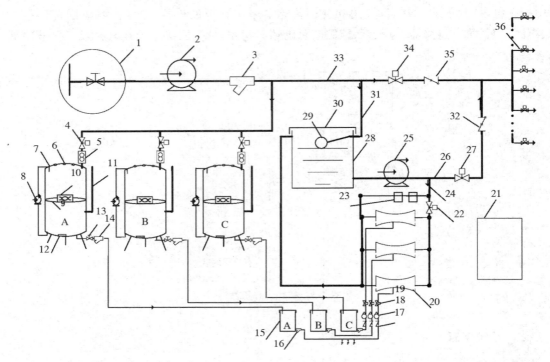

1.水源；2.灌溉水泵；3.第一过滤器；4.注水电磁阀；5.流量传感器；6.通气孔；7.发酵罐；8.循环泵；9.过滤层；10.曝气装置；11.通气管；12.液位传感器；13.排液阀门；14.第二过滤器；15.储液箱；16.第三过滤器；17.吸液止回阀；18.浮子流量计；19.吸液电磁阀；20.吸肥器；21.控制柜；22.配液电磁阀；23.肥液检测装置；24.配液管道；25.施肥水泵；26.施肥管道；27.施肥电磁阀；28.混液桶；29.液位传感器；30.混液桶盖；31.注水管；32.施肥逆止阀；33.灌溉管道；34.灌溉电磁阀；35.灌溉逆止阀；36.田间灌溉电磁阀。

图 7-5　有机水肥一体化系统

磁阀和灌溉逆止阀。施肥管道连接到灌溉管道上，灌溉管道末端连接若干田间控制阀，田间控制阀可以实现对田间灌溉的控制。

灌溉水泵、灌溉电磁阀、田间控制阀、施肥水泵、施肥电磁阀、肥液检测装置、配液电磁阀、吸液电磁阀、循环泵、搅拌器、注水电磁阀和流量传感器均与控制系统电连接。控制系统可以实现对水泵和电磁阀的开启、关闭以及所述传感器采集数据的检测和记录。

2.系统工作步骤

有机水肥一体化系统的工作步骤如下。

①通过控制系统控制有机液发酵系统，开启注水电磁阀，水流进入发酵罐，同时，将有机物料、发酵菌剂按比例添至发酵罐内，通过曝气装置及循环泵工作。一方面获得良好的有氧发酵条件；另一方面形成液体环流使发酵液浓度均匀。待一个发酵周期完成后，将制备好的有机液肥输送至储液箱待用。

②通过控制系统控制配肥系统，关闭灌溉电磁阀和施肥电磁阀，开启施肥水泵、配液电磁阀；通过灌溉水泵向混液罐注入水流，并在施肥水泵的作用下使水流经过吸肥器，吸肥器利用负压将储液箱内的发酵液输送至混液罐内，在混液罐内配成作物所需浓度的肥液。同时，经过肥液检测装置检测判断肥液浓度是否达到设定值，在肥液浓度满足需求后关闭配液电磁

阀,完成本次配液。

③通过控制系统控制灌溉系统,开启灌溉水泵、灌溉电磁阀或施肥水泵、施肥电磁阀及所需灌溉地块的田间电磁阀,在水泵的动力作用下使水流(肥液流)经管道进入田间,进行清水或肥液灌溉。

3. 系统硬件

考虑到系统的扩展性和开发周期,设计方案应以 PLC 作为核心控制器,以触摸屏作为人机界面。控制系统的硬件由电源模块、核心控制器、AD 模拟量采集模块、串口通信模块以及外围传感器接口模块组成。系统利用触摸屏进行现场参数设定,PLC 通过串口通信模块调用设定参数,并结合传感器监测数据进行管理决策,从而控制水泵、电磁阀等执行元器件的打开和关闭,实现有机栽培作物水肥一体化的自动管理和生产。

4. 系统软件

控制系统软件开发环境为 Windows97,基于组态软件的可视化操作功能,在上位机设计系统监控画面。基于系统功能,该控制系统采用模块化设计方法,将主程序分解为发酵子程序、配液子程序和灌溉子程序等模块。在 PLC 执行程序的过程中,总是在扫描周期内顺序地执行主程序,主程序根据相应条件不断地调用相应子程序。系统主程序流程如图 7-6 所示。

参照图 7-6,控制系统采用顺序控制的方法,以时间作为子程序执行入口,灌溉时间、发酵启动时间以及液位下限通过触摸屏现场设定。

第三节　蔬菜有机化有机水肥一体化控制决策

一、有机水肥一体化装备的综合管控系统及控制方法

目前,在生产中仍主要依靠管理人员的经验进行有机液肥发酵和施用,不仅费工、费时,而且更难以准确控制供氧系统、循环系统等的运行及有机液肥的灌溉浓度和灌溉量,影响有机液肥的质量和灌溉效率。有机水肥一体化的综合管控系统是由利用计算机技术、传感器技术、自动控制技术、数据库技术和通信技术等集成开发而来的,是基于控制程序对有机液肥发酵进程实时监测与管控,并将有机液肥制备与有机营养液灌溉密切结合、统一管控的。该系统的应用可实现有机水肥一体化,大幅度提高有机液肥制备与施用的效率,有效突破有机肥管理的技术瓶颈,推动有机农业现代化发展和现代农业的可持续发展。

有机水肥一体化的综合管控系统包括有机液肥发酵控制子系统、有机液肥养分调配控制子系统和有机液肥灌溉控制子系统。通过实时通信技术、物联网技术、计算机技术和自动控制技术,三个子系统彼此独立又相互协同,共同实现了有机水肥一体化的综合管控。其中,有机液肥发酵控制子系统包含加清水系统、循环系统、搅拌系统和供氧系统,用于管控有机液肥发酵进程中清水的自动补充及与发酵效果密切相关的循环、搅拌和供氧系统的周期性运行,同时可产生发酵完成的脉冲信号,自动完成高浓度有机肥液的制备。

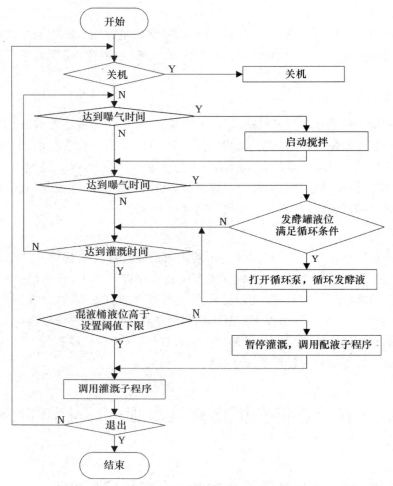

图7-6 控制系统主程序流程

有机液肥养分调配控制子系统包含有机液肥原液的多级过滤系统和灌溉液配肥系统,用于高效分离、纯化发酵产物液态有机肥。采用 PID 算法,通过将控制器输出的 PWM 脉宽转化为阀门开启时长,调控肥、水混合比例,其灌溉液的浓度自动调配至目标值;有机液肥灌溉控制子系统包含有机营养液灌溉决策系统和灌溉执行系统,用于管控有机营养液的自适应灌溉,包括灌溉频率和灌溉量的管控;有机液肥发酵控制子系统通过交互发酵装置中液位传感器监测数据,采用时序法控制电磁阀、电动阀的开启和关闭,实现对加清水系统、循环系统、搅拌系统和供氧系统管控;加清水系统、循环系统、搅拌系统和供氧系统是有机液肥发酵系统的组成部分加清水系统用于往发酵罐体中补充清水,提供一个合理的物水比值;循环系统是用于发酵进程中发酵罐体内有机液的循环,增加溶氧量,并确保有机液体的均匀性;搅拌系统是用于发酵进程中对发酵罐体中的发酵物料、发酵液体等的搅拌,提高氧质传系数,增加溶氧量;供氧系统是用于发酵进程中往发酵罐体的发酵液中强制提供氧气的,维持发酵液体中一定溶氧量;有机液肥养分调配控制子系统通过交互配液系统中电导率传感器,混液桶、原液桶和发酵罐体中的液位传感器以及原液输送管道压力表所监测数据,控制电磁阀、水泵的开启和关闭以实现对发酵原液多级过滤系统和灌溉液配肥系统的控制;发酵原液多级过滤系统用于对发酵原液的充分过滤提纯,使其达到微灌灌溉系统标准(120目);灌溉液配肥系统用于调控发酵原液和清水的混合比例,调配获得目标浓度范围(EC值)的有机营养液,用于田间灌溉;有机液肥灌溉控制子系统通过交互田间气象数据、土壤(基质)含水量数据、作物生育期信息以及流量计数据等,控制灌溉电磁阀的开启和关闭以实现对灌溉频率和灌溉量的决策与控制;灌溉决策系统用于对灌溉启动时间点的判断和灌溉量的计算;灌溉执行系统用于接受灌溉决策系统传输的命令,执行灌溉动作并自动结束灌溉;有机液肥发酵控制子系统、有机液肥养分调配控制子系统和有机液肥灌溉控制子系统彼此独立又相互协同。

有机水肥一体化的综合管控方法是指利用单片机或可编程控制器作为核心控制器,采用C语言或梯形图语言进行外围电控设备的逻辑控制,借助组态软件、LabView以及VB等编写上位机监控画面,进行人机友好交互监控显示。

在有机液肥发酵控制子系统中,交互的参数为:发酵周期、发酵罐液位阈值、循环与搅拌动作的周期、供氧动作的周期。此方法首先根据液位传感器反馈的发酵罐液位值,自动决策对应加清水执行开关的开启和关闭,首先,添加清水应加至所设置的液位阈值上限;然后采用时序控制法,自动控制所述循环系统、搅拌系统及供氧系统按照设定参数动作,设置的液位阈值辅助决策循环系统运行。当发酵系统运行时间达到设定的发酵周期,停止运行,发酵液待用。

在有机液肥养分调配控制子系统中,交互的参数为:原液桶的液位阈值、混液桶的液位阈值、定值日期及对应EC值(灌溉液)。首先,系统采用阈值判别法控制发酵液的多级过滤,优选地,系统根据原液桶的液位信息自动决策过滤系统的启动与关闭;然后,交互作物生育期和对应灌溉液浓度(EC值)信息,采用即灌即配原则,利用工业级电导率传感器在线反馈的灌溉液EC值,结合PID算法,调节清水和有机液肥原液混合比例,将灌溉液养分浓度(EC值)控制在设定范围,用于田间灌溉。

在有机液肥灌溉控制子系统中,交互的参数为:光照强度临界值、土壤(基质)含水率阈值、灌溉区基本信息等。首先,系统采用阈值判断法决策是否启动灌溉,优选地,当实测光照强度高于临界值,实测土壤含水率等于或小于下限阈值时,系统启动灌溉命令;然后,根据嵌入系统中的灌溉量计算公式算出本次的有机液肥灌溉量;灌溉执行系统接收命令打开相应的灌溉电磁阀、水泵,进行有机液肥灌溉。同时,系统接收灌溉管路上流量计发送的信号数据,交互计算灌溉量,自动结束灌溉。灌溉量计算公式如下:

$$M_1 = 0.001(q_1 - q_2)V\frac{p}{\eta}$$

式中:M_1为计算灌溉量;q_1为土壤含水率上限阈值;q_2为土壤水分传感器实测数值;V为田间待灌溉土体体积;p为土壤湿润比;η为水分利用效率。

有机水肥一体化的综合管控系统(图7-7)实现了对有机液肥发酵、有机液肥养分调配和有机液肥灌溉的管控于一体,突破了有机液肥制备与施用的技术瓶颈。有机水肥一体化的综合管控方法实现了对发酵进程中加清水系统、循环系统、搅拌系统和供氧系统的自动管控以及有机液肥过滤、养分调配和灌溉的自动管控,有机液肥的制备和使用轻简化、自动化和高效化,以利于提高管理效率、资源利用效率和生产效率。

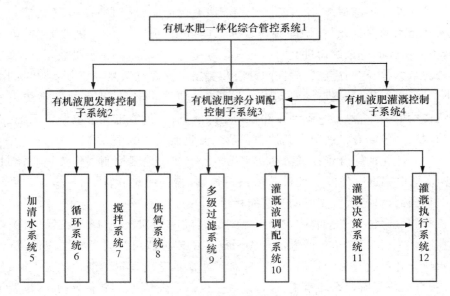

图7-7　有机水肥一体化综合管控系统

二、蔬菜基质栽培的有机营养液自动灌溉控制决策应用

基质栽培在土地、水、肥等资源有效利用和病虫害防治等多方面较土壤栽培具有明显优势,但其持水性、缓冲性等较差,极易出现水肥供应不足或过量、盐渍化等问题,科学的营养液灌溉制度至关重要。自动灌溉削弱了人为干扰的不良影响,提高了生产效率,是现代农业发展的重点。灌溉决策是自动灌溉控制系统的核心,其优质性和广适性决定了自动控制系统的应用价值,相关研究已成为农业灌溉节水的热点。

目前,时序控制法是最常用的灌溉决策方法。它根据经验设定启动时间和灌溉量(灌溉时长),将灌溉液与回液 EC 值的差值作为辅助调整灌溉量的参考因子,该方法简单但未能充分考虑环境因子和作物生长发育的影响。光照强度是影响作物耗水量最主要的环境因子,累积光辐射法被认为是较好的管理方法。针对不同作物和基质开展了大量研究,相关成果在生产中得以应用;累积光辐射值仅是启动灌溉的决策因子,灌溉量仍为经验值,该方法有待进一步优化。在全膜覆盖下,基质含水量下降值被认为是作物耗水量,基于水分传感器监测值灌溉或计算灌溉量能较好地满足作物水分供应。然而,GALLARDO 等(2009)认为基质栽培需要提供过量的灌溉液淋洗基质避免盐分累积,有研究发现 1.3 倍计算灌溉量可充分淋洗基质内盐分。基质盐分积累是营养液中未被吸收的"无效离子"累积,基质吸附阳离子或释放养分影响营养液化学平衡的结果。当盐分浓度超过一定值时,其才会对作物生长造成影响。每次均采用的过量灌溉既导致营养液浪费,又污染环境。因此,充分考虑作物水肥需求特点和基质的水分、盐分含量等根系环境条件,对进一步优化灌溉决策,提高营养液利用效率和实现作物优质高产栽培均具有非常重要的意义。

自 21 世纪以来,有机农业发展迅速,蔬菜有机化栽培面积逐年增加。但是配套的设施、设备和栽培技术相对落后,机械化、自动化程度极低,特别是水肥管理方面。椰糠作为一种有机栽培基质已得到大面积应用,而椰糠有机栽培的灌溉策略研究甚少。团队利用自主研发的有机水肥一体化综合管控方法的流程(图 7-8),以椰糠为栽培基质,开展蔬菜有机化基质栽培的有机营养液自动灌溉控制策略研究。

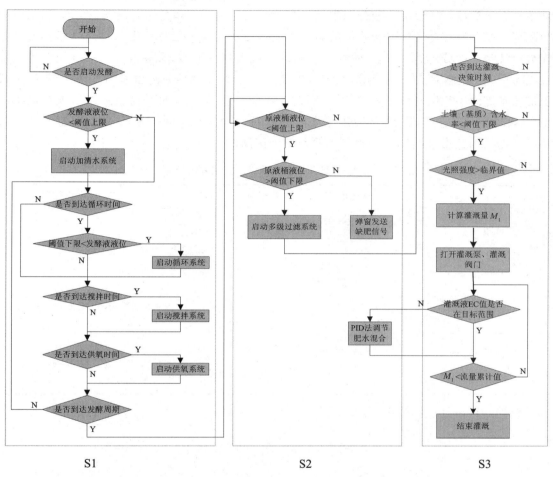

图 7-8　有机水肥一体化综合管控方法的流程

(一)基于水分传感器的有机营养液自动灌溉控制决策

试验于 2015 年 8 月 17 日—11 月 10 日在北京市昌平区小汤山国家精准农业研究示范基地 5 号日光温室中开展,其栽培基质为椰糠:重量 1.95 kg/条,压缩比 5∶1,膨胀量 8.619 kg,吸水膨胀的体积为 100 cm×15 cm×10 cm,EC 值 4.22 mS/cm,使用前清水泡胀并淋洗,至淋洗液 EC 值≤0.7 mS/cm 时待用。供试作物为黄瓜(中农 26),定植密度 30 000 株/hm^2。营养液为自主发酵的有机营养液,灌溉液 EC 值范围参照山崎黄瓜营养液配方,滴箭灌溉。营养液灌溉管理设备为北京农业智能装备技术研究中心自主研发的有机水肥一体化智能装备与系统包括有机营养液发酵系统、AWF 型水肥一体化智能装备(5 通道)和滴灌灌溉系统等。

有机营养液发酵区制备有机营养液,AWF型水肥一体化智能装备与系统根据自动灌溉决策进行营养液配制与田间灌溉管理。

目前,生产中营养液管理多采用定时、定点灌溉,即时序法。田间试验中,当栽培基质如椰糠定植条包裹塑料膜,可认为椰糠含水量下降值即为黄瓜的耗液量,参考田间灌溉量计算公式,根据椰糠的实际含水量和设定的含水量上限值,便得出计算灌溉量。实际生产中,基质栽培营养液灌溉易导致基质盐分积累,影响作物生长,需要灌溉过量的营养液以避免基质盐分积累。张芳等在基质(草炭)栽培的研究中发现每次以1.3倍计算灌溉量灌溉营养液可以充分淋洗基质盐分。然而,过量营养液灌溉既造成营养液浪费,又导致土壤等环境污染。回液EC值高于灌溉液EC值说明基质养分浓度偏高,需增加灌溉量淋洗基质。因此,本试验营养液自动灌溉决策以时序法为对照,分别设置2个处理:基于水分传感器的单因素灌溉决策(T1)和基于水分、EC传感器的双因子灌溉决策(T2),每天7:00—18:00整点时刻系统分析传感器返回的数据,按表7-1灌溉策略进行营养液灌溉管理。

表7-1　营养液自动灌溉决策试验设计

处理	决策因子	启动灌溉时间	启动灌溉	实际灌溉量
CK	时间	7:00～18:00 整点时刻	是	0.4 mm
T1	基质含水率	7:00～18:00 整点时刻	基质含水率$\leq q_1$	计算灌溉量 $1.3\,M_1$
T2	基质含水率、灌溉液与回液 EC 的差值	7:00～18:00 整点时刻	基质含水率$\leq q_2$	回液 EC 值－灌溉液 EC 值$\leq$ 1.00 mS/cm 时,为计算灌溉量 M_1；回液 EC 值－灌溉液 EC 值$>$ 1.00 mS/cm 时,为 $1.3\,M_1$

营养液灌溉量计算公式为:

$$M_1 = 0.001(q_1 - q_2)V\frac{p}{\eta}$$

式中:M_1为计算灌溉量;q_1为椰糠基质的最大含水率为48.95%(体积含水率);q_2为整点时刻水分传感器读数;V为基质体积;p为土壤湿润比,取100%;η为水分利用效率,取1。

将灌溉策略编写程序,导入有机水肥一体化智能装备的操作系统。试验各处理均设3次重复,共9个试验区,随机排布,支流管道并联于主灌溉管道上,主管与支管间安装电磁阀和流量计,各区灌溉单独管理。在AWF型水肥一体化智能装备的混液桶和栽培灌溉区T3的回液桶中装有EC传感器,分别监测灌溉液和回液的EC值,其中监测灌溉液EC值的作用为参与营养液配制和处理T2自动灌溉的决策。在各栽培区的椰糠中布置水分传感器,实时监测椰糠含水率。

有机水肥一体化智能系统读取并存储灌溉液和T2回液的EC值、基质含水率、单次灌溉量和累积灌溉量。

1. 日光温室环境变化特征

通过利用 Decagon 微型气象监测系统监测温室气象数据,发现 9 月温室内温度仍偏高,日平均气温为 20～25 ℃,大部分夜间平均气温在 18 ℃以上,甚至高达 22.8 ℃,此时黄瓜处营养生长期—初果期,需注意土壤湿度(灌溉量)与夜间温度,避免徒长。10 月 7 日后出现明显降温,10 月 7—21 日的日平均气温已低于 20 ℃,夜间温度也下降至 12～15 ℃,该时期黄瓜生长较好;10 月下旬再次降温,白天(7:00～18:00)平均气温已在 25 ℃以下,近一半天数低于 20 ℃,为确保黄瓜正常生长,夜间覆盖保温被,减缓室内热量散失,使夜间的最低温度维持在 12 ℃以上。

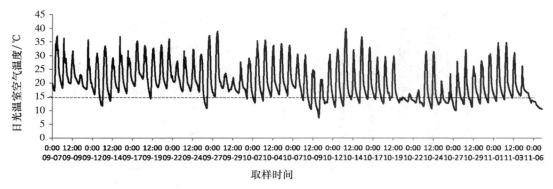

图 7-9 日光温室内空气温度变化情况

2. 不同灌溉决策对黄瓜植株生长的影响

营养液是基质栽培下黄瓜植株生长所需水分和养分的唯一来源。灌溉决策直接影响植株营养生长,包括株高、茎粗、叶面积等,合理的灌溉管理可确保作物生长良好,避免营养液浪费,提高水分、养分利用率。

(1)不同灌溉决策对株高的影响　9 月 8—25 日黄瓜处于营养生长期—初花、初果期,从图 7-9 中可知,该时期内仍有高温天气,如灌溉量过大极易导致徒长,反之则生长缓慢,甚至出现花打顶现象。因此,合理灌溉是确保黄瓜植株正常生长的关键。在图 7-10 中,整个监测周期内,时序决策灌溉与基于水分传感器的单因子决策处理、基于水分和 EC 传感器的双因子决策处理下黄瓜的株高增长量变化趋势一致,温度适宜时株高日增长量为 8～12 cm,温度偏低时株高增长量较小;分析不同灌溉决策下黄瓜株高日变化量,发现三者之间差异不明显,说明基于水分传感器的灌溉决策和基于水分传感器、EC 传感器的灌溉决策对植株高度变化的影响不显著。

(2)不同灌溉决策对茎粗的影响　植株生长点是营养体的细胞分裂增长速度最快、代谢活性最强的部位。距离生长点越近的营养器官组织活性越强,生长速率越快,同时更易受外界因素影响,包括气象因子、栽培介质、水分和养分等。在蔬菜栽培中,水肥管理对近生长点植株茎粗增长速率和最终的茎粗均有影响,生产管理中将该指标作为判断水分管理合理与否的依据。从图 7-11 中可知,不同灌溉决策对茎粗增长速率有一定影响。在第 1 个测量周期(营养生长期)内,不同处理的植株茎粗增长速率差异不明显,在第 2～3 个测量周期(结果期)

时,CK 和 T1 的增长速率差异不显著,且均大于 T2,分析认为这可能与结果期营养生长、生殖生长并存,植株蒸腾作用和生理代谢需水量增大有关,同时发现相同环境条件下不同灌溉决策对黄瓜植株茎粗生长也存在一定影响;在第 2 个测量周期,不同处理下植株茎粗初始值较接近,而茎粗值趋于恒定时,CK 与 T1 的值相近,且大于 T2;在第 3 个测量周期内,不同处理植株茎粗初始值为 T2 大于 CK 和 T1,但茎粗增长趋于稳定时,不同处理下植株茎粗不存在明显差异。

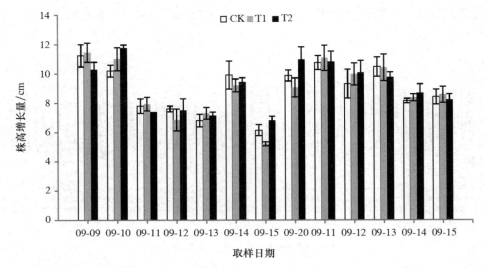

CK 为时序法;T1 为基于水分传感器的单因素灌溉决策;T2 为基于水分;EC 传感器的双因子灌溉决策,如下一致。

图 7-10 2015 年 9 月 8—25 日黄瓜株高变化情况

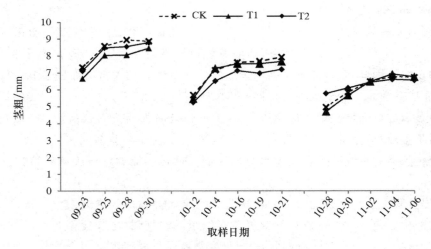

图 7-11 黄瓜植株茎粗变化情况

(3)不同灌溉决策对新生叶片叶面积的影响 营养液管理对新生叶片的扩展速率和完全展开功能叶片的面积均有重要影响。选定距离生长点最近的新出叶片,定期测量其长与宽,计算叶面积,对比不同处理下扩展速率及叶片完全展开的面积。发现(图 7-12)新叶扩展速率和完全展开时的叶片面积形成均受灌溉策略的影响,不同测量周期内均呈现出基于水分传感器的单因子灌溉决策处理 T1 的新叶扩展速率、完全展开的功能叶片叶面积与时序灌溉 CK 接近,基于水分传感器、EC 传感器的双因子决策 T2 均小于 CK 和 T1,但差异不显著。

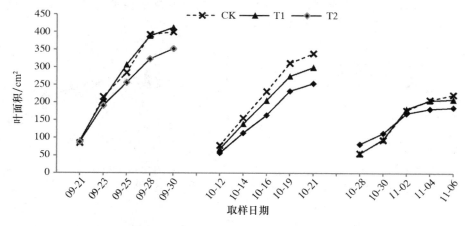

图 7-12　黄瓜新出叶片的叶面积变化情况

3. 不同灌溉决策对黄瓜植株生理作用的影响

(1)黄瓜叶片气孔导度和叶绿素含量(SPAD 值)　气孔导度是指气孔对水蒸气、二氧化碳等气体的传导度,它表示气孔张开程度,影响植株的蒸腾作用、光合作用和呼吸作用。气孔可以根据环境条件的变化来调节自己的开度,植物在损失水分较少的情况下获取最多的二氧化碳。因此,当其他环境条件一致时,水分供应情况对气孔开度有直接影响。从图 7-13 中发现,CK 与 2 个处理间气孔导度变化规律一致,同一测定时间点上气孔导度差异不明显。同时可以看出,不同自动灌溉决策对盛果期黄瓜叶片叶绿素含量 SPAD 值的影响差异不显著。

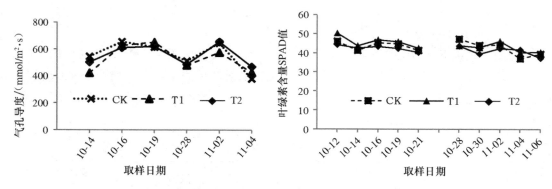

图 7-13　黄瓜叶片气孔导度和叶绿素含量(SPAD 值)

(2)黄瓜叶片光合作用　在盛果期选择晴天测量不同灌溉策略下黄瓜叶片净光合速率 P_n、蒸腾速率 T_r、气孔导度 G_s 和胞间二氧化碳浓度 C_i 的日变化,分析灌溉制度对其光合作用的影响。从图 7-14 中结果可以看出,3 种不同灌溉策略控制下,叶片净光合速率日变化规律一致,即先逐渐增大,在中午 12:00 达到峰值,然后逐渐下降;不同处理各时间点的净光合速率差异不明显,但时序决策灌溉 CK 的 P_n 峰值较 T1、T2 低。不同处理的蒸腾速率 T_r 日变化趋势相同,均在上午 10:00 达到最大;基于水分传感器和增加 EC 传感器辅助决策 T1、T2 的蒸腾速率 T_r 均高于对照,但差异不明显。同时可以看到,T1、T2 的气孔导度 G_s 和胞间二氧化碳浓度与对照 CK 相比不存在差异。这说明 T1、T2 这 2 种灌溉决策的营养液供应满足了黄瓜的营养液需求,未对其叶片光合作用造成影响。

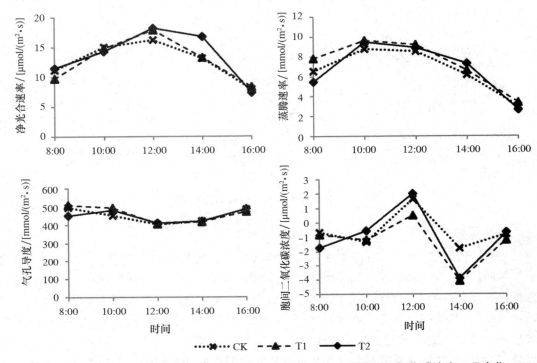

······ CK   --▲-- T1   —◆— T2

图 7-14　黄瓜叶片净光合速率 P_n、蒸腾速率 T_r、气孔导度 G_s 和胞间二氧化碳浓度 C_i 日变化

4.自动灌溉决策对黄瓜品质的影响

3 种灌溉决策下基质栽培黄瓜的品质如表 7-2 所列,基于水分、EC 传感器的双因子决策 T2 的可溶性总糖和还原性维生素 C 含量最高,粗蛋白质和可滴定酸含量稍低于 CK 而较 T1 高,硝酸盐含量与 CK 接近而低于 T1。CK、T1 和 T2 这 3 种不同自动灌溉决策管理下,黄瓜各品质指标的差异均未达到显著水平。

表 7-2　不同灌溉决策对黄瓜品质的影响

处理	粗蛋白含量/%	可溶性总糖含量/%	还原性维生素 C 质量比/(mg/kg)	可滴定酸含量/%	硝酸盐质量比/(mg/kg)
CK	1.10 ± 0.13 a	2.70 ± 0.17 a	99.23 ± 6.21 a	$0.084\pm0.002\,7$ a	70.70 ± 8.84 a
T1	0.97 ± 0.09 a	2.66 ± 0.04 a	100.57 ± 8.42 a	$0.077\pm0.003\,2$ b	85.8 ± 5.70 a
T2	1.01 ± 0.06 a	2.79 ± 0.11 a	108.67 ± 4.62 a	$0.078\pm0.003\,8$ ab	71.5 ± 7.00 a

注:同列数值后不同字母表示差异显著($P<0.05$)。

5. 自动灌溉决策对黄瓜产量、灌溉量及灌溉液生产效率的影响

营养液管理影响黄瓜植株生长和生理代谢，最终影响黄瓜产量形成。在科学合理的灌溉制度下，营养液的适量供应可满足作物的水分、养分需求，确保产量。从表 7-3 可以看出，基于水分传感器的单因子灌溉决策 T1 和基于水分、EC 传感器的双因子灌溉决策 T2 的产量低于时序法 CK，且 T1 较 T2 低，但均未达到显著水平，说明基于水分传感器或基于水分和 EC 传感器的自动灌溉决策可为黄瓜提供充足水分和养分，确保产量形成；而 T2 较 T1 更有利于黄瓜产量形成。

在黄瓜定植缓苗后，利用水肥一体化智能装备，在系统控制下将自制高氮、高磷和高钾有机营养液配比混合，根据灌溉策略进行自动灌溉管理，流量计记录累计灌溉量（不包括缓苗前灌溉量）。发现基于水分传感器的单因子灌溉决策 T1 的单株灌溉量和总灌溉量分别为 1.35 L/d 和 3 240 m³/hm²，显著低于 CK（1.81 L/d 和 4 336 m³/hm²），节约灌溉液 25.97%。基于水分、EC 传感器的双因子决策灌溉 T2 的单株灌溉量和总灌溉量分别为 0.92 L/d 和 2 208 m³/hm²，相比 CK 和 T1，其分别节约灌溉量 49.08% 和 31.85%。分析灌溉液的生产效率发现，T1 和 T2 分别为 13.93 kg/m³ 和 22.37 kg/m³，分别较 CK 10.97 kg/m³ 提高了 26.98% 和 103.92%，且 T2 相比 T1 提高了 60.59%。基于水分传感器和基于水分、EC 传感器的自动灌溉策略更能为黄瓜基质栽培提供合理的灌溉制度，以有效降低灌溉量；而基于水分、EC 传感器的双因子灌溉决策 T2 优化了基质盐分累积的淋洗制度，灌溉制度得到了进一步完善。

表 7-3 基于不同灌溉策略的黄瓜产量、灌溉量及灌溉液生产效率

处理	产量/（kg/hm²）	增产率/%	单株灌溉量/(L/d)	累积灌溉量/(m³/hm²)	节水比率/%	灌溉液生产效率/(kg/m³)	灌溉液生产效率提高比率/%
CK	47 647.3±4 956.36a		1.81±0.08a	4 336±180.13a		10.97±0.78c	
T1	45 142.5±3 784.51a	−5.27	1.35±0.12b	3 240±282.96b	−25.97	13.93±0.27b	26.98
T2	46 766±6 822.54a	−1.85	0.92±0.00c	2 208±0.00c	−49.08	22.37±1.03a	103.92

注：同列数值后不同字母表示差异显著（$P<0.05$）。

对于基质栽培而言，营养液灌溉量的合理性原则是既要满足作物对水分、养分的需求，又不至于造成肥、水流失浪费，或引起基质盐分累积等问题。回液量占灌溉液量比例、回液 EC 值与灌溉液 EC 值的差值可作为评价灌溉制度的标准，如回液量比例偏小或 EC 值差值偏大，认为灌溉量偏小不能满足作物的水肥供应，或基质盐分积累，影响根系生长和水分、养分吸收；反之，灌溉量过大，造成营养液浪费，污染环境。研究认为，10%～30% 灌溉液的排出较合适，SMITH 认为排出液达到 30%～35% 可以较好淋洗基质盐分。本研究中，基于水分传感器单因子决策 T1 以 1.3 倍计算灌溉量为实际灌溉量，确保每次灌溉均有 30% 左右的排出液用以淋洗基质。T1 黄瓜单株日均灌溉量和总灌溉量均显著低于时序法 CK；与对照相比所监测的黄瓜生长、生理及品质指标不存在差异；产量降低了 5.27%，但差异不显著，说明全覆盖的椰糠有机栽培系统中，基于水分传感器的单因子灌溉决策 T1 以 1.3 倍的计算灌溉量灌溉，

既降低营养液用量又使基质盐分得到充分淋洗,确保黄瓜的生长、产量和品质。

基质盐分偏高不仅会影响某些元素(如 Ca)吸收,还可能造成生理伤害,如根系腐烂等。但是,基质的盐分积累是一定时间段内非理想灌溉管理导致的结果,故具有过程性,如每次灌溉均增加灌溉液淋洗基质,一定程度上仍会造成灌溉液的浪费。本研究处理 T2 中,电导率传感器实时监测回液 EC 值,当其与灌溉液 EC 值的差值大于 1 mS/cm 时,灌溉 1.3 倍计算灌溉量(同 T1)的营养液,一方面补充基质水分,另一方面淋洗基质盐分。结果显示,该处理的黄瓜长势、产量和品质较好,总灌溉量显著低于 CK 和 T1,而灌溉液生产效率显著高于 CK 和 T1。当排出液 EC 值在适宜范围内的,未出现基质盐分偏高,不会对黄瓜生长产生影响,故不需要使用过量的灌溉液淋洗基质。因此,增加电导率传感器监测回液 EC 值辅助决策灌溉,有效优化了淋洗制度,进一步降低了营养液灌溉量,提高了营养液利用效率,获得了更合理的灌溉决策。

上述关于灌溉决策的研究是在设施黄瓜椰糠有机栽培中开展的,栽培基质椰糠属于有机基质的一种,其理化性状与草炭、稻壳、菇渣等有机基质及岩棉、陶粒等惰性基质均存在一定差异,结合栽培基质理化性状对营养液管理的影响,本研究结果可为设施黄瓜的其他基质栽培营养液灌溉管理提供参考,但相关灌溉决策需继续优化。在有机基质栽培中,有机液和有机基质中除含有作物生长所需的 N、P、K 等多种养分元素外,还含有丰富的有机质和大量微生物等,这对基质阳离子交换能力和作物吸收养分元素均有影响,进而导致有机栽培灌溉管理与无机栽培存在差异,故本研究中基于水分、EC 传感器的灌溉决策在黄瓜非有机基质栽培中应用有待进一步研究。

6. 基于光辐射累积值的有机营养液自动灌溉控制决策应用

光照强度是影响作物耗水量最主要的环境因子,对作物蒸腾作用的影响占了 70%。通过研究光辐射与作物蒸腾作用的相关性,获得较理想的光辐射累积值作为对应的灌溉启动点,结合经验灌溉量,进行营养液自动灌溉管理的方法,即为累积光辐射法。该营养液灌溉方法被一些研究者认为是最好灌溉管理方法。在实际生产中,空气温度和湿度也是影响作物蒸腾作用的主要环境因子,累积光辐射法未充分考虑其作用,导致营养液管理与作物的实际需求存在偏差,进而影响作物生长和营养液利用率。同时,累积光辐射法中光辐射累积值是启动灌溉的决策因子,实际灌溉量由人为经验决定,具有一定的盲目性,仍存在灌溉过量或不足的可能。有机结合上述基于水分传感器的灌溉决策方法,利用累积光辐射法决策灌溉启动点,基质含水量法决策灌溉量,可进一步弱化人为经验的干扰,并充分考虑了作物的需水特点、环境因子及栽培基质等影响,使营养液的管理更符合作物实际需求;适时、适量为作物供应营养液,可确保作物生长良好和保产提质;有效减低营养液灌溉量,提高灌溉营养液的利用效率。

基于累积光辐射的灌溉启动点决策是光辐射传感器以每秒采集一次温室内太阳光辐射值 R_s,将采集的太阳光辐射值累加,即 $\sum R_{si} = R_{s1} + R_{s2} + R_{s3} + \cdots (i = 1、2、3\cdots)$,当温室内太阳光辐射累积值 $\sum R_{si}$ 达到最大阈值(如 1 MJ)时,即为达到灌溉启动点,此时刻判断是否需要灌溉,并将 $\sum R_{si}$ 归零,重新累积太阳光辐射值。其中,$\sum R_{si}$ 最大阈值于作物种类、基质种类等有关,可以通过试验获得。

基质含水量变化的灌溉量决策根据水分传感器采集的全包裹栽培基质含水量信息和设定基质含水量灌溉上限,计算需要灌溉营养液的理论体积值。

在灌溉启动点时刻,当基质含水率 $q_2 < q_1$,系统计算出理论灌溉量 M_1,其中 q_1 为基质的最大含水率(体积含水率),q_2 为到达灌溉启动点时刻的水分传感器采集的基质含水率(体积含水率),理论灌溉量 M_1 计算公式:

$$M_1 = 0.001(q_1 - q_2)V\frac{p}{\eta}$$

式中:V 为基质体积;p 为基质湿润比,取 100%;η 为水分利用效率,取 0.9。在灌溉启动点时刻,如基质含水率 $q_2 \geqslant q_1$,则默认理论灌溉量为 0。

基于灌溉液和排出液电导率差值的基质盐分淋洗决策是指电导率传感器采集同一灌溉周期的灌溉营养液电导率 EC_1 和排出液电导率 EC_2。当排出液电导率 EC_2 灌溉营养液电导率 $EC_1 \geqslant 1\ mS/cm$ 时,用 $0.3\ M_1$ 营养液进行基质盐分淋洗,即当判断需要灌溉时,实际灌溉量为理论灌溉量的 1.3 倍。否则,不增加灌溉量进行基质淋洗,即实际灌溉量为理论灌溉量 M_1。基质栽培的营养液灌溉决策方法为以下几种。

①栽培系统:安装栽培槽(或栽培架),末端连接排出液接收容器,内置底板(或塑料膜),将排出液导流槽隔开。将栽培基质或基质定植条自然放置栽培槽(或栽培架)中,盖上盖板(如用塑料包装的定植条可不用盖板);

②灌溉系统:布置滴灌灌溉系统,进液端与施肥机的出液口连接,出液端通过滴箭将营养液输送至作物根部;

③传感器布置:所述光辐射传感器安装在温室中间距离地面 2 m 高处,基质水分传感器从栽培基质侧面(剖面)水平插入基质中,电导率传感器分别安装在施肥机出液管路上和排出液收集管路上。

基质栽培的营养液灌溉决策,光辐射传感器每秒采集一次温室内太阳光辐射值 R_s,水分传感器采集基质含水率信息 q,电导率传感器分别采集灌溉液和排出液的电导率信息 EC。所述累积光辐射的灌溉启动点决策光辐射累积 $\sum R_{si}$ 达到最大阈值(如 1 MJ)时刻为灌溉启动时刻;所述基质含水率变化的灌溉量决策,此时水分传感器采集的基质含水率 q_2 小于基质的最大含水率 q_1,理论灌溉量为 M_1。所述基于灌溉液和排出液电导率差值的基质盐分淋洗决策,上一灌溉周期排出液电导率 EC_2 灌溉营养液电导率 $EC_1 \geqslant 1\ mS/cm$,需要淋洗基质盐分,灌溉量 M 为 1.3 倍理论灌溉量,即此时刻需要灌溉营养液为 $1.3\ M_1$;所述基于灌溉液和排出液电导率差值的基质盐分淋洗决策,上一灌溉周期排出液电导率 EC_2 灌溉营养液电导率 $EC_1 \leqslant 1\ mS/cm$,不进行基质盐分淋洗,实际灌溉量为理论灌溉量 M_1。所述累积光辐射的灌溉启动点决策光辐射累积 $\sum R_{si}$ 达到最大阈值时刻为灌溉启动点;所述基质含水率变化的灌溉量决策,此时刻水分传感器采集的基质含水率 $q_2 \leqslant$ 基质的最大含水率 q_1,理论灌溉量 M_1 为 0。累积光辐射的灌溉启动点决策完成时刻,光辐射累积 $\sum R_{si}$ 置零,重新计算 $\sum R_{si} = R_{s1} + R_{s2} + R_{s3} + \cdots (i = 1、2、3\cdots)$,执行新周期灌溉启动点决策程序,并重复上述操作,直至作物生长期结束。

第四节 有机液肥发酵过程控制与浓度管理

有机液肥不仅可以解决农业废弃物的问题,而且由于液体肥更易被作物吸收,其也可以作为基肥、追肥、叶面肥,从而减少化肥使用量,提高农作物产量,改善农产品品质。无论从发酵物料的配方选择到发酵过程,还是再到存储和使用,每个环节对其有机液肥的肥效都具有很大影响。不同配方制备的有机液肥效果差异都很大,筛选出发酵时间短、肥效好、所需养分含量高的有机液肥是有机液肥的研究重点之一。发酵的主要形式之一是耗氧发酵。如何确立最适宜供氧浓度是优化好氧发酵的重要环节。如何实现对有机液肥的后续存储和应用,也是当前我们应当关注的重要课题。当前,在发酵工艺中的研究主要集中在堆肥工艺上,好氧发酵中溶氧量调控的相关研究报道多集中于工业发酵领域,有机液肥的相关研究较少。

因此,本试验通过控制搅拌转速、通气量、温度等供氧操作变量,分析有机液肥好氧发酵过程中 pH、EC、TOC、TN、水溶 P、水溶 K 以及中微量元素含量,以期探索出既能加快发酵进程同时提高有机液肥的养分含量的供氧参数,进一步为有机液肥发酵供氧调控模型构建提供数据支持。同时分析有机液肥存放过程中养分动态变化,探寻生产条件下的最佳使用周期,为生产实践提供理论基础。

一、搅拌转速对有机液肥好氧发酵的影响

本试验于 2018 年 9 月 25 日至 2018 年 10 月 15 日在北京市农林科学院日光温室进行。设 4 个转速 A1(100 r/min)、A2(175 r/min)、A3(250 r/min)、A4(325 r/min)进行有机液肥好氧发酵。所有处理均设定通气比 1 vvm,曝气周期 30 min(每隔 10 min 曝气 20 min),搅拌周期 20 min(每隔 10 min 搅拌 10 min)。按表 7-4 和表 7-5 发酵配方将发酵物料按比例添加到发酵罐中与 17.5 L 清水混合,再加入微生物发酵菌剂,连接供氧系统,启动发酵设备。每个处理重复 3 次。

表 7-4 发酵原料配方 kg

清水	菜籽饼	豆秸	米糠	骨粉	磷矿粉	钾矿粉	草木灰	黑糖	发酵菌
1 000	20	23	23	5	4.3	4.3	2	6.7	0.016

表 7-5 发酵前物料的养分特性

N /%	P /%	K /%	Ca /%	Mg /%	Fe /(mg/kg)	Cu /(mg/kg)	TC /(g/kg)
1.51	9.04	0.31	0.44	0.12	1 148.7	6.8	280.87

(一)不同搅拌转速下有机液肥发酵过程的温度变化

如图 7-15 所示,在有机液肥发酵过程中,不同转速处理发酵液的温度变化趋势相似,但变化幅度不同。A1、A2、A3、A4 平均最高温度分别为 36.38 ℃、30.98 ℃、36.45 ℃和 35.85

℃,平均最低温度分别为 20.09 ℃、24.15 ℃、22.31 ℃和 28.70 ℃。平均温度 A1(25.72 ℃)＜A2(27.09 ℃)＜A3(27.72 ℃)＜A4(32.34 ℃)。

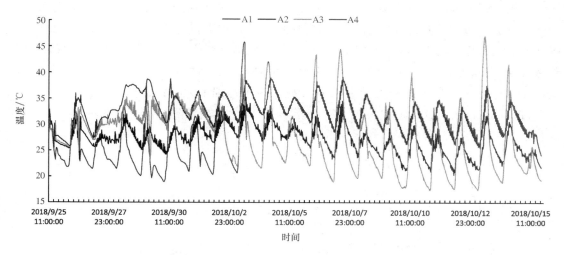

图 7-15　不同转速处理发酵液温度的变化

(二)不同搅拌转速有机液发酵的 pH、EC 变化

pH 是表征微生物生长及合成的重要参数之一,直接影响微生物的种类、生命活动以及代谢活力,进而影响发酵进程。pH 变化如图 7-16 所示,4 个处理发酵液的 pH 均呈先快速下降后逐渐升高的变化趋势。A3 发酵液于发酵第 6 天,A1、A2、A4 发酵液均于发酵第 3 天 pH 降至最低,然后逐渐升高。当发酵结束时,4 个处理 pH 相差较小,为 7.06～7.53。

EC 可以表征有机液肥中可溶性盐离子含量。从图 7-16 中 EC 变化图可以看出,A3 发酵液的 EC 值升高得最快,发酵第 3～11 天持续保持较高水平,明显高于其他 3 个处理,且于发酵第 9 天达到最大为 11.91 mS/cm。A1 与 A4 在发酵前 11 天 EC 逐渐升高,第 11 天达到最大,分别为 8.45 mS/cm、7.76 mS/cm,而后基本保持不变。A2 在发酵前 6 天 EC 逐渐升高,第 6 天达到最大为 8.50 mS/cm,然后逐渐降低。

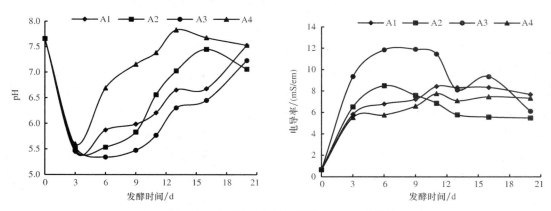

图 7-16　不同转速处理发酵液 pH、EC 的变化

(三)不同搅拌转速有机液肥 TOC、氮的形态与含量的变化

有机液肥发酵过程中 TOC、氮元素的变化反映了微生物的代谢程度以及物料降解的快慢。由图 7-17 中的 TOC 的变化可知,不同搅拌转速处理下发酵液中 TOC 含量呈先升高后降低的变化趋势。其中 A3 的发酵液 TOC 含量变化幅度最大,发酵第 3～11 天,处理 A3 发酵液 TOC 含量显著高于 A1、A2 和 A4,且于发酵第 6 天达到最大为 5 260 mg/L,而后逐渐降低。A1、A2、A4 的发酵液 TOC 含量均在发酵第 3 天达到最大,最大时分别为 2 518 mg/L、2 618 mg/L、2 018 mg/L,3 天后 A1、A4 发酵液 TOC 含量缓慢降低,A2 发酵液 TOC 含量于发酵第 3～6 天保持较高水平,然后降低。

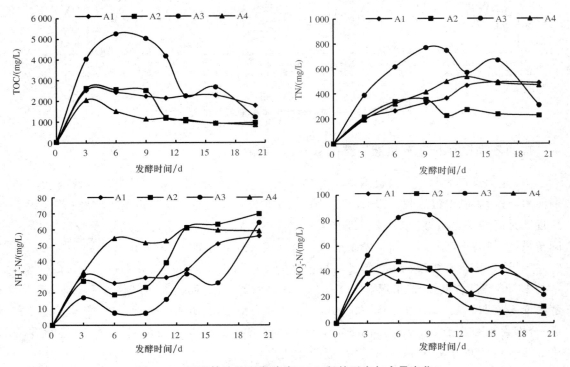

图 7-17 不同转速处理发酵液 TOC、氮的形态与含量变化

有机液肥好氧发酵中的氮元素包括 $NO_3^- $-N 和 $NH_4^+ $-N 等速效氮,以及有机氮为主的其他形态的氮。氮素变化如图 7-17 所示,A1、A4 发酵液 TN 含量随发酵的进行逐渐升高,发酵第 13 天达到最大而后基本保持不变,A2、A3 发酵液 TN 含量呈先升高后降低的变化。A1、A2、A3、A4 4 个处理发酵过程中 TN 的最大含量分别为 491.6 mg/L、353.0 mg/L、769.0 mg/L 和 532.8 mg/L。在整个发酵过程中,A3 发酵液 TN 含量明显高于 A1、A2 和 A4。4 个处理 $NH_4^+ $-N 含量整体上均呈逐渐升高的趋势。$NO_3^- $-N 含量各处理呈先升高后降低的变化,其中 A3 发酵液 $NO_3^- $-N 含量变化最明显,变化趋势与 TN 变化趋势相似,且发酵前期显著高于其他 3 个处理,发酵第 9 天达到最大为 84.5 mg/L。

(四)不同搅拌转速有机液肥水溶性磷、水溶性钾的变化

随着发酵进程的推进,发酵液中的养分元素的含量也随之变化。水溶 P 的变化如图 7-18 所示,发酵前 3 天,4 个处理发酵液中水溶 P 含量均快速升高,A3 发酵液水溶 P 含量持续升高,发酵第 11 天达到最大为 160.3 mg/L,然后逐渐降低。整个发酵过程中,A3 发酵液水溶 P 含量一直高于其他 3 个处理。发酵 3 天后至发酵结束,A1、A2 和 A4 发酵液水溶 P 含量变化较小。

从水溶 K 的变化图可以看出,4 个处理发酵前 3 天水溶 K 含量均快速升高,其中 A1、A3 发酵液水溶 K 含量在发酵第 3 天至第 11 天保持较高水平,且 A3 发酵液水溶 K 含量明显高于 A1。A3 发酵液于发酵第 9 天水溶 K 含量达到最大为 1 255.5 mg/L,A1 发酵液于发酵第 11 天水溶 K 含量达到最大为 1 085.0 mg/L,A2 发酵液于发酵第 6 天水溶 K 含量达到最大为 1 036.0 mg/L。整个发酵过程中,A4 发酵液水溶 K 含量一直低于其他 3 个处理。

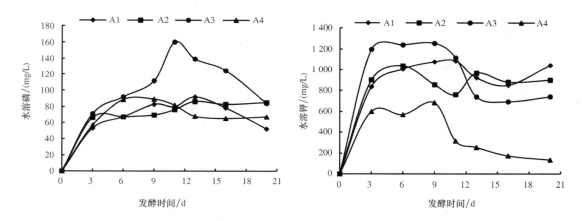

图 7-18 不同转速处理发酵液水溶性磷、水溶性钾的变化

(五)不同搅拌转速有机液肥中微量元素的变化

图 7-19 可知,4 个处理的发酵液 Ca 含量均呈先升高后降低的趋势。发酵前 6 天,处理 A3 发酵液中 Ca 含量快速升高,第 6 天达到最大为 1 096.66 mg/L,而后快速下降,发酵前 13 天,A3 发酵液中 Ca 含量显著高于 A1、A2 和 A4,在发酵结束时,A3 发酵液中 Ca 含量最高。

Mg 含量变化是处理 A2、A3 和 A4 中 Mg 含量总体趋势变化为先升高后降低,A1 发酵液 Mg 含量先快速升高,而后以较小幅度波动。A2 与 A3 发酵液 Mg 含量均于发酵第 6 天达到最大,分别为 186.25 mg/L 和 212.75 mg/L,A1 发酵液 Mg 含量于发酵第 9 天达到最大为 156.25 mg/L。发酵过程中,A4 发酵液 Mg 含量一直低于其他 3 个处理。

Fe 含量变化与 Ca 含量变化趋势相似,在发酵 3 d 后,A3 发酵液 Fe 含量一直高于其他 3 个处理,且于发酵第 9 天达到峰值为 12.54 mg/L,发酵后期,各处理 Fe 含量均较低;由 Cu 含量变化图可知:A3 发酵液中 Cu 含量在前 3 天快速升高,第 3 天到第 9 天持续保持较高水平,最高时达 0.09 mg/L,9 天后缓慢降低,整个发酵过程中均高于其他 3 个处理。

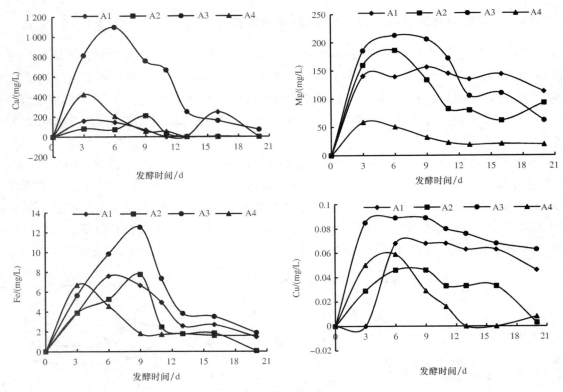

图 7-19　不同转速处理发酵液中微量元素的变化

二、通气量对有机液肥好氧发酵的影响

本试验于 2018 年 11 月 14 日至 2018 年 12 月 3 日在北京市农林科学院日光温室进行,试验设五个通气比 B1(0.5 vvm)、B2(1 vvm)、B3(1.5 vvm)、B4(2 vvm)、B5(2.5 vvm)进行有机液肥好氧发酵。所有试验处理均设定搅拌转速 150 r/min,曝气周期 30 min(每隔 10 min 曝气 20 min),搅拌周期 20 min(每隔 10 min 搅拌 10 min)。按表 7-4 发酵配方将发酵物料按比例添加到发酵罐中与 17.5 L 清水混合,再加入微生物发酵菌剂,连接供氧系统,启动发酵设备,每个处理重复三次。

(一)不同通气量下有机液肥发酵过程的温度变化

如图 7-20 所示,有机液肥发酵过程中温度变化与环境温度有一定的相关性,并且变化趋势与 2.4.1 类似。5 个处理发酵液温度变化趋势也比较相似,波动幅度不同。B1、B3 与 B4 温度变化几乎一致,波动幅度较大,处理 B2 与 B5 温度变化大体相同,波动幅度较小。B1、B2、B3、B4、B5 的平均最高温度分别为 31.31 ℃、26.83 ℃、31.38 ℃、32.18 ℃、27.62 ℃,平均最低温度分别为:13.26 ℃、17.55 ℃、13.22 ℃、12.90 ℃、16.34 ℃。整个发酵过程中各处理平均温度 B4(18.28 ℃)＜B1(18.48 ℃)＜B3(18.55 ℃)＜B5(20.92 ℃)＜B2(21.53 ℃)。

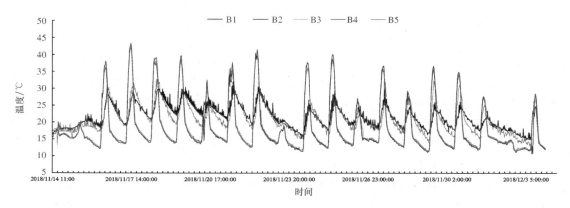

图 7-20 不同通气量发酵液温度的变化

（二）不同通气比有机液肥 pH、EC 的变化

从图 7-21 可知，不同通气比进行有机液肥好氧发酵，pH 变化不同。在发酵过程中，除 B1 外，其他 4 个处理发酵液 pH 呈先逐渐下降然后逐渐升高的趋势。其中处理 B3、B4、B5 发酵液的 pH 最低点均出现在发酵前 6 天，B2 发酵液 pH 于发酵第 9 天降到最低。在发酵结束时，B2、B3、B4、B5 发酵液的 pH 为 8.5 左右。B1 发酵液 pH 呈先下降后逐渐升高再快速下降的变化，在发酵结束时，pH 为 5.46。pH 的动态变化表明有机液肥好氧发酵具有水解酸化阶段，且不同通气比时，好氧菌的代谢强度不同，导致有机酸积累量不同，pH 降低程度不同。处理 B2 有机酸积累的时间最长，可推断处理 B2 物料降解的更多，即当通气比为 1 vvm 时，更有利于发酵物料的降解。

B2 发酵液 EC 值呈先升高后降低又升高再降低的变化趋势，于发酵第 9 天 EC 值达到最大为 10.56 mS/cm，且发酵前 15 天 B2 发酵液 EC 值一直高于其他 4 个处理。处理 B1 发酵液 EC 值逐渐升高，于发酵第 6 天达到峰值为 6.66 mS/cm，然后趋于平稳。B3、B4、B5 发酵液的 EC 值先逐渐升高，达到峰值后下降，在 3.45～4.65 mS/cm 范围内波动。发酵前期，B2 发酵液的 EC 峰值显著高于其他处理，可推测处理 B2 的通气条件下，即当通气比 1 vvm 时，微生物代谢活动旺盛，分解物料的速度更快，使发酵液中溶解的无机盐离子更多。

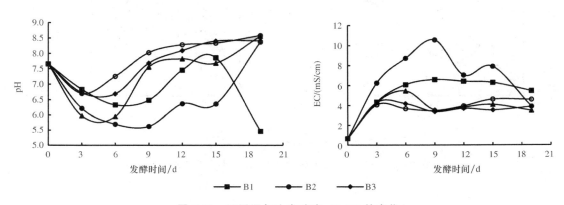

图 7-21 不同通气比发酵液 pH、EC 的变化

(三)不同通气量有机液肥 TOC、氮的形态与含量的变化

有机液肥发酵过程中 TOC、氮元素的变化反映了微生物的代谢程度以及物料降解的快慢。如图 7-22 中所示,处理 B2 发酵液中 TOC 含量变化为先升高后降低,于发酵第 9 天达到最大为 5 262 mg/L,且发酵前 15 天,B2 发酵液 TOC 含量一直明显高于其他 4 个处理。B3、B4 发酵液发酵初期 TOC 含量逐渐升高,然缓慢降低,分别于发酵第 3 天、第 6 天达到最大为 1 954 mg/L 和 2 304 mg/L。B1 发酵液 TOC 含量由快到慢逐渐升高,第 9 天达到最大为 2 516 mg/L,然后缓慢降。

从图 7-22 中氮的变化可看出,处理 B2、B1 发酵液中 TN 含量呈先升高后降低的变化,分别于发酵第 9 天和发酵第 15 天达到最大为 606.4 mg/L、564.4 mg/L。B3 与 B5 发酵液 TN 含量逐渐升高至发酵后期趋于稳定。B4 发酵液中 TN 呈先升高后降低又升高再降低的变化,但整体上变化幅度较小。5 个通气处理中除 B1 外,NH_4^+-N 均呈上升的趋势。处理 B1,发酵前 3 天,NH_4^+-N 含量快速升高,然后基本保持不变。5 个处理发酵液 NO_3^--N 总体变化趋势为先升高后降低,且各处理均在发酵前 9 天达到最大值,最大时分别为 B2(58.50 mg/L)＞B5(43.25 mg/L)＞B1(41.00 mg/L)＞B4(37.75 mg/L)＞B3(33.25 mg/L)。

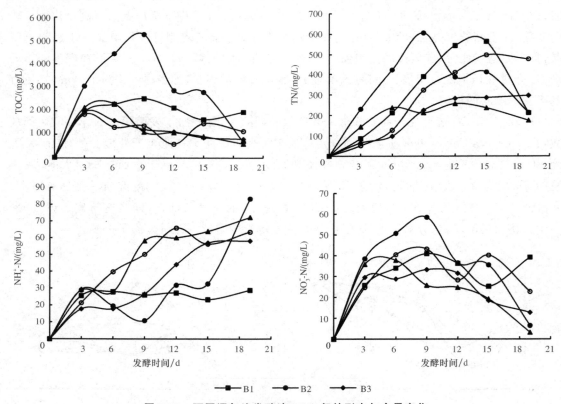

图 7-22　不同通气比发酵液 TOC、氮的形态与含量变化

(四)不同通气量有机液肥水溶性磷、水溶性钾的变化

随着发酵进程的推进,发酵液中的养分也随之不断变化。图 7-23 中的水溶 P 含量变化可知,除 B1 以外,其他 4 个处理发酵液中水溶 P 含量均呈先升高后降低的变化趋势,且均于发酵第 9 天达到最大,B2、B3、B4、B5 发酵液水溶 P 含量最大时分别为 95.00 mg/L、96.75 mg/L、76.75 mg/L 和 128.25 mg/L。B1 发酵液水溶 P 含量整体趋势变化为先逐渐上升然后趋于平稳。

由水溶 K 含量变化图可知,B2 发酵液中水溶 K 含量于发酵前 3 天快速升高,至发酵第 6 天逐渐达到峰值为 1 593.97 mg/L,然后逐渐下降,发酵前 15 天,B2 发酵液水溶 K 含量明显高于其他处理。B1 发酵液中水溶 K 含量在发酵前 3 天快速升高,然后逐渐趋于稳定,在发酵后期水溶 K 含量稍有降低,发酵终止时,B1 水溶 K 含量最高 990.52 mg/L。B3、B4 与 B5 发酵液水溶 K 含量于发酵前 3 天快速升高,然后呈缓慢降低的趋势。

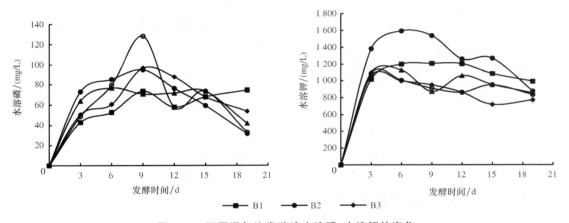

图 7-23 不同通气比发酵液水溶磷、水溶钾的变化

(五)不同通气量有机液肥中微量元素的变化

由 Ca 含量变化图可知,B2、B3、B4 和 B5 发酵液中 Ca 含量均呈先升高后降低的变化趋势。其中 B2 发酵液中 Ca 含量于发酵第 9 天达到最高为 1 367.62 mg/L,且发酵前 15 天,Ca 含量明显高于其他 4 个处理。B3、B4 和 B5 在发酵前期,发酵液 Ca 含量快速升高后降低,在发酵 9 d 后,Ca 含量均较低几乎保持不变。B1 中 Ca 含量变化为先升高后降低,然后在发酵末期又呈上升趋势。在发酵结束时,5 个处理所得发酵液中,B1 发酵液 Ca 含量最高为 86.42 mg/L。图 7-24 显示,B2 发酵液中 Mg 含量变化趋势为发酵前期逐渐升高,发酵第 9 天达到最大为 245.95 mg/L。发酵前 15 天,B2 发酵液中 Mg 含量明显高于其他 4 个处理,发酵后期逐渐降低。B3、B4 与 B5 3 个处理的 Mg 含量变化趋势几乎一致,均于发酵初期升高,然后降低至发酵后期逐渐趋于平缓。B1 发酵液中 Mg 含量变化趋势为先缓慢升高,于第 9 天达到峰值为 147.79 mg/L,然后逐渐降低,发酵后期呈上升趋势。与 Ca、Mg 变化大体相同,在发酵第 9 天,B2 发酵液 Fe 含量达到最大为 11.12 mg/L,显著高于其他处理。在发酵结束时,B1 发酵液 Fe 含量最高为 3.41 mg/L。由 Cu 含量变化图可知,B5 发酵液中 Cu 含量一直

呈上升趋势，B1、B2、B3 和 B4 4 个处理中 Cu 含量在发酵初期先快速升高，然后小幅度波动。

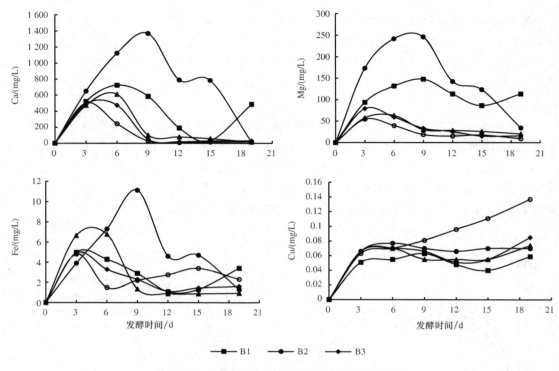

图 7-24　不同通气比发酵液中微量元素的变化

三、温度对有机液肥好氧发酵的影响

本试验于 2018 年 12 月 27 日至 2019 年 1 月 15 日在北京市农林科学院日光温室进行，试验设 3 个温度 C1（冬季室温，最高温度为 33.4 ℃，最低室温为 3 ℃，平均温度为 9.5 ℃）、C2（20～30 ℃）、C3（30～40 ℃）进行有机液肥好氧发酵。所有试验处理均设定搅拌转速 150 r/min，通气比为 1 vvm，曝气周期 30 min（每隔 10 min 曝气 20 min），搅拌周期 20 min（每隔 10 min 搅拌 10 min）。

（一）不同温度发酵过程中发酵体温度的变化

由图 7-25 可知，C1 发酵液平均最高温度为 23.90 ℃，平均最低温度为 5.12 ℃，C2 发酵液平均最高温度为 23.52 ℃，平均最低温度为 5.25 ℃。C1 与 C2 2 个处理发酵液温度变化几乎一致，且波动幅度均比较大，平均温度均为 10.19 ℃。C3 发酵液平均最高温度 25.99 ℃，平均最低温度 20.91 ℃，平均温度为 23.17 ℃。C3 发酵液温度波动范围明显小于 C1 和 C2。

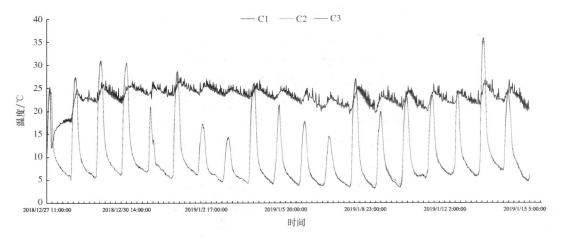

图 7-25　不同温度发酵液温度的变化

（二）不同温度有机液肥 pH、EC 的变化

图 7-26 所示，不同温度处理发酵液的 pH 均于发酵前 3 天快速下降，于第 3 天 pH 降至最低，分别为 C3(5.74)＞C2(4.79)＞C1(4.04)。发酵第 3～6 天，处理 C1 和 C2 的 pH 值快速升高，发酵第 6 天至发酵结束，pH 缓慢升高逐渐趋于稳定。处理 C3 的 pH 于发酵 3 天后，呈逐渐上升趋势。

由 EC 变化图可知，不同温度条件下，各处理发酵液的 EC 值均于发酵前 3 天快速升高。C3 发酵液 EC 值于发酵第 6 天达到最大为 6.94 mS/cm，然后逐渐降低趋于稳定。C1 发酵液 EC 值于发酵第 6 天出现峰值为 2.89 mS/cm，C2 发酵液 EC 值于发酵第 3 天出现峰值为 3.76 mS/cm，C1 与 C2 发酵液 EC 出现峰值后逐渐降低，然后又呈缓慢上升的趋势。

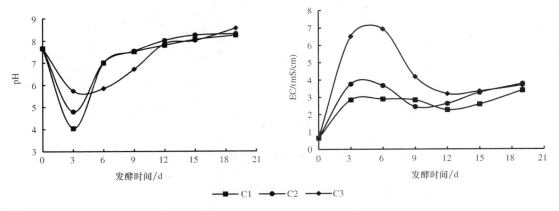

图 7-26　不同温度发酵液 pH、EC 的变化

（三）不同温度有机液肥 TOC、氮的形态与含量的变化

由图 7-27 中 TOC 含量变化图可知，不同温度处理，发酵液中 TOC 含量变化趋势大体相同。C3 发酵液 TOC 含量变化为先快速升高，于发酵第 6 天达到最大值为 4 582 mg/L，然后

快速降低，发酵后期逐渐趋于稳定。C1 与 C2 发酵液的 TOC 含量均于发酵第 3 天达到最大，分别为 2 094 mg/L 和 2 308 mg/L，然后逐渐下降，发酵后期 TOC 含量几乎不变。

由图 7-27 可知，C3 的发酵液 TN 含量呈先升高后降低的变化趋势，C1 与 C2 发酵液 TN 含量呈波动上升的趋势。发酵前期，C3 发酵液中 TN 含量快速升高，在发酵第 6 天达到最高为 747.60 mg/L，然后快速下降，发酵后期逐渐趋于稳定。C1 与 C2 中 TN 含量在发酵前 9 天出现先升高后降低的小幅波动，然后又缓慢升高。3 个处理发酵液 NH_4^+-N 含量均呈波动性上升的趋势，至发酵结束时 NH_4^+-N 含量达到最高，分别为 C1（79.51 mg/L）＞C3（68.11 mg/L）＞C2（54.22 mg/L）。C2 与 C3 发酵液中 NO_3^--N 含量均呈先升高后降低的变化，C1 发酵液中 NO_3^--N 含量变化呈先升高后降低再升高的趋势。3 个处理 NO_3^--N 含量均在发酵前期达到峰值，分别为 C3（73 mg/L）＞C1（36 mg/L）＞C2（33 mg/L）。

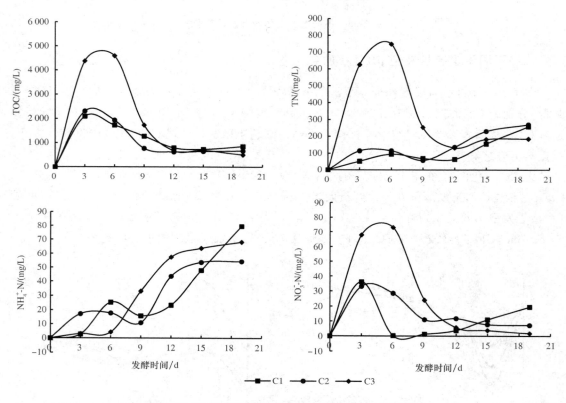

图 7-27　不同温度发酵液 TOC、氮的形态与含量变化

（四）不同温度有机液肥水溶性磷、水溶性钾的变化

处理温度不同，各发酵液中养分含量变化也不同。图 7-28 中发酵液水溶 P 含量变化所示，C3 发酵液中水溶 P 含量在发酵前期快速升高，于发酵第 6 天达到最高为 152.0 mg/L，发酵中期快速下降，发酵末期下降平缓。C2 发酵液中水溶 P 含量于发酵前 3 天快速升高，第 3～9 天缓慢降低，然后逐渐升高，发酵结束时含量最高为 94.5 mg/L。C1 发酵液水溶 P 含量于发酵前期快速升高，于发酵第 6 天达到最大为 67.3 mg/L，然后缓慢降低再升高，发酵后期

趋于平缓。由水溶 K 含量变化图可知,三个处理发酵液中水溶 K 含量变化趋势大体一致,均为发酵前 3 天快速升高,于第 3 天水溶 K 含量达到最高,分别为 C3(985.63 mg/L)>C1(817.98 mg/L)>C2(801.40 mg/L),然后缓慢降低趋于平缓。

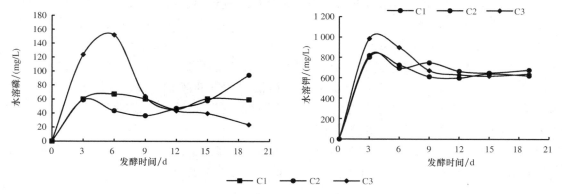

图 7-28 不同温度发酵液水溶磷、水溶钾的变化

(五)不同温度有机液肥中微量元素的变化

由图 7-29 中的 Ca 含量变化可知,3 个处理发酵液中的 Ca 含量均先升高后降低。发酵第 3 天,C1 发酵液的 Ca 含量最高,发酵第 6 天,C2 与 C3 发酵中 Ca 含量达到峰值。当 3 个处理 Ca 含量最大时,其分别为 C3(671.61 mg/L)>C2(495.14 mg/L)>C1(344.25 mg/L)。Mg 含量变化趋势也整体表现为先升高后降低,且三个处理发酵液均于发酵第 3 天达到峰值,分别为 C3(211.10 mg/L)>C2(139.57 mg/L)>C1(128.71 mg/L)。发酵液中的 Fe 含量变化趋势与 Ca 含量变化趋势大体相同,均表现为先快速升高然后快速降低,发酵后期降幅平缓,其中 C1 发酵液 Fe 含量最大为 5.73 mg/L,高于 C2 与 C3。各处理发酵液 Cu 含量变化均呈先升高后降低,再小幅升高的变化趋势。C1 发酵液 Cu 含量变化幅度最为明显,于发酵第 3 天含量最高,显著高于 C2 和 C3。

有机液肥好氧发酵是发酵物料在好氧微生物的作用下逐步降解的一个复杂的动态变化过程,氧气直接影响了好氧微生物的生物活性。好氧微生物在发酵过程中菌体对氧气的消耗速率往往会很高,因此好氧发酵中氧气的供应是影响发酵生产效率的重要因素,其供给水平会直接影响到目标产物形成的效率,是代谢控制发酵中需要研究的一项重要调控技术。好氧发酵中持续的氧气供给,一般可通过持续性搅拌和曝气来实现,微生物与氧气充分接触,从而加快发酵进程。同样,温度也是重要的影响因素。

本研究以秸秆、米糠、菜籽饼、草木灰等农业有机物料并辅以黑糖、骨粉、磷矿粉、钾矿粉等作为发酵底料,添加发酵菌剂后进行为期 20 d 左右的有机液肥好氧发酵,研究不同供氧操作变量对有机液肥好氧发酵的影响发现:①在相同环境下,通气比、曝气周期与搅拌周期一定时,不同搅拌转速发酵过程中发酵液 pH、EC、养分含量以及微生物数量的变化趋势相似,变化幅度不同。当搅拌转速为 250 r/min 时,有机液肥各养分含量在发酵前期均快速升高,发酵前 11 天各养分浓度达到最大。EC 最高时达 11.91 mS/cm,TOC、TN、NO_3^--N、P、K 以及 Ca、Mg 等含量最高时分别为 5 260 mg/L、769 mg/L、84.5 mg/L、160.25 mg/L、1 255.5 mg/L、

1 096.65 mg/L、212.75 mg/L,明显高于其他转速处理,可于发酵第 11 天终止发酵。②在相同环境下,搅拌转速、曝气周期与搅拌周期一定时,不同通气比发酵过程中发酵液 pH、EC、养分含量以及微生物数量的变化趋势相似,变化幅度不同。通气比为 1 vvm 时,有机液肥各养分含量发酵前期升高较快,于发酵前 9 天各养分浓度达到最大。EC 最高时达 10.56 mS/cm,TOC、TN、NO_3^--N、P、K 以及 Ca、Mg 等含量最大值分别为 5 262 mg/L、606.4 mg/L、58.5 mg/L、128.25 mg/L、1 593.97 mg/L、1 367.62 mg/L、245.95 mg/L,明显高于其他通气比处理,可于发酵第 9 天终止发酵。3 温度对有机液肥好氧发酵影响的试验中,搅拌转速、通气比、曝气周期与搅拌周期一定时,不同温度发酵过程中发酵液 pH、EC、养分含量以及微生物数量的变化趋势相似,变化幅度不同。当控制发酵温度为 30~40 ℃范围时,发酵物料分解的多,发酵第 3~6 天,各养分含量均较高,EC 值最高为 6.94 mS/cm,TOC、TN、NO_3^--N、P、K 以及 Ca、Mg 等含量最高分别为 4 582 mg/L、747.6 mg/L、73 mg/L、152 mg/L、985.63 mg/L、671.61 mg/L、211.10 mg/L,显著高于其他温度处理。

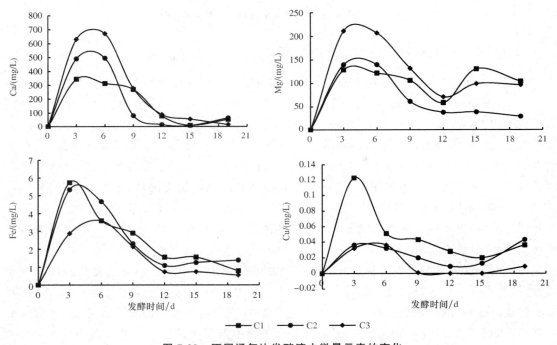

图 7-29　不同通气比发酵液中微量元素的变化

四、储存时间对发酵液养分和理化性状变化的影响

本试验利用北京农业智能装备技术研究中心自主研发的作物有机水肥一体化装备与综合管控系统制备出有机液肥(发酵配方表 7-6 所示),存放在国家精准农业研究示范基地 5 号日光温室中,在储存第 1 天、第 7 天、第 11 天和第 17 天取样 50 mL,离心(5 000 r/min)后取上清液 -4 ℃ 保存用于测定 NH_4^+-N、NO_3^--N、速效 P、速效 K 和中微量元素 Ca、Mg、Fe、Mn、Zn、Cu 的含量。

表 7-6　有机液肥的制备配方

项目	豆粕	米糠	骨粉	草木灰	黑糖	发酵菌剂	清水
数量/kg	60	23	10	7	7	0.25	1 000

有机物料豆粕、米糠、骨粉和草木灰等富含 N、P、K 等作物必需矿质元素,在微生物作用下有机物料分解释放出 N、P、K 等矿质元素,溶于水中获得含有一定量速效养分的液态有机肥。表 7-7 显示,好氧发酵制备得到的有机液肥原液中 NH_4^+-N 含量为 594.26～1 192.07 mg/L、NO_3^--N 为 75.08～131.01 mg/L、P 为 1 167.00～1 318.00 mg/L、K 为 2 966.00～5 109.00 mg/L,中量矿质元素 Ca 和 Mg 分别为 3 897.00～6 700.00 mg/L 和 757.20～986.30 mg/L,表明有机液肥原液富含了作物所必需的 N、P 和 K 等矿质养分。同时,从表 7-7 结果可知,在有机液肥存放的 17 d 中,NH_4^+-N 和 NO_3^--N、P、K 及中微量元素 Ca、Mg 元素浓度均呈现出一个先增加然后减少的动态变化特征。其中 NH_4^+-N、NH_4^+-N、K、Ca 和 Mg 含量均在存放的第 11 天时达到了最高值,即 1 192.07 mg/L、131.01mg/L、5 109.00mg/L、6 700.00 mg/L 和 986.30 mg/L,而 P 含量在存放的第 7 天达到最高值 1 318.00mg/L。这种情况被认为这可能与有机液肥中大量微生物的代谢繁殖活动及微生物种群特征有关,说明有机液肥是一种"活性"肥源,具有一定的生命周期,即具有适宜的使用安全期。

表 7-7　有机液肥的养分含量

时间	NH_4^+-N /(mg/L)	NO_3^--N /(mg/L)	P /(mg/L)	K /(mg/L)	Ca /(mg/L)	Mg /(mg/L)
第 1 天	594.26	75.08	1 167.00	2 966.00	3 897.00	757.20
第 7 天	944.90	109.54	1 318.00	4 128.00	4 874.00	897.10
第 11 天	1 192.07	131.01	1 292.00	5 109.00	6 700.00	986.30
第 17 天	1 128.16	1 19.97	1 278.00	4 684.00	6 446.00	948.80

第五节　有机水肥一体化系统在生产中的应用

一、有机水肥一体化系统在黄瓜基质栽培上的应用

为适应我国国情,成功研制、推广和应用了有机生态型无土栽培技术。这是一种不用营养液灌溉,而是以有机栽培基质和有机固态肥为养分来源,直接灌溉清水的基质栽培技术。无机营养液灌溉的基质栽培局限于非有机生产模式,有机生态型无土栽培技术则将基质栽培与有机农业相结合,有利于基质栽培和有机农业的发展。但是有机生态型无土栽培技术存在养分管理粗放、养分供应不能适时适量、追肥费工费时及难以实现自动施肥和精准管理等问题。北京农业智能装备技术研究中心围绕水肥一体化工作开展,针对有机农业研发了有机水肥一体化智能装备。现已将该装备与配套技术应用于设施黄瓜基质栽培有机生产,实现了有

机液肥制备、灌溉液配制和田间灌溉的一体化、机械化和自动化,有效降低了人力投入,提高了劳动效率;当有机营养液随滴灌灌溉系统适时、适量的输送至作物根部,较好地满足了黄瓜生长的养分需求,确保了产量形成,显著提高了灌溉液的生产效率,较好地突破了基质栽培有机生产水肥管理的瓶颈。现将设施黄瓜基质栽培有机营养液高效管理技术介绍如下。

(一)专用基质栽培槽设计

目前,在设施生产中用于无土栽培的基质种类繁多,包括岩棉、椰糠、草炭、陶粒及复合型基质等。其中,岩棉、椰糠有塑料袋包装的定植条或无包装定植条,草炭、陶粒及复合型基质多为散装型,袋装基质便于使用,但塑料包装不利于环保,散装型基质对栽培槽有特定要求,否则不利于灌溉液排出和排出液再利用。北京农业智能装备技术研究中心研发了可配套已包装或无包装基质使用的基质栽培系统(图 7-30 右),包括栽培架、栽培槽、底板、盖板,其中栽培槽为倒"凸"字形,底板放置在岩棉搁置层处,将栽培槽分成上下两部分,上部填放栽培基质后盖上定植盖板,下部为导水槽便于一部分灌溉液(排出液)排出,较好地将基质与排出液分开,可直接配套各类基质使用,无须包装或固定形状。栽培槽末端设计排液口,连接管道和排出液处理系统,形成封闭的基质栽培系统,将排出液回收利用,有效提高了营养液的利用效率。

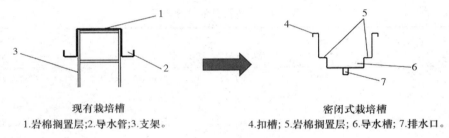

现有栽培槽
1.岩棉搁置层;2.导水管;3.支架。

密闭式栽培槽
4.扣槽; 5.岩棉搁置层; 6.导水槽; 7.排水口。

图 7-30 专用基质栽培槽设计

(二)有机水肥一体化智能装备与系统

有机水肥一体化智能装备与系统是针对有机农业水肥管理高效化和有机生产轻简化、高产化研发的,主要用于有机生产中有机液肥制备与灌溉管控。该装备由有机液肥发酵装备、水肥一体装备及智能管控系统组成(图 7-31)。发酵系统主要包括发酵罐(发酵池)、循环系统、供氧系统、过滤系统、储液箱及相关传感器、电子元器件等;水肥一体化装备(自主研发的 AWF-01 型)由吸肥器、动力泵、混液桶、控制柜、液晶显示屏及传感器、电子元器件等组成。智能管控系统中有机液肥发酵控制系统管控发酵循环系统、供氧系统;营养液灌溉决策系统负责灌溉液养分配比和灌溉,具有手动、自动两种操作模式。在自动模式下,系统按照已嵌入程序,控制循环泵和供氧气泵的开闭;执行基于作物水肥需求规律、基质水分状况及环境因子等决策指标建立的灌溉策略,借助各类传感器、电磁阀、流量计等,进行营养液配比与灌溉,通过滴灌灌溉系统适时、适量地将水分、养分输送至作物根部,并记录、显示和存储相关的数据。

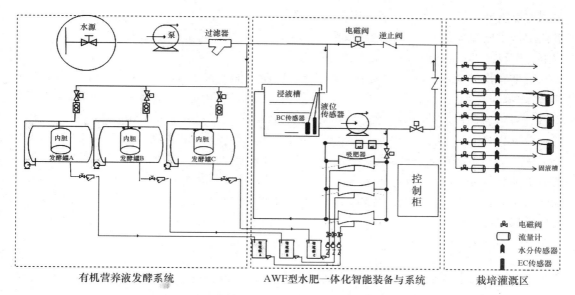

图 7-31　水肥一体化智能装备及智能控制系统

(三)有机液肥的制备

选择富含 N、P 或 K 的秸秆、豆粕、米糠、骨粉、草木灰等农业有机物料,鸡粪、牛粪或羊粪等腐熟禽畜粪便以及磷矿粉、钾矿粉等可作有机肥源的矿物粉为发酵原料,根据发酵配方(表 7-8)按比例与清水混合,添加进对应发酵罐的内胆网袋中,再加入微生物发酵菌剂(提前 1~2 d 培养活化)和黑糖。连接供氧系统,在控制系统的可编程序中输入液体循环周期(10 min/h)和供氧周期(15 min/h)等参数值,设定发酵罐中上、下限液位,启动发酵控制系统。发酵原料在微生物作用下进行好氧发酵,分解并释放出氮、磷、钾等养分元素至水溶液中,经过 20 d 左右(与环境温度有关),制备出氮、磷和钾含量相对较高的有机液肥。此时,关闭发酵控制系统,启动自吸泵、电磁阀及反冲洗过滤器等,将有机液肥经多级过滤后,储存至对应的储液桶。该有机液肥符合微灌灌溉系统要求(120 目),其能通过滴灌、微喷等灌溉系统输送至田间灌溉区。

表 7-8　3 种有机液肥的制备配方　　　　　　　　　　　　　　　　　　kg

材料	有机液肥 1		有机液肥 2			有机液肥 3			黑糖	发酵菌剂	清水
	豆粕	秸秆	鸡粪	骨粉	磷矿粉	草木灰	米糠	钾矿粉			
数量	70	34	70	17	14	60	27	14	7	0.25	1 000

(四)有机营养液配制与自动灌溉

AWF-01 型水肥一体化智能装备配有 5 路文丘里吸肥器,每路均安装电磁阀控制吸肥开闭,其中 3 路与高 N、高 P 和高 K 有机液肥储液桶对应连接。混液桶中布置液位传感器和电导率传感器,其中液位传感器监测混液桶液位变化,参与灌溉液调配决策。在灌溉时,如混液桶液位低于设定下限,启动清水电磁阀和吸肥电磁阀进行配液,当液位至设定上限时停止配液,避免液位过低时灌溉水泵空转和配液时灌溉液溢出。电导率传感器监测灌溉液 EC 值,参与调控灌溉液浓度,即在可编写程序中设定灌溉液 EC 值上下限(黄瓜不同生育期营养液 EC 值范围),当电导率传感器读数低于设定 EC 值下限时,打开吸肥电磁阀进行配液,当液体 EC 值上升至设定范围内时自动关闭吸肥电磁阀,结束配液。

黄瓜有机无土栽培的基质为有机基质椰糠(塑料膜包裹),椰糠定植条上布置水分传感器,监测椰糠含水量变化,用于决策计算灌溉量。栽培槽末端安装回液桶,在回液桶中安装 EC 传感器,监测回液的电导率值,参与决策实际灌溉量。营养液灌溉采用基于水分、EC 传感器的灌溉决策方法:每天 7:00～18:00 整点时刻,系统分析基质含水量和回液电导率值,如基质含水量低于田间持水量时,回液电导率值与灌溉液电导率值之差小于 1,启动灌溉电磁阀,营养液灌溉量为计算灌溉量;如果回液电导率值与灌溉液电导率之差大于等于 1,则营养液灌溉量为 1.3 倍计算灌溉量;如果基质含水量不低于田间持水量,则不启动灌溉电磁阀。计算灌溉量按如下公式得出:

$$W_1 = (\theta_{上限} - \theta_{下限}) \times 100 \times V \times \eta$$

式中:W_1 为计算灌溉量,mL;$\theta_{上限}$ 为供液上限,取 1;$\theta_{下限}$ 为供液下限,即整点时刻水分传感器所测的基质含水率;V 为基质体积,cm^3;η 为水分利用效率,取 1。

将上述灌溉策略编写程序,导入有机水肥一体化智能装备的控制系统。将有机水肥一体化智能装备灌溉出水口连接灌溉主管道,然后通过支路电磁阀和流量计再与各支路滴灌灌溉系统连接,分别管控对应栽培行灌溉;灌溉末端毛管连接滴箭,对应黄瓜植株插入椰糠中(图7-32)。黄瓜定植后,在人机友好交互界面输入决策参数值,选择自动灌溉模式,系统会根据

图 7-32　设施黄瓜有机无土栽培

营养液自动灌溉决策模型自动灌溉有机营养液。表 7-9 是从系统中存储的 2016 年 6 月 9 日实际灌溉情况:阀 1～9 对应第 1～9 支路的灌溉情况,包括本次灌溉结束时间和本次灌溉量,如表中显示了栽培行 1 当天的总灌溉次数为 4 次,启动灌溉时间点分别是 9:00、11:00、15:00 和 16:00,对应灌溉量为 7 L、11 L、10 L 和 3 L;栽培行 2 仅在 9:00 时启动灌溉了 1 次,灌溉量为 1 L;栽培行 9 从 10:00～16:00 均有启动灌溉,即共灌溉了 7 次,单次灌溉量分别为 3 L、4 L、4 L、6 L、3 L 和 3 L,说明该装备控制下较好地实现了黄瓜椰糠栽培的营养液自动灌溉管理。同时,从表 7-10 中可发现,不同栽培行的实际灌溉情况存在一定差异,其可能与黄瓜植株、椰糠定植条及传感器自身差异有关,这需要我们将材料(椰糠、传感器)选择和生产管理工作做得更加细致,尽量弱化外界因素的影响。

表 7-9　2016 年 6 月 9 日黄瓜有机无土栽培营养液自动灌溉情况

时间	阀 1	阀 2	阀 3	阀 4	阀 5	阀 6	阀 7	阀 8	阀 9
9:07:42	7								
9:07:42		1							
10:00:55									3
11:00:00							1		
11:03:13									4
11:07:57	11								
12:01:12							2		
12:02:08									4
13:02:31									6
14:01:35							2		
14:02:49									6
15:01:05				4					
15:01:05					3				
15:01:05						4			
15:01:05								3	
15:01:58			3						
15:02:32									3
15:03:04	3								
15:04:07							3		
15:29:38	7								
16:01:19							3		
16:01:34				2					
16:01:34					3				
16:01:42			3						
16:02:24									3
16:02:50								3	
16:02:57	3								
16:04:19						3			

（五）不同基质选择对黄瓜有机水肥一体化系统的差异性表现

本试验以 3 种不同的栽培基质为处理，即岩棉基质 T1、复合基质（草炭：珍珠岩体积比1：1）T2 和椰糠基质 T3。椰糠基质包裹塑料膜，压缩比 5：1，膨胀量 8.619 kg，吸水膨胀的体积为 100 cm×15 cm×10 cm，EC 值 4.22 mS/cm，放入栽培槽后用清水泡胀并淋洗，至淋洗液EC 值≤0.7 mS/cm 时待用。岩棉和复合基质均未包裹，其体积与吸水膨胀后的椰糠一致，放入栽培槽后，上置盖板（开有定植孔），使其覆盖程度一致。3 种基质的物理性状如表 7-10 所示。

表 7-10　不同基质的理化性状

基质	容重/(g/cm³)	持水能力/%	总孔隙度/%	通气孔隙/%	持水孔隙/%	气水比
椰糠	0.141 9	611.029 5	84.891 7	6.008 5	78.883 2	0.077 0
岩棉	0.070 8	1 329.377 6	98.435 2	16.527 5	81.907 7	0.203 5
复合	0.151 8	170.659 9	52.274 4	25.127 2	27.147 2	0.925 6

试验各处理设均 3 次重复，共 9 个试验区，随机分布。各试验区支路灌溉管道并联在主灌溉管道上，主管与支管通过电磁阀和流量计与主灌溉管路连接，支管上对应植株安装滴箭组件，滴头对应定植孔插入基质，确保了各区灌溉独立，营养液供应精确、均匀。各处理的日常操作与管理一致。

1. 不同栽培基质对黄瓜茎粗的影响

植株生长点是营养体细胞分裂增长速度最快、代谢活性最强的部位，距离生长点越近，营养器官的组织活性越强，对外界环境的响应越敏感。结果期连续监测黄瓜植株近生长点15 cm 处茎粗，发现不同栽培基质对植株茎粗存在一定影响。如图 7-33 所示，整个测量周期内，植株茎粗均呈现出 T3 高于 T1、T2，且岩棉栽培（T1）的植株茎粗较复合基质（T2）大，但各处理间差异不显著（除 10 月 24 日外）。椰糠基质更利于黄瓜植株的茎粗形成，岩棉次之。

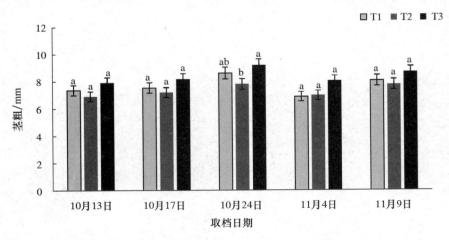

图 7-33　不同栽培基质对黄瓜茎粗的影响

注：同列不同小写字母表示差异显著（$\alpha=0.05$），如下一致。

2. 不同栽培基质对黄瓜株高增长量的影响

株高增长量是直接反映植物生长势的重要指标之一,它受基质水分、养分的供应及根系对水分、养分吸收的影响,故基质物理性状对其存在一定影响。由图 7-34 可知,监测周期内以椰糠为栽培基质的 T3 株高增长量均高于岩棉基质 T1 和复合基质 T2。在结果前期,不同处理下植株增长量表现为 T3>T1>T2;结果中、后期为 T3>T2>T1,且在 11 月中不同处理的结果差异达到了显著水平。这说明有机液肥灌溉下椰糠作为栽培基质更利于黄瓜植株生长,且随着生育期推进和环境温度降低,其良好的生长优势更加明显。与岩棉基质相比,复合基质(草炭:珍珠岩体积比为1:1)栽培下结果中后期的黄瓜生长势较优。

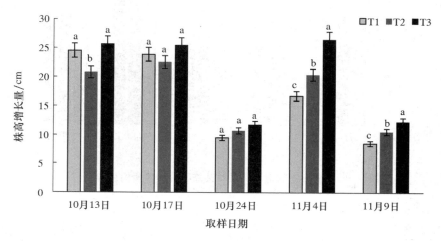

图 7-34　不同栽培基质对黄瓜株高增长量的影响

3. 不同栽培基质对黄瓜气孔导度的影响

气孔导度表示气孔的张开程度,当其他环境条件相同时,水分对气孔导度有直接影响。栽培基质的持水能力和孔隙度等影响水分供应,进而影响植株叶片的气孔导度。由图 7-35 可知,在结果前中期不同栽培基质下黄瓜叶片的气孔导度差异不明显,结果后期椰糠栽培 T3 的气孔导度明显高于岩棉栽培 T1。推测这可能与不同栽培基质的物理性质存在差异有关。

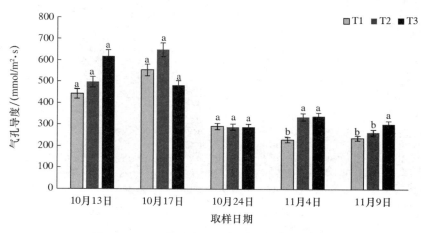

图 7-35　不同栽培基质对黄瓜气孔导度的影响

4.不同栽培基质对黄瓜叶片叶绿素的影响

叶绿素是植物进行光合作用的主要色素,植物光合作用的强弱对其含量高低起决定作用,直接影响植物营养状况。同时,叶绿素的合成与水分、养分供应等密切相关,故影响水分、养分被吸收利用的因素均可能对黄瓜叶片叶绿素含量存在影响。如图 7-36 所示,在黄瓜结果期 T3 的叶绿素含量(SPAD)较 T1 和 T2 高,在结果初期和结果后期更明显。

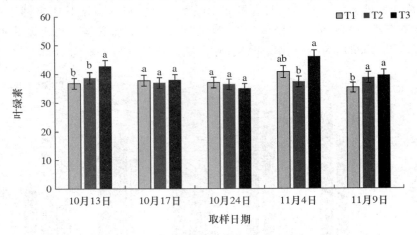

图 7-36　不同栽培基质对黄瓜叶片叶绿素的影响

5.不同栽培基质对黄瓜产量的影响

基质的容重、孔隙度大小和特征等物理性状决定了基质的持水性、透气性等,对植物的根系生长和活性存在重要作用,进而影响植株生长和生理代谢,最终使产量受到影响。有机液肥灌溉下选择适宜的栽培基质,可创建良好的基质根系微环境,确保产量形成。由图 7-37 中可以看出,采用椰糠为栽培基质的 T3 黄瓜产量达 23 649 kg/hm²,显著高于岩棉基质栽培的处理 T1(19 650 kg/hm²)和复合基质栽培的处理 T2(14 013.28 kg/hm²),增幅为 20.4% 和 68.6%。这表明在有机液肥灌溉下,椰糠作为栽培基质相比岩棉和复合基质更适合黄瓜生长,利于产量形成。

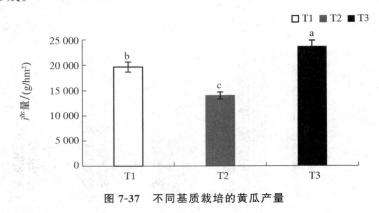

图 7-37　不同基质栽培的黄瓜产量

二、有机水肥一体化系统在番茄基质栽培上的应用

(一)不同栽培基质对番茄株高和茎粗的影响

由图 7-38 可知,不同栽培基质对番茄的株高有显著影响。3 种栽培基质下的番茄株高在生长时期增长速度存在差异,4 月 1 日—5 月 11 日,番茄的株高增长速度为 T2>T3>T1,5 月 11 日—6 月 1 日,番茄的株高增长速度为 T3>T2>T1。在 5 月 11 日前,3 个处理的番茄株高差异不显著,以 T2 最高,为 170.73 cm;5 月 11 日后,T3 的株高明显高于 T1、T2,最终番茄株高为 T3(239.53 cm)>T2(218.33 cm)>T1(192.37 cm)。

从图 7-38 茎粗变化可以发现,营养生长期的测量周期中,3 种栽培基质下番茄茎粗在前期(4 月 1—4 月 13 日)增长速率差异不明显,4 月 13—4 月 19 日不同处理下茎粗增长速率差异较明显,即 T1>T3>T2,使最终的茎粗值存在差异(T1>T3>T2)。在结果期的测量周期中显示,测量前期 3 种栽培基质下茎粗增长速率均明显大于第一测量期的前期,这可能与该时期温室内温光环境条件更适宜作物生长有关。在不同的处理下,茎粗增长速率存在一定差异,表现为 T3 明显大于 T2 和 T1,使 T3 最终形成的茎粗值(11.21 mm)明显高于其他两个处理(T1 为 8.23 mm 和 T2 为 9.95 mm)。

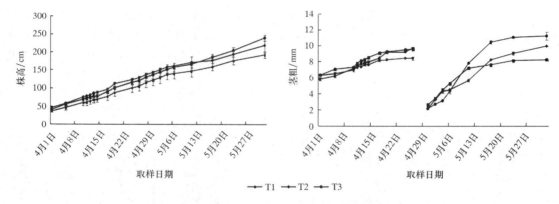

图 7-38 不同栽培基质对番茄株高以及茎粗的影响

(二)不同栽培基质对番茄叶片数和叶面积的影响

不同基质栽培对番茄的叶片数也有一定影响。由图 7-39 叶片数变化可以看出,4 月 29 日之前,不同栽培基质下番茄植株的叶片数差异不明显,4 月 29 日后,不同栽培基质下番茄植株的叶面数存在差异且随着生育期延长差异有增大的趋势,即叶片数的增长速率为 T3>T2>T1。6 月 1 日测定结果显示椰糠基质的单株番茄的叶片数最多(39 片),其次是复合基质栽培(35 片)和岩棉栽培(31 片)。

特性差异不同的栽培基质对新生叶片的扩展速率和完全展开功能叶片形成的影响也不同。从图 7-39 叶面积变化看出,第一个测量周期(生长发育期),新叶扩展速度较快,3 种基质类型栽种下的番茄叶面积增长存在一定的差异,即 T2 待测新叶的叶面积增长速率最大,其次

是 T1,T3 最小,使最终形成的功能叶片(完全展开)大小为叶面积 T2>T1>T3。进入结果期,番茄新生叶片增长速率较前一测量周期减缓,而不同栽培基质下新叶扩展速率及形成功能叶片大小的差异较上测量周期明显,新叶扩展速率的大小为 T2>T3>T1,所形成的完全展开叶片叶面积大小也是 T2(1 016.47 cm²)>T3(736.51 cm²)>T1(565.49 cm²)。

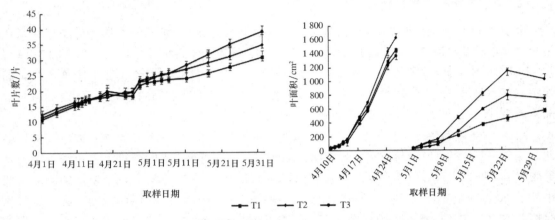

图 7-39　不同基质栽培对番茄叶片数和叶面积的影响

(三)不同栽培基质对番茄叶片叶绿素和气孔导度的影响

由图 7-40 可知,3 个不同基质下的番茄叶绿素,在同一测定时间点上的叶绿素没有明显的差异性,而且 3 个不同基质栽种下的番茄气孔导度也没有明显的差异性变化。在有机水肥一体化技术应用下,不同栽培基质对番茄叶片叶绿素含量(SPAD)和气孔导度的影响未形成差异。

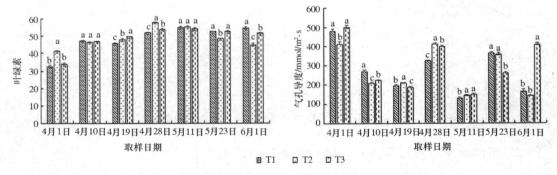

图 7-40　不同基质栽培对番茄叶绿素和气孔导度的影响

(四)不同栽培基质对番茄产量的影响

从表 7-11 中可以看出,基质栽培的番茄单果重为椰糠处理>岩棉基质>复合基质,每株的结果数为复合基质>椰糠基质>岩棉基质。经统计产量发现,3 种基质栽培的番茄产量有明显差异,椰糠栽培的 T3 番茄产量最高,为 80 262.00 kg/hm²,其次是岩棉基质 T1 产量为 73 459.59 kg/hm²,复合栽培 T2 的番茄产量 71 436.54 kg/hm² 为最低。与 T1 和 T2 相比,T3 分别提高了 9.26%、12.35%。因此,在灌溉有机发酵液时,以椰糠作为栽培基质更有利于番茄产量的形成。

表 7-11　不同基质栽培对番茄产量的影响

基质类型	单果重/g	每株结果数	产量/(kg/hm²)
岩棉基质(T1)	249.10	9.83	73 459.59b
复合基质(T2)	215.30	11.06	71 436.54b
椰糠基质(T3)	254.80	10.50	80 262.00a

(五)不同基质栽培对番茄品质的影响

不同栽培基质下番茄果实品质如表 7-12 所示,3 种不同栽培基质下,番茄各品质指标的差异均未达到显著水平。T2 的番茄可溶性总糖最高为 4.77%;T1 的番茄还原型维生素 C 最高为 166.33 mg/kg,T2、T3 的番茄可滴定酸含量一样高为 0.46%;T3 处理的番茄的 NO_3^--N 含量最高为 32.03 mg/kg。

表 7-12　不同基质栽培对番茄品质的影响

基质类型	可溶性总糖/%	维生素 C/(mg/kg)	可滴定酸度/%	NO_3^--N/(mg/kg)
岩棉基质(T1)	4.63±1.91a	166.33±52.20a	0.45±0.14a	22.47±6.07a
复合基质(T2)	4.77±1.07a	162.00±31.05a	0.46±0.10a	30.90±1.37a
椰糠基质(T3)	4.30±0.51a	136.67±28.43a	0.46±0.07a	32.03±9.03a

无土栽培基质是为植物根系生长提供良好根际环境的生长介质,可以起到支持植株、保持水分和透气的作用,提供了稳定和协调的水、肥、气、热等根际环境条件,促进了植物的生长。李谦盛等(2002)认为良好的根际环境与基质的物理性状容重、比重、孔隙度、田间持水量等密切相关,即基质容重、孔隙度、气水比等直接影响其持水能力和排气排水性。郭士荣(2005)认为蔬菜栽培基质适宜的容重为 0.1~0.8 g/cm³,总孔隙度为 54%~96%,通气孔隙大于 15%,大小孔隙比(即通气孔隙与持水孔隙之比)通常其数值应在 1:1.5~1:1.4 为好。龚梦璧等(2012)研究了不同配比基质物理性状对青菜种子萌芽特征的影响,在基质 A4 下(草炭:珍珠岩:园土为2:1:3,其容重为 0.59 g/cm³,孔隙度为 74.66%,通气空隙为 21.99%)青菜种子萌发率较好,活性指数最高。康丽敏(2015)研究不同复合基质的理化特性对番茄品质和产量的影响,发现 4 组栽培基质均能改善番茄果实品质,增加产量,其中腐熟羊粪:菇渣:珍珠岩体积比＝1:2:1(容重 0.36 g/cm³,总孔隙度76%,)的组合为番茄栽培的最佳组合。本试验选用岩棉、复合基质(草炭:珍珠岩的体积比1:1)和椰糠为栽培基质,分析基质物理性质得出椰糠容重为 0.14 g/cm³,总孔隙度为 52.27%,通气空隙为 25.13%,相比岩棉(容重为 0.07 g/cm³,总孔隙度为 98.44%)和复合基质(容重为 0.14 g/cm³,总孔隙度为 52.27%),椰糠基质更适合用于蔬菜栽培。对于这 3 种材料的栽培基质而言,灌溉有机发酵液,监测岩棉基质、复合基质(草炭:珍珠岩的体积比1:1)及椰糠基质栽培下黄瓜和番茄的生长、品质和产量。椰糠栽培的两种作物的株高、茎粗、叶片数以及产量均优于其他两种栽培基质,椰糠是一种更适宜黄瓜、番茄的无土栽培基质。

三、有机水肥一体化系统在紫薯土壤栽培上的应用

(一)露地紫薯有机栽培有机水肥一体化栽培技术

1. 紫薯有机栽培概况

紫薯栽培品种'凌紫',属早熟性品种,叶色深绿,顶三叶紫红,叶心脏形,浅裂单缺刻,叶柄叶脉全绿色;薯形长纺锤形,薯皮光滑,紫黑光亮,紫肉深紫色;单株结薯 4～6 块,亩产达 1 500～2 500 kg。培育无毒健壮的薯苗是紫薯有机栽培生产的关键技术之一。3月下旬,选择避风向阳、土壤肥沃的地块,搭建拱棚(大小根据苗床面积定),覆盖棚膜,以提高地温;4月初,建造苗床,每亩紫薯备足 3 m² 苗床,苗床一般宽 10 m 左右,深 15～20 cm,在床底铺 1 层腐熟有机肥浇水盖土。选择 100～250 g 无病虫的薯块,以 3 cm 间隔排种,然后覆盖 2～3 cm 厚细土,浇粪水(40 kg/m²),再盖上地膜(可再加小拱棚保温)。当薯块出苗60%以上时,揭掉地膜;出苗后保持温度在 25～30 ℃,苗床见干见湿,气温高时注意通风。在具有 6 个展开叶,薯苗高 15～25 cm 时,及时剪苗,用于栽插。剪苗时一般需离苗床 3 cm 以上,留 2～3 片叶以利于再生。翻地前,先清理前茬残留垃圾如破碎地膜等。深翻土壤(30 cm 左右),再均匀撒施基肥(充分腐熟的羊粪 3 000 kg/亩),再次深翻使肥和土壤均匀混合。南北向做大垄,垄距为 120 cm,垄高 30 cm。

在定植前,垄上铺置双行滴灌带,覆盖地膜提高地温。于 5 月上、中旬栽插,选择健壮、顶三叶齐平、节间粗短、无气生根、无病害的薯苗,双行定植,定植密度株 4 000 株/亩。采用水平栽插法,薯苗栽插入土壤 5～7 cm 深,保持薯苗直立,栽后拍(踩)实,让根与土壤紧密接触,浇足定植水。

完成定植后,及时查苗补苗,确保苗齐、苗全。生长前期及时除草。茎叶封垄后,为抑制茎蔓生根、茎叶生长过旺,需适当提蔓 2～3 次,控制营养生长,使养分向块根转移,存进块根迅速膨大。提蔓时,要轻提轻放,尽量减少茎叶损伤。生长后期,注意防止茎叶早衰,如长势较旺,需适当减去部分茎蔓,改善通风透光条件。全生育期应加强肥水管理,即先追施 N 含量相对较高的有机液肥为主促植株生长,在合理追施高 N、高 P、高 K 有机液肥确保植株长势和结薯、膨大。

2. 紫薯栽培有机水肥一体化系统构建

有机水肥一体化是指针对有机肥的机械化、自动化制备与施用。在有机生产中,水肥精细化、自动化管理提出的,是以常规生产中的水肥一体化技术为基础,将微生物好氧发酵制备出浓度较高、稳定性较好的高 N、高 P 和高 K 有机液肥,在系统控制下根据作物养分需求规律进行配比混合、稀释,并基于灌溉策略借助微灌系统均匀地、适时适量地输送至作物根际的一种有机栽培水肥一体化管理技术。该项技术是一项集有机液肥制备、有机营养液调配与灌溉为一体的水肥高效管理技术。

在孙家滩现代农业示范园区的水源控制室安装了有机水肥一体化智能装备(北京农业智能装备技术研究中心自主研发)(图 7-41),通过电磁阀、流量计和 PVC 主管道将装备与紫薯

地的田间滴灌系统连接,在有机水肥一体化智能装备与中央控制系统管控下,制备有机营养液、配制与灌溉营养液,实现了紫薯有机栽培的水肥一体化,将水分和养分适时、适量地输送给作物,确保紫薯各生育期的水肥需求,并提高了水肥利用率,大幅度降低了人力的投入。

图 7-41 有机水肥一体化智能装备

(1)有机水肥一体化中央管控系统 有机水肥一体化控制系统由发酵子系统、储液子系统、配液子系统及灌溉子系统 4 部分组成,每部分彼此独立又相互协同,共同实现对作物(紫薯)水肥的自动管控。发酵子系统(图 7-42)自动启动或停止供氧气泵和循环阀门。储液子系统采用阈值判别法,首先通过检测储液罐中营养液液位,决策出液阀、抽液泵的开闭,将发酵液原液抽至对应储液桶中。配液子系统负责灌溉营养液配制,即根据作物当前生育期对养分需求的特点,采用 PID 算法,自动调控吸肥电磁阀与清水电磁阀开闭,实时调控电导率至目标值,配制浓度适宜的灌溉营养液。灌溉子系统(图 7-43)主要管控水肥何时供应和供应量,系统根据用户交互的定值日期及灌溉决策(基于土壤含水量变化),控制灌溉水泵、田间电磁阀等开闭,自动执行灌溉流程。

(2)灌溉方式与灌溉系统 该有机水肥一体化智能装备的有机发酵系统配有多级过滤系统,制备的有机营养液符合微灌系统要求(120 目),可采用滴灌、微喷等灌溉系统进行灌溉。在紫薯有机栽培中,结合大垄栽培方式,选择滴灌灌溉方式。在紫薯地北端,顺东西方向铺设40PE 管道,一端通过流量计、电磁阀与装备出水口连接,另一端接配套堵头,拉直并固定好。铺膜前,对应栽培垄位置,每垄上放置两根滴灌带,用旁通将支管滴灌带与主管道连接,每条滴灌带末端配上堵头(或打结),并固定(图 7-44)。

(3)营养液灌溉管理 选择富含 N、P 或 K 的秸秆、豆粕、米糠、骨粉、草木灰等农业有机物料,鸡粪、牛粪或羊粪等腐熟禽畜粪便以及磷矿粉、钾矿粉等可做有机肥源的矿物粉,按比例添加微生物菌剂、黑糖,与清水混合(物水比为 1:10),在发酵系统中进行 20 d 左右的好氧发酵,分别得到高 N 有机液肥、高 P 有机液肥和高 K 有机液肥。在中央控制系统的人机友好交互界面输入紫薯定植日期,灌溉液浓度参数值(EC 值)、各生育期 3 种有机液肥配比比例、土壤含水量范围及启动灌溉时间。紫薯地栽培垄 10～12 cm 土层埋设了土壤水分传感器,实时监测土壤含水量变化,用于决策灌溉。每天上午 8:00,系统分析土壤水分传感器数据,当土壤含水量低于设定下限(田间持水量 75%)时,启动系统,配制营养液,进行灌溉。当本次灌溉量大于等于计算灌溉量时,自动结束灌溉。

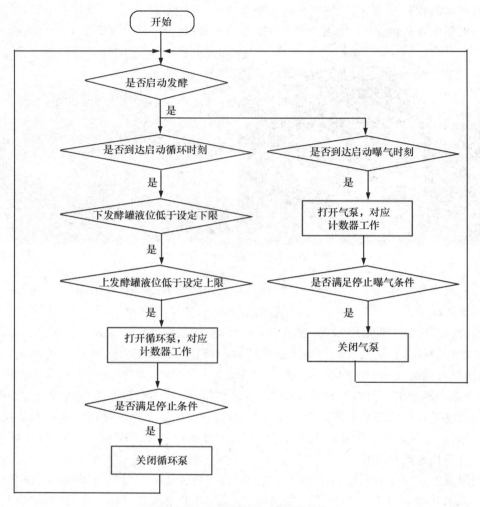

图 7-42　发酵子系统主程序流程

(二)有机液肥灌溉对紫薯有机栽培的影响

　　基于有机水肥一体化装备与系统,开展了有机液肥灌溉对紫薯有机栽培生长和产量的影响试验,以探析有机液肥灌溉对紫薯有机栽培促生长、提产量的作用。于 2016 年和 2017 年在宁夏吴忠(孙家滩)国家农业科技园区(106°6′26″E,37°57′10″N,海拔为 1 130 m)的防虫网棚中进行。吴忠(孙家滩)国家农业科技园区为山坡荒地,位于宁夏中部,属温带大陆性干旱、半干旱气候,光热资源丰富,昼夜温差大,距离市区远,周边没有工矿区、工业污染源和生活垃圾填埋场等可能影响生产环境的污染源,具有得天独厚的自然优势,是一座重要的有机蔬菜生产基地。防虫网棚长为 100 m,跨度为 10 m、脊高为 4.3 m、侧墙肩高为 2.2 m,覆盖防虫网网孔 60 目。供试土壤有机质含量为 1.57 g/kg、全氮为 0.2 g/kg、速效磷为 12.9 mg/kg、速效钾为 130 mg/kg,田间持水量为 18%。

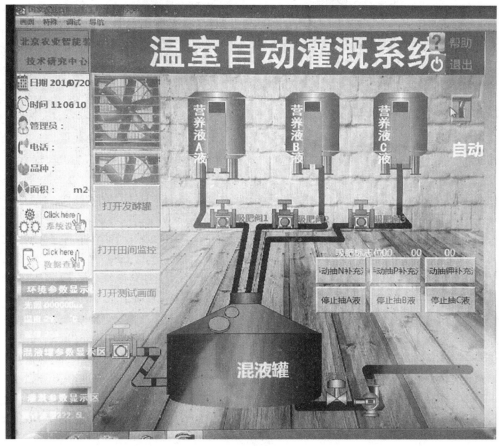

图 7-43　灌溉子系统

图 7-44　紫薯有机栽培的灌溉方式与灌溉系统

　　本试验设置"底肥＋有机液肥"灌溉为 T,园区紫薯栽培的常规水肥管理方式"底肥＋清水"灌溉为 CK,即紫薯缓苗后的每次灌溉时 T 为有机液肥(1.8～2.2 mS/cm),CK 为清水,探究有机液肥灌溉对紫薯栽培的作用。在试验中,T 和 CK 的紫薯栽培均采用膜下滴灌,灌溉启动时间点(9:00)、灌溉间隔周期(4 d/次)和单次灌溉量(4 m³/亩),由作物有机水肥一体化装备与综合管控系统控制并自动进行。各处理布置3个重复区,区长×宽为11 m×5.0 m,随机排布。对照和处理的灌溉主管独立,主管一端分别通过过滤器与作物有机水肥一体化装备的出液口连接,各区支管并联于对应主管上,主管与支管间安装电磁阀和流量计,各区灌溉独立管理。其他日常管理一致。

1.有机液肥灌溉对紫薯地上部鲜干重的影响

从图7-45可以看出,在有机液肥灌溉与清水灌溉下,紫薯地上部的鲜干重均呈现出一个缓慢-快速-减缓的增长趋势,即紫薯生长的中前期植株生长相对缓慢,随后进入快速生长阶段,到生育末期紫薯植株生长减缓。对比分析不同灌溉对紫薯地上部鲜干重的影响发现,有机液肥灌溉的紫薯地上部鲜干重的增长速率较清水灌溉大。2016年,在紫薯生育前期有机液肥灌溉下植株鲜重呈现增长趋势,而CK的植株鲜重变化不明显;中后期,两种灌溉方式下的紫薯植株生长速率差异不明显,但有机液肥灌溉下的紫薯植株鲜干重始终高于CK;收获时(10月14日)在有机液肥灌溉下的紫薯地上部鲜干重分别为715 g和147 g,均高于CK(527.78 g和95 g)。2017年8月,紫薯植株进入快速生长期,此阶段有机液肥灌溉下紫薯植株生长速率和鲜干重明显高于对照,定植第102 d(8月30日)T地上部鲜重达1 355.33 g,而CK为637.25 g;进入9月,有机液肥灌溉下紫薯植株生长速度放缓,两种灌溉下植株鲜重的增幅差异缩小;收获时在有机液肥灌溉下的紫薯地上部鲜干重分别为1 736.17 g和218 g,明显高于对照(鲜重973.17 g和干重134.33 g)。这说明有机液肥所含的N、P、K等矿质养分,随水输送至紫薯根系土壤层,可及时被其根系吸收利用,促进植株生长。进一步分析2016年和2017年紫薯地上部鲜干重发现,有机液肥和清水灌溉下的紫薯地上部鲜干重均表现为2017年高于2016年。与CK相比,在有机液肥灌溉下的2017年紫薯地上部鲜干重的增长更明显。这可能与有机液肥含有丰富的有机质和大量微生物,可活化土壤养分,改善土壤理化性状等有关。

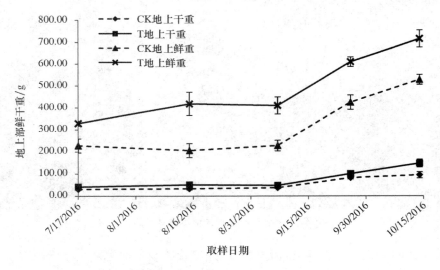

CK.清水灌溉;T.有机液肥灌溉;如下一致。

图7-45 2016年、2017年有机液肥灌溉对紫薯地上部鲜干重的影响

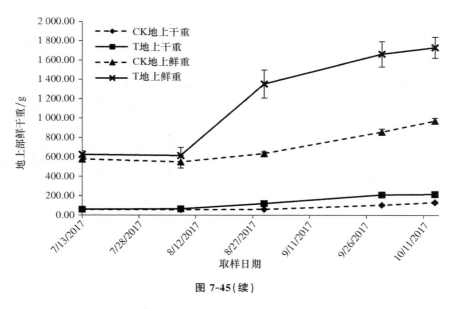

图 7-45（续）

2. 有机液肥灌溉对紫薯地下部鲜干重的影响

紫薯地下部是指紫薯的根部,包括吸收水分和养分的须根,贮藏养分并用作繁殖和食用的块根及发育不完全的柴根。紫薯地下部鲜干重量是由须根、块根和柴根三者的鲜干重量组成。随着生育期的推进,紫薯根系生长,特别是块根发育膨大,紫薯地下部的鲜干重呈明显增长的趋势,至生育末期趋于稳定。如图 7-46 所示,2016 年和 2017 年在两种灌溉方式下的紫薯地下部鲜干重均呈现出从缓慢到快速增长的变化趋势。其原因是生育前期以根系生长为主,进入中后期块根发育不断膨大。

地上部植株长势良好,有利于根系生长、块根形成和发育,即表现为紫薯地下部鲜干重量增长较快。图 7-46 显示,2016 年的紫薯地下部鲜重的变化为缓慢增长到快速增长再到增长减缓,而 2017 年的紫薯地下部鲜重相比更早进入快速增长期,这与地上部植株的生长变化情况一致(图 7-45)。分析不同灌溉液对紫薯地下部鲜干重的影响可知,2016 年和 2017 年均为有机液肥灌溉(T)的紫薯地下部鲜干重增长速率高于清水灌溉(CK),特别是紫薯块根膨大的前、中期使生长发育过程中 T 的紫薯地下部鲜干重始终高于 CK,采收时有机液肥灌溉下的紫薯地下部鲜干重分别为 693.59 g、172.24 g(2016 年)和 1 737.33 g、443 g(2017 年),明显高于清水灌溉(659.64 g、150.25 g 和 1 179.17 g、296.73 g)。有机液肥灌溉及时为紫薯生长提供了所需的养分,地上部植株长势良好,从而促进了根系生长和块根膨大。同时,有机肥源富含有机质和有益微生物,合理施用可有效改良土壤,促进作物生长和增产、增收。通过连续两年灌溉有机液肥发现,与 2016 年相比,2017 年 T 紫薯地下部鲜干重的增长速率更大,与在采收时有机液肥灌溉下的紫薯地下部鲜干重相比,清水灌溉分别增加了 47.33% 和 49.29%,该增幅明显高于 2016 年的 5.15% 和 14.63%。

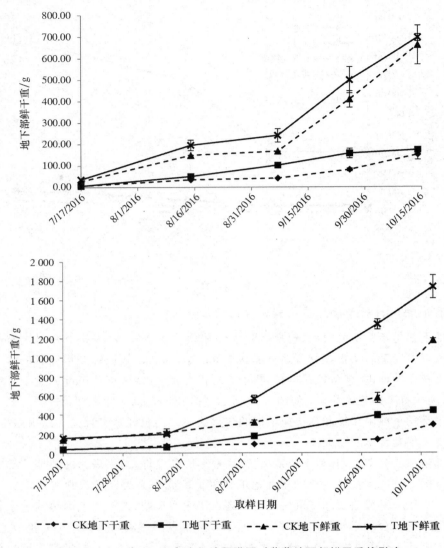

图 7-46　2016 年、2017 年有机液肥灌溉对紫薯地下部鲜干重的影响

3.有机液肥灌溉对紫薯品质的影响

在紫薯栽培中,养分的充足供应可以确保植株长势和产品品质;有机肥施用有利于促进营养物质或功能性物质的合成,可有效提高果实品质和商品性。分析 2016 年和 2017 年紫薯的主要品质指标粗蛋白质、粗淀粉、可溶性总糖和花青素(总)含量结果如表 7-13 所示,发现除 2016 年紫薯的可溶性总糖含量外,其他各项指标均是 T 高于 CK;与 2016 年相比,2017 年T 和 CK 紫薯的粗蛋白质、可溶性总糖和花青素含量差异增大,其中花青素含量差异达到了显著水平,这可能与紫薯生长发育过程中养分的充足供应和有机肥源追施有关。

表 7-13 有机液肥灌溉对紫薯品质的影响

年份	处理	粗蛋白/%	粗淀粉/%	可溶性总糖/%	花青素/(mg/g)
2016	清水 CK	3.07±0.09a	63.73±0.95a	12.07±0.90a	0.668±0.1019a
	有机液肥 T	7.14±0.71a	64.53±0.78a	9.64±0.71a	0.802±0.1393a
2017	清水 CK	9.68±1.26a	44.30±6.45a	8.76±0.43a	0.395±0.0339a
	有机液肥 T	10.31±1.26a	52.30±5.59a	10.1±0.43a	0.907±0.0147b

4. 有机液肥灌溉对紫薯产量的影响

有机液肥灌溉对紫薯产量包括单株结薯数、单薯重、单株薯鲜干重及总产量的影响如表7-14 所示。2016 年,有机液肥灌溉下单株紫薯结薯数 3.33 个,单薯重 190.38 g,单株薯鲜干重分别是 634.59 g 和 164.36 g,总产量为 1 561.18 kg/亩,其中单薯重、单株薯鲜干重和总产量均高于对照 CK,增幅分别为 15.64%、5.13%、13.94% 和 7.05%。2017 年 T 单株结薯数5.67 个,比清水灌溉(4.67 个)提高了 21.41%;单薯重(295.79 g)高于 CK(242.75 g),增幅21.85%;单株结薯鲜干重分别为 1 676.17 g 和 428 g,较 CK 提高了 47.96% 和 51.06%;总产量达 2 001 kg/亩,明显高于 CK 1 677.38 kg/亩,增幅达到了 19.29%。分析 2016 年和 2017年有机液肥灌溉对紫薯产量的增产效果(表 7-15),2017 年 T 的单株果实个数、单薯重、单株薯鲜干重和总产量相比,CK 的增幅均高于 2016 年,这可能与有机液肥灌溉不仅能及时提供紫薯生长所需的速效养分,还能提供有机质和有益微生物等活化土壤养分、改善土壤理化性状有关。

表 7-14 有机液肥灌溉对紫薯产量的影响

年份	处理	果数/个	单薯重/g	单株薯鲜重/g	单株薯干重/g	总产/(kg/亩)	增幅/%
2016	清水 CK	3.67±0.33	164.63±31.33	603.64±47.19	144.25±13.58	1 458.30±19.25	—
	有机液肥 T	3.33±0.33	190.38±6.78	634.59±66.64	164.36±21.29	1 561.18±96.28	7.05
2017	清水 CK	4.67±0.67	242.75±44.71	1 132.83±316.55	283.33±78.27	1 677.38±59.34	—
	有机液肥 T	5.67±0.67	295.79±22.66	1 676.17±115.00	428.00±24.67	2 001.00±68.86	19.29

目前,我国制备有机液肥的原料主要是农副产品(作物秸秆、禽畜粪便、油饼类等)、海洋生物资源(鱼粉、虾蟹壳粉和海藻等)等,不同种类的原料所富含的有机质营养成分和矿物质养分含量等存在差异,故对应的液态有机肥养分特性不同。充分腐熟的禽畜粪便中含有腐殖酸等有机质和有益微生物含量丰富,通过二次发酵浸提得到堆肥茶(CT),具有较好的生防效果,而增产作用存在异议。鱼类产业的副产品和蚯蚓活体等含有大量蛋白质和生物活性物质,通过降解研制成的液体肥具有活性腐殖质、氨基酸、生物酶及一些功能性小分子活性物质,具有促进生长、提高抗性、改善农产品品质及改良土壤生态环境等作用。豆粕是大豆榨油后的加工副产物,含

有丰富的蛋白质（总蛋白含量高达46％），腐熟处理后的豆粕有机肥（干基）中含总氮8.2％，用作肥料能为植物生长提供所需的氮；骨粉中磷和钙含量较高，分别为9.39％和19.3％；草木灰是指草本或木本植物燃烧后的残余物，它几乎具有植物所含的各种矿质元素且磷元素含量达6％～12％，钾元素含量达1.5％～3.0％，对植物生长和土壤改良具有重要意义。选择豆粕、骨粉、草木灰等农业有机物料按照一定比例与清水混合在微生物好氧发酵作用下分解，部分养分元素可以以无机态或小分子有机物形态转移到液体中，形成富含速效养分的有机液肥。在本研究中，有机液肥原液除氨态氮的含量较低外，氨态氮、磷、钾和钙、镁含量均较高且EC值为1.8～2.2 mS/cm的灌溉液中氨态氮、磷、钾和钙、镁含量分别到达了45.31～57.99 mg/L、20.71～45.04 mg/L、501.50～577.40 mg/L和688.80～784.10 mg/L、349.10～367.10 mg/L，均高于Hoagland、Arnon营养液配方等推荐浓度，在生产中追施能够为植株生长提供所需的速效养分。基于有机水肥一体化装备与综合管控系统应用分别于2016年和2017年在紫薯有机栽培中灌溉上述有机液肥（1.8～2.2 mS/cm）代替清水，发现有机液肥灌溉的紫薯其地上部、地下部生长均明显优于清水灌溉且提高了单株结薯数量、单薯重和总产量，说明有机液肥灌溉及时为紫薯生长发育提供了所需养分。这与马秀明等作物秸秆为原料制备的堆肥茶全生长期喷施叶面对黄瓜生长及产量的影响结果一致，可能与较高的氮、磷、钾含量是促进植株形态建成、生物量积累和产量形成的重要因素有关。基于此，选择富含氮、磷、钾等作物生长所需养分元素的有机物料为主要原料进行发酵，可以获得氮、磷和钾等速效养分含量较高的有机液肥，利用水肥一体化技术在作物栽培中应用，能够及时提供容易被作物根系吸收利用的养分。

有机液肥中含有的大量微生物是一种具有"活性"肥料。在存放过程中微生物代谢繁殖活动可能会导致有机液肥养分含量存在变化。M. K. Islam研究发现存放时间对堆肥茶的总氮和pH有影响，浸提4 d和6 d得到的堆肥茶总氮含量在存放过程中呈现了先增加再降低的现象。本试验呈现出相似的结果在有机液肥原液存放17 d中，氨态氮和硝态氮、磷、钾及中微量元素钙、镁元素含量均是先增加再减少且氨态氮和硝态氮、钾和钙、镁含量在存放第11天达到最高，这可能与微生物的分解代谢以及对养分、氧气的争夺等因素密切相关。因此，应用中需注意有机液肥的存放时间，制备后及时施用，确保其养分供应价值。同时，有机液肥灌溉为土壤提供了大量有益微生物和丰富的有机质，长期施用可活化土壤、改善土壤理化性状，进而促进根系生长和对水分、养分的吸收，增产、提质的效果更显著。本研究连续两年（2016年和2017年）灌溉有机液肥代替清水，第二年（2017年）紫薯的各项监测指标（生长、品质和产量）相比CK的增幅均高于第一年（2016年），即连续灌溉有机液肥的促进生长、提高产量和改善品质等效果更明显。在上述研究中，笔者未对有机液肥中有机质含量和微生物特性进行分析，关于富含氮、磷、钾等矿质元素的有机液肥长期施用对作物生长和产量的作用及影响机理有待进一步研究。

从上述研究结果和分析可知，选择富含氮、磷和钾等必需营养元素的农业有机物料配比混合，经微生物好氧发酵，可以制备得到氮、磷、钾等矿质养分含量较高的有机液肥。利用水肥一体化技术在作物栽培中施用，有效突破了有机养分的管理瓶颈，及时为作物生长发育提供所需速效养分，确保长势良好，促进产量提高、产品品质提升。有机液肥是一种富含微生物的"活性"肥料，应用中需注意存放周期，及时施用。

(三)病虫害防治

该地区栽培紫薯,病虫害相对较少,但仍需要做好病虫害防控措施,积极采用物理、生物防治为主的综合防控措施,确保紫薯有机栽培的产量和品质。搭建网棚,覆盖银色防虫网 40 目,将部分虫源拦挡在棚外(图 7-47);在紫薯地插挂黄、蓝诱虫板,布诱虫灯,放诱虫盆,利用昆虫对颜色、灯光和性激素的趋性,监测并诱杀害虫。培育壮苗,加强水肥管理,及时发现病害并立即处理病株,有效控制病虫害发生。

图 7-47　有机紫薯栽培的防虫网棚

四、有机液肥灌溉对菜心土壤栽培生育及产量的影响

2017 年,在网棚内开展了基于有机水肥一体化智能装备与系统应用下的有机菜心田间试验,分析有机液肥灌溉对有机菜心生长及产量的影响,为有机水肥一体化智能装备与系统的应用提供数据支持,以推进有机水肥一体化技术发展和促进有机农业现代化发展。试验以当地有机菜心栽培的常规水肥管理(底肥＋清水灌溉)为 CK,底肥＋有机液肥灌溉为 T,如图 7-48 所示。T 菜心 3 叶 1 心后开始有机液肥灌溉,灌溉液浓度根据生育期调整。采用有机水肥一体化装备与系统管控有机液肥制备、养分调配和灌溉以及清水灌溉,微喷灌溉,灌溉频率(2 次/d)和灌溉量(4.2 m³/次·亩)一致。菜心品种京翠 1 号,底肥腐熟羊粪 3 000 kg/亩,做平畦(畦宽为 1.1 m),于 7 月 18 日播种,播种行距为 15 cm 按株距 10 cm 间苗定株,8 月 18 日统一收获,收获采收时基部留 3 片叶,切口要平。抽薹前,随机取样测菜心株高、叶片数、叶片长×宽、茎粗以及地上部、地下部鲜干重;采收时增测薹粗、薹长和净薹重。其中茎粗、薹粗用游标卡尺测量,地上、地下干重采用烘干法测定,先 105 ℃杀青 30 min,后 80 ℃烘至恒重。菜心成熟以后随机取 2 m²,进行测产,各 3 次重复。

由表 7-15 可知,有机液肥灌溉下菜心生长明显优于 CK。从 8 月 11 日(菜心抽薹前期)取样测定的生长指标显示,T 菜心株高、叶片长×宽总和及地上部鲜干重、地下部鲜干重均高于 CK,其中株高的差异达到了显著水平($P<0.05$)。采收时(8 月 18 日),有机液肥灌溉下的

图 7-48　有机液肥灌溉对菜心有机栽培的影响

菜心株高、叶片数、叶片长×宽总和、茎粗及地上、地下部鲜干重均明显高于对照,且各项指标差异显著($P < 0.05$)。说明其与有机液肥富含速效养分有关,其灌溉为菜心生长提供了所需 N、P、K 等元素,进而促进生长。

表 7-15　有机液肥灌溉对有机菜心生长的影响

时间	处理	株高/cm	叶片数	长×宽总和/cm²	茎粗/mm
8.11	清水 CK	11.33b±0.55	8a±0.58	346.7a±117.89	6.08a±0.91
	有机液肥 T	16.2a±1.05	7a±0.00	391.52a±63.11	6.00a±0.70
8.18	清水 CK	11.97b±1.04	6b±0.58	131.54b±2.25	7.12b±0.41
	有机液肥 T	21.73a±0.92	9.33a±0.33	857.49a±65.93	10.67a±1.67

时间	处理	地上鲜重/g	地上干重/g	地下鲜重/g	地下干重/g
8.11	清水 CK	11.19a±5.01	1.07a±0.41	0.95a±0.28	0.13a±0.03
	有机液肥 T	11.62a±2.19	1.11a±0.17	1.13a±0.21	0.15a±0.02
8.11	清水 CK	10.99b±0.93	1.07b±0.12	0.87b±0.11	0.19b±0.02
	有机液肥 T	27.21a±3.14	2.13a±0.22	4.51a±0.29	4.99a±0.05

有机液肥灌溉促进了菜心的营养生长,这有利于菜薹发育和产量形成。由表 7-16 可知,有机液肥灌溉下菜薹长 17.13 cm,薹粗 18.48 mm,明显优于清水灌溉下(薹长 9.37 cm 和 10.08 mm),具有较好的商品性。有机液肥灌溉菜心的净薹重为 24.19 g,亩产达 1 293.01 kg,显著高于 CK 的净薹重(5.84 g)和产量(259.83 kg)。

表 7-16　有机液肥灌溉对有机菜心产量的影响

处理	薹长/cm	薹粗/mm	净薹重/g	产量/(kg/亩)
清水 CK	9.37b±1.24	10.08b±0.50	5.84b±1.00	259.83b±44.30
有机液肥 T	17.13a±1.78	18.48a±0.84	24.19a±4.72	1 293.01a±209.68

基于有机水肥一体化装备与系统,自动制备灌溉有机液肥,在作物有机栽培过程中及时供给所需养分,促进作物生长、发育。综合分析上述结果可知,有机液肥灌溉突破了蔬菜有机栽培中追肥的技术瓶颈,结合菜心生长发育需求,及时供给了充足的水分和养分,菜心整体长势良好,确保了品质和产量形成。在有机菜心栽培中,有机液肥灌溉可为其生长发育提供大量养分,促进生长,实现增产、增收。

五、有机液肥灌溉对番茄土壤栽培生育及产量的影响

本实验选择当地常用的鲜食口感较好的番茄品质亮顿为供试材料。为探究基于有机水肥一体化智能装备与系统的有机液肥灌溉对番茄有机栽培的影响,设置了 5 个不同处理:CK 底肥腐熟羊粪 4 000 kg/亩+清水灌溉(灌溉频率 4 d/次,单次灌溉量 10 m³/亩);处理 T1 底肥腐熟羊粪 4 000 kg/亩+有机液肥灌溉(灌溉频率 4 d/次,单次灌溉量 10 m³/亩);处理 T2 底肥腐熟羊粪 4 000 kg/亩+有机液肥灌溉(灌溉频率 2 d/次,单次灌溉量 5 m³/亩);处理 T3 底肥腐熟羊粪 2 000 kg/亩+有机液肥灌溉(灌溉频率 4 d/次,单次灌溉量 10 m³/亩);处理 T4 底肥腐熟羊粪 2 000 kg/亩+有机液肥灌溉(灌溉频率 2 d/次,单次灌溉量 5 m³/亩)。初花期后开始进行处理,采用有机水肥一体化装备与系统管控有机液肥制备、养分调配和灌溉,及对照清水灌溉。针对有机液肥灌溉对滴灌系统末端进行改良,即末端安装两处滴箭,剪去滴箭前端部分(10~12 cm),并将剩余部分安插进白色 PVC 管(15 cm),白色 PVC 管一端固定滴箭,另一端插入对应作物(番茄)茎基部土壤,距离植株约为 3 cm,插入深 5 cm 左右(图 7-49)。改良滴箭灌溉系统末端,可避免有机营养液所含黏稠物质滴箭上端或作物根系堵塞滴箭引流槽深,使灌溉液能安全输送至作物根部土壤中,减少浪费。各处理随机选定 5 株连续监测株高和茎粗(子叶下 1 cm 处),分别统计采收番茄的个数和产量,计算单果重和总产量。

图 7-49　有机液肥灌溉专用改良型滴箭灌溉系统

(一)不同处理对露地栽培有机番茄株高和茎粗的影响

底肥施用量与有机液肥灌溉频率差异对露地栽培有机番茄的株高与茎粗的影响结果如图 7-50 所示。底肥施用量未减且有机液肥灌溉频率增加的 T2 其植株高度较其他处理大;

CK 和底肥减半的 T3 植株高度均小于其他处理,但相互之间差异不明显。T3 的番茄植株茎粗最小,其次是 CK,其他 3 个处理差异不显著。

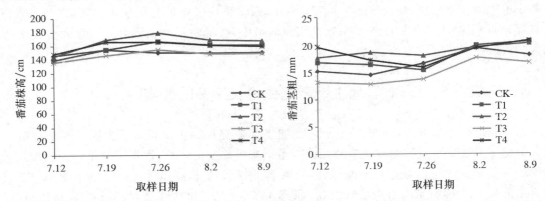

CK.底肥腐熟羊粪 4 000 kg/亩＋清水[4 d/次,10 m³/(亩·次)];T1.底肥腐熟羊粪 4 000 kg/亩＋有机液肥[4 d/次,10 m³/(亩·次)];T2.底肥腐熟羊粪 4 000 kg/亩＋有机液肥 2 d/次,5 m³/(亩·次)];T3.底肥腐熟羊粪 2 000 kg/亩＋有机液肥[4 d/次,10 m³/(亩·次)];T4.底肥腐熟羊粪 2 000 kg/亩＋有机液肥[2 d/次,5 m³/(亩·次)],如下一致。

图 7-50　不同处理对露地栽培有机番茄株高和茎粗的影响

(二)不同处理对露地栽培有机番茄产量的影响

由表 7-17 可知,有机液肥灌溉明显提高了露地栽培有机番茄的商品果数、单果重、单株产量和总产量,其中有机液肥灌溉的 4 个处理番茄总产量相比对照分别提高了 24.78%、96.28%、50.51%和 129.83%。底肥施用量和灌溉总量相同,而灌溉频率不同时,番茄的商品果数量、单果重、单株产量和总产量均存在差异,即灌溉频率为 2 d/次的 T2 和 T4 分别优于灌溉频率为 4 d/次的 T1 和 T3,这可能与当地光照较强等气候条件相关,相同灌溉量下缩小灌溉间隔时间,可及时补充番茄所需水分和养分,有利于番茄生长和产量形成。相同灌溉频率下不同底肥施用量对番茄产量也存在一定影响,发现底肥减半的 T3、T4 商品果数、单株产量和总产量分别高于 T1、T2。综上所述,T4 底肥腐熟羊粪 2 000 kg/亩＋有机液肥灌溉(灌溉频率 2 d/次,单次灌溉量 5 m³/亩)番茄商品果数量最多,单果重最大,番茄总产量最高。

表 7-17　不同处理对露地栽培有机番茄产量的影响

处理	商品果数/个	单果重/g	单株产量/g	总产量/(kg/亩)	增产率/%
CK	27	137.22	1 235.02	2 470.04	—
T1	33	140.10	1 541.10	3 082.19	24.78
T2	44	165.28	2 424.15	4 848.30	96.28
T3	39	142.98	1 858.79	3 717.59	50.51
T4	53	160.66	2 838.40	5 676.80	129.83

第八章

蔬菜有机化生产管理系统信息平台构建

随着计算机技术、通信技术和互联网技术的飞速发展及普遍应用,信息的管理从最初的体力劳动自动化,发展到简单脑力劳动的代替,再上升到对复杂脑力劳动的模拟和支持,已经集融合信息获取、传播、整合及分析"四位一体"了。当今世界信息的获取通常是通过智能感知技术、识别技术及普适计算等来实现,这些技术的基础就是物联网(The Internet of Things,IOT)。物联网在做的在实质上是将真实存在的物质和抽象出来的信息联系起来,人们不用触、看、闻、听也能获得信息,甚至不用亲手处理信息就可以让事物为自己服务。一个物联网体系可以分为感知层、传输层和应用层3层架构,如图8-1所示。

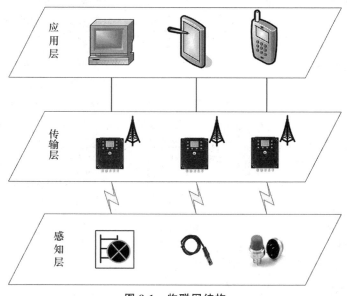

图 8-1　物联网结构

纵观物联网的3层架构,如果把物联网用人体做一个简单比喻,感知层相当于人的眼睛、鼻子、皮肤等感官;传输层就是神经系统,用来传递信息;应用层则实现在多终端对数据进行显示和分类。

近几年来,物联网技术迅猛发展,各种物联网设备和物联网系统在各个行业广泛推广,"物联网+"应运而生。"物联网+旅游"(智慧旅游),能够实现网上购票,入园"刷脸","天网"电子视频实时监控,智能服务终端连接景区、饭店、商家等各环节信息;"物联网+家居"(智能家居)能够实现可视对讲、家庭监控、防盗报警、语音识别、手势交互控制家用设备,智能、远程控制家用电器等;"物联网+交通业",能够利用传感单元全方位旋转感应障碍物,精确调整避障算法,无限接近全自动驾驶,车辆运行情况上传控制台,大数据统一管控交通;"物联网+制造业",能够利用工程师编写的代码直接控制工厂机器,3D打印技术日渐成熟,自动化机器人可以精准完成设置指令,代替人类从事高难度高精度工作;"物联网+农业"(智慧农业),能够利用传感器,实时监测作物生长环境及成长情况,并分类上传,专家系统智能决策灌溉施肥,作物生产远程管控,灾害提前预警。本章就是利用"物联网+农业"来实现蔬菜有机化的生产管理。

蔬菜的有机化生产是一个持续的、多变量、多用户协同的管理过程。为了提高生产效率,综合多源信息,以形成最优管控策略,本章将从物联网技术和数据库技术的发展角度,详细阐述蔬菜有机化生产的硬件平台、数据库及远程专家支持决策系统的设计与构建过程,以实现蔬菜有机化生产的全程监测和控制。

第一节　基于物联网的蔬菜有机化生产硬件平台搭建

"蔬菜有机化生产智慧管控"指的是在有机栽培模式下,从有机液的制备、有机液的存储、有机液的配比和有机液的供给4个方面,针对作物定植到作物收获的全过程,进行基于物联网周期性发酵、按需存储、环境数据收集、合理灌溉的无人化管理,远程监控管理及大数据分析决策。

智慧管控系统宏观上由灌溉子系统及发酵子系统组成。灌溉子系统包括储液模块、配液模块及水肥供给模块。考虑到系统稳定性,主控制器与从控制器选用可编程控制器(programmable logic controller,PLC)分别管理两个子系统。另外,主控制扩展两个模拟量(AD)采集模块,用来采集环境信息、土壤墒情信息及灌溉液信息。系统的硬件构成如图 8-2 所示。

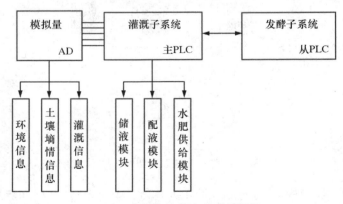

图 8-2　蔬菜有机化生产硬件框架

一、控制系统设计

(一)PLC 基本结构

PLC 由电源、中央处理单元(CPU)、程序存储器及外设通信接口组成。电源管理着 PLC 的上电断电;CPU 是 PLC 的控制中枢,外在表现为一定数量的输入接口和输出接口,可接收并存储从编程器键入的用户程序及数据;可检查电源、存储器、I/O 以及警戒定时器的状态;可诊断用户程序中的语法错误。PLC 的程序存储器分为系统程序存储器和用户程序存储器。系统程序存储空间可存储系统程序、管理程序、命令解释程序、功能子程序、系统诊断子程序等,还包括逻辑线圈、数据寄存器、计时器、计数器、变址寄存器等 I/O 映像区及各类软设备。有的存储区在 PLC 断电后,由内部的锂电池供电,数据不会遗失,有的数据被清零;用户程序存储空间用来存放用户编写的梯形图,不同类型的 PLC,其存储量各不相同。PLC 的基本结构如图 8-3 所示。

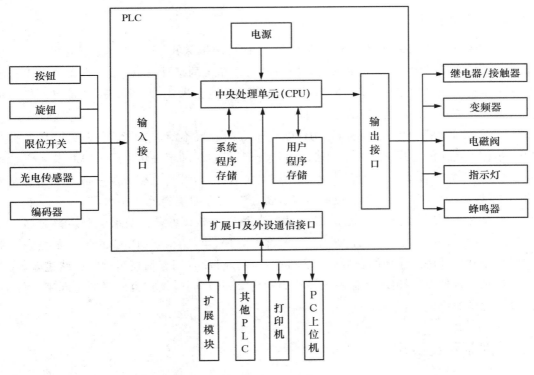

图 8-3　PLC 的基本结构

(二)PLC 工作原理

PLC 的一个扫描周期分为输入采样阶段、程序执行阶段和输出刷新阶段,在 PLC 上电运行后,它的 CPU 以一定速度重复执行扫描周期的 3 个阶段。

在输入采样阶段,PLC以扫描的方式依次读入所有输入状态和数据,并将它们存储在I/O映象区的对应单元内。该过程结束后,转入程序执行和输出刷新阶段。在这两个阶段中,即使输入状态和数据发生变化,I/O映像区的对应单元内的状态和数据也不会改变。因此,如果接收的输入信号是脉冲信号,脉冲信号的宽度必须大于一个扫描周期,才能保证在任何情况下,输入信号均能被读入。

在程序执行阶段,PLC按照由上到下的顺序依次扫描用户程序(梯形图)。在扫描一条梯形图时,按照先左后右,先上后下的顺序对由触电构成的控制线路进行逻辑运算,然后根据逻辑运算的结果,刷新该逻辑线圈在系统RAM存储区中对应的位的状态;刷新该逻辑线圈在I/O映像区对应的位的状态;确定是否要执行该梯形图所规定的特殊功能指令。排在上面的梯形图程序执行结果会对排在其下面用到这些线圈或数据的梯形图起作用;排在下面的梯形图,因其被刷新的逻辑线圈的状态或数据只能等到下一个扫描周期才能对排在其上面的程序起作用。

当程序执行结束后,PLC就进入输出刷新阶段:CPU按照I/O映像区内对应的数据和状态,刷新所有的输出锁存电路,再经输出电路驱动相应的外设。这时,一个扫描周期执行完毕。

(三)PLC的特点

PLC具有较高的可靠性和抗干扰能力,PLC内部电路采用了先进的抗干扰技术以及现代大规模集成电路技术,外部只剩下输入输出和与之相关的硬件,这样可以大大减少由触电或接触不良而造成的线路故障,因此,具备较高的可靠性。此外,大部分PLC带有硬件故障的自我检测功能出现故障时可及时发出报警信息。

PLC硬件配套齐全,功能完善,适用性强。PLC的发展不断进步,到目前为止,已经拥有大、中、小各个规模的系列化产品,并且几大厂家已经标准化和模块化生产。PLC具备各种齐全的硬件装备,安装接线也很便捷,具有较强的带负载能力,可以直接驱动一般电磁阀和交流接触器,可以用于各种规模的工业控制现场。除了其强大的逻辑处理能力,PLC还具有完善的数字运算能力,其可用于各种数字控制领域,使用PLC构建各种控制系统十分便捷。

PLC系统的设计、安装和调试工作量小,维护方便,容易升级。PLC的梯形图程序一般采用顺序控制设计法。这种编程方法可视性强,容易掌握,且用存储逻辑代替接线逻辑,大大减少了控制设备外设的接线,控制系统设计周期大大缩短,同时维护也变得容易起来,更适合多品种小批量的应用场合。

二、控制系统实现

综合以上所述各个模块的硬件支持,可以看出本系统核心控制需要实现的功能包含负载的驱动、模拟量信号的采集和模拟量信号的输出3部分。需要被驱动的负载有为直线单元运动传输提供动力的伺服电机(DC 12 V)、为栽培槽间歇供液的供液潜水泵(AC 220 V)以及使营养液在储液池与检测池实时循环的循环潜水泵(AC 220 V)。本系统需要将顺序控制、运动控制和过程控制相结合。考虑到开发周期和维护难易性,选择为顺序控制过程应用而生的可编程控制器(PLC)。

可编程控制器生产厂家众多,功能上其实大同小异,本系统选择指令丰富编程直观易懂的三菱 PLC。具体来讲,综合控制要求和输入输出点数,本系统选用 FX_{1N}-40MT-001 作为控制核心。之所以选择 FX_{1N} 系列,是因为其内置三轴定位功能,并配有专用定位指令,控制电机容易实现;之所以选择晶体管输出(MT),是因为控制电机需要用到高速脉冲输出,继电器输出不能实现,但是控制电磁阀等线圈时需要外加中间继电器。同时,扩展 FX_{2N}-4AD 作为模拟量输入模块,用来对传感器采集数据进行 A/D 转换,8 个通道的属性可由程序指定为用作电流输入还是电压输入;扩展 FX_{2N}-4DA 作为模拟量输出模块在 PID 运算中用来对运算结果进行 D/A 转化,再将转化后的电压值作为比例阀门的模拟量信号输入值。

基于控制系统的控制要求,该控制系统核心控制器的硬件设计包括以下几个部分:①闭环控制系统总体方案的设计;②主要执行元器件的选择;③根据被控对象和控制要求,对 I/O 设备和模拟量分别分配地址;④绘制 PLC 和外界设备接线图。系统总体结构框架如图 8-4 所示。整个系统由人机交换模块、开关量输入模块、数据采集模块和执行模块 4 部分组成。

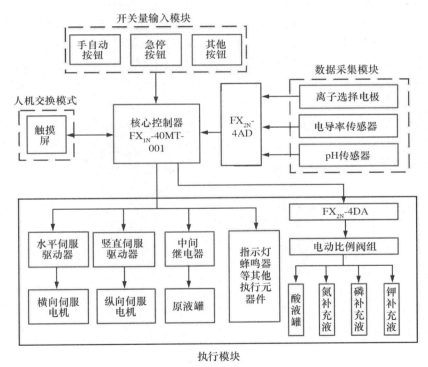

图 8-4　蔬菜有机化生产硬件系统组成

(一)控制系统电路设计

系统控制电路设计包括供电电路设计和控制电路设计 2 部分。分析系统总体能耗,系统总功率不超过 3 000 W,因此,选择规格为 2P　C16 的空气开关对整个系统进行保护;选择规格为 2P C3 对传感器表头进行保护;选择规格为 2P　C5 对开关电源进行保护;表 8-1 是电路中使用相关元器件的说明。

表 8-1　元器件说明

序号	名称	型号规格	数量（个）	使用说明
1	空气开关	2P　C16	1	QF0
2	空气开关	2P　C3	1	QF1
3	空气开关	2P　C5	1	QF2
4	空气开关	1P　C3	2	QF3　QF4
5	开关电源	24VDC　2A 5VDC　1.8A	1	
6	两位继电器	DC 24V　2组	4	KM1～KM4
7	仪表	科瑞达	2	
8	PLC	FX_{1N}-40MT	1	
9	模拟量输入扩展	FX_{2N}-4AD	2	
10	模拟量输出扩展	FX_{2N}-4DA	1	

图 8-5 所示为电源系统。整个系统的电源由市电经过空气开关 QF0 提供,并配有电源指示灯 H0。同时,二级熔断器(QF1、QF2、QF3、QF4)分别保护 PLC、电导率传感器(EC)表头、pH 传感器表头、DC 24 V/5 V 空气开关和大功率负载。空气开关输出的 DC 24 V 直流电源用于给离子选择电极、比例阀和上位机人机交互触摸屏供电;输出的 DC 5 V 直流电源用于给伺服驱动器供电。

在 PLC 高速输出端口连接步进电机驱动器,通过控制伺服驱动器进而控制伺服电机脉冲数;在 PLC 普通输出端口,增加 DC 24 V 的两位中间继电器 KM1～KM4,辅助驱动供液水泵、循环水泵和母液阀门等,循环泵和供液泵控制原理如图 8-6 所示。

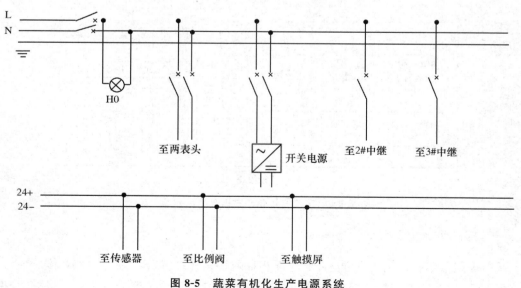

图 8-5　蔬菜有机化生产电源系统

SA 为一个功能为手自动的两档转换开关,KA1 是控制水泵接触器的中间断电器,当 SA

切换至上边(手动挡)时,001、003、005 路接通。由电路原理图可以看出,当启动水泵的常开按钮 SB1 被按下时,中间继电器线圈得电产生磁场,常开触点吸合,接通电磁阀,开阀指示灯 H1 亮;当停止水泵的常闭按钮 SB2 被按下时,中间继电器断电,电磁阀关闭;当 SA 切换至下边(自动挡)时,001、002、004、006 路接通,可由控制板输出口按照程序要求控制中间继电器的开闭,进而达到控制循环水泵等负载机构的目的。

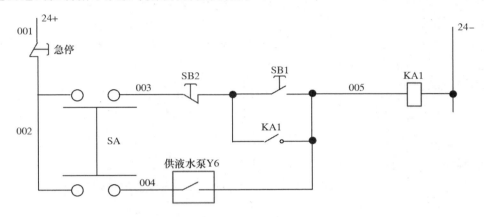

图 8-6　蔬菜有机化生产水泵控制原理

(二)控制系统的 I/O 点及地址分配

综合前面介绍,FX$_{1N}$ 的 I/O 地址分配如表 8-2 所示,共 13 路开关量输入,10 路开关量输出;2 个 FX$_{2N}$-4AD 和 FX$_{2N}$-4DA 端口分配如表 8-3 所示。

表 8-2　FX$_{1N}$-40MT-001 的 I/O 端口分配

输入端口分配	作用描述	符号	输出端口分配	作用描述
X0	手自动旋钮	SA	Y0	横向电机脉冲输出
X1	启动	SB	Y1	竖直电机脉冲输出
X2	循环泵开	SB1	Y2	横向电机方向输出
X3	循环泵关	SB2	Y3	竖直电机方向输出
X4	供液泵开	SB3	Y4	循环水泵
X5	供液泵关	SB4	Y5	循环水泵指示灯
X6	母液阀门开	SB5	Y6	供液水泵
X7	母液阀门关	SB6	Y7	供液水泵指示灯
X10	母液桶限位浮球阀	SQ	Y10	母液电磁阀
X11	水平轴左端限位开关	SQ1	Y11	母液电磁阀指示灯
X12	水平轴右端限位开关	SQ2		
X13	竖直轴左端限位开关	SQ3		
X14	竖直轴右端限位开关	SQ4		

表 8-3　扩展模块端口分配

FX$_{2N}$-4AD			FX$_{2N}$-4DA		
端口配制	作用说明	模拟量类型	端口配制	作用说明	模拟量类型
1♯AD1	EC 传感器	4～20 mA	1♯DA1	酸补充比例阀	0～10 V
1♯AD2	pH 传感器	4～20 mA	1♯DA2	氮补充比例阀	0～10 V
1♯AD3	硝态氮电极 1	0～10 V	1♯DA3	磷补充比例阀	0～10 V
1♯AD4	硝态氮电极 2	0～10 V	1♯DA4	钾补充比例阀	0～10 V
2♯AD1	钾离子电极 1	0～10 V			
2♯AD2	钾离子电极 2	0～10 V			
2♯AD3	钙离子电极 1	0～10 V			
2♯AD4	钙离子电极 2	0～10 V			

可编程控制器与上位机之间由 PLC 专用线缆进行，使用编程软件 Gxdeveloper，将 2 个 FX$_{2N}$-4AD 模块地址设定为 1 号和 2 号；将 FX$_{2N}$-4DA 模块的通信地址设置为 1 号。

第二节　蔬菜有机化生产管理系统数据库设计与实现

　　数据库是数据管理的一种实现形式，是指利用计算机硬件和软件技术对数据进行有效的收集、存储、处理和应用的过程。其目的在于充分有效地发挥数据的可视化作用，挖掘内在联系。数据管理伴随了人类发展的整个阶段，经历了从人工管理到文件系统再到现在的数据库系统 3 个发展阶段。早期的人工管理共享性差，数据不能够长期保存，存在很大的局限性；随着计算机技术的发展，硬件方面已经有了磁盘、磁鼓等可以直接存取的存储设备了，软件方面，在操作系统中已经有了专门的数据管理软件，一般称为文件系统，具有了简单的数据管理功能，数据也可以长期有效地保存，但共享性依旧较差。目前，计算机管理的对象规模越来越大，应用范围也越来越广，数据量急剧增长，同时多种应用、多种语言互相覆盖共享数据集合的要求越来越强烈，数据库技术便应运而生，出现了统一管理数据专用软件系统——数据库管理系统，它能够更充分地描述数据间的内在联系，便于数据修改、更新与扩充，同时保证了数据的独立性、可靠性、安全性与完整性，减少了数据冗余，提高了数据共享程度及数据管理效率。实现数据有效管理的关键是数据组织，一般分为数据项、记录、文件和数据库 4 级，数据项是可以定义数据的最小单位，也叫元素、基本项、字段等，记录是由若干相关联的数据项组成，是处理和存储信息的基本单位；文件是给定类型记录的全部具体值的集合，数据库是比文件更大的数据组织，可以看作是具有特定联系的多种类型记录的集合。

　　具体来讲，数据库（Database）是指按照数据结构来组织、存储和管理建立在计算机存储设备上的数据。其主要特点是方便实现数据共享，减少了数据冗余度，方便实现数据的集中控制，有利于及时发现数据故障和修复故障。数据库有很多种类型，从最简单的存储有各种数据的表格到能够进行海量数据存储的大型数据库系统，都在各个方面得到了广泛的应用。数据库通常被分为层次式数据库、网络式数据库和关系式数据库 3 种。层次结构在实质上是一种有根结点的定向有序树;网状结构从中心向四周发散;关系式数据结构把一些复杂的数据结构归结为简单的二元关系(即二维表格形式)。其中,关系式数据库是目前最常用的数据结构。

一、需求分析

(一)开发目的

蔬菜有机化生产管理系统是农业物联网发展的一个必然产物,旨在应对有机生产过程中,生产数据收集、生产管理数据增大以及设备运行质量监测等问题,以实现管理的现代化、网络化,提高整合数据效率,以挖掘更优质的有机生产管理系统而开发的。希望该程序能够达到解决生产、管理、环境、灌溉等数据的查询、存储等一系列功能,并提供对各功能模块的查询和更新功能。

所存储的信息根据生产过程包括作物生长环境数据、作物管理数据、作物生产数据、作物灌溉数据、设备运行数据5种。综合分析,在蔬菜有机化生产管理系统中建立5个表,包含以下信息。

①作物生长环境数据表(日出时间、日落时间、温度、空气湿度、光辐射度、二氧化碳浓度、土壤温度、土壤含水率、土壤电导率)

②作物管理数据表(种植或作物的名称、整地、施底肥、定植、整枝打杈、喷花、打药、打叶、落秧、摘果、拉秧、备注)

③作物生产数据表(产量、株高、茎粗、叶片数、光合速率)

④作物灌溉数据表(启动灌溉时刻、单次灌溉量、灌溉液 EC 值、灌溉液、累积灌溉量)

⑤设备运行数据表(发酵罐液位、启动循环时刻、结束循环时刻、启动曝气时刻、结束曝气时刻、启动抽肥时刻、结束抽肥时刻、启动加清水时刻、结束加清水时刻、发酵周期、混液液位、EC 值、灌溉阀门开启时刻、灌溉阀门关闭时刻、吸肥阀门开启时刻、吸肥阀门关闭时刻)

(二)系统功能描述

①作物生长环境数据管理功能:间隔相同时间的定时作物生长环境数据录入;可设置区间的作物生长环境数据查询;一定权限下的作物生长环境数据删除和修改。

②作物管理数据管理功能:单次按钮式＋下拉菜单的作物管理数据录入;可设置区间的作物管理数据查询;一定权限下的作物管理数据删除和修改。

③作物生产数据管理功能:单次按钮式＋输入的作物生产数据录入;可设置区间的作物生产数据查询;一定权限下的作物生产数据删除和修改。

④作物灌溉数据管理功能:田间灌溉、施肥电磁阀门改变时刻的作物灌溉数据录入;可设置区间的作物灌溉数据查询;一定权限下的作物灌溉数据删除和修改。

⑤设备运行数据管理功能:设备运行中各个执行元器件(发酵区、配液区和灌溉区)改变时刻的作物灌溉数据录入;可设置区间的作物灌溉数据查询;一定权限下的作物灌溉数据删除和修改。

（三）功能需求

①信息需求：可以将系统功能描述中包含的 5 项信息按给出的条件正确存储。

②处理需求：系统操作者有权限录入数据；登录系统的所有人均有权限在某个区间查询数据；系统高级管理员拥有修改数据和删除数据的权限。

③安全性与完整性需求：系统应设置访问用户的标识以鉴别是否为合法用户，并在初次登录系统时，要求用户设置用户类型及访问密码，以确保权限的明晰；各种信息记录内容不能为空，相同数据在不同的数据表中应具有一致性。数据需求描述如图 8-7 所示。

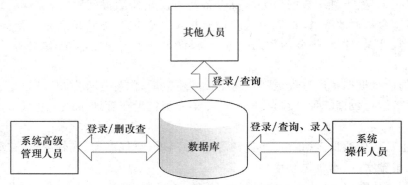

图 8-7　蔬菜有机化生产数据需求

（四）数据库总体结构设计

在该需求下，设计蔬菜有机化生产管理系统的信息管理模块由环境信息、作物管理信息、生产信息、水肥灌溉信息及设备运行信息 5 个部分构成。其总体结构如图 8-8 所示。

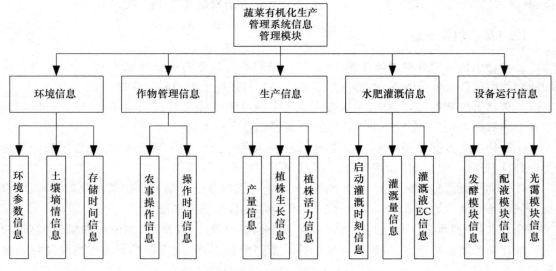

图 8-8　蔬菜有机化生产管理系统结构

二、概念结构设计

  数据库概念结构设计的任务是在需求分析阶段产生的需求说明书的基础上,按照特定的方法把它们抽象为一个不依赖于任何具体机器的数据模型,即概念模型。概念模型使设计者的注意力能够从复杂的实现细节中解脱出来,只集中在最重要信息的组织结构和处理模式上,有自顶向下,自底向上,由里向外(逐步扩张)和混合设计4种设计策略,基本方法为先画出组织的局部 E-R 图,然后将其合并,再在此基础上进行优化和美化。本系统的局部 E-R 图如图 8-9 所示。

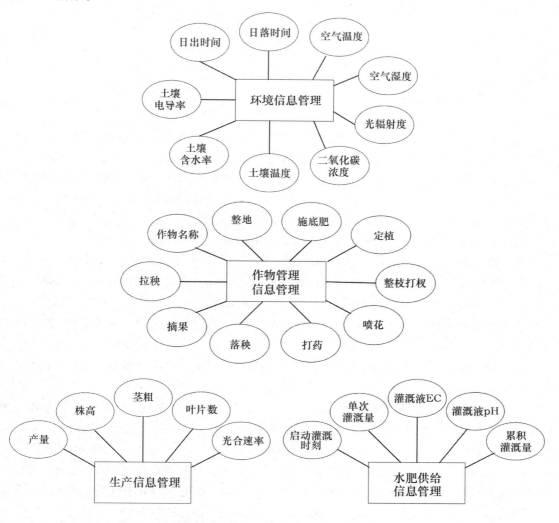

图 8-9 蔬菜有机化生产系统局部 E-R 图

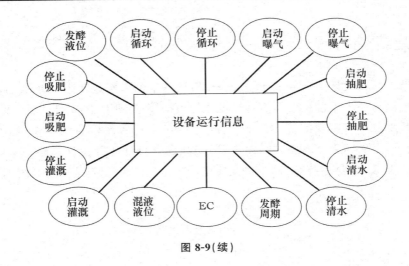

图 8-9（续）

三、逻辑结构设计

数据库逻辑结构设计的主要工作是将现实世界的概念数据模型设计成数据库的一种逻辑模式，即适应于某种特定数据库管理系统所支持的逻辑数据模式。与此同时，可能还需为各种数据处理应用领域产生相应的逻辑子模式。这一步设计的结果就是所谓"逻辑数据库"。

①环境信息表 environment_tb（日期 data、时间 time、日出时间 sunrise、日落时间 sunset、空气温度 temperature、空气湿度 humidity、光辐射度 radiation、二氧化碳浓度 concentration_c、土壤温度 soil_temperature、土壤含水率 soil_humidity、土壤电导率 soil_ec）

②作物管理信息表 cropmanagement_tb（日期 data、时间 time、种植作物名称 name、整地 fix、施底肥 fertilizer_subsoil、定植 plant、整枝打杈 pruning、喷花 print、打药 pesticide、打叶 leaf、落秧 falling、摘果 picking、拉秧 harvest、备注 remark）

③作物生产信息表 production_tb（产量 yield、株高 height、茎粗 thickness、叶片数 count、光合速率 photosynthetic）

④水肥供给信息表 fertilizer_tb（启动灌溉时刻 start_time、单次灌溉量 irrigation、灌溉液 EC 值 ec、灌溉液 pH ph、累积灌溉量 total_irrigation）

⑤设备运行信息表（发酵罐液位 level_ferment、启动循环时刻 loop_start、结束循环时刻 loop_stop、启动曝气时刻 aeration_start、结束曝气时刻 aeration_stop、启动抽肥时刻 manure_start、结束抽肥时刻 manure_stop、启动加清水时刻 addwater_start、结束加清水时刻 addwater_stop、发酵周期 period、混液液位 level_bucket、EC 值 ec、灌溉阀门开启时刻 irri_start、灌溉阀门关闭时刻 irri_stop、吸肥阀门开启时刻 nutri_start、吸肥阀门关闭时刻 nutri_stop）

（6）登录管理 login_tb（用户名 username、密码 password、类别 type）

四、数据库的实施

综合考虑该系统的需求及数据库访问量，设计使用 MySQL 关系型数据库，现将其使用方法及重要语法做一介绍。

①MySQL 的安装：在官网下载需要的 MySQL Community Server 版本及对应平台，该项目下载的是 Microsoft Windows 平台下的数据库软件，之后配置 MySQL 的配置文件，安装程序，启动数据库。

②MySQL 服务器：服务器实质上是一台安装了服务器软件的电脑，而 MySQL 服务器指的是一台安装了 MySQL 数据库的电脑。

③MySQL 服务器的存储结构：每个数据库里允许存在多个数据表，每个数据表里允许存在多条记录。

④SQL 语言介绍：A. SQL(structured query language)是一种对数据库进行操作的结构化查询的标准语言，不需要依赖其他条件就可以运行。B. SQL 可以被分为数据定义语言(DDL，在创建数据库，创建数据库表时使用，常用语句为 create)、数据操作语言(DML，在对数据库的表中数据进行增加、删除、修改操作时使用，常用语句为 insert、update 和 delete)、数据控制语言(DCL，在对数据库的表中数据进行查询操作时使用，常用语句为 select)。

⑤使用 SQL 操作数据库：A. 连接数据库，打开 cmd 窗口，使用"mysql -u root -p 密码"语句连接 MySQL 数据库。B. 创建数据库，使用"create database 数据库的名称"语句创建一个数据库。C. 查看所有数据库，使用"show databases"语句查看所有的数据库。D. 删除数据库，使用"drop database 要删除的数据库的名称"语句来执行删除数据库操作。E. 切换数据库，使用"use 要切换的数据库的名称"语句切换到所需要数据库。

⑥使用 SQL 操作数据库表：A. 创建表。使用"create table 表名称(字段 类型，字段 类型)"语句来创建一个数据库表。B. 删除表。使用"drop table 要删除表的名称"语句来删除数据库已经存在的表。C. 向表中添加记录。使用"insert into 要添加的表名称 values(要添加的值)"语句，实现表中记录的增加。D. 修改表中的记录。使用"语句 update 表名称 set 要修改的字段的名称1＝修改的值1，要修改的字段的名称2＝修改的值2 where 条件"语句，实现表中记录的修改。E. 删除表中的数据。使用"delete from 表名称 where 条件"语句，实现表中记录的删除。F. 查询表中的记录。使用"select 要查询的字段的名称（＊）from 表名称 where 条件"语句，实现表中数据的查询。G. 查询数据库中的所有表。使用"show tables"语句，实现所有数据表的查询。

五、数据库的维护

像所有数据一样，MySQL 的数据也需要经常备份，推荐使用命令行实用程序 mysqldump 转储所有数据库内容到指定外部文件。

在数据库的日常维护中，使用 check table 来针对许多问题对表进行检查。check table 支持一系列的用于 myisam 表的方式，changed 检查自最后一次检查以来改动过的表。extended 执行最彻底的检查，fast 只检查不常关闭的表，medium 检查所有被删除的连接并进行检验，quick 只进行快速扫描。如果 myisam 表访问产生不正确和不一致的结果，可能需要用 repair table 来修复相应的表。如果从一个表中删除大量的数据，应该使用 optimize table 来收回所用空间,从而优化表的性能。

第三节　有机生产智慧管控系统远程专家支持决策系统

　　针对蔬菜有机化生产灌溉前期准备工作量大、水肥管理费工费时、生产流程未成形等现象,探索了蔬菜有机化生产管理远程监控信息管理平台。系统结合先进的计算机技术、传感器技术、自动控制技术以及物联网技术,通过执行水肥管理模型程序,实现集成式、远程化的水肥监测与管理。

一、总体网络架构

　　在大棚内部署空气温度、湿度、光照、二氧化碳、风速风向等传感器,通过物联网网关、GPRS 网关,上传数据至北京农科城数据服务器做软件发布,后基于 B/S(Browser/Server)架构在客户控制中心实现数据请求,使客户能够在控制中心的电脑上对有机栽培的全部生产过程进行集中综合管控。同时基于 C/S(Clice/Server)架构,编写 Android 客户端 App,实现随时随地在手机端查看作物所处环境及系统运行情况。

　　系统由数据采集层、数据传输层和数据分析智能决策层 3 部分组成,其架构如图 8-10 所示。数据采集层布置在设备房有机水肥制备和灌溉首部,可实时抓取发酵罐的液位信息、储肥站的液位信息、温室气象信息及灌溉信息等数据;数据传输层利用 GPRS 通用无线分组技术,上传数据到服务器;之后实现数据的远程获取和改变。

二、关键技术

　　B/S(Browser/Server):B/S 结构,即 Browser/Server(浏览器/服务器)结构是指对 C/S 结构的一种变化或者改进的结构。浏览器为用户提供了统一的操作平台,即对于不同的服务器,处理不同的任务,但是对用户来说,都有近乎相同的操作界面和操作方法。浏览器与服务器端通常采用 HTTP 协议传送数据,遵循已有的规范传输规范。在这种结构下,用户界面完全通过 WWW 浏览器实现数据获取和部分事务逻辑,主要事务逻辑在服务器端实现。该结构主要是利用不断成熟的 WWW 浏览器技术,结合浏览器的多种 Script 语言(VBScript、JavaScript…)和 ActiveX 技术,来实现原来需要复杂专用软件才能实现的强大功能。相较于 C/S 结构,它在数据管理层(Server)和用户界面层(Client)增加了一层结构,称为中间件(Middleware),整个体系结构成为 3 层。中间件作为构造 3 层结构应用系统的基础平台,提供了以下主要功能:负责客户机与服务器、服务器与服务器间的连接和通信;实现应用与数据库的高效连接;提供一个 3 层结构应用的开发、运行、部署和管理的平台。这种 3 层结构在层与层之间相互独立,任何一层的改变不会影响其他层的功能。在 B/S 体系结构中,用户通过浏览器向分布在网络上的多个服务器发出请求,服务器对浏览器的请求进行处理,将用户所

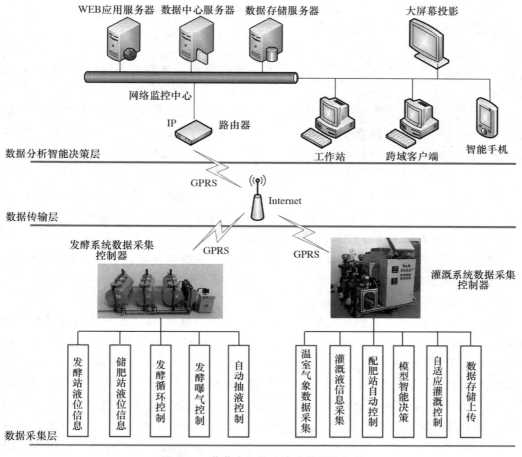

图 8-10 蔬菜有机化生产总体网络架构

需的信息返回至浏览器，浏览器完成其余的数据加工、动态展示、数据库及对应应用程序的执行等工作。

GPRS 技术是指将用户通信数据通过串行方式连接到 GPRS 终端，GPRS 终端与 GSM 基站通信，然后从基站发送到 GPRS 服务支持节点（SGSN）上，再发送到目的网络，如 Internet 或 X.25 网络。其具体的数据传输流程分为 4 步。

第一步：用户设备通过串行接口向 GPRS 终端传输数据；

第二步：经过处理后的 GPRS 分组数据发送到 GSM 基站；

第三步：分组数据经 GSM 基站的 SGSN 封装后，然后发送到 GPRS 骨干网；

第四步：在 GPRS 网关支持节点 GSN 对 SGSN 分组数据进行相应的处理后，再发送到目的网络移动台（MS），它和 GPRS 之间的分层传输协议模型主要由 GTP、LLC 和 RLC 协议构成。Um 接口是 GSM 的空中接口，Um 接口上的通信协议有 5 层，自下而上依次为物理层、MAC 层、LLC 层、SNDC 层和网络层。其中，RLC/MAC 为无线链路控制、媒质接入控制层，LLC 层为逻辑链路控制层，GTP 将用户数据及信令用隧道技术在 GPRS 网络 GSN 节点之间传送。

三、WEB 终端

网页终端由登录、发酵页面、灌溉页面、视频监控及相关装备页面组成,功能框架如图 8-11 所示。

①登录。jsp 提交的数据为用户名和密码,页面功能类型为数据查询,开发关键在于系统安全性的保证,该模块无前提业务,而其余所有的板块均为其后续业务。所有用户在使用软件前均需要登录验证,且温室管理员拥有最高的操作权限。登录功能流程如图 8-12 所示。

②首页。jsp 所展示的是整个网页的全部功能,由上至下包含头简介、导航栏、模块缩略栏及版权声明栏 4 部分,如图 8-13 所示。首页的页面功能为模块超链接,开发的关键在于对网页客户端所有内容重点的展示,登录为该模块的前提业务,而其余板块均为其后继业务。用户点击导航栏或者板块缩略栏的 READ MORE 均可跳转至其他功能。

③发酵。jsp 所展示的是泵房与高氮、高磷和高钾有机液制备相关的操作按钮,包括加清水按钮、循环启停按钮、抽肥按钮,如图 8-14 所示。页面主要功能为请求数据和修改数据,功能流程如图 8-15 所示。

④灌溉。jsp 的正文部分包含气象信息显示、系统信息显示、清水灌溉控制及肥水灌溉控制 4 部分,如图 8-16 所示。页面主要功能为数据请求和数据修改:在气象信息显示部分,系统定时刷新数据库中气象数据请求表,并将当前数据填入对应栏目;在系统信息显示部分,软件后台根据定植日期,自动计算番茄、菜心和紫薯的定植日期,并筛选匹配最适目标 EC 值,以供灌溉程序调用,同时定时刷新系统运行模式、混液桶液位、总灌溉量等数据,并填入对应栏目;在清水灌溉控制及肥水灌溉控制部分,当交互按钮状态发生改变时,系统提交改变信息到后台,WEB 后台在数据库中处理相应的改变信息,并返回刷新后的数据,模块中对应图片颜色和按钮类型发生改变,指示修改成功,功能流程如图 8-17 所示。

⑤田间。jsp 的主要功能是开发海康威视视频直播播放器,如图 8-18 所示。页面主要功能是中转服务器的实现。根据海康官方 SDK,本系统要完成的播放器实质上是将海康威视的视频库引入本系统,然后接收来自中转服务器的数据,最后播放显示到 WEB 浏览器上。其主要技术难点为 .net 的 socket 处理,Java 编写 ActiveX 插件,少量的线程处理,以及对非托管 C++ 库的调用,其操作数据流的序列如图 8-19 所示。关于 SDK 的使用,第一,需要将其初始化;第二,进行三个可选回调函数的设置;第三,要做用户注册设备即设备登录;第四,预览模块;第五,注销设备,释放 SDK 资源,即可实现安装在田间的海康威视网络摄像头的视频直播。

⑥设备。jsp 如图 8-20 所示是使用 Script 脚本语言编写的。滚动播放本团队开发的与有机栽培生产水肥协同灌溉及远程集中管控相关的案例。

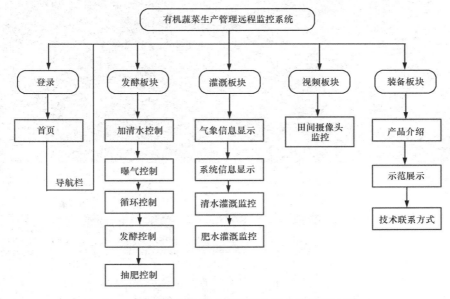

图 8-11 蔬菜有机化生产远程专家支持决策系统

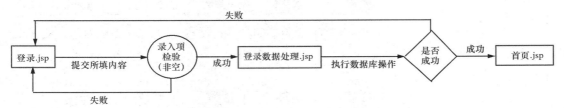

图 8-12 登录功能流程

图 8-13 首页.jsp

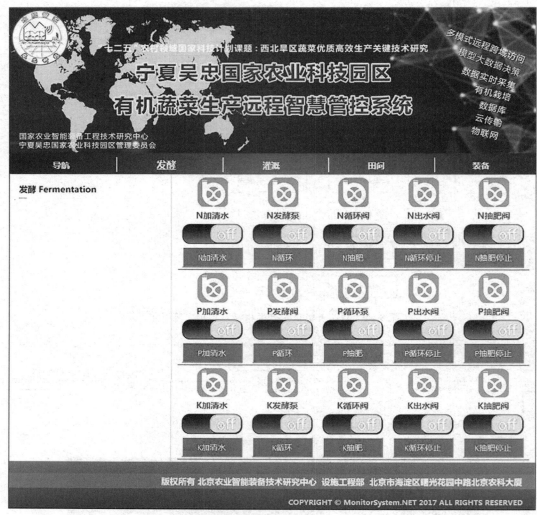

图 8-14　发酵 . jsp

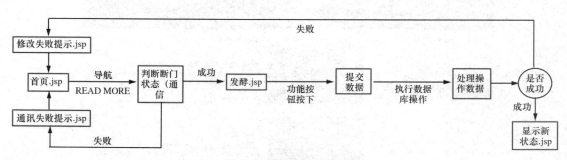

图 8-15　发酵功能流程

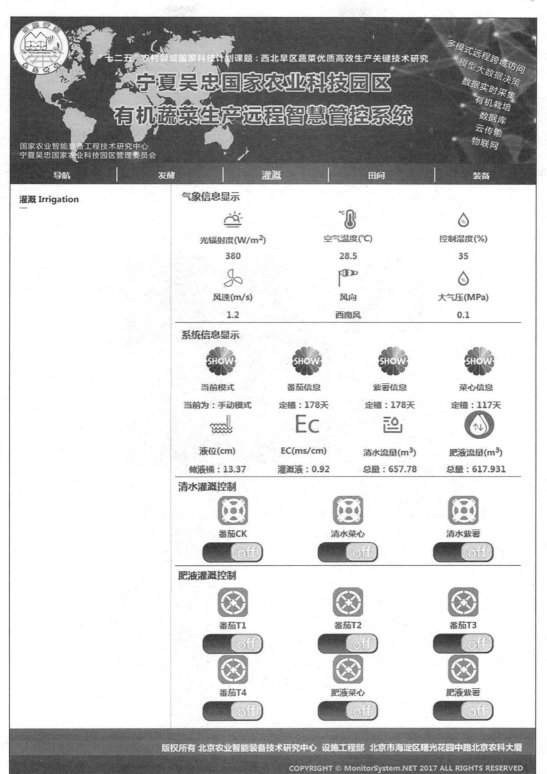

图 8-16 灌溉 . jsp

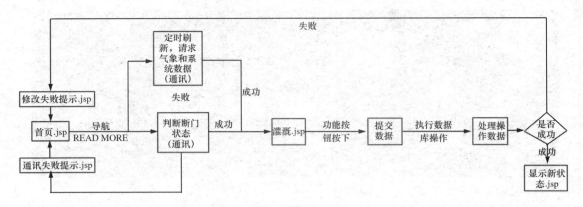

图 8-17　灌溉功能流程

图 8-18　田间 .jsp

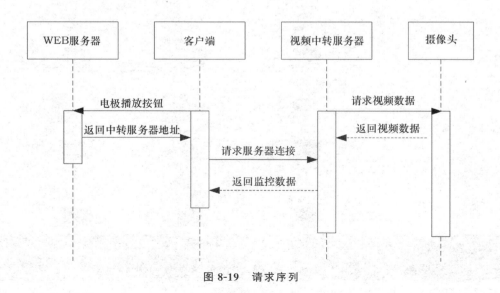

图 8-19　请求序列

图 8-20　设备 . jsp

四、App 终端

App 终端为 C/S 架构下 Android 操作系统的应用程序，可实现发酵过程、储液过程、配液过程和灌溉过程的全方位监控，软件功能及界面设计如图 8-21 所示。

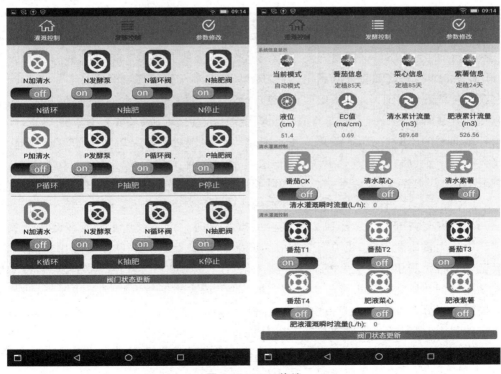

图 8-21　App 终端

第九章

蔬菜有机化生产尾菜废弃物
处理系统与循环利用

第一节　蔬菜有机化生产尾菜废弃物存在的问题

　　蔬菜废弃物是指蔬菜生产及产品收获、储存、运输、销售与加工处理过程中被丢弃的无商品价值的固体废弃物,包括根、茎、叶、烂果及尾菜等。这些含水量较高的废弃物,在田间地头或垃圾站等随意堆积,极易腐烂发臭,为苍蝇、蚊子及有害微生物的繁殖与传播创造了条件。其腐烂的污水经地表径流冲刷或直接渗漏污染了地表水和地下水;散发的臭气不仅污染大气,更影响人们的生活质量。同时,蔬菜废弃物含有丰富的有机质和氮、磷、钾等多种营养元素,经过无害化处理和资源化开发利用,可变废为宝,有利于保护环境健康。

　　在我国传统蔬菜产业中,对从田间生产到市场销售,再到加工、食用的整个过程产生的蔬菜废弃物。其最常见的处理方式是堆置、焚烧、填埋或还田、堆肥、喂养畜禽。近年来,随着我国蔬菜种植面积的不断扩大、蔬菜总产量不断增加及人们对蔬菜品质要求的不断提高,我国蔬菜废弃物的产量也急剧上升。据统计,2013 年我国蔬菜种植面积约为 2 300 万 hm^2,蔬菜年产量近 7 亿 t,而当年蔬菜废弃物总量达到了 2.69 亿 t,可资源化利用的蔬菜废弃物为 2.15 亿 t。蔬菜废弃物年产出数额庞大,随之而来的环境问题日益凸显,蔬菜废弃物无害化处理和资源化利用研究与技术创新工作成为该领域的重要方向。我国近几年针对蔬菜废弃物资源化利用开展了大量研究工作,相关研究与应用成果的报道已有不少,其主要集中在高温堆肥、厌氧沤肥等肥料化利用和厌氧发酵产气的能源化利用等研究上。随着科技的发展,蔬菜废弃物资源化途径创新研究也取得了较大进展,如通过生物或物理技术将尾菜转变为饲料,一定程度上提高其养分含量或生产成蛋白饲料;经粉碎、降解、脱水、发酵等处理后,加工成育苗或栽培基质再利用;配套资源化处理途径的参数优化研究与装备研发等,这对蔬菜产业的健康发展和环境保护具有重要意义。因此,本文从我国蔬菜废弃物的主要来源与特点,肥料化、"能源＋肥料"化、饲料化等多种资源化利用途径创新研究方面进行综述,并浅谈了关于我国蔬菜废弃物资源化高效利用途径创新的思考,旨在为蔬菜废弃物资源化高效利用途径创新与应用提供思路与参考。

一、蔬菜废弃物的来源及特点

（一）蔬菜废弃物的来源

蔬菜从育苗到成熟,从收获到上市,再到加工,每一个阶段、每一个环节都会产生废弃物,故蔬菜废弃物的主要来源有蔬菜生产区、蔬菜集散地和蔬菜加工区等。在蔬菜生产区,废弃物主要由整枝打杈、病虫为害和拉秧等产生,这部分占蔬菜废弃物总量的60%左右。据统计,寿光有5.33万hm^2的设施蔬菜,约40万个日光温室,每年产生的蔬菜废弃物达120万t。何宗均等对天津地区蔬菜种植废弃物生产情况进行了初步调查,统计结果显示,天津地区蔬菜种植废弃物产量达41.63 t/hm^2,"十二五"间的期末年产蔬菜废弃物为416.3万t。蔬菜集散地主要指各大中小型蔬菜批发市场,废弃物主要由不易运输、容易腐烂、质量不佳的蔬菜产生。每年5—10月蔬菜生产销售旺季,北京新发地农产品批发市场日产垃圾量约为200 t,其中蔬菜废弃物占90%以上。蔬菜加工区的废弃物主要由普通包装蔬菜(托盘菜)和鲜切菜(净菜)入市前的加工、餐饮行业及家庭食用前加工等产生,即修整切割下的不可食用或不具备商品性的部分占蔬菜废弃物总产量的20%～25%。在加工过程中,叶菜类损失最高,且其在夏季的损失率最高可达60%。

叶菜类、果菜类、根茎类3大类蔬菜因生长周期和食用部位不同,其产废系数不同,故产生的废弃物量存在差异。韩雪等(2015)通过计算得出叶菜类蔬菜产废系数平均为9.7%,果菜类平均为3.8%,根茎类平均为4.7%,并以北京市2011年3大类蔬菜种植面积和蔬菜单产量为基数,计算叶菜类、果菜类、根茎类蔬菜产生的废弃物总量分别为13.6万t、4.3万t、0.78万t,总产量达18.68万t。李金文等统计发现,托盘菜分拣包装时叶菜类蔬菜损失率为20%～30%,果菜类为5%～10%,根茎类为5%～10%,但一年四季差异并不大;鲜切蔬菜加工时叶菜类损失率为20%～40%,在高温季节甚至达到了60%;果菜类损失率为10%～30%,根茎类为5%～10%。

（二）蔬菜废弃物的特点

蔬菜废弃物普遍含水率高,一般为75.00%～94.80%;总固体含量少,通常为8%～19%,其中挥发固体的含量占总固体的80%以上;C/N低,通常为7.00～22.35;富含营养成分,其中含糖类和半纤维素75%,纤维素9%,木质素5%,以干基计算含氮量为3%～4%,含磷量为0.3%～0.5%,含钾量为1.8%～5.3%;pH为6.00～9.23。

在蔬菜栽培管理过程中,特别是保护地栽培,病虫害的发生易导致蔬菜废弃物携带大量的病原菌和虫卵,如可能携带霜霉病、灰霉病、病毒病等病原菌及粉虱类、蓟马类和蚜虫类等虫卵。同时,在病虫害防治过程中,不合理用药可能会导致蔬菜废弃物中农药残留超标。黄月香等对北京市蔬菜农药残留进行调查,随机抽取了70个品种2 196个样品,发现超标样品共计18个品种49个样品,超标率为2.23%,其中叶菜类和花菜类蔬菜超标种类较多,超标量较严重。除此之外,部分地区的土壤存在重金属污染现象,该类土壤上栽培的蔬菜(特别是叶菜)因吸附、累积作用易导致植株或果实中重金属含量偏高,废弃物也可能存在重金属含量超标的现象。

在我国,不同地区气候环境、土壤条件存在差异,结合设施的类型因地制宜发展及地域性品牌建设,蔬菜生产具有一定区域性、周期性和主栽种类的差异性,进而所产生的蔬菜废弃物在一定程度上也呈现出地域、季节和种类的区别特征。如芹菜是山东马家沟标志性产品,年种植面积达 667 hm²,毛菜年产量约为 75 万 t,净菜加工后废弃物量高达 48 万 t,是该地区蔬菜废弃物的主要种类之一;江苏省扬州市 2008 年水生蔬菜的种植面积为 10 866.7 hm²,主要包括莲藕、茭白等水生蔬菜,夏秋季节是茭白收获的季节,茭白鞘叶会被择去成为尾菜。

二、蔬菜废弃物资源化利用途径与特点

蔬菜废弃物不易长途运输,保存周期短、极易腐烂。其在短期内处理用填埋法见效快;在城市生活垃圾中蔬菜废弃物占 20%~50%,而这部分废弃物不容易被分离出来单独处理,一般随生活垃圾直接填埋。填埋法是传统农业生产中蔬菜废弃物处理的最主要方法之一。目前其在部分城市仍是生活垃圾处理的常见方式。该方法操作简单,省时省工,但填埋仅表观解决了地面蔬菜废弃物造成的环境污染,随着时间的推移会造成二次污染,包括地下水污染、土壤污染和空气污染等;同时,填埋还造成了大量有机能源浪费。随着环境污染和资源浪费等问题日益凸显,许多学者开始对蔬菜废弃物资源化利用途径进行了研究。表 9-1 总结了蔬菜废弃物主要资源化利用途径和特点。

表 9-1　蔬菜废弃物主要资源化利用途径和特点

方法	优点	缺点
直接还田	节约成本;改善土壤理化性质;结合高温闷棚技术能明显抑制病虫害传播	优化的秸秆菌剂较少,且菌剂成本高
堆肥化	操作简单;不受环境和地域的限制;能有效杀灭致病微生物和虫卵;营养全面	需先晾晒,时间长;产生臭味;氮损失严重;占地面积相对较大
液肥化	操作简单;时间短;生产成本低;配施方便;营养全面	产生臭味;氮损失严重;有潜在致病微生物和虫卵
能源化	回收沼气,节约不可再生资源;沼液、沼渣可做肥料	时间长;条件苛刻(配套装置);生产成本高;受规模限制
饲料化	饲料养分高;动物适口性好;提高动物的消化能力;节约饲养成本	无菌操作;不适合大规模生产

(一)肥料化利用研究进展

1.直接还田利用

直接还田,即农业废弃物直接或粉碎后还田,在土壤微生物的作用下缓慢分解,释放出矿

物质养分,供作物吸收利用的过程,是一种最直接的就地处理方法;农业废弃物富含有机质,可为土壤微生物提供丰富的碳源,利于有益微生物代谢、繁殖,进而改善土壤结构、培育地力,促进增产增收,是肥料化处理的传统方法。蔬菜废弃物的 C/N 比较低,与大田作物相比其更适合直接还田。在农村一家一户以蔬菜生产为主导,针对蔬菜废弃物大量堆积在田间地头造成的问题,就地直接还田被认为是良好的处理方法。据研究显示,蔬菜废弃物的年平均还田率为 16%。但是蔬菜废弃物自然分解速度较慢,微生物繁殖前期可能会与作物争夺氮源而影响作物正常生长;常年连作下蔬菜病虫害发生不易控制,直接还田易导致连作障碍和病虫害情况恶化,使得在生产中应用存在较大局限性,有待进一步创新再利用。随着微生物技术的发展,针对秸秆分解的专用菌种筛选及优化菌剂研发,利用陆续报道。山东寿光通过改良农机具,配合生物菌剂+高温闷棚,这项技术得以继续"发扬光大"。寿光市纪台镇曹官庄村利用这套技术对茄子秸秆进行处理,效果明显,粪肥、农药的使用量减少了一半,原先板结的茄子土壤也变肥沃了,而且高温闷棚对灰霉病、叶霉病、红蜘蛛等主要病虫害也有明显的抑制作用。

2.堆肥化利用

堆肥分为好氧堆肥和厌氧堆肥。研究认为好氧堆肥更适合蔬菜废弃物肥料化处理。席旭东等以蔬菜废弃物为原料,对地下厌氧、地下好氧、地上厌氧和地上好氧 4 个处理的堆体进行研究。其结果表明,地上好氧堆肥整体操作简单、堆体温度升高快、腐熟度好、堆肥质量较高。王辉等以花椰菜和白菜为原料,对厌氧覆膜、好氧覆膜、地下式好氧、地下式厌氧、地上式好氧和地上式厌氧 6 种堆制方法进行研究,表明好氧覆膜处理的微生物腐解能力最强,操作简单。其是处理蔬菜废弃物的最佳堆制方法。

好氧堆肥是在氧气充足的条件下,好氧菌对废弃物进行吸收、氧化以及分解的过程。在堆肥过程中,温度达到 50~65 ℃之后,维持一段时间,可降低堆体含水量,有效杀灭致病微生物和虫卵可将蔬菜废弃物制备成优质有机肥。张相锋等在研究静态好氧堆肥时发现,60 ℃处理下水分去除能力和底物降解能力较强,更适合蔬菜和花卉废弃物发酵。蔬菜废弃物原料的种类和组成对堆肥腐熟进程有一定影响,研究发现单一原料堆肥温度上升缓慢,腐熟时间较长,而混合原料堆肥的腐熟进程较快。采用蔬菜废弃物与作物秸秆、粪肥等联合高温堆肥,经好氧发酵可获得优质有机肥,张相锋等以芹菜、石竹和鸡舍废物为原料,进行了不同配比的联合堆肥试验研究,结果表明蔬菜废物、花卉废物和鸡舍废物联合堆肥可以获得高质量的堆肥产品;代学民等研究表明,辣椒秧:玉米秸秆干质量比为1:1,加入 30%鸡粪制备得到的堆肥质量最好;徐路魏等研究发现蔬菜废弃物和小麦秸秆的配比为 1:2 时,利于堆肥保氮保碳,并减少了温室气体的排放。在好氧发酵堆肥中,原料 C/N 和堆体添加剂等对腐熟效果和堆肥质量均有重要影响。蔬菜废弃物氮含量高使 C/N 偏低,在堆肥过程中易发生氮素损失,导致堆肥质量下降。徐路魏和王旭东在番茄茎蔓、玉米秸秆和猪粪混合堆肥过程中,添加 10%的生物质炭,发现保氮和腐熟效果明显。蔬菜废弃物好氧堆肥得到品质较好的有机肥在生产中施用有利于蔬菜生长。王亚利等以商品有机肥为对照,发现施用蔬菜废弃物堆肥的鸡毛菜株高和叶面积增长效果明显,鸡毛菜中氮、磷、钾、钙和镁元素的含量也有显著提高。

蔬菜废弃物通过好氧堆置发酵可以转化成有机肥,其中堆体温度控制、原料组成、原料

C/N 及堆体添加剂等均是影响发酵进程和有机肥质量的关键因素。由于上述各因素均对发酵过程中微生物代谢活性存在作用，故认为各因素之间可能具有一定联系，进而共同影响蔬菜废弃物转化成有机肥。因此，深入开展蔬菜废弃物好氧堆肥的多因素影响试验，有助于细化好氧堆肥过程的关键影响因子参数值，利于配套装备研发，促进实现对堆肥进程的控制和堆肥质量的预测。

3.液态肥利用

液态肥是指含有一种或多种作物生长所需的营养元素的液体产品。它具有液体的流动性，可借助管道运输，利用喷洒装置或灌溉系统施用，更易实现养分调配，进而轻简化、精细化和自动化管理，液态肥开发是目前世界上肥料产业发展的趋势。厌氧产气后生成的副产品沼液含有有机质和作物生长必需的营养元素，是一种优质的液态有机肥源，其资源化开发和高效利用是循环农业发展的重点方向。目前，在固液分离技术、无害化处理及沼液浓缩等方面取得了技术突破，如孙钦平等通过采用三级过滤技术，沼液达到 120 目滴灌的要求，实现了沼液的滴灌灌溉。以蔬菜作物残体、餐厨垃圾等为主要原料添加微生物菌群，经常温发酵制备成蔬菜废弃物液体有机肥，是一种肥料开发和蔬菜废弃物资源化高效利用的新途径，已引起了相关研究人员的密切关注。刘安辉等在蔬菜废弃物沤肥过程中关于养分变化及肥效研究发现，在相同沤制时间和条件下，白菜废弃物中磷、钾等营养元素相对番茄废弃物更易转移到肥液中，切碎对白菜的影响大于番茄秧。李吉进等以白菜和番茄废弃物为原料，经过 96 d 的沤制得到了液态有机肥，沤肥原液 GI 值大于 80%，对种子或植物的毒性极小，可经稀释或直接还田利用。杨鹏等以蔬菜废弃物与牛粪的混合物为原料，制备出腐殖液肥，稀释 10 倍以上可安全灌溉利用。徐兵划等研究发现施用蔬菜废弃物液态有机肥可提高小麦分蘖数和种子千粒重。由于蔬菜废弃物液态有机肥制备在发酵过程中未能形成高温，导致液体中可能含有致病菌和虫卵，直接使用对生产存在潜在危害，影响发酵进程和产物质量的基础研究相对较少，配套应用的技术体系不够完善。目前蔬菜废弃物液肥化处理利用模式在实际生产应用中少见。随着水肥一体化技术的推广与普及，液态肥将会是农业生产的主要肥源，蔬菜废弃物发酵制备成液态肥则会成为肥料化利用的新途径。其与水肥一体化技术结合可形成一种新的高效利用模式，因此，基于蔬菜废弃物快速发酵制备液态有机肥的相关研究对循环农业发展具有重要的意义。

(二)能源化利用研究

厌氧消化处理有机废弃物具有效益高、能够回收为清洁能源的显著优势。蔬菜废弃物含水率高、易降解，其化学需氧量与氮素之比(COD∶N)为 100∶4，在产甲烷微生物要求的(100∶4)～(128∶4)之间，厌氧消化尤其适合蔬菜废弃物的处理。根据我国农业废弃物资源化潜力分析，1 t 蔬菜废弃物能生产 177.8 m³ 沼气。蔬菜废弃物具有可观的能源价值，利用厌氧消化方法进行资源化处理已成为研究热点。初期研究集中在不同蔬菜废弃物厌氧发酵下产气特征研究和产气潜力分析。在实际中，不同种类蔬菜废弃物的性质和组成不同，单一种类原料营养成分和结构相对单一，容易引起系统酸化，抑制产甲烷菌生理活性，甚至厌氧消化失败。不同种类物料混合进行厌氧发酵可以提高原料的产气性能，将蔬菜废弃物和污泥等混合厌氧发酵。通过调节污泥比例,可以确定蔬菜废弃物水解酸化的最佳反应时间。两相厌氧发酵系统具有挥发性有机酸积累的相分离和对 pH 下降的缓冲优势。利用两相厌氧发酵技术能有效控制酸化和甲烷化过程在不同反应器中进行,可缩短反应时间,提高产气量和甲烷含量。蔡文婷等采用 CSTR-ASBR 强化酸化分相工艺对果蔬废弃物厌氧消化产气性能进行研究,发现该两相反应器处理果蔬废弃物的有机负荷产气率达到了 557 mL/g。厌氧消化处理蔬菜废弃物是其能源化(沼气)和肥料化利用有机结合的资源高效利用模式。由于厌氧消化工艺对发酵装置要求较苛刻,高效反应器的开发和应用成为沼气化利用的一大阻碍。未来若能在高效反应器的研发上有所突破,降低成本,厌氧消化会是处理蔬菜废弃物的有效途径,可以很好地实现废弃物减量化和资源化。

厌氧发酵制氢是利用厌氧化能异养菌或固氮菌分解小分子的有机物制氢的过程,这是蔬菜废弃物能源化利用的另一种方式。其过程不受光照时间限制,可利用的有机物范围广、工艺简单。目前针对发酵法生物制氢的研究主要集中在产氢装置、高效产氢菌株的筛选等方面。虽然厌氧发酵制氢已有较多的实验研究,但该技术至今没有被广泛利用。

(三)饲料化利用研究

蔬菜废弃物用作畜禽饲料在我国有着久远的历史。在我国畜牧业发展早期,农村家庭的蔬菜废弃物经常会直接投喂猪、羊、鸡等动物,这在当时对我国畜牧业的发展起着重要作用。但是蔬菜废弃物中的木质素与糖结合在一起增加了动物瘤胃中的微生物和酶对其分解难度,且蔬菜废弃物蛋白质含量低,一些必需的营养元素缺乏,直接饲喂不能被动物高效吸收和利用。另外,携带病虫害的废弃物直接饲养畜禽可能会危害动物健康。

随着科学技术的蓬勃发展,研究人员利用生物或物理技术对蔬菜废弃物进行处理,将蔬菜废弃物中的糖、蛋白质、半纤维素、纤维素等物质转变为饲料,这在一定程度上提升了饲料的养分,降低了动物饲养成本。目前,主要的饲料化方式有青贮和加工饲料蛋白、饲料粉等。青贮处理可以延长饲料储存时间,并提升饲料的适口性和营养价值,有助于动物采食量的提升;加工成饲料蛋白、饲料粉可以提升动物的消化能力和动物产品的品质。这两种方式在一定程度上解决了直接饲喂时存在的问题,这是蔬菜废弃物饲料化利用的有效途径。张继等以高山娃娃菜废弃物为主要原料,采用不灭菌固体发酵工艺生产饲料粗蛋白,并确定了发酵的最佳菌种组合及最佳接种量、接种比例。杨富民等研制蔬菜饲料化生产线,把蔬菜废弃物加工成一种能为畜禽补充维生素的耐贮藏、适口性好的块状粗饲料。申海玉等将青花菜茎叶饲料粉饲喂雏鸭时发现,添加青花菜茎叶饲料粉显著提高了淀粉酶和胰蛋白酶的活性,从而提高了雏鸭的消化性能。饲料化利用是蔬菜废弃物处理的一种有效新途径,但是饲料化工艺要求较高,受限因素较多,需因地制宜。

(四)其他资源化利用研究

蔬菜废弃物秸秆中氮、磷、钾平均含量分别为 3.45%、0.84%、2.46%,pH 约为 7,将其粉碎打成 2 cm³ 大小的颗粒,经生物处理分解,再脱水、发酵、精磨,可制成营养土或育苗基质应用。李瑞琴等研究发现以蔬菜废弃物为原料的基质对番茄生长和产量均有明显促进作用,其中蔬菜废弃物:玉米秸秆:牛粪:发酵菌剂为100:4:2:0.5的基质配方最优。何宗均等研究表明,蔬菜废弃物腐熟育苗基质对番茄幼苗生长的促进作用优于市场购置的育苗基质。在山东寿光,将蔬菜废弃物秸秆加工成基质是其再利用的主要途径之一。

茄子秸秆和辣椒秸秆的热值是蔬菜秸秆中最高的,适合炭化加工成木炭。在寿光的这两种蔬菜的主生产区孙家集街道,将茄子和辣椒秸秆收集送至华源秸秆利用有限公司,经粉碎烘干、高温碳化、压缩成型等流程,制成木炭。该模式每小时能消化秸秆7 t,每7 t秸秆能产出1 t木炭,有效实现了废弃物的循环利用。

三、关于蔬菜废弃物资源化高效利用的思考

蔬菜废弃物具有"双重性"。无序堆放会浪费资源,污染环境;合理开发将会变废为宝,成为一个很大的资源库。传统处理方式易造成环境污染和资源浪费,不利于蔬菜清洁生产和现代农业的可持续发展,因此,实现蔬菜废弃物资源化高效利用是目前我国亟须解决的问题。

自20世纪80年代开始,国外就着手对蔬菜废弃物处理方法进行专门研究,主要有好氧堆肥、厌氧消化、好氧—厌氧联合处理和生产饲料等方法。目前发达国家在蔬菜废弃物的利用技术方面已趋于成熟。其处理方法总体可分为秸秆还田循环利用和秸秆离田产业化利用两大类。近年来,我国在蔬菜废弃物资源化利用上也开展了大量研究,且已有成果应用于生产,实现蔬菜废弃物资源化利用。但是在应用设备、应用技术和应用方式上仍存在很多局限性,为进一步探索适合我国国情的发展模式,在继续探寻与创新蔬菜废弃物资源化高效利用途径的同时,应结合我国蔬菜废弃物的来源与特点,充分考虑废弃物产生情况和废弃物种类,及当地政策等,优化或开发适宜的资源化利用方法,以实现清洁生产和资源高效利用的目的。① 基于不同利用途径的基础研究成果,借鉴发达国家蔬菜废弃物利用先进经验,加大配套的工艺研究和设备研发力度,鼓励研制和应用高效生产设备,推动废弃物处理的技术创新和装备化水平提高。如在加大液肥化(新途径)发酵装置及配套溶氧、温度自动监测装置研发的同时,也加大液肥生产相关技术的研究,为推广蔬菜废弃物高效化、轻简化、自动化的利用模式打下牢固基础。② 构建循环农业生产技术集成路线。利用工程技术和农业技术相结合,按照"整体、协调、循环、再生"的原则,将蔬菜生产管理技术和废弃物资源化处理技术优化整合,构建蔬菜废弃物资源化高效利用生态模式和循环农业生产方式。结合现代园区中水肥一体化技术的应用,建立"蔬菜废弃物液化＋有机水肥一体化"的资源化利用与水肥高效管理模式,实现蔬菜废弃物无害化、资源化处理与现代园区水肥高效管理的一体化,利于促进规模化蔬菜园区实现清洁化生产。③ 因地制宜,根据蔬菜废弃物来源的区域特点、种类特点和季节性特点,选用合适的或创新处理方法(一种或多种混用)。在田间或大型园区中,可鼓励利用"直接还田＋生物菌剂＋高温闷棚"技术,对秸秆进行就地加工,避免秸秆运输、转场,缩减作业环节。在个体小型温室或蔬菜集散地,积极推行蔬菜废弃物离田产业化利用。如叶菜类集中收获的季节,在产区和集散地可利用液肥化处理方式;秸秆类蔬菜集中地区可根据具体情况施行"堆肥化＋沼气化"共同利用模式;能加工生产饲料的蔬菜废弃物,可分拣并集中饲料化处理。④ 政府制定政策和配套资金支持。在典型的蔬菜主产区和大型蔬菜集散地建立适

宜的废弃物处理中心,示范应用蔬菜废弃物的资源化高效利用模式;积极鼓励秸秆利用的相关企业发展,引导该类企业与蔬菜生产园区、批发市场及农产品加工厂等加强合作,促进互利共赢;加大宣传力度,增加企业和个人资源化利用意识。

第二节　蔬菜有机化区尾菜废弃物处理系统构建与应用

根据农业部发布的《开展果菜茶有机肥替代化肥行动方案》的通知、《全国农业可持续发展规划(2015—2030年)》和《全国蔬菜产业发展规划(2011—2020年)》的指导建议,按照"一控两减三基本"的要求,深入开展化肥使用量零增长、零化肥行动,结合园区规模化种植产生的数量庞大的尾菜及废弃物,提供一种"尾菜废弃物好氧发酵＋有机水肥一体化"的资源化利用模式与智能装备系统,实现从尾菜废弃物到灌溉施肥原液、有机肥的无公害、减量化和资源化处理的实施方案,建立尾菜废物收集与粉碎、好氧发酵腐熟、发酵物固液分离和发酵原液灌溉施肥的工程工艺,实施从富含氮、磷、钾元素的农业有机物料到高氮、高磷和高钾有机液态肥的可控发酵、过滤、养分配比和自动灌溉的有机水肥一体化方案,应用集高浓度有机液肥制备、多级过滤、灌溉有机液配比与决策灌溉为一体的有机水肥一体化智能系统与有机液肥高效管理技术,构建农业园区废弃物自循环利用模式与有机水肥一体化结合的有机肥替代化肥的技术体系与实施方案,系统实现的工艺流程和设备布置如图9-1和图9-2所示。

好氧发酵是指利用生物学特性结合先进的机械技术设备,通过补充氧气,利用自然微生物或接种微生物将尾菜等废弃物完全腐熟将有机物转化为有机质、二氧化碳与水的过程。有机发酵是指将复杂有机物在无氧条件下利用厌氧微生物降解生成氮、磷等无机化合物和甲烷、二氧化碳等气体的过程。尾菜等蔬菜废弃物具有较高的含水量、较少的固体物含量,其主要成分为纤维素和木质素,其有机质含量仅为$428.4\sim674.3$ g/kg。通过发酵堆肥直接用于田间施肥灌溉存在营养成分不足的问题。因此,将好氧发酵与有机发酵进行结合,利用果蔬园区尾菜废弃物好氧发酵和有机水肥一体处理后产生的发酵原液进行施肥灌溉,在泵房安装肥料配比设备,有机肥料与水按比例均匀混合,并通过供水管道输送到每个温室。在温室内安装灌溉施肥控制器,控制器与泵房、控制中心实时通信,根据温室实际需求执行灌溉、施肥以及储液池补水操作,同时可接入相应的传感器,实现数据采集与自动控制等功能。

一、园区尾菜废弃物资源化处理系统

不同园区的种植规模不同,产生的尾菜废弃物不同,尾菜废弃物资源化处理系统应根据园区的种植规模来规划设计。我们以种植面积在$200\sim500$亩的园区为例设计处理系统,设计处理量为$2\sim10$ t/d。蔬菜尾菜等废弃物通过物料粉碎机进行粉碎,粉碎后粒径为$1\sim3$ cm,物料采用机械送料,粉碎后的物料与进料口连接,直接通过粉碎机出料口经尾菜发酵罐进料口入池;发酵池设计容量为400 m³,发酵池底端沿进料口方向设置有角度为$20°\sim25°$的斜坡,右侧靠近出料口方向设置高500 mm的溢流口;尾菜发酵罐顶部采用增厚设计,设计承重

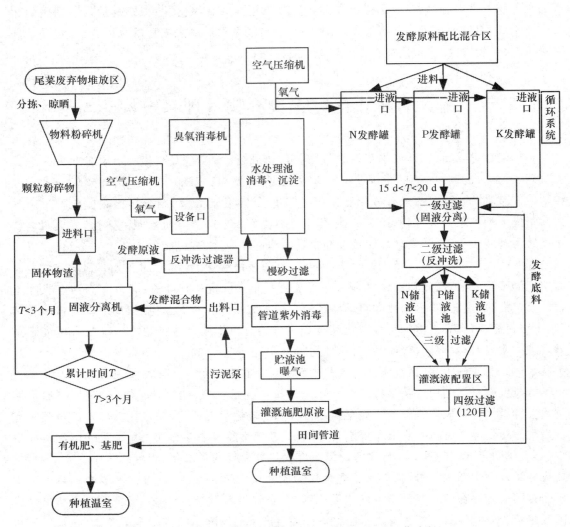

图 9-1 尾菜废弃物有机水肥一体与资源化利用工艺流程

为 6 t,分别设置有进料口(Φ 600 mm)、设备口(Φ 600 mm)、出料口(Φ 600 mm)和观察窗(Φ 1 200 mm),其中进料口用于粉碎后的物料入池、经过发酵和固液分离后的物料渣土进行二次发酵的入池;设备口用于臭氧消毒机、加压泵、水电等设备的连接与出入;观察窗用于了解物料发酵状况及设备出入、检修等,其详细构成与实施过程如下。

(一)农业园区尾菜废弃物收集与粉碎

刚收割的新鲜藤蔓类作物与水果类废弃物质量含水率为 70%~78%,包括西红柿、茄子、黄瓜、辣椒、菜瓜、瓠子、豇豆、四季豆、西瓜、甜瓜等;新鲜绿叶菜类作物质量含水率为 80% 以上,包括上海青、芹菜、茼蒿、菠菜等;含水率大于 70% 的尾菜废弃物需要先进行暂存、晾晒和堆放,将尾菜废弃物含水率控制在 55%~65%;去除杂质后利用物料粉碎机将尾菜废弃物进行粉碎,粉碎粒径为 1~3 cm,物料粉碎机出料口与好氧发酵罐体进料口进行连接,方便颗粒粉碎物的送入。

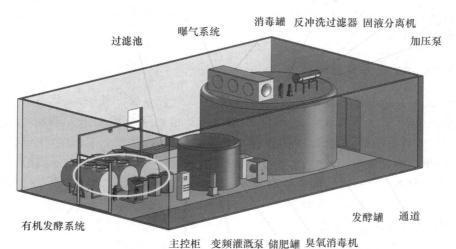

图 9-2　尾菜废弃物有机水肥一体与资源化利用设备布置

(二)尾菜粉碎物料好氧发酵

尾菜废弃物的好氧发酵需对发酵过程的水分、温度和通风供氧 3 个参数进行有效控制。在水分控制方面,尾菜废弃物好氧发酵的合适含水率建议为 55％～65％,最优含水率为45％～55％;在温度控制方面,尾菜废弃物好氧发酵温度控制在 55～65 ℃;在通风供氧控制方面,提供适合尾菜废弃物好氧发酵的氧气,调节最适宜的温度、最合适的水分。在好氧发酵过程中,供氧浓度建议控制在 8％～18％。

(三)发酵混合物固液分离

尾菜废弃物厌氧发酵后的发酵混合物需要进行固液分离。分离后的发酵固体物渣的含水量控制在 70％～80％。其可直接作为蔬菜、果树和林木施肥和有机肥的原料,也可作为发酵原料进行二次发酵腐熟。当发酵罐体中的固体物渣累计时间大于 6 个月时,发酵混合物固液分离后的物渣不再进行二次发酵,用作园区种植基肥;当发酵罐体中固体物渣累计时间小于 6 个月时,发酵混合物固液分离后的物渣需要进行二次发酵。固液分离后的发酵原液依然充分保持有机营养成分,降低液体部分中的 BOD、COD 以及难以分解的固体物质含量可作为原液用于园区灌溉施肥。

(四)发酵原液灌溉施肥

不同于大田作物秸秆,病虫害较多、农药污染严重的尾菜废弃物残留导致出现环境污染、食品安全和土壤安全的问题。结合农业园区灌溉施肥需要、尾菜废弃物无公害处理工艺,发酵后的有机肥液需要经过过滤、消毒、曝气等流程,转变为安全、可靠的灌溉肥液施用于作物。固液分离后的发酵原液首先经过反冲洗过滤,利用滤网直接拦截水中的杂质,去除水体悬浮物、颗粒物和难以发酵的固体物质,随后依次经过慢砂过滤消毒、紫外消毒和臭氧消毒,杀灭发酵原液中未能通过发酵腐熟化解的病虫害孢子等残留物。经过处理后的有机肥液进入贮液池曝气，然后连接到园区灌溉管道，或是接入园区营养液施肥通道，并通过出液电磁阀开闭来控制。

(五)有机水肥一体化技术装备

该部分包括有机液肥发酵系统和水肥一体化智能管控系统。其中，发酵系统主要由发酵罐(发酵池)、循环系统、供氧系统、过滤系统、储液箱及相关传感器、电子元器件等组成。富含氮、磷或钾农业有机物料、矿物粉、微生物菌剂与水配比混合，添加到发酵罐(发酵池)，在系统控制下经微生物有氧发酵。同时，系统按照可编程控制器上设置的液位警示、循环周期、供氧周期、pH/EC范围、报警提醒，监控发酵过程，制备养分浓度高的高氮、高磷、高钾有机液肥，经逐级过滤后，抽提至储液箱待用。储液箱分别与水肥一体化装备(配肥与灌溉控制系统)的吸肥器连接，系统根据灌溉决策模型执行相应的配肥命令，自动完成灌溉液养分调配。流量计、温室灌溉电磁阀将灌溉系统单元区与水肥一体化装备总灌溉出水口连接，系统基于灌溉模型控制灌溉动力泵和温室电磁阀开闭，实现对该区各温室有机液肥灌溉的集中、远程、自动管理。具体实施过程如下。

1.发酵原料的准备

该项工作在发酵原料配比混合区完成。选择富含氮、磷或钾农业有机物料如秸秆(玉米、小麦、大豆等)、豆粕、米糠、油饼、骨粉、草木灰、禽畜粪便等(秸秆等使用前粉碎成1~3 cm)，可作有机肥源的钾矿粉、磷矿粉，按照高氮有机液肥、高磷有机液肥和高钾有机液肥的发酵配方配比混合，添加对应的微生物发酵菌液和一定量黑糖，充分混匀，装进发酵物料袋，输送至发酵罐中。打开清水电磁阀，以物水质量比1:10添加清水。

2.有机液肥发酵

在控制系统中输入发酵罐警示液位、循环周期和供氧周期等参数值，启动系统开始发酵。其中，发酵罐警示液位建议下限值10 cm，上限值为距离罐顶10~15 cm；循环周期建议值15 min/h，供氧周期20 min/h(根据环境温度调节)。当发酵周期15~20 d时，关闭系统，终止发酵。启动抽液泵、电磁阀等，将发酵液肥经网袋、反冲洗过滤器等逐级过滤后储存在对应原液桶中待用。

3.有机液肥配制与灌溉

装备配有5路文丘里吸肥器，每路配电磁阀和流量计，其中3路与高氮、高磷和高钾有机液肥储液桶对应连接，调控养分配比。混液桶中液位传感器监测混液桶液位变化，参与灌溉液配制决策；电导率传感器监测灌溉液EC值，参与调控灌溉液浓度，即在可编写程序中设定灌溉液EC值上、下限。当电导率传感器读数低于设定EC值下限时，打开吸肥电磁阀进行配液，当液体EC值上升至设定范围内时自动关闭吸肥电磁阀，结束配液。程序根据已嵌入的灌溉决策模型和用户交互参数值，分析传感器反馈数据，计算灌溉量，判断并执行灌溉命令，控制田间电磁阀开闭，自动完成田间灌溉。

二、园区尾菜废弃物资源化处理系统应用效益分析

农业园区的尾菜废弃物无公害、无污染处置处理一直是农业资源与环境领域面临的棘手问题。近些年来,在国家大力推动下,小麦、玉米等大田作物秸秆通过还田、制作生物质燃料、转化饲料等方式得到了有效处理。但当前对于尾菜废弃物回收利用没有相关补贴和政策支持,生产的有机肥基本是自产自用,人工成本较高,大部分处于亏损停产阶段。因此,应用与示范一种能够满足农业园区尾菜废弃物资源化利用工程工艺与无公害处理智能装备系统,契合京津冀协同发展重大国家战略和绿色发展理念,满足国家发展和改革委员会、财政部、农业部联合发布的农业清洁生产示范项目的建设需求,其对于促进农业生产过程清洁化、农业资源的可持续发展和农林废弃物综合利用能力的提升有着重要的现实意义。

为更好地实施和推广尾菜废弃物资源化利用工程工艺与智能化装备系统,按年回收处理尾菜废弃物 1 000 t 进行经济效益估算,可生产有机肥 200～300 t,用于田间水肥一体化灌溉施肥 300～400 亩,节省使用化肥 300～400 t,节约灌溉用水 200～300 t,通过推广与使用蔬菜秸秆与尾菜废弃物循环利用模式与资源化处理工程工艺,建立“园区垃圾分类、企业收集运输、多种模式并存、资源循环利用”的尾菜废弃物处理技术体系。初步测算(以番茄为例):相比传统水肥管理,每亩地可节约用工 60～80 d,降低人工成本 3 600～4 800 元(60 元/人/天);肥量节约 30%～40%,减少成本 800～1 200 元;节约水量近 30%,同时可有效提高产量 15%～25%(传统水肥管理下番茄的平均亩产 7 000～15 000 kg),平均亩产达 8 400～20 000 kg,按单价 1.5 元/kg 计算销售额可增加 1 400～6 750 元。每亩种植面积的综合经济效益可提高 5 800～12 750 元。

利用整套农业废弃物有机发酵方法与装备,实现农业园区农业废弃物的好氧发酵,制备养分浓度高、稳定性好且过滤效果好的有机营养液在灌溉系统管控下对作物进行按需、定时、定量地全自动精量灌溉施肥,满足作物对水分和养分的适时需求,既充分利用了农业废弃物,又实现了有机生产条件下作物所需养分的合理供应。这套方法与装备可加快设施农业调整,促进现代化发展,大幅度解放生产力提高劳动生产效率,可提高有机农业的现代化水平,促进农民增产和持续增收,更能满足人们对高品质、安全性食品的需求。

第十章

几种蔬菜有机化生产技术规程

一、有机食品　露地洋葱生产技术规程 DB64/T 1245—2016

(一)范围

本标准规定了有机食品—露地洋葱生产的产地条件、种子选择、壮苗培育、田间管理、采收和后续管理。

本标准适用于宁夏露地有机洋葱的生产。

(二)规范性引用文件

下列文件对于本文件的应用是必不可少的。凡是注日期的引用文件,仅所注日期的版本适用于本文件。凡是不注日期的引用文件,其最新版本(包括所有的修改单)适用于本文件。

GB 3095—2012 环境空气质量标准。

GB 5084—2021 农田灌溉水质标准。

GB/T 19630—2019 有机产品　生产、加工、标识与管理体系要求。

NY/T 1224—2006 农用塑料薄膜安全使用控制技术规范。

NY/T 1584—2008 洋葱等级规格。

(三)产地环境

有机生产需要在通过有机认证及完成有机认证转换期的地块进行,基地的环境质量应符合以下要求。

①农田灌溉用水水质应符合 GB 5084—2021 的规定。

②环境空气质量应符合 GB 3095—2012 的二级标准。

(四)种子选择

选择抗病抗逆性强,且适宜宁夏土壤和气候种植的优良洋葱品种。洋葱种子必须采用前一年或当年收的新鲜种子,种子饱满、无机械损伤,发芽率在 85% 以上。

（五）栽培技术

1. 播种时间

以 3 月上旬为宜,当室外最低气温大于 0 ℃时,露地育苗播种并搭建拱棚保温防冻或根据定植时间向前推 65～70 d 在日光温室进行育苗。

2. 苗床土准备

选择排灌方便的沙质壤土地块育苗,播种前施有机农家肥 6～8 m³/亩,深翻耙平,平畦育苗,畦面宽 1.0～1.2 m,灌足底水,水充分渗入土地后,达到进入地块不沾鞋时,进行播种。使用肥料应符合 GB/T 19630—2019 有机产品生产部分的要求。

3. 拱棚选型

小拱棚宽为 2.0～4.9 m,高为 0.9～1.7 m,长为 4～80 m,骨架材料为钢架或竹板或钢架竹板混合使用,间距为 1 m,覆盖塑料薄膜;大中拱棚宽为 5.0～12.0 m,高为 1.8～3.8 m,长为 40～80 m,骨架材料为钢架或钢架竹板混合使用,间距为 1 m,覆盖塑料薄膜。

塑料薄膜应符合 NY/T 1224—2006 农用塑料薄膜安全使用控制技术规范的要求。

4. 播种育苗

采用干籽人工撒播,撒播密度为 1 500～2 000 粒/m²,播后覆沙质壤土 1 cm 左右,浇透水,然后加覆盖物(草帘或地膜)保墒,5～8 d 后幼苗可以出土。

5. 苗期管理

当 50% 幼苗出土后即可揭除覆盖物。幼苗出齐后,及时拔除部分密苗和劣苗。

（1）水分管理　根据苗床土壤墒情 10～15 d 灌大水 1 次,每次灌水量 20～30 m³/亩或每 3～5 d 微喷灌水,每次灌水量为 5～8 m³/亩。

（2）养分管理　出苗 30～35 d 后,补充施沼液复合微生物肥料 1 次,30 kg/亩。使用肥料应符合 GB/T 19630—2019 有机产品生产部分的要求。

（3）温度管理　当拱棚室内温度超过 30 ℃时,进行通风降温。定植前 7～10 d,逐渐加大通风降温的力度,直至定植前拱棚内外温度相同。

6. 壮苗标准

苗龄为 50～60 d,株高为 15～20 cm,茎粗为 6～8 mm,具有 5～6 叶,无病虫害。

7. 起苗及起苗后管理

达到壮苗标准后,用铁锹深入苗床 20 cm 处将苗挖出,抖落根部土壤,保持根长为 2 cm,多余须根用剪刀剪除,存放于阴凉处,起苗后 3～5 d,定植均可。

（六）田间管理

1. 整地与基肥

洋葱地忌重茬,选择地势平整、土层深厚、土壤肥沃、理化性状良好的壤土或沙壤土地块。施用腐熟的有机肥料,4 000～5 000 kg/亩或商品有机肥,400～500 kg/亩,深翻 25～30 cm。施用的肥料应符合 GB/T 19630—2019 的规定。

畦面平整后覆黑色地膜,畦面宽为 1.3～1.5 m,畦间距为 0.3 m。

2. 定植

5 月中旬定植,株距为 15 cm,行距为 20 cm。在黑膜上打定植孔,孔深为 2 cm,孔直径为 1.2 cm,将幼苗栽入定植孔内,用土将根部封严,以埋没小鳞茎部位为准。定植后浇一遍缓苗水,发现缺苗应及时补苗。

3. 定植后管理

(1)水分管理　幼苗定植后 5～7 d 浇定根水,之后视墒情及时浇水,灌溉方式采用喷灌,每次灌水量 10～15 m³/亩。

(2)施肥管理　在鳞茎膨大初期即 6 月中下旬,第 1 次追肥;在鳞茎膨大中期即 7 月中旬,第 2 次追肥;每次结合喷灌追施沼液复合微生物肥料,40～50 kg/亩,采收前 20d,停止浇水。

(七)病虫害防治

洋葱主要虫害:蒜蛆、潜叶蝇、蓟马为主;主要病害以叶枯病、锈病、细菌性软腐病为主。

防治原则:坚持"预防为主,综合防治",相关投入品的使用应符合 GB/T 19630—2019 的规定。

1. 虫害防治

(1)利用黄蓝板诱杀潜叶蝇、蓟马等虫害　黄板挂在行间,高出植株顶部,挂 30～40 块/亩;蓝板挂板 25～30 块/亩。当黄蓝板粘满害虫后,及时进行更换。

(2)利用频振杀虫灯诱杀　使用太阳能频振杀虫灯,整灯功率 18 W,单灯控制面积 49 亩,两灯之间的距离为 150 m,灯距地面高为 1.5 m,设置自动开灯、关灯时间分别为晚上 8:00、早上 6:00。

(3)利用生物农药防治　蒜蛆用鱼藤根 500 g,加水 5～6 kg 浸泡 24 h,中间搓揉 2～3 次,过滤即成乳白色浸出液,用其 100 倍液防治。

2. 病害防治

(1)在叶枯病、锈病发生初期,及时摘除病叶　用 3% 多抗霉素 100 倍液,75～100 g/亩;高渗乙蒜素(80% 乙蒜素)2 000 倍液,1.5～2.5 g/亩防治。

(2)细菌性软腐病　用 72% 农用链霉素 1 000 倍液,2.0～2.5 g/亩或新植霉素 400 倍液 15 g/亩喷雾防治。

3. 杂草控制

采用人工除草。

(八)采收及后续管理

1. 采收

洋葱 2/3 以上的植株地上部倒伏,于下部 1～2 片叶枯黄,第 3～4 片叶尚带绿色,鳞茎外层鳞片变干时,采收。采收应在晴天进行,连根整株拔出,在田间晾晒 3～4 d,晾晒时用叶子遮住葱头。洋葱采收的最低温度不得低于 0 ℃。

2. 田园清洁

收获后将残枝败叶和杂草及时清理干净,集中进行处理,保持田间清洁。

3. 分装、贮藏、运输

待葱头表皮充分干燥后,在假茎 2 cm 处剪掉上部茎叶,抖落泥土剪除须根,分级装袋、码垛待售或贮藏。分级时应严格按 NY/T 1584—2008 洋葱等级规格的规定进行,葱头多在阴凉、避雨、通风处进行贮藏,也可在恒温库中长期贮藏,要求温度为 0 ℃,相对湿度为 65％左右,在收获和贮藏过程中尽量避免葱头损伤。

包装容器(箱、袋)清洁干净、牢固、透气、美观、无污染、无异味。包装有醒目的有机食品标志。运输时轻装、轻卸、严防机械损伤,运输工具需保持清洁、卫生。

(九)其他

对有机食品洋葱生产过程建立生产记录档案,记录整个生产过程的农事操作,包括生产全过程中各个时期以及各个环节的负责人。档案保存 3 年以上。

二、有机食品　露地甘蓝生产技术规程 DB64/T 1284—2016

(一)范围

本标准规定了宁夏有机露地甘蓝生产的产地要求、栽培技术、采收、包装运输及建立生产技术档案。

本标准适用于通过有机食品产地认证的宁夏地区有机露地甘蓝生产。

(二)规范性引用文件

下列文本对于本文件的应用是必不可少的,凡是注日期的引用文件,仅所注日期的版本适用于本文件。凡是不注日期的引用文件,其最新版本(包括所有的修改单)适用于本文件。

GB 3095—2012 环境空气质量标准。

GB 5084—2021 农田灌溉水质标准。

GB/T 19630—2019 有机产品　生产、加工、标识与管理体系要求。

(三)产地要求

有机生产基地的环境质量应符合以下要求。

①农田灌溉用水水质应符合 GB 5084—2021 Ⅴ类水标准。

②环境空气质量应符合 GB 3095—2012 二级标准。

(四)栽培技术

1. 品种

选用商品性好的结球甘蓝品种,春茬宜选用抗逆性强、耐抽薹、品性好的早熟品种,如中甘 11 号、中甘 12 号、鲁甘蓝 2 号、京丰 1 号;秋茬宜选用优质、高产、耐贮运的中晚熟品种,如晚丰、晚秋、紫宝石、改良卢比、寒光等品种。种子质量达到二级以上标准,纯度为 95％以上。种子来源与质量应符合 GB/T 19630—2019 中的规定。

2. 育苗

(1)育苗场地选择与准备　选用具有外保温设备的日光温室内进行育苗。采用穴盘育苗方法,使用的商品育苗基质应符合 GB/T 19630—2019 中的规定要求。

(2)播种　春季生产于 3 月下旬播种,秋季生产于 6 月下旬播种。播种前,种子采取温水浸种,进行种子筛选和消毒处理,去除干瘪残缺种子后用 0.1% 高锰酸钾液浸种 20～30 min 后,冲洗 3 遍。再将种子放入 50～55 ℃的温水中浸泡 10～15 min,降至适温,再浸种 3～4 h,用清水冲洗干净后滤去水分,晾至不再滴水后,进行播种。

选用 128 孔穴盘,调节基质含水量至 50%～70%,用手紧握基质,有水印而不形成水滴,堆置 2～3 h 使基质充分吸水。将基质装入穴盘,用刮板刮平。将穴盘平放在苗床,用 128 钉的打孔板一次性打孔,孔深为 0.5 cm,每孔播种 1 粒。播种后再覆盖一层基质,并将多余的基质刮去。覆盖透明地膜保湿、保温。

(3)苗期管理　春季育苗,保温防冻。出苗达 30% 以上揭开覆盖的地膜,浇一次水。播种后,苗床保持 20～25 ℃,出苗后的白天温度为 15～20 ℃,夜间温度为 5～8 ℃,齐苗后,逐渐通风降温,防止幼苗徒长。白天温度为 20 ℃左右,夜间温度为 10 ℃,炼苗阶段的白天温度为 15～20 ℃,夜间温度不低于 8～10 ℃。

秋季育苗,采用通风、遮阳、浇水来调节苗床温度,白天的苗床温度为 25～30 ℃,夜间的苗床温度为 15～20 ℃。春季苗龄宜掌握在 35～40 d,秋季苗龄宜掌握在 20～25 d。定植前 7～10 d,逐渐加大穴盘间距,加强温室通风降低温度,直至定植前室内外温度相同。

(4)壮苗标准　幼苗较大,具有 6～8 片叶,下胚轴长 3～4 cm,节间短,叶片厚且色泽深具有较多的蜡粉,茎粗大于 0.7 cm、根群发达能够牢固地裹住育苗穴中基质。

3. 定植

(1)地块准备　选择中性至微酸性土壤地块(pH 为 5.5～6.5),前茬作物不宜为瓜类。早春化冻后深松施基肥,每亩施 2 500～3 000 kg 商品生物有机肥料(符合 NY 884—2012 中的标准)。

起垄的垄宽为 50～60 cm,高为 30 cm,垄间距为 70～80 cm。

安装滴灌带及配套连接件,选用贴片式滴灌带,内径为 16 mm,壁厚为 0.3 mm,流量为 2.5 L/h,滴孔间距为 0.3 m,沿垄面双行铺设,两滴灌带间距 15～20 cm 滴孔错位铺设。

覆膜的选用厚度为 1.2 mm,宽度 1.5 m 的黑色地膜,由垄的两头将地膜拉紧,地膜覆盖全部垄面与垄侧面,两侧用土压实。

(2)移栽定植　春茬露地甘蓝定植时间为 4 月下旬至 5 月上旬,秋茬露地甘蓝定植时间为 7 月中下旬。

穴栽的行内间距为 50 cm,株距为 50 cm,双行定植,"品"字形栽培。移栽时先挖穴、取苗、移栽、穴浇定植水,全部栽完后滴灌一次,栽后 2～3 d,及时补苗,亩保苗 3 200～3 500 株。

(3)田间管理　水肥管理所用的肥料和灌溉水应符合 GB/T 19630—2019 中的规定。

施沼液复合微生物肥料(肥料应符合 NY/T 798—2015 中的标准),全生育期使用同种肥料)。随水冲施,将肥料溶于蓄水池。定植后 10 d 左右,追施第 1 次肥,10 kg/亩;定植后 30～40 d,追施第 2 次肥,施肥 15 kg/亩;结球时追施第 3 次肥,施肥 20 kg/亩。

田间水分管理视苗情和墒情而定,每次滴水 10 m³/亩。

秋茬前期以防旱、防草为主,进入结球期后,保持土壤适当湿润。采收前 20 d,停止滴水施肥。

(五)病虫草害防治

1. 种类

病害有细菌性黑腐病、软腐病;虫害有菜青虫、甘蓝夜蛾。

2. 防治技术

(1)杂草控制　主要采用人工方法,可使用秸秆覆盖除草。

(2)细菌性黑腐病　与豆科、葫芦科、茄科蔬菜等进行 2 年轮作,避免同科蔬菜连作。药剂防治办法为喷药 1:1:(250～300)倍波尔多液。

(3)软腐病　新植霉素 400 倍液 15 g/亩喷雾防治,5～7 d 1 次,连续 2～3 次。

(4)小菜蛾、菜青虫　物理防治办法为采用简易钢架结构,覆盖防虫网(40～50 目为宜);频振式杀虫灯诱杀成虫(单灯控制面积为 3.33 hm²,两灯之间的距离为 150 m,灯距地面高为 1.5 m,晚上 8:00 开灯,翌日早上 6:00 关灯);性信息素诱杀;黄板诱杀等方法(每亩用 25～30 块,每 30～45 d 换一次,挂置高度略高于作物植株 10～20 cm)。生物防治采用细菌杀虫剂 Bt 500～800 倍、2.5%菜喜 1 000 倍等喷雾防治。使用制剂应符合 GB/T 19630—2019 要求的物质。

(六)采收

①春茬应早收,叶球基本包实,外层球叶发亮,于 6 月下旬至 7 月上旬即可开始陆续采收,分 2～4 次收完;秋茬于 10 月上旬即可开始采收。

②采收无病害叶球,注意防风、防阳光、防挤压,采收后立即存放到预冷室。

(七)包装运输

①包装容器(箱、袋)清洁干净、牢固、透气、美观、无污染、无异味。

②包装有醒目的有机食品标志。

③运输时轻装、轻卸、严防机械损伤,运输工具需保持清洁、卫生。

(八)建立生产记录档案

对有机食品甘蓝生产过程建立生产记录档案,记录整个生产过程的农事操作,包括生产全过程中各个时期以及各个环节的负责人。档案保存 3 年以上。

三、有机食品　露地菜心生产技术规程 DB64/T 1482—2017

(一)范围

本标准规定了露地有机菜心(*Brassica paprchinensis* L. H. Bailey)生产的产地环境、播前准备、田间管理、采收和病虫害防治的技术要求。

本标准适用于宁夏有机食品认证地区有机菜心的生产。

(二)规范性引用文件

下列文件对于本文件的应用是必不可少的。凡是注日期的引用文件,仅所注日期的版本适用于本文件。凡是不注日期的引用文件,其最新版本(包括所有的修改单)适用于本文件。

GB 3095—2012 环境空气质量标准。

GB 5084—2021 农田灌溉水质标准。

GB 16715.5—2010 瓜菜作物种子 第 5 部分:绿叶菜类。

GB/T 19630—2019 有机产品 生产、加工、标识与管理体系要求。

GB/T 50085—2007 喷灌工程技术规范。

(三)产地环境

产地环境应符合 GB/T 19630—2019 规定的要求,农田灌溉用水水质应符合 GB 5084—2021 Ⅴ类水标准。环境空气质量应符合 GB 3095—2012 二级标准。

(四)播前准备

1. 选地

选择排灌方便,土层深厚、疏松、肥沃的地块种植,应同传统农业生产区隔离。

2. 整地

在早春第一茬种植时,利用犁地机械翻地,将肥料与土壤充分混匀后旋耕起垄,畦高为 15～20 cm,宽为 1.4～1.6 m,畦间距为 20 cm,畦长依地块大小而定(南北向)。下茬种植前,残留茎叶作为绿肥翻压到土壤中,机耕旋田、晒垡、起垄。

3. 施肥

整地时每亩施腐熟羊粪 3 000 kg、鸡粪 1 000 kg、胡麻油饼肥 100 kg。下茬种植前施腐熟鸡粪 400 kg。所用肥料应符合 GB/T 19630—2019 有机产品生产的要求。

4. 喷灌设施

喷灌设施是经过水泵加压,再通过各级压力管道,送至竖管及喷头形成一个完整的管道系统。田间管道布设为依据种植田方向,每块田地面以下 90 cm 设支管道,支管道为直径 5 cm 的 PVC 管,行距为 5 m,地面喷头间距为 7 m,距离地面高度为 60～70 cm。所有喷灌设施应符合 GB/T 50085—2007 喷灌工程技术规范。

(五)播种

1. 播种期

宁夏地区一年可种四茬,早春播种适宜空气温度为 10～15 ℃,4 月上旬,第二茬播种时间为 6 月中旬,第三茬播种时间为 8 月上旬,第四茬播种时间为 9 月下旬。

2. 品种选择

选用抗逆性强、优质、高产的品种。早熟品种适合高温季节栽培,播种适期为 6—8 月,于春季 5 月、秋季 9 月选用中熟品种。

3. 种子处理

种子质量符合 GB 16715.5—2010 的要求,用 50～60 ℃温水浸种,自然冷却 4 h,然后用湿布包起,放在 25～30 ℃的温度下催芽,保持包布湿润,待种子破壳露芽时,再播种。

4. 播种方法

每亩用种子量为 200～400 g。将露白后的种子人工均匀条播或撒播到畦面上,覆 0.5 cm 厚的过筛土壤,利用喷灌将畦面均匀喷湿。

(六)栽培管理

1. 苗期管理

在第一片真叶展开时,进行人工间苗,除草,防止幼苗徒长,苗期畦面保持湿润,于 3～4 片真叶时定苗,株行距为 10 cm×15 cm,每亩保苗 3.5 万～4 万株。

2. 水肥管理

(1)水分管理　菜心种植的第一茬时间为 4 月上旬至 5 月底,宁夏 5 月平均温度为 10～24 ℃,每隔 1 d,喷 1 次水,每次 10～15 m³/亩,每次 10～15 min,保持田间土壤湿润(田间持水量 80%～90%),在菜心现蕾并开始抽芯时,1 d 喷 1 次水,每次 10～15 min。雨天不浇水,注意开沟排水。第二茬时间为 6 月上旬至 7 月下旬,第三茬时间为 8 月初至 9 月中旬,平均温度为 18～30 ℃,1 d 喷 2 次水,上午 10:00 喷 1 次,下午 4:00 喷 1 次,每次 10～15 min,每次 8～12 m³/亩,第四茬生产时间为 9 月下旬至 11 月初。其水分管理同第一茬。

(2)追肥　定好苗后开始追肥,每亩人工追施有机肥 250 kg 或 20%腐熟液态粪肥 250 kg 或腐熟液态饼肥 15 kg,每隔 7～10 d,追施一次。所用肥料应符合 GB/T 19630—2019 有机产品生产要求。

(七)采收

1. 采收

花薹与外叶先端高度相同的花蕾将开而未开时为最佳采收期。采收应于晴天清晨进行,若气温高,菜薹容易开花,要提早采收;气温低,菜心生长较慢,可缓 1～2 d 采收。采收时切口要平面整齐,菜体保持完整,大小、长短均匀一致。

2. 包装

采收后立即进行清洁,包装材料应符合国家卫生要求和相关规定;包装容器(箱、袋)清洁干净、牢固、透气、美观、无污染、无异味,包装有醒目的有机食品标志。运输时轻装、轻卸、严防机械损伤,运输工具清洁、卫生。

(八)病虫害防治

1. 虫害防治

其主要虫害有蚜虫、蓟马、菜青虫、小菜蛾等。

(1)利用黄蓝板诱杀蚜虫、蓟马　将黄板挂在行间,高出植株顶部,每亩挂板 30～40 块;蓝板每亩挂板 25～30 块。当黄蓝板粘满害虫时,进行更换,每茬更换一次,应在菜地尚未出现蚜虫时插入为好,黄板高度应高于菜心植株 20～30 cm。

(2)利用频振杀虫灯诱杀　使用太阳能频振杀虫灯,整灯功率 18 W,单灯控制面积 3.3 hm²,两灯之间的距离为 150 m,灯距地面高为 1.5 m,设置自动开灯、关灯时间分别为晚上 8:00,早上 6:00。

(3)利用生物农药防治　鱼藤根 500 g,加水 5～6 kg 浸泡 24 h,中间搓揉 2～3 次,过滤即成乳白色浸出液,用其 100 倍液防治虫害。蚜虫用 3% 除虫菊素 1 000 倍液,1.5～2.5 g/亩;曲古霉素 2 000 倍液,2.0～2.5 g/亩喷雾防治;小菜蛾和菜青虫在低龄幼虫盛发期用 0.5% 印楝素杀虫剂,2.5～3.0 g/亩;苏云金杆菌可湿性粉剂 1 200 倍液,1.5～2.0 g/亩;苦皮藤素杀虫剂 200 倍液防治,100 mL/亩。

2. 病害防治

其主要病害有炭疽病、软腐病等。在炭疽病、软腐病发生初期,及时摘除病叶,用 3% 多抗霉素 100 倍液,75～100 g/亩;高渗乙蒜素(80% 乙蒜素)2 000 倍液,1.5～2.5 g/亩防治。收获期最易发生软腐病,可用 72% 农用链霉素 1 000 倍液,2.0～2.5 g/亩;新植霉素 400 倍液,15 g/亩喷雾防治。所用农药登记为准许有机生产使用。

(九)其他

对有机食品菜心生产过程建立田间技术档案,全面记载整个生产过程,并妥善保存。

四、有机食品　露地芥蓝生产技术规程 DB64/T 1483—2017

(一)范围

本标准规定了宁夏有机芥蓝(*Brassica alboglabra* L. H. Bailey)生产的产地环境、播前准备、田间管理、采收和病虫害防治。

本标准适用于宁夏地区露地有机芥蓝的生产。

(二)规范性引用文件

下列文件对于本文件的应用是必不可少的。凡是注日期的引用文件,仅所注日期的版本适用于本文件。凡是不注日期的引用文件,其最新版本(包括所有的修改单)适用于本文件。

GB 3095—2012 环境空气质量标准。

GB 5084—2021 农田灌溉水质标准。

GB 16715.5—2010 瓜菜作物种子　第 5 部分:绿叶菜类。

GB/T 19630—2019 有机产品　生产、加工、标识与管理体系要求。

GB/T 50085—2007 喷灌工程技术规范。

(三)产地环境

产地环境应符合 GB/T 19630—2019 规定的要求,农田灌溉用水水质应符合 GB 5084—2021 Ⅴ类水标准。环境空气质量应符合 GB 3095—2012 二级标准。

(四)播前准备

1. 选地

四周是沟壑、干旱荒地,同传统农业生产区隔离,排灌方便,土层深厚、疏松、肥沃的地块。

2. 整地

在早春第一茬种植时,利用犁地机械翻地,将肥料与土壤充分混匀后旋耕起垄,畦高为

15～20 cm,宽为 1.4～1.6 m,畦间距为 20 cm,畦长依地块大小而定(南北向)。下茬种植前,残留茎叶作为绿肥翻压到土壤中,机耕旋田、晒垡、起垄。

3. 施肥

在早春第一茬种植时,整地时每亩施腐熟羊粪 3 000 kg、鸡粪 1 000 kg、胡麻油饼肥 100 kg。下茬种植前施腐熟鸡粪 400 kg。所用肥料应符合 GB/T 19630—2019 有机产品生产要求。

4. 喷灌设施

喷灌设施是经过水泵加压,再通过各级压力管道,送至竖管及喷头形成一个完整的管道系统。田间管道布设以种植田方向为依据,每块田地面以下 90 cm 设支管道,支管道为直径为 5 cm 的 PVC 管,行距 5 m,地面喷头间距 7 m,距离地面高度为 60～70 cm。所有喷管设施应符合 GB/T 50085—2007 喷灌工程技术规范。

(五)播种

1. 品种选择

选用抗逆性强、优质、高产的品种。选择早中熟芥蓝品种,如秋盛芥蓝、顺宝芥蓝,播种适期为 4 上旬至 8 月。

2. 播种时间

宁夏地区芥蓝种植主要是一年 2～3 茬。

(1)一年三茬 早春播种适宜空气温度在 10～15 ℃,4 月上中旬播种,6 月上旬采收;6 月下旬播种,8 月上旬收获,8 月中旬播种,9 月下旬采收。

(2)一年两茬 5 月上中旬播种,6 月中旬采收至 7 月中旬,8 月上旬播种,9 月上旬采收至 10 月。

3. 种子处理

种子质量应符合 GB 16715.5—2010 的要求,芥蓝种子用 50～60 ℃温水浸种,自然冷却 4 h,然后用湿布包起,放在 25～30 ℃的温度下催芽,保持包布湿润,待种子破壳露芽时播种。

4. 播种方法

采用直播的方式,每亩播种量为 200～400 g。将露白后的种子人工均匀条播到畦面上,覆土 0.5 cm 厚,利用喷灌将畦面均匀喷湿。

(六)栽培管理

1. 苗期管理

幼苗出土 50%以上,将地膜揭起,在第 1 片真叶展开时,人工间苗、除草,防止幼苗徒长,每天喷水 1 次,苗期畦面保持湿润,在第 4～5 片真叶时,定苗,株行距为 10 cm×15 cm,每亩保苗3.5 万～4 万株。

2. 水肥管理

(1)水分管理 芥蓝在生长期间的畦面应保持湿润(田间持水量80%～90%),在 4 月至 6 月上旬的生产期间,每隔 1 d,喷水 1 次,每次 10～15 m³/亩,每次 10～15 min。在 6 月中旬至

9月下旬,1 d 喷水 2 次,上午 10:00 左右,喷水 1 次,下午 4:00 左右,喷水 1 次,每次 10～15 min,每次 8～12 m³/亩。当芥蓝开始抽薹时,1 d 喷水 1 次,每次 10～15 min,每次 10～15 m³/亩,雨天注意开沟排水。

(2)追肥 定好苗后开始追肥,每亩人工追施有机肥 250 kg 或 20%腐熟液态粪肥 250 kg 或腐熟液态饼肥 15 kg,每隔 7～10 d,追肥 1 次。

(七)采收

1. 采收

主薹高度与外叶高度齐平时为采收适期,主薹粗度为 1.5 cm 左右,长度 15～20 cm,色泽青绿新鲜,薹叶细小,节间短,脆嫩不老。采收主薹时,用小刀在基部 5～7 片叶节处割下。当侧薹生长到 17～20 cm 时,应在第 1～2 节处割取侧薹,以后还可以生长多级侧薹,菜薹可延续采收 30～40 d。

2. 包装

采收后立即进行清洁,包装材料应符合国家卫生要求和相关规定。包装容器(箱、袋)清洁干净、牢固、透气、美观、无污染、无异味,包装有醒目的有机食品标志。运输时轻装、轻卸、严防机械损伤,运输工具需保持清洁、卫生。

(八)病虫害防治

1. 虫害防治

其主要虫害有蚜虫、蓟马、菜青虫、小菜蛾等。

(1)利用黄蓝板诱杀 将黄板挂在行间,高出植株顶部,每亩挂板 30～40 块,蓝板每亩挂板 25～30 块,当黄蓝板粘满害虫时进行更换,一般每茬更换一次。插入黄蓝板的时间和黄板的高度,应在菜地尚未出现蚜虫时插入为好,黄板高度应高于菜心植株 20～30 cm。

(2)利用频振杀虫灯诱杀 使用太阳能频振杀虫灯,整灯功率 18 W,单灯控制面积 49 hm²,两灯之间的距离为 150 m,灯距地面高为 1.5 m,设置自动开灯、关灯时间分别为晚上 8:00,早上 6:00。

(3)利用生物农药防治 鱼藤根 500 g,加水 5～6 kg 浸泡 24 h,中间搓揉 2～3 次,过滤即成乳白色浸出液,用其 100 倍液防治虫害。蚜虫用 3%除虫菊素 1 000 倍液,1.5～2.5 g/亩;曲古霉素 2 000 倍液,2.0～2.5 g/亩喷雾防治。在小菜蛾和菜青虫在低龄幼虫盛发期,用 0.5%印楝素杀虫剂,2.5～3.0 g/亩;苏云金杆菌可湿性粉剂 1 200 倍液,1.5～2.0 g/亩;苦皮藤素杀虫剂 200 倍液防治,100 mL/亩。

2. 病害防治

其主要病害有菌核病、霜霉病、软腐病等。在病害发生初期,及时摘除病叶,用 3%多抗霉素 100 倍液,75～100 g/亩;高渗乙蒜素(80%乙蒜素)2 000 倍液,1.5～2.5 g/亩防治。收获期最易发生软腐病,可用 72%农用链霉素 1 000 倍液,2.0～2.5 g/亩;新植霉素 400 倍液,15 g/亩喷雾防治。所用农药登记为准许有机生产使用。

(九)其他

对有机食品芥蓝生产过程建立田间技术档案,全面记载整个生产过程,并妥善保存。

五、有机食品 露地胡萝卜生产技术规程 DB64/T 1628—2019

(一)范围

本标准规定了宁夏有机露地胡萝卜生产的产地要求、栽培技术、田间管理、病虫草害防治、采收、包装运输及建立生产技术档案。

本标准适用于通过有机食品产地认证的宁夏地区露地有机胡萝卜的生产。

(二)规范性引用文件

下列文件对于本文件的应用是必不可少的。凡是注日期的引用文件,仅所注日期的版本适用于本文件。凡是不注日期的引用文件,其最新版本(包括所有的修改单)适用于本文件。

GB 3095—2012 环境空气质量标准。

GB 5084—2021 农田灌溉水质标准。

GB/T 19630—2019 有机产品 生产、加工、标识与管理体系要求。

NY 884—2012 生物有机肥。

NY/T 798—2015 复合微生物肥料。

(三)产地环境

有机生产基地应远离城区、工矿区、交通主干线、工业污染源、生活垃圾场等。新开荒的、长期撂荒的、长期按传统农业生产方式耕种的或有充分证据证明多年未使用禁用物质的农田,也应经过至少 24 个月的转换期。转换期内必须完全按照有机农业的要求进行管理。有机种植区与常规农用区之间应有缓冲带。保证有机种植区不受污染,防止临近常规地块的禁用物质的漂移。有机生产基地的环境质量应符合以下要求。

①农田灌溉用水水质应符合 GB 5084—2021 中的规定。

②环境空气质量应符合 GB 3095—2012 的二级标准。

(四)栽培技术

1. 品种

选用商品性好的品种,宜选择生长期短、冬性强、耐热性强的品种。种子质量达到二级以上标准,纯度为 95% 以上,种子来源与质量应符合 GB/T 19630—2019 的规定。

2. 整地施肥

选择排灌方便的沙壤土地块。深松施基肥,胡萝卜播种前撒施有机复合肥 3 000 kg/亩(应符合 NY 884—2012 的标准),将肥料施匀,翻入地中,地面整平。

3. 播种

(1)播种期 在当地胡萝卜最适宜的播种期为 7 月中旬至 8 月中旬。

(2)播种方式 胡萝卜一般为撒播,也可采用开沟条播,行距 15 cm 左右。撒播每亩用种量 1.5~2.0 kg,条播用量为 0.7~1.0 kg。为使种子播得均匀,可拌入种子量 3~4 倍的细土或砂子。播种后盖一层 1~2 cm 厚的细土,也可在畦面上盖一层薄稻草,以保持土壤湿润。如土壤墒情好,则不需浇水即可出苗;如播种后干旱,则需要浇水保证出苗。

(五)田间管理

1. 间苗、定苗

出苗后有 2～3 片真叶就应结合除草拔除过密的苗和弱苗。在幼苗有 5～6 片叶时,结合间苗开始定苗,苗距保持 10～15 cm,每亩栽 4 万～5 万株。

2. 肥水管理

水肥管理所用的肥料和灌溉水应符合 GB/T 19630—2019 中的规定。田间水分管理视苗情和墒情而定,播种后和幼苗期要保持土壤湿润。叶片生长旺盛期和肉质根初始肥大时,不能缺水,充分供给水分;久旱后切忌灌水过多,以防肉质根开裂,积水地要注意排水。胡萝卜除施足底肥外,应视苗情追 2～3 次肥。追施沼液复合微生物肥料(肥料应符合 NY/T 798—2015 中的标准,$N+P_2O_5+K_2O=6\%$,功能菌+沼液+氨基酸+腐殖酸+解淀粉芽孢杆菌≥0.5 亿/g,全生育期使用同种肥料)。将沼液复合微生物肥料溶于蓄水池,随水冲施。出苗后 20～25 d,即应追 1 次沼液复合微生物肥料,施肥 10 kg/亩,促进幼苗根系生长;定苗以后再追 1 次提苗肥,每亩施沼液复合微生物肥料 20 kg;当肉质根周长约为 4 cm 时,第 3 次施肥,每亩追施沼液复合微生物肥料 30 kg。

(六)病虫草害防治

1. 种类

胡萝卜害虫主要有菜青虫、剜心虫等;病害主要有黑腐病、软腐病、黑斑病等。

2. 防治方法

(1)杂草控制　杂草控制主要采用人工方法,夏、秋季杂草容易滋生,应及时拔除,否则影响胡萝卜生长。

(2)细菌性黑腐病　与豆科、葫芦科、茄科蔬菜等进行 2 年轮作,避免同科蔬菜连作。药剂防治办法为喷药 1:1:(250～300)倍波尔多液,15 g/亩喷雾防治或辣椒液、大蒜液防控。

(3)软腐病　新植霉素 400 倍液 15 g/亩喷雾防治。

(4)剜心虫、菜青虫　生物防治采用细菌杀虫剂 Bt 500～800 倍液喷雾防治。当菜青虫、剜心虫的为害影响产量时,可用 0.5% 苦参碱 800 倍液,70 mL/亩或 0.5% 印楝素 1 500 倍液,40 mL/亩等喷雾防控。使用制剂应符合 GB/T 19630—2019 要求的物质。

(七)采收

当胡萝卜肉质根充分膨大,叶片变黄时,即可采收。挖出后去掉叶片、根土进行分级包装。采收所用的用具必须洁净无污染,采收的胡萝卜必须盛装在清洁的容器中。对不同生产区的产品予以分装并用标签区别标记。采收后立即存放到预冷室。

(八)包装、贮藏和运输

包装、贮藏和运输应符合 GB/T 19630—2019 中的要求。

(九)建立生产记录档案

对有机食品胡萝卜生产过程建立生产记录档案。生产记录档案的记录应符合 GB/T 19630—2019 中的要求。

六、有机食品　露地芹菜生产技术规程 DB64/T 1629—2019

(一)范围

本标准规定了宁夏有机露地芹菜生产的产地要求、栽培技术、病虫草害防治、采收、包装运输及建立生产技术档案。

本标准适用于通过有机食品产地认证的宁夏地区有机芹菜露地生产。

(二)规范性引用文件

下列文件对于本文件的应用是必不可少的。凡是注日期的引用文件,仅所注日期的版本适用于本文件。凡是不注日期的引用文件,其最新版本(包括所有的修改单)适用于本文件。

GB 3095—2012 环境空气质量标准。

GB 5084—2021 农田灌溉水质标准。

GB/T 19630—2019 有机产品　生产、加工、标识与管理体系要求。

NY/T 798—2015 复合微生物肥料。

(三)产地环境

有机生产基地应远离城区、工矿区、交通主干线、工业污染源、生活垃圾场等。新开荒的、长期撂荒的、长期按传统农业生产方式耕种的或有充分证据证明多年未使用、禁用物质的农田,也应经过至少 12 个月的转换期。转换期内必须完全按照有机农业的要求进行管理。有机种植区与常规农用区之间应有缓冲带。保证有机种植区不受污染,防止临近常规地块的禁用物质的漂移。有机生产基地的环境质量应符合以下要求。

①农田灌溉用水水质应符合 GB 5084—2021 的规定。

②环境空气质量应符合 GB 3095—2012 的二级标准。

(四)栽培技术

1. 品种

选用商品性好的芹菜品种。种子纯度达到 95% 以上。种子来源与质量应符合 GB/T 19630—2019 中的规定。

2. 育苗

(1)育苗场地选择与准备　选用具有防虫网的网室内进行育苗。露地芹菜一般于 6 月下旬育苗,于 8 月下旬定植。采用穴盘育苗方法,使用的商品育苗基质应符合 GB/T 19630—2019 中的规定要求。

(2)播种

①播种前准备。播种前,种子采取温水浸种,进行种子筛选和消毒处理,去除干瘪残缺种子后,用 0.1% 高锰酸钾液浸种 20～30 min 后,捞出冲洗 3 遍。再将种子放入 50～55 ℃ 的温水中浸泡 12～24 h,种子充分吸水,然后除去种子上的黏液。捞出洗净,用干净的毛巾或纱布包好,置放于 15～20 ℃ 的阴凉处催芽。然后每天用清水冲洗 1 次,6～8 d 后,50% 以上种子胚根伸长,露出白芽即可播种。

②播种方法。选用 128 孔穴盘,调节基质含水量为 50%～70%,即用手紧握基质,有水印而不形成水滴,堆置 2～3 h,基质充分吸水。将基质装入穴盘,用刮板刮平。将穴盘平放在苗床,用 128 钉的打孔板一次性打孔,孔深 0.5 cm,每孔播种 1 粒。播种后覆盖一层干基质,并将多余的基质刮去。洒水,穴盘内基质充分吸水,覆盖透明地膜保湿、保温。

(3)苗期管理　出苗达 30% 以上揭开覆盖的地膜,采用通风、遮阳、浇水的方法来调节苗床温度,白天的苗床温度为 25～30 ℃,夜间的苗床温度为 15～20 ℃。播种后 30 d 左右逐渐加大穴盘间距,加强温室通风,降低温度,待幼苗长至 4～6 片真叶,苗高在 10 cm 以上时,即可定植。

3. 定植

(1)地块准备

①选地施基肥。选择排灌方便的壤土或沙壤土地块。深松施基肥,使用商品生物有机肥料,每亩施 3 000～4 000 kg,将肥料施匀,翻入地中,地面整平。

②整地覆膜。起垄,垄宽为 80～90 cm,高为 20 cm,垄间距为 30～40 cm。安装滴灌带及配套连接件,滴灌带沿垄面双行铺设,两滴灌带间距为 40 cm。覆膜,选用厚度为 1.2 mm,宽度 1.5 m 的黑色地膜,由垄的两头将地膜拉紧,地膜覆盖全部垄面与垄侧面,两侧用土压实。

(2)移栽　穴栽,行距为 20 cm,株距为 15 cm,植株距滴管带为 10 cm,每畦四行定植,"品"字形栽培。移栽时先挖穴、取苗、移栽、穴浇定植水,选阴天或多云天定植。栽时以埋住芹菜根茎为宜,覆土压实。栽植过深,缓苗慢,成活率低。全部栽完后滴灌一次,栽后 2～3 d 及时补苗,每亩保苗 18 000～20 000 株。

4. 田间管理

水肥管理所用的肥料和灌溉水应符合 GB/T 19630—2019 中的规定。

(1)水分管理　视苗情和墒情而定,定植后 10～15 d 滴灌 1 次,每亩 10 m³/次。

(2)施肥管理　施用复合微生物沼液肥料(肥料应符合 NY/T 798—2015 的标准,N＋P_2O_5＋K_2O＝6%,功能菌＋沼液＋氨基酸＋腐殖酸＋解淀粉芽孢杆菌≥0.5 亿/g,全生育期使用同种肥料)。随水冲施,将复合微生物沼液肥料溶于蓄水池。定植后 10 d 左右,追施第 1 次肥,每亩施肥 10 kg,之后每隔 25～30 d,追施 1 次,每亩施肥 15 kg。

(五)病虫草害防治

病虫草害防治的基本原则是综合运用各种防治措施,创造不利于病虫草害滋生和有利于各类天敌繁衍的环境条件。优先采用农业措施进行防治,选用抗病抗虫品种,非化学药剂处理种子。加强栽培管理,利用轮作等措施防治病虫草害。适时配合机械、人工和物理措施,防治病虫草害,如用黑光灯诱杀蚜虫、机械和人工除草。当以上方法不能有效控制病虫草害时,应使用符合 GB/T 19630—2019 有机产品中允许的物质进行病虫草害的防治。

1. 种类

病害有斑枯病、叶斑病、病毒病、软腐病;虫害主要为蚜虫。

2. 防治技术

(1)叶斑病　配制 1:0.5:200 波尔多液＋0.1% 硫黄粉喷雾防治。

(2)病毒病　配制浓度为 0.5％的辣椒汁喷雾防治。

(3)蚜虫　黄板诱杀(每亩用 25～30 块,每 30～45 d 换 1 次,挂置高度略高于植株10～20 cm)或 0.3％苦参碱 800～1 000 倍液喷雾。

(六)采收

芹菜在定植后 50～60 d,叶柄长度达 60～80 cm 后即可掰叶采收。采收一般在旺盛生长期进行。不可收获过晚,否则养分易向根部输送,造成产量和品质下降。采收无病害植株,注意防风、防阳光、防挤压,采收后立即存放到预冷室。

(七)包装、贮藏和运输

包装、贮藏和运输应符合 GB/T 19630—2019 的要求。

(八)建立生产记录档案

对有机食品芹菜生产过程建立生产记录档案。生产记录档案的记录应符合 GB/T 19630—2019 中的要求。

[1] 鲍士旦,2000. 土壤农化分析. 3 版. 北京:中国农业出版社.

[2] 卞有生,2000. 生态农业中废弃物的处理与再生利用. 北京:化学工业出版社.

[3] 蔡军,2015. 茄果类蔬菜废弃物资源养分研究. 北方园艺(7):20-23.

[4] 蔡伟,2012. 植物源农药苦参生物杀虫剂的研究进展. 中药材,19:51-53.

[5] 蔡文婷,朱保宁,李兵,等,2012. 果蔬废物 CSTR-ASBR 强化酸化分相厌氧消化产气性能研究. 中国沼气,30(6):23-27.

[6] 曹卫东,黄鸿翔,2009. 关于我国恢复和发展绿肥若干问题的思考. 中国土壤与肥料, (4):1-3.

[7] 曹文,2000. 绿肥生产与可持续农业发展. 中国人口资源与环境,10(专刊):106-107.

[8] 常瑞雪,2017. 蔬菜废弃物超高温堆肥工艺构建及其过程中的氮素损失研究. 北京:中国农业大学.

[9] 陈德辉,张玉华,陈长铭,等,2006. 有机液肥在茄果类蔬菜上的应用. 安徽农业科学,34(6):1176-1177.

[10] 陈广银,曹杰,叶小梅,等,2015. pH 调控对秸秆两阶段厌氧发酵产沼气的影响. 生态环境学报(2):336-342.

[11] 陈汉才,李桂花,廖森泰,2010. 农业废弃物无害化处理技术规范. 广东农业科学,8:222-229.

[12] 陈静静,李建华,Takahashi J,等,2016. 蔬菜废弃物资源化利用——生产乳牛混合饲料. 中国科技信息(19):82-84.

[13] 陈同斌,黄启飞,高定,等,2002. 城市污泥好氧堆肥过程中积温规律的探讨. 生态学报, 22(6):911-915.

[14] 陈晓丽,张馨,杨子强,等,2018. 有色膜覆盖对紫苏生长及叶片矿质含量的影响. 中国农业气象,39(2):100-107.

[15] 陈艳丽,李绍鹏,高新生,等,2010. 椰糠在不同氮源发酵过程中养分变化规律的研究. 热带作物学报,31(4):525-529.

[16] 陈义岗,吴鑫,2011. 柠条饲料利用技术的研究. 中国畜牧兽医文摘(2):137-138.

[17] 陈英达,黄巨涛,林强,等,2018. 关系型数据库逻辑设计规范研究. 微型电脑应用,34(6):1-2,7.

[18] 陈玉良,冯恭衍,李益,1998. 灌溉液的 pH、EC 值及灌溉量对温室黄瓜无土栽培的影响

初探. 上海蔬菜(4):39-40.

[19]陈智远,石东伟,王恩学,等,2010.农业废弃物资源化利用技术的应用进展.中国人口·资源与环境,20(12):112-116.

[20]程斐,孙朝晖,赵玉国,等,2001.芦苇末有机栽培基质的基本理化性能分析.南京农业大学学报,24(3):19-22.

[21]崔元玗,张升,孙晓军,等,2012.棉花秸秆为蔬菜栽培基质的可行性研究.北方园艺,19:37-38.

[22]代学民,龚建英,南国英,2015.辣椒秧—玉米秸秆高温堆肥无害化研究.河南农业科学,44(2):66-70.

[23]单晓菊,邱明磊,陶遵威,2011.苦豆子化学成分及药理研究进展.中国中医药信息杂志(3):82-90.

[24]狄文伟,赵瑞,张婷,等,2008.基于椰糠的基质配比对袋培黄瓜生长的影响.湖北农业科学,47(4):440-442.

[25]丁京涛,沈玉君,孟海波,等,2016.沼渣沼液养分含量及稳定性分析.中国农业科技导报,18(4):139-146.

[26]董玲娜,2013.(氧化)苦参碱与去甲乌药碱药代动力学特征与代谢机理.广东:南方医科大学.

[27]董晓宇,孙守如,杨秋生,等,2008.碳氮比和碳源配比对玉米秸基质发酵效果的影响.河南农业大学学报,2(42):167-169.

[28]杜鹏祥,韩雪,高杰云,等,2015.我国蔬菜废弃物资源化高效利用潜力分析.中国蔬菜,1(7):15-20.

[29]范蓓蓓,2015.浓缩沼液的配方有机液肥开发研究.杭州:浙江大学.

[30]范双喜,2003.不同营养液浓度对莴苣生长特性的影响.园艺学报,30(2):152-156.

[31]冯海萍,郭文忠,曲继松,等,2010.不同营养液对辣椒柠条基质栽培产量和品质的影响.北方园艺(5):153-155.

[32]冯海萍,曲继松,郭文忠,等,2010.不同栽培方式下樱桃番茄基质栽培试验及效益分析.北方园艺(7):38-39.

[33]冯海萍,曲继松,郭文忠,等,2010.基于发酵柠条为栽培基质对樱桃番茄产量及品质的初步研究.北方园艺(3):22-24.

[34]冯海萍,曲继松,杨冬艳,等,2014.C/N比对枸杞枝条基质化发酵堆体腐熟效果的影响.新疆农业科学,51(6):1112-1118.

[35]冯海萍,曲继松,杨志刚,等,2015.氮源类型与配比对柠条粉基质化发酵品质的影响.农业机械学报,46(5):192-199.

[36]冯海萍,杨志刚,杨冬艳,等,2015.枸杞枝条最优基质化发酵工艺及参数优化.农业工程学报,31(5):252-260.

[37]付胜涛,2005.厌氧消化工艺处理水果蔬菜废弃物的研究进展.中国沼气,23(4):18-21.

[38]付卫民,2012.有色膜覆盖对心里美萝卜生理特性及品质的影响.泰安:山东农业大学.

[39] 盖钧镒,2000. 试验统计方法. 北京:中国农业出版社.

[40] 高红英,李国玉,王航宇,等,2011. 新疆苦豆子种子中生物碱类化学成分的研究. 石河子大学学报(自然科学版),29(1):145-150.

[41] 高树维,张立文,李国平,等,2006. 液体有机肥在水稻栽培上的应用效果研究. 安徽农学通报,12(8):93.

[42] 高优娜,常金宝,周闯,2011. 柠条的营养成分动态变化分析. 北方环境(Z1):41-43.

[43] 高正伟,邵阳,胡维军,等,2011. 甜樱桃树喷施海藻液体有机液体肥试验. 山东林业科技,5:45-46.

[44] 龚梦璧,韩建秋,2012. 不同配比基质物理性状及其对青菜种子萌发特性的影响. 安徽农业科学,40(16):8860-8862.

[45] 郭徽,2009. 高效液体肥的开发与研究. 郑州:郑州大学.

[46] 郭世荣,2005. 固体栽培基质研究、开发现状及发展趋势. 农业工程学报,21(S2):1-4.

[47] 郭薇,2019. "互联网＋"环境下企业信息管理创新模式研究. 情报科学(1):63-67.

[48] 郭云周,尹小怀,王劲松,等,2010. 翻压等量绿肥和化肥减量对红壤旱地烤烟产质量的影响. 云南农业大学学报,25(6):811-816.

[49] 韩奎华,路春美,等,2004. 贫煤和无烟煤及混煤燃烧硫析出特性研究. 煤炭转化,27(4):42-45.

[50] 韩雪,常瑞雪,杜鹏祥,等,2015. 不同蔬菜种类的产废比例及性状分析. 农业资源与环境学报(4):377-382.

[51] 郝永娟,刘春艳,王勇,等,2007. 设施蔬菜连作障碍的研究现状及综合调控. 中国农学通报,23(8):396-398.

[52] 何诗行,何堤,许春林,等,2017. 岩棉短程栽培模式中营养液对番茄生长及果实品质的影响. 农业工程学报,33(18):188-195.

[53] 何向飞,张梁,石贵阳,2008. 利用溶氧控制策略进行高密度和高强度乙醇发酵的初步研究. 食品与发酵工业,34(1):20-23.

[54] 何禹,李延国,李建军,等,2012. 连续生产堆肥茶设备的研究. 吉林农业(10):119.

[55] 何宗均,梁海恬,李峰,等,2016. 蔬菜废弃物腐熟基质对番茄育苗效果的影响. 天津农业科学,22(8):32-34.

[56] 贺满桥,2012. 蘑菇栽培废弃物的生物转化及在蔬菜育苗基质中应用. 杭州:浙江大学.

[57] 黄鼎曦,陆文静,王洪涛,2002. 农业蔬菜废物处理方法研究进展和探讨. 环境工程学报,3(11):38-42.

[58] 黄懿梅,苟春林,梁军峰,2008. 两种添加剂对牛粪秸秆堆肥化中氮素损失的控制效果探讨. 农业环境科学学报,27(3):1219-1225.

[59] 黄月香,LIU Li,培尔顿,等,2008. 北京市蔬菜农药残留及蔬菜生产基地农药使用现状研究. 中国食品卫生杂志,20(4):319-321.

[60] 惠琴,杭怡琼,陈谊,2001. 稻草秸秆中木质素、纤维素测定方法的研讨. 上海畜牧兽医通讯(2):15-16.

[61] 霍培书,陈雅娟,程旭艳,等,2013. 添加 VT 菌剂和有机物料腐熟剂对堆肥的影响. 环境工程学报,7(6):2339-2343.

[62] 籍秀梅,孙治强,2001. 锯末基质发酵腐熟的理化性质及对辣椒幼苗生长发育的影响. 河南农业大学学报,1(35):66-69.

[63] 贾丽娟,俞芳,宁平,等,2014. 温度底物浓度和微量元素对牛粪厌氧发酵产沼气的影响. 农业工程学报,30(22):260-266.

[64] 江笑丹,李萍萍,王纪章,2012. 青玉米秸秆堆制发酵及用作栽培基质的研究. 江苏农业科学,40(6):264-266.

[65] 蒋卫杰,刘伟,郑光华,2001. 蔬菜无土栽培新技术. 北京:金盾出版社.

[66] 蒋卫杰,杨其常,2008. 小康之路·无土栽培特选项目与技术. 北京:科学普及出版社.

[67] 焦彬,1986. 中国绿肥. 北京:中国农业出版社.

[68] 金永奎,易明珠,颜爱忠,2016. 高效节水灌溉自动控制模式研究及应用. 中国农机化学报,37(5):253-257.

[69] 靳红梅,常志州,叶小梅,等,2011. 江苏省大型沼气工程沼液理化特性分析. 农业工程学报,27(1):291-296.

[70] 靳志勇,刘娜,艾希珍,等,2015. 不同棚膜覆盖对秋季青花菜生长及品质的影响. 北方园艺(3):56-59.

[71] 康丽敏,2015. 不同复合基质的理化特性及其对温室番茄果实品质和产量的影响. 河南农业科学,44(3):108-110.

[72] 李成学,郭建芳,何忠俊,等,2011. 微生物菌剂对油枯堆肥过程中理化性质的影响研究·农业环境科学学报,30(2):389-394.

[73] 李承强,魏源送,樊耀波,1999. 堆肥腐熟度的研究进展. 环境科学进展,6(7):1-12.

[74] 李程,冯志红,李丁任,2002. 蔬菜无土栽培发展现状及趋势. 北方园艺(6):9-11.

[75] 李东坡,武志杰,梁成华,2004. 日光温室土壤生态环境特点与调控. 生态学杂志,23(5):192-197.

[76] 李光义,李勤奋,张晶元,2011. 木薯茎秆基质化的堆肥工艺及评价. 农业工程学报,27(1):320-325.

[77] 李国学,李玉春,李彦富,2003. 固体废弃物堆肥化及堆肥添加剂研究进展. 农业环境科学学报,22(2):252-256.

[78] 李国学,张福锁,2000. 固体废物堆肥化与有机复混肥生产. 北京:化学工业出版社.

[79] 李海玲,陈丽华,相吉山,等,2015. 一种提高小麦秸秆和白菜尾菜蛋白含量的方法. 中国:104770560A.

[80] 李海云,孟凡珍,张复君,等,2005. 不同秸秆基质的腐熟. 北方园艺,15(6):49-52.

[81] 李吉进,邹国元,孙钦平,2012. 蔬菜废弃物沤制液体有机肥的理化性状和腐熟特性研究. 中国农学通报,28(13):264-270.

[82] 李金文,沈根祥,钱晓雍,等,2016. 蔬菜初级加工废弃物产生现状与实证分析:以上海市为例. 中国农业资源与区划,37(11):87-91.

[83] 李俊,刘李峰,张晴,2009. 餐厨废弃物用作动物饲料国内外经验及科研进展. 饲料工业,30(21):54-57.

[84] 李敏,王海星,2012. 农业废弃物综合利用措施综述. 中国人口·资源与环境,141(S1):37-39.

[85] 李培之,2017. 寿光蔬菜废弃物处理措施与成效. 中国蔬菜,1(3):13-15.

[86] 李鹏,张俊飚,2013. 农业生产废弃物循环利用绩效测度的实证研究:基于三阶段DEA模型的农户基质化管理. 中国环境科学,33(4):754-761.

[87] 李萍萍,毛罕平,王多辉,等,1998. 苇末菇渣在蔬菜基质栽培中的应用效果. 中国蔬菜,24(5):10-11.

[88] 李谦盛,郭世荣,李式军,2002. 利用工农业有机废弃物生产优质无土栽培基质. 自然资源学报,17(4):515-519.

[89] 李谦盛,裴晓宝,郭世荣,等,2003. 复配对芦苇末基质物理性状的影响. 南京农业大学学报,26(3):23-26.

[90] 李谦盛,2003. 芦苇末基质的应用基础研究及园艺基质质量标准的探讨. 南京:南京农业大学.

[91] 李瑞琴,于安芬,白滨,等,2016. 蔬菜废弃物栽培基质对番茄生长发育和营养品质的影响. 水土保持通报,36(2):110-114.

[92] 李少明,汤利,范茂攀,等,2008. 不同微生物腐熟剂对烟草废弃物高温堆肥腐熟进程的影响. 农业环境科学报,27(2):783-786.

[93] 李省,赵升吨,贾良肖,等,2014. 有机肥好氧发酵原理及工艺合理性探讨. 现代农业科技(16):186-188.

[94] 李天林,沈兵,李红霞,1999. 无土栽培中基质培选料的参考因素与发展趋势(综述). 石河子大学学报(自然科学版),3(3):250-258.

[95] 李廷轩,张锡洲,王昌全,等,2001. 保护地次生盐渍化研究进展. 西南农业学报,14(增刊):103-107.

[96] 李衍素,于贤昌,2018. 我国蔬菜绿色发展"4H"理念. 中国蔬菜(6):5-8.

[97] 李艳霞,王敏健,王菊思,等,2000. 固体废弃物的堆肥化处理技术. 环境工程学报,1(4):39-45.

[98] 李扬,李彦明,2015. 蔬菜废弃物的堆肥化处理技术研究进展. 北方园艺(19):180-184.

[99] 李祎雯,曲英华,徐奕琳,等,2012. 不同发酵原料沼液的养分含量及变化. 中国沼气,30(3):17-20.

[100] 李银平,2009. 绿肥压青对连作棉田土壤肥力及棉花产量的影响. 乌鲁木齐:新疆农业大学.

[101] 李友丽,郭文忠,马丽,等,2017. 有机紫薯水肥一体化栽培技术. 农业工程技术,37(7):20-23.

[102] 李友丽,郭文忠,赵倩,等,2017. 基于水分、电导率传感器的黄瓜有机栽培灌溉决策研究. 农业机械学报,48(6):263-270.

[103] 李友丽,郭文忠,赵倩,等,2017. 设施黄瓜基质栽培有机营养液高效管理装备及技术. 蔬菜(5):68-72.

[104] 李友丽,李银坤,郭文忠,等,2016. 有机栽培水肥一体化系统设计与试验. 农业机械学报,47(S1):273-279.

[105] 连兆煌,李式军,1994. 无土栽培原理与技术. 北京:中国农业出版社.

[106] 林剑,郑舒文,徐世艾,等,2003. 搅拌与溶氧对黄原胶发酵的影响. 中国食品添加剂(2):63-65.

[107] 刘安辉,李吉进,孙钦平,等,2011. 蔬菜废弃物沤肥在油菜上应用的产量、品质及氮素效应. 中国农学通报,27(10):224-229.

[108] 刘超杰,郭世荣,王长义,等,2010. 混配醋糟复合基质对辣椒幼苗生长的影响. 园艺学报,37(4):559-566.

[109] 刘超杰,王吉庆,王芳,2005. 不同氮源发酵的玉米秸基质对番茄育苗效果的影响. 农业工程学报,21(2):162-164.

[110] 刘芳,邱凌,李自林,等,2013. 蔬菜废弃物厌氧发酵产气特性. 西北农业学报,22(10):162-170.

[111] 刘广民,董永亮,薛建良,等,2009. 果蔬废弃物厌氧消化特征及固体减量研究. 环境科学与技术,32(3):27-30.

[112] 刘国顺,罗贞宝,王岩,等,2006. 绿肥翻压对烟田土壤理化性状及土壤微生物量的影响. 水土保持学报,20(1):95-98.

[113] 刘凯,郁继华,颉建明,等,2011. 不同配比的牛粪与玉米秸秆对高温堆肥的影响. 甘肃农业大学学报,2(1)82-84.

[114] 刘荣厚,王远远,孙辰,等,2008. 蔬菜废弃物厌氧发酵制取沼气的试验研究. 农业工程学报,24(4):209-213.

[115] 刘荣厚,王远远,孙辰,2009. 温度对蔬菜废弃物沼气发酵产气特性的影响. 农业机械学报,40(9):116-121.

[116] 刘士哲,1994. 蔗渣作蔬菜工厂化育苗基质的生物处理与施肥措施研究. 华南农业大学学报,18(4):86-90.

[117] 刘松毅,李伟,李文进,等,2013. 厌氧发酵生物技术处理果蔬废弃物分析及展望:基于北京新发地农产品批发市场的调查. 农业展望,9(10):58-61.

[118] 刘兴法,2002. 蔬菜无土栽培现状及前景. 土壤肥料,148(6):24-25.

[119] 刘永河,2002. 泥炭栽培基质是欧洲可持续园艺业的前提. 腐殖酸(4):38-42.

[120] 刘张垒,吴帼秀,朱帅,等,2015. 有色膜覆盖对大棚夏秋黄瓜产量和品质的影响. 西北农业学报,24(1):109-114.

[121] 刘振东,李贵春,杨晓梅,等,2012. 我国农业废弃物资源化利用现状与发展趋势分析. 安徽农业科学,40(26):13068-13070.

[122] 卢萍,单玉华,杨林章,等,2006. 绿肥轮作还田对稻田土壤溶液氮素变化及水稻产量的影响. 土壤,38(3):270-275.

[123] 鲁如坤,2000. 土壤农业化学分析方法. 北京:中国农业出版社.

[124] 吕丰秀,2018. 计算机通信技术在信息管理系统中的应用. 电子技术与软件工程 (23):33.

[125] 罗泉达,2008. C/N 比值对猪粪堆肥腐熟的影响. 闽西职业技术学院学报,10(1): 113-115.

[126] 马秀明,程智慧,李晨晔,等,2017. 叶面喷施不同植物废弃物堆肥茶对黄瓜生长及产量 的影响. 中国蔬菜(4):37-43.

[127] 马艳,李艳霞,常志州,等,2010. 有机液肥的生物学特性及对黄瓜和草莓土传病害的防 治效果. 中国土壤与肥料(5):71-76.

[128] 毛羽,张无敌,2004. 菠菜叶秆厌氧发酵产气潜力的研究. 农业与技术,24(2):38-41.

[129] 牛明芬,王昊,庞小平,等,2010. 玉米秸秆的粒径与投加量对猪粪好氧堆肥的影响. 环 境科学与技术,(S2):159-161.

[130] 潘福霞,鲁剑巍,刘威,等,2011. 不同种类绿肥翻压对土壤肥力的影响. 植物营养与肥 料学报(6):1359-1364.

[131] 彭靖,2009. 对我国农业废弃物资源化利用的思考. 生态环境学报,18(2):794-798.

[132] 朴哲,崔宗林,苏宝林,2001. 高温堆肥的生物化学变化特征及植物抑制物质的降解规 律. 农业环境保护,20(4):206-209.

[133] 戚如鑫,魏涛,王梦芝,等,2018. 尾菜饲料化利用技术及其在畜禽养殖生产中的应用. 动物营养学报(4):1297-1302.

[134] 齐龙波,周卫军,郭海彦,等,2008. 覆盖和间作对亚热带红壤茶园土壤磷营养的影响. 中国生态农业学报,16(3):593-597.

[135] 乔俊,颜廷梅,薛峰,等,2011. 太湖地区稻田不同轮作制度下的氮肥减量研究. 中国生 态农业学报,19(1):24-31.

[136] 秦莉,沈玉君,李国学,等,2009. 不同 C/N 比对堆肥腐熟度和含氮气体排放变化的影 响. 农业环境科学学报,28(12):2668-2673.

[137] 邱凌,卢旭珍,王兰英,等,2005. 日光温室生产废弃物厌氧发酵特性初探. 中国沼气, 23(2):30-32.

[138] 曲继松,冯海萍,王彩玲,等,2010. 柠条粉基质栽培对番茄产量和品质的影响. 长江蔬 菜(学术版)(2):63-64.

[139] 曲继松,郭文忠,张丽娟,等,2010. 柠条粉作基质对西瓜幼苗生长发育及干物质积累的 影响. 农业工程学报,12(8):4-8.

[140] 全国土壤普查办公室. 1998. 中国土壤. 北京:中国农业出版社.

[141] 茹菁宇,尹雯,王家强,等,2007. 农田秸秆高温好氧堆肥试验研究. 可再生能源,25 (2):37-40.

[142] 尚秀华,2007. 木屑与稻壳基质化腐熟技术研究. 北京:中国林业科学研究院.

[143] 申海玉,杨利,韩超,等,2016. 西兰花茎叶粉饲料化应用对雏鸭消化性能的影响. 凯里 学院学报,34(3):70-73.

［144］申勋宇,黄昊飞,2015. 以废弃水稻秸秆为原料制备氢气试验研究. 农机化研究 (12):251-253.

［145］施启荣,孟凡磊,陈泉生,2016. 蚯蚓有机液肥在青菜上的应用试验. 上海蔬菜(1): 65-66.

［146］史雅娟,杨林书,李国学,2002,沼气发酵残余物对减少叶菜硝酸盐积累的影响研究. 中国生态农业学报,10(4):58-61.

［147］宋丽,2010. 蔬菜废物两级强化水解厌氧消化实验研究. 北京:北京化工大学.

［148］宋亚楠,宋梓梅,裴梦富,等,2018. 蔬菜类废弃物甲烷发酵的产气潜能及过程特征. 环境工程学报(2):645-653.

［149］宋玉晶,柴立平,2018. 我国蔬菜废弃物综合利用模式分析:以寿光为例. 中国蔬菜 (1):12-17.

［150］孙晨晨,吴春涛,孙胜楠,等,2017. 有色膜覆盖对春大白菜光合特性及产量的影响. 园艺学报,44(11):2099-2108.

［151］孙军利,赵宝龙,蒋卫杰,等,2006. 不同施肥对日光温室春茬黄瓜生长、产量和品质影响. 石河子大学学报(自然科学版),24(6):689-693.

［152］孙宁,王飞,孙仁华,等,2016. 国外农作物秸秆主要利用方式与经验借鉴. 中国人口资源与环境(S1):469-474.

［153］孙钦平,李吉进,刘本生,等,2011. 沼液滴灌技术的工艺探索与研究. 中国沼气,29 (3):24-27.

［154］孙晓华,罗安程,仇丹,2004. 微生物接种对猪粪堆肥发酵过程的影响. 植物营养与肥料学报,10(5)557-559.

［155］孙治强,赵永英,倪相娟,2003. 花生壳发酵基质对番茄幼苗质量的影响. 华北农学报, 18(4):86-90.

［156］田本志,赵奇,胡兰,等,2009. 生物农药2%苦参碱水剂对菜青虫的防治效果. 世界农药,6(31):34-36.

［157］田发明,2013. 光环境对甜椒生长产量及生理代谢的影响. 泰安:山东农业大学.

［158］田久东,陈达,于继英,等,2017. 几种茎叶蔬菜饲用固体发酵菌种研究进展. 饲料广角 (8):34-37.

［159］万述伟,张守才,赵明,等,2013. 豆粕有机肥与化肥配施对大棚春黄瓜产量品质和土壤肥力的影响. 中国农学通报,29(31):188-193.

［160］万小春,张玉华,高新星,等,2008. 农村有机生活垃圾和秸秆快速好氧发酵技术参数研究. 农业工程学报,24(4):214-217.

［161］汪汇海,李德厚,2005. 滇南热区优良绿肥饭豆栽培及其利用研究. 中国生态农业学报,13(3):127-129.

［162］汪季涛,朱世东,胡克玲,等,2006. 油菜秸秆适宜发酵条件研究. 中国农学通报,12 (22):373-376.

［163］汪开英,张匀,朱晓莲,2005. 畜禽废弃物的基质化处理研究. 浙江大学学报(农业与生

命科学版),31(5):598-602.

[164] 汪羽宁,2010. 控制灌溉的土壤水分探头合理埋设深度研究. 杨陵:西北农林科技大学.

[165] 王波,2003. 秸秆型栽培基质的理化特性及其对黄瓜产量、品质的影响. 长春:吉林农业大学.

[166] 王丹英,彭建,徐春梅,等,2011. 油菜作绿肥还田的培肥效应及对水稻生长的影响. 中国水稻科学,26(1):85-91.

[167] 王丁,2007. 柠条饲料化开发利用试验研究. 杨凌:西北农林科技大学.

[168] 王辉,晋小军,赵洁,等,2012. 蔬菜废弃物不同堆制方法对微生物数量的影响. 中国土壤与肥料(4):84-86.

[169] 王久兴,王子华,贺桂欣,等,2009. 蔬菜无土栽培实用新技术. 北京:中国农业大学出版社.

[170] 王丽英,吴硕,张彦才,等,2014. 蔬菜废弃物堆肥化处理研究进展. 中国蔬菜,1(6):6-12.

[171] 王秀满,边金刚,宁淑兰,等,2002. 饲料中添加苦参对育肥猪增重效果的影响. 畜牧与兽医,34(17):29-31.

[172] 王亚利,杨光,熊才耘,等,2017. 蔬菜废弃物蚯蚓堆肥对鸡毛菜生长的影响. 农业环境科学学报,36(10):2129-2135.

[173] 王延军,宗良纲,李锐,等,2008. 有机栽培和常规栽培水稻体系土壤酶及微生物量的比较研究. 中国生态农业学报16(1):47-51.

[174] 王雁丽,杨如达,2004. 浅谈西部地区柠条资源的开发利用. 中国西部科技,(11):71-73.

[175] 王岳,2015. 固态发酵豆粕制备氨基酸复合肥的工艺研究. 青岛:中国海洋大学.

[176] 王子臣,梁永红,盛婧,等,2016. 稻田消解沼液工程措施的水环境风险分析. 农业工程学报(5):213-220.

[177] 卫功元,王大慧,陈坚,等,2007. 不同溶氧控制方式下的谷胱甘肽分批发酵过程分析. 化工学报(9):2330-2332.

[178] 温学飞,魏耀峰,吕海军,等,2005. 宁夏柠条资源可持续利用的探讨. 西北农业学报,14(5):177-181.

[179] 吴金水,林启美,黄巧云,等,2006. 土壤微生物生物量测定方法及其应用. 北京:气象出版社.

[180] 吴萍萍,刘金剑,周毅,等,2008. 长期不同施肥制度对红壤稻田肥料利用率的影响. 植物营养与肥料学报,14(2):277-283.

[181] 吴小武,刘荣厚,2011. 农业废弃物厌氧发酵制取沼气技术的研究进展. 中国农学通报,27(26):227-231.

[182] 伍琪,甘福丁,曾广宇,等,2015. 锯末基质堆腐及其对油茶苗生长的影响. 林业科技开发,29(5):40-44.

[183] 席北斗,李英军,刘鸿亮,等,2005. 温度对生活垃圾堆肥效率的影响. 环境污染治理技术技术与设备,6(7):33-36.

[184] 席旭东,晋小军,张俊科,2010. 蔬菜废弃物快速堆肥方法研究. 中国土壤与肥料(3):62-66.

[185] 夏炜林,黄宏坤,漆智平,等,2006. 不同堆肥方式对奶牛粪便处理效果的试验研究. 农业工程学报,22(S2):215-219.

[186] 夏炜林,2007. 不同堆肥方式处理奶牛粪便的效果及其对小油菜品质影响. 儋州:华南热带农业大学.

[187] 谢勇,乐素菊,2007. 不同配方营养液对小白菜产量及品质的影响. 园艺园林科学(5):23.

[188] 熊棣文,解娟,吴正亮,等,2011. 沼液无害化处理与利用成套设备工艺技术. 南方农业,5(3):5-9.

[189] 徐兵划,钱春桃,陶启威,等,2016. 蔬菜废弃物液体有机肥对小麦产量的影响. 大麦与谷类科学,34(2):40-42.

[190] 徐大兵,田亨达,张丽,等,2009. 用于液体肥料的堆肥浸提液提取工艺参数. 植物营养与肥料学报,15(5):1189-1195.

[191] 徐刚,2003. 瓜果类蔬菜有机基质栽培技术研究. 南京农专学报(3):28-32.

[192] 徐惠风,刘兴土,2003. 向日葵叶片叶绿素和比叶重及其产量研究. 农业系统科学与综合研究,19(2):97-100.

[193] 徐建生,许庆胜,刘邦贞,等,2013. 沼肥用于井冈蜜柚生产效果初报. 现代园艺(17):12.

[194] 徐静,梁林洲,董晓英,等,2013. 4种有机肥源的堆肥茶生物化学性质及对番茄苗期生长的影响. 江苏农业科学,41(10):289-292.

[195] 徐路魏,王旭东,2016. 生物质炭对蔬菜废弃物堆肥化过程氮素转化的影响. 农业环境科学学报,35(6):1160-1166.

[196] 徐路魏,杨艳,张阿凤,等,2016. 蔬菜废弃物和小麦秸秆对堆肥过程中温室气体排放的影响. 环境科学研究,29(10):1546-1553.

[197] 徐祥玉,王海明,袁家富,等,2009. 不同绿肥对土壤肥力质量及其烟叶产质量的影响. 中国农学通报(13):58-61.

[198] 徐永刚,宇万太,马强,等,2010. 不同施肥制度下潮棕壤氮素功能群活性的研究. 水土保持学报,24(3):160-163.

[199] 徐智,汤利,李少明,等,2006. 微生物菌剂福贝对西番莲果渣高温堆肥过程中氮变化的影响. 农业环境科学学报,25(增刊):621-624.

[200] 许建平,徐瑞国,施振云,等,2004. 水稻-绿肥(蚕豆)轮作减少氮化肥用量研究. 上海农业学报,24(4):86-89.

[201] 闫爱博,李淑芹,钟子楠,等,2009. 温度及调理剂对模拟猪粪堆肥过程中 CO_2 释放规律的影响. 东北农业大学学报,40(4):45-47.

[202] 阎宏任,万哲,刘红霞,2009. 枸杞生产加工废弃物饲用价值评价. 饲料工业,30(23):46-47.

[203] 杨富民,张克平,杨敏,2014. 3 种尾菜饲料化利用技术研究. 中国生态农业学报,22(4):491-495.

[204] 杨桂苹,1997. 骨粉营养成分的分析,分析检测,6:41-43.

[205] 杨国义,夏钟文,李芳柏,等,2003. 不同通风方式对猪粪高温堆肥氮素和碳素变化的影响. 农业环境科学学报,22(4):463-467.

[206] 杨渼然,马兆红,司智霞,2016. 山东寿光设施蔬菜土壤修复对策与实例. 中国蔬菜(6):1-5.

[207] 杨鹏,朱岩,杜连柱,等,2013. 蔬菜废弃物好氧发酵腐殖液肥料化试验. 农业机械学报,44(12):164-168.

[208] 杨世民,朱果利,1996. 生菜无土栽培营养液配方的优选. 四川农业大学学报,1(44):501-504.

[209] 杨晓晖,王葆芳,2005. 乌兰布和沙漠东北缘三种豆科绿肥植物生物量及其对土壤肥力的影响. 生态学杂志,24(10):1134-1138.

[210] 杨玉爱,1996. 我国有机肥料研究及展望. 土壤学报,33(4):414-421.

[211] 杨志刚,2011. 灌水下限与嫁接方式对温室黄瓜生长及水分利用效率的影响. 呼和浩特:内蒙古农业大学.

[212] 于君宝,刘景双,王金达,等,2003. 典型黑土 pH 变化对营养元素有效态含量的影响研究. 土壤通报,34(5):404-407.

[213] 余徐润,郝志敏,潘晓花,等,2012. 苦豆子新型饲料的开发应用与研究. 广东饲料,1:78-81.

[214] 喻晓,冯其林,项昌全,1998. 有机垃圾快速无臭化发酵菌筛选及中试研究. 环境卫生工程,6(3):88-98.

[215] 原程,庄志群,杨凤娟,等,2014. 有色膜对茄子幼苗品质的影响. 西北农业学报,23(3):159-163.

[216] 曾辰,邵明安,2006. 黄土高原水蚀风蚀交错带柠条幼林地土壤水分动态变化. 干旱地区农业研究,24(6):155-158.

[217] 翟修彩,刘明,李忠佩,等,2012. 不同添加剂处理对水稻秸秆腐解效果的影响. 中国农业科学,45(12):2412-2419.

[218] 张芳,张建丰,薛绪掌,等,2016. 温室番茄基质栽培供液决策方法研究. 西安理工大学学报,32(3):295-337.

[219] 张福锁,巨晓棠,2002. 对我国持续农业发展中氮肥管理与环境问题的几点认识. 土壤学报,39(增刊):42-54.

[220] 张继,武光朋,高义霞,等,2007. 蔬菜废弃物固体发酵生产饲料蛋白. 西北师范大学学报(自然科学版),43(4):85-89.

[221] 张建国,聂俊化,杜振宇,2004. 复合生物有机肥对烤烟生长、产量及品质的影响. 山东

农业科学(2):44-46.

[222] 张磊,欧阳竹,董玉红,等,2005. 农田生态系统杂草的养分和水分效应研究. 水土保持学报,19(2):69-72.

[223] 张丽萍,刘红江,盛婧,等,2018. 发酵周期、贮存时间和过滤对沼液养分和理化性状变化的影响. 农业资源与环境学报(1):32-39.

[224] 张陇利,劳德坤,李季,等,2014. 密闭式堆肥反应器中复合微生物菌剂对堆肥效果的影响. 环境工程,32(1):102-107.

[225] 张培樱,林元兴,2008. 一种有机液肥. 中国:200610041487.3.

[226] 张清云,杨朝霞,赵晓莉,等,2011. 宁夏苦豆子资源的保护及其开发利用. 资源开发与市场,27(10):897-890.

[227] 张相锋,王洪涛,聂永丰,等,2003. 高水分蔬菜废物和花卉、鸡舍废物联合堆肥的中试研究. 环境科学,24(2):147-151.

[228] 张相锋,王洪涛,聂永丰,2006. 温度控制对蔬菜废物和花卉秸秆共堆肥的影响. 环境科学,27(1):171-174.

[229] 张雄杰,盛晋华,赵怀平,2010. 柠条饲用转化技术研究进展及内蒙古柠条饲料产业前景. 畜牧与饲料科学(5):21-23.

[230] 张旭,马芳,韩晓玲,等,2009. 内蒙古柠条饲料加工利用现状及前景分析. 农机化研究(2):231-234.

[231] 张晔,余宏军,杨学勇,等,2013. 棉秆作为无土栽培基质的适宜发酵条件. 农业工程学报,29(12):210-217.

[232] 张勇,2004. 不同基质对凤仙扦插效果的影响. 山东农业大学学报(自然科学版),35(1):6.

[233] 张钰,郭世荣,孙锦,等,2013. 营养液浓度和用量对醋糟基质栽培番茄生长、产量和品质的影响. 中国土壤与肥料,(3):87-91.

[234] 张跃群,佘德琴,胡永进,等,2009. 中药渣有机基质栽培番茄试验研究. 长江蔬菜(12):59-62.

[235] 章家恩,刘文高,胡刚,2002. 不同土地利用方式下土壤微生物数量与土壤肥力的关系. 土壤与环境,11(2):140-143.

[236] 赵丽娅,李文庆,唐龙翔,等,2015. 有机肥对黄瓜枯萎病的防治效果及防病机理研究. 土壤学报,52(6):1383-1391.

[237] 赵丽娅,杨湛,陈红兵,2008. 城市蔬菜垃圾处理及资源化对策——以武汉市武昌车辆厂蔬菜市场为例. 北京:中国环境科学学会 2008 年学术年会.

[238] 赵丽英,邓西平,山仑,等,2007. 不同水分处理下冬小麦旗叶叶绿素荧光参数的变化研究. 中国生态农业学报,15(1):63-66.

[239] 赵学坤,2010. 微生物腐熟剂对玉米秸秆鸡粪混料的腐熟效果. 湖北农业科学(7):184-185.

[240] 郑金生,权桂芝,石磊,等,2008. 不同氮源的甘草渣基质发酵效果研究. 新疆农业科

学,45(6):1064-1068.

[241] 仲海洲,2013. 利用废弃生物质开发水稻育秧基质及其应用效果研究. 杭州:浙江大学.

[242] 周德平,褚长彬,范洁群,等,2015. 生物有机液肥施用对新疆玉米地土壤微生物多样性的影响. 上海农业科技(5):118-119.

[243] 周光玉,2011. 苦参碱在畜禽疾病防治中的应用研究进展. 中国畜牧杂志(12):66-69.

[244] 周杰良,王建湘,李树战,等,2007. 沼液对有机基质栽培青椒果实产量及品质的影响. 农业现代化研究,3(28):254-255.

[245] 周卫军,王凯荣,谢小立,2001. 红壤稻田种植制度的养分平衡特征. 中国生态农业学报,9(1):61-63.

[246] 周艺敏,程奕,孟昭芳,等,2002. 不同营养液及基质对黄瓜产量和品质的影响. 华北农学报,17(1):82-87.

[247] 朱恩,林天杰,严瑾,等,2016. 蚯蚓有机液肥在蔬菜栽培中的应用效果初探. 上海农业科技(1):119-121.

[248] 朱咏莉,李萍萍,赵青松,等,2011. 不同配比醋糟有机基质氮素有效性与黄瓜生长的关系. 土壤通报,10(42):1184-1188.

[249] 朱忠贵,李萍萍,2004. EM在苇末基质发酵中的应用试验. 食用菌,1:28-29.

[250] 竹江良,刘晓琳,李少明,等,2010. 两种微生物菌剂对烟草废弃物高温堆肥腐熟进程的影响. 农业环境科学学报,29(1):194-199.

[251] 左宜,左剑恶,张薇,2004. 利用有机物厌氧发酵生物制氢的研究进展. 环境科学与技术,27(1):97-99.

[252] Abou-Hadid A F,Ei-Shinawy M Z,Ei-Oksh I,et al,1994. Studies on water consumption of sweet pepper under plastic houses. Acta Horticulture,366:365-371.

[253] Adegunloye D V,Adetuyi F C,Akinyosoye F A,et al,2007. Microbial analysis of compost using cowdrug as booster. Pakistan Journal Nutrition,6:506-510.

[254] Akinbami J F K,Ilori M O,Oyebisi T O,et al,2001. Biogas energy use in Nigeria:current status,future prospects and policy implications. Renewable & Sustainable Energy Reviews,5(1):97-112.

[255] Alberto L,Harm B,Frans H,et al,2003. Evaluating irrigation scheduling of hydroponic tomato in Navarra,Spain. Irrigation and Drainage,52:177-188.

[256] Al-Dahmani J H,Abbasi P A,Miller S A,et al,2003. Suppression of Bacterial Spot of Tomato with Foliar Sprays of Compost Extracts Under Greenhouse and Field Conditions. Plant Disease,87(8):913-919.

[257] Alvarez R,Lidén G,2008. Semi-continuous co-digestion of solid slaughterhouse waste,manure,and fruit and vegetable waste. Renewable Energy,33(4):726-734.

[258] An L,Chu Y,Wang X,et al,2013. A pyrosequencing-based metagenomic study of methane-producing microbial community in solid-state biogas reactor. Biotechnology

for Biofuels,6(1):1-17.

[259] Archana P. Pant,Theodore J K. Radovich,Nguyen V. Hue,et al,2012. Biochemical properties of compost tea associated with compost quality and effects on pak choi growth. Scientia Horticulturae,148:138-146.

[260] Awany Y,Ismail M,1997. The growth and flowering of some annual ornamentals on coconut dust. Acta Hort,450:31-38.

[261] Bach P D,Shoda M,Kubota H,1984. Rate of composting of dewatered sewage sludge in continuously mixed isothermal reactor. Journal of Fermentation Technology,62:285-292.

[262] Bouallagui H,Touhami Y,Cheikh R B,et al,2005. Bioreactor performance in anaerobic sigestion of fruit and vegetable wastes. Process Biochemistry,36(19):989-995.

[263] Caldwell M M,1994. Ecophysiology of photosynthesis. Berlin:Springer-Verlag, 147-150.

[264] Cadahia C,Martinez M,Gil C,et al,1993. Tomato culture fertigation in peat bags and saline conditions. Acta Hortuculture,335:101-107.

[265] Carballo T,Gil M V,Calvo L F,et al,2009. The influence of aeration system,temperature and compost origin on the phytotoxicity of compost tea. Compost Science & Utilization,17(2):127-139.

[266] Catello Pane,Assunta Maria Palese,Riccardo Spaccini,et al,2016. Enhancing sustainability of a processing tomato cultivation system by using bioactive compost teas. Scientia Horticulturae,202:117-124.

[267] Cecchi F,Vallini G,Mataalvarez J,1990. Anaerobic digestion and composting in an integrated strategy for managing vegetable residues from agro-industries or sorted organic fraction of municipal solid waste. Water Science & Technology,22(9):33-41.

[268] Chen Y,Cheng J J,Creamer K S,2008. Inhibition of anaerobic digestion process:a review. Bioresource Technology,99(10):4044-4064.

[269] Clemens J,Trimborn M,Weiland P,et al,2006. Mitigation of greenhouse gas emission by anaerobic digestion of cattle slurry. Agriculture Ecosystems & Environment,112 (2/3):171-177.

[270] Converti A,Borghi A D,Zilli M,1999. Anaerobic digestion of the vegetable fraction of municipal refuses:mesophilic versus thermophilic conditions. Bioprocess Engineering, 21(4):371-376.

[271] Das A,Mondal C,2013. Studies on the utilization of fruit and vegetable waste for generation of biogas. International Journal of Engineering Science,3(9):24-32.

[272] Diánez,F M. Santos,A. Boix,et al,2006. Grape marc compost tea suppressiveness to plant pathogenic fungi:Role of siderophores. Compost Sci. Util,14 (1):48-53.

[273] Díaz A I,Laca A,Laca A,et al,2017. Treatment of supermarket vegetable wastes to

be used as alternative substrates in bioprocesses. Waste Management,67(9):1-392.

[274] Dinsdale R M,Premier G C,Hawkes F R,2000. Two-stage anaerobic co-digestion of waste activated sludge and fruit/vegetable waste using inclined tubular digesters. Bioresource Technology,72(2):159-168.

[275] Diver,Steve. Compost Teas for plant disease control. 2002. ATTRA publication available at http://www. attra. org/attra-pub/comptea. Html.

[276] Eklind Y,Kirchimann H,2000. Composting and storage of organic household waste with different litter amendments Ⅱ. Nitrogen run-toverand losses. Bioresource Technology,74(4):125-133.

[277] Esteban M B,García A J,Ramos P,2007. Evaluation of fruit-vegetable and fish wastes as alternative feedstuffs in pig diets. Waste Management,27(2):193-200.

[278] Gallardo M,Thompson R B,Rodriguez J S,et al,2009. Simulation of transpiration, drainage,N uptake,nitrate leaching,and N uptake concentration in tomato grown in open substrate. Agricultural Water Management,96(12):1773-1784.

[279] Garcia C,Hernandez T,Costa F,1991. Study on water extract of sewage sludge composts. Soil Science and Plant Nutrition,37:399-408.

[280] Genty B,Briantais J M,Baker N R,1989. The relationship between the quantum yield of photosyntheticelectron transportand quenching of chlorophyll fluorescence. Biochemical Biophysical Acta,990:87-92.

[281] Gruda N,Schnitzler W H,2004. Suitability of wood fiber substrates for production of vegetable transplants. Scientia Horticulturae,100(1/4):333-340.

[282] Hansen C L,Cheong D Y,2013. Agricultural waste management in food processing// KUTZ M. handbook of farm,dairy and food machinery Engineering Second Edition. New York:William An-drew Publishing,619-666.

[283] Hardgrave M R,1993. Recirculation systems for greenhouse vegetables. Acra Horticulture,342:85-92.

[284] Ingham,E,2005. The compost tea brewing manual. US Printings,Soil Foodweb Incorporated,Oregon.

[285] Islam M K,Yaseen T,Traversa A,et al,2016. Effects of the main extraction parameters on chemical and microbial characteristics of compost tea. Waste Manag,52: 62-68.

[286] Krause GH,Weis E,1991. Chlorophyll fluorescence and photo-synthesis. AnnuRew-Plant PhysiolPlant MolBiol,42:313-349.

[287] Kulcu R,Sönmez I,Yaldiz O,et al,2008. Composting of spent mushroom compost, carnation wastes,chicken and cattle manures. Bioresource Technology,99(17): 8259-8264.

[288] Laufenberg G,Kunz B,Nystroem M,2003. Transformation of vegetable waste into

value added products: (A) the upgrading concept; (B) practical implementations. Bioresource Technology,87(2):167.

[289] Li P,Zhang J B,2013. Empirical studies of agricultural production waste recycling efficiency: Based on peasant household substrate management with three-stage DEA model. China Environmental Science,33(4):754-761.

[290] Matsi T,Lithourgidis A S,Gagianas A A,2003. Effects of Injected Liquid Cattle Manure on Growth and Yield of Winter Wheat and Soil Characteristics. Agronomy Journal,95(3):592-596.

[291] Mattner S W,Porter I J,Gounder R K,et al,2008. Factors that impact on the ability of biofumigants to suppress fungal pathogens and weeds of strawberry. Crop Protection,27(8):1165-1173.

[292] Maxwell K,Johnson G N,2000. Chlorophyll fluorescence: A practical guide. Journal of Experiment Botany,51:659-668.

[293] Mccauley R,Shell B,1956. Laboratory and operational experiences in composting. In: Proceedings of the 11th Industrial Waste Conference. Purdue University,436-453.

[294] Meric M K,Tuzel I H,Oztekin G B,2011. Effects of nutrition systems and irrigation programs on tomato in soilless culture. Agricultural Water Management,99:19-25.

[295] Michel J,Forney L,Huana A,1996. Effects of turning frequency,leaves to grass mix ratio and windrow vs. pile configurations on the composting of yard trimmings. Compost Science and Utilization,4(1):26-43.

[296] Morel T L,Colin F,Germon J C,et al,1985. Methods for the evaluation of the maturity of municipal refuse compost. London & New York: Elsevier Applied Science Publish. 56-72.

[297] Mtz-Viturtia A,Mata-Alvarez J,Cecchi F,1995. Two-phase continuous anaerobic digestion of fruit and vegetable wastes. Resources Conservation & Recycling,13(13): 257-267.

[298] Nanda S,Reddy S N,Hunter H N,et al,2015. Supercritical water gasification of fructose as a model compound for waste fruits and vegetables. Journal of Supercritical Fluids,104:112-121.

[299] Okur N,2002. Response of Soil Biological and Biochemical Activity to Salination. Ziraat Fakultesi Dergisi.

[300] Panda S K,Mishra S S,Kayitesi E,et al,2016. Microbial-processing of fruit and vegetable wastes for production of vital enzymes and organic acids: Biotechnology and scopes. Environmental Research,146:161.

[301] Pham T P T,Kaushik R,Parshetti G K,2015. Food waste-to-energy conversion technologies: current status and future directions. Waste Management,38:399-408.

[302] Rizk M C,Bergamasco R,Tavares C R G,2007. Anaerobic co-digestion of fruit and

vegetable waste and sewage sludge. International Journal of Chemical Reactor Engineering,5(1):1542-6580.

[303] Roh M Y,Lee Y B,1996. Predictive control of concentration of nutrient solution according to integrated solar radiation during one hour in the moring. Plant Production in Closed Ecosystems Acta Hort,440:256-261.

[304] S. M. Tiquia,N F Y Tam,1998. Composting of spent pig litter and forced-aerated piles. Environmental Pollution,99:329-337.

[305] Scheuerell S. and W. Mahaffee,2004. Compost Tea as a Container medium drench for supressing seedling damping-off caused by Pythium ultimum. Phytopatology,94 (11): 1156-1163.

[306] Schreiber U,Bilger W,Neubauer G,1994. Cholorphyll fluores-cence:New instruments for special application. Schulze E D,Caldwell M M. Ecophysiology of photosynthesis. Berlin:Springer-Verlag,147-150.

[307] Schroder F G,Lieth J H,2002. Irrigation control in hydroponics∥SAVVAS D,PASSAM H. Hydroponic Production of Vegetables and Ornamentals. Athens:Embryo Publications,P. 103-141.

[308] Senesi N,Plaza C,Brunetti G,et al,2007. A comparative survey of recent results on humic-like fractions in organic amendment and effects on native soil humic substances. Soil Biology & Biochemistry,39(6):1244-1262.

[309] SiddiquiaY,Meona S,Ismailb M R,et al,2008. Trichoderma fortified compost extracts for the control of choanephora wet rot in okra production. Crop Protection,27: 385-390.

[310] Smith D L,1998. Rockwool in horticulture. London:Grower Books.

[311] Tiquia S M,Tamn F Y,2000. Co-composting of spent pig letter and sludge with forced-aeration. Bioresource Technology,72(7):1-7.

[312] Tränkner A,1992. Use of Agricultural and Municipal Organic Wastes to Develop Suppressiveness to Plant Pathogens∥Biological Control of Plant Diseases. Springer US,35-42.

[313] Van Kooten O,Snel J F H,1990. The use of chlorophyll nomen-clature in plant stress physiology. Photosynthesis Research,25:147-150.

[314] Vilarnau A,2000. EI agua es escasa∥Urrestarazu M. Manual de cultivo sin suelo. Universidad de Almeria Spain: Editorial Mundi-Prensa,101:37-45.

[315] Werther J,Saenger M,Hartge E U,et al,2000. Combustion of agricultural residues. Progress in Energy & Combustion Science,26(1):1-27.

[316] Xiao J,Shi ZH P,Gao P,et al,2006. On-line optimization of glutamate production based on balanced metabolic control. RQ. Bioprocess and Biosystems Engineering, 29:109-117.

[317] Xu S,Selvam A,Wong J W,2014. Optimization of micro-aeration intensity in acido-genic reactor of a two-phase anaerobic digester treating food waste. Waste Manag,34(2):363-369.

[318] Yao H Y,Jiao X D,Wu F Z,2006. Effect of continuous cucumber cropping and alter-native rotations under protected cultivation on soil microbial community diversity. Plant and Soil,284:195-203.